中等职业教育国家规划教材
全国中等职业教育教材审定委员会审定

化工制图

化工类专业适用

第六版

胡建生　主编
陈清胜　赵　丹　参编
武海滨　主审

化学工业出版社
·北　京·

内容简介

本书为深入落实《国家职业教育改革实施方案》《职业院校教材管理办法》等一系列文件精神，按照中等职业教育国家规划教材的编写要求而修订的。

本书采用 2020 年 11 月前实施的制图国家标准和行业标准。教材中配置了 95 个三维实体模型，依此设计制作了 79 节微课。本书配置备课用习题答案；讲解习题用答案；学生参考用习题答案，每道题均配有二维码并由任课教师掌控。本书配置 CAXA 版和 AutoCAD 版两款教学软件，教师以学校和本人实名申请加入“化工制图群”（854687759），从群文件中下载教学软件，即可免费使用。

本教材按 72～100 学时编写，适用于中等职业学校（全日制普通中专、职业高中、技工学校等）化工类专业的制图教学，亦可供其他相近专业使用或参考。

图书在版编目（CIP）数据

化工制图/胡建生主编. —6 版. —北京：化学工业出版社，2023.2（2025.7 重印）
中等职业教育国家规划教材
ISBN 978-7-122-42673-4

Ⅰ.①化…　Ⅱ.①胡…　Ⅲ.①化工机械-机械制图-中等专业学校-教材　Ⅳ.①TQ050.2

中国版本图书馆 CIP 数据核字（2022）第 244243 号

责任编辑：葛瑞祎　刘　哲
责任校对：边　涛　　　装帧设计：尹琳琳

出版发行：化学工业出版社（北京市东城区青年湖南街 13 号　邮政编码 100011）
印　　装：大厂回族自治县聚鑫印刷有限责任公司
889mm×1194mm　1/16　印张 14¾　字数 363 千字　2025 年 7 月北京第 6 版第 4 次印刷

购书咨询：010-64518888　　售后服务：010-64518899
网　　址：http://www.cip.com.cn
凡购买本书，如有缺损质量问题，本社销售中心负责调换。

定　　价：45.00 元

第六版前言

本书自2001年6月以教育部颁布的中等职业学校工科化工类《化工制图教学大纲》为依据，并按照中等职业教育国家规划教材的编写要求而组织编写，经全国中等职业教育教材审定委员会审定，评为中等职业教育国家规划教材。二十多年来，本书先后修订五次，教材质量不断提高，受到国内化工类中等职业学校的广泛认可，发行量已达21万余册。为深入落实《国家职业教育改革实施方案》（即“职教20条”）、《职业院校教材管理办法》等一系列文件精神，此次修订本着与时俱进、精益求精的原则，进一步提升了教材质量。同时，编写了《化工制图习题集》（第六版），与本书配套使用。

本书按72～100学时编写，适用于中等职业学校（全日制普通中专、职业高中、技工学校等）石油炼制技术、化工仪表及自动化、化工机械与设备及相近专业的化工类专业的制图教学，亦可供其他相近专业或职业培训使用。

一、本版修订的主要内容

（1）增加思政元素。为扎实推进思政元素进课程、进教材，落实立德树人根本任务，在部分章末添加“素养提升”环节，充分发挥教材铸魂育人的功能。

（2）按国家标准规定编写中职教科书。2022年3月1日开始实施的强制性国家标准GB 40070—2021《儿童青少年学习用品近视防控卫生要求》，将中等职业学校教科书列入其适用范围。本版修订严格执行标准规定，扩大了教材版本（大16开），增大了正文和图中文字的字号，适当增大了插图幅面，有利于保护中职学生的视力。

（3）保留了教材原有的架构。机械制图和化工专业制图两部分内容各自独立、自成体系。突出化工行业特点，强化化工专业制图的内容是本书的特色。教材和习题集的插图全部重新处理，插图质量进一步提高。

（4）更新国家标准。凡在2020年11月前颁布实施的国家标准，全部在本书和配套习题集中予以贯彻，充分体现了本书的先进性。

（5）进一步丰富数字化教学资源，提升质量。对本书和配套习题集中的教学资源做了较大改动。

① 增设微课。对教材中不易理解的一些例题或图例，配置了95个三维实体模型，并依此设计制作了79节微课。通过扫描教材中的二维码，学生即可看到微课的内容，有利于学生预习和理解课堂上讲授的内容。

② 配置两款教学软件。为方便教师教学，配置了两个版本的教学软件，即《（中化6）化工制图教学软件（CAXA版）》和《（中化6）化工制图教学软件（AutoCAD版）》。由于“中望机械CAD”与AutoCAD全面兼容，使用“中望机械CAD”的教师下载《（中化6）化工制图

教学软件（AutoCAD版）》，即可无障碍使用。同时，重新制作了《(中化6）化工制图教学软件》，更改了字体，加大了字号，使用起来更清晰。

③ 为配套习题集配置三种形式的习题答案。为方便教与学，习题集配置以下三种答案：

a）教师备课用习题答案。为便于教师备课，提供一整套PDF格式的“习题答案”。

b）教师讲解习题用答案。根据不同题型，将所有习题的答案处理成单独答案、包含解题步骤的答案，配置152个三维模型、轴测图、动画演示等多种形式，按章节链接在教学软件中，教师在教学中可随机打开某一道题的答案，结合三维模型进行讲解、答疑。

c）学生参考用习题答案。习题集约320余道题，每道题至少对应一个二维码，共配有445个二维码，其中有133个类似微课讲解的二维码（即一题双码）。二维码由任课教师掌控，教师可将某道题的二维码发送给任课班级的某个学生，学生扫描二维码即可看到解题步骤或答案。

二、丰富实用的配套资源

教学软件中的内容与教材一一对应，无缝对接。教学软件最大的优点是可以人机互动，任课教师在教学过程中可灵活使用，完全可以替代教学模型和挂图，彻底摒弃传统的教学模式，大大提高讲课效率和教学效果。教学软件具备以下主要功能：

①“死图”变“活图”。将教材中的部分视图图例，按1∶1建立精确的三维实体模型。通过eDrawings公共平台，可实现三维实体模型不同角度的观看，六个基本视图和轴测图之间的转换，三维实体模型的剖切，三维实体模型和线条图之间的转换，装配体的爆炸、装配、运动仿真等功能，将教材中的“死图”变成了可由人工随意控制的“活图”。

② 调用绘图软件边讲边画，实现师生互动。对需要讲解的例题，已链接在教学软件中，教师可直接调用绘图软件，边讲、边画，进行对比分析，在课堂上实现师生互动。

③ 讲解习题。将“习题答案”中的所有题目全部分解，分别链接在教学软件的相应章节中，任课教师可在课堂上任选题目进行讲解、答疑，进一步减轻任课教师的教学负担。

④ 直接调阅教材附录。将教材中的附录按项分解，分别链接在教学软件的相关部位，任课教师可直接带领学生查阅教材附录，直观方便。

此外，提供电子教案；提供2套Word格式的“模拟试卷”“试卷答案”及“评分标准”供任课教师参考。

本书的配套资源都在《(中化6）化工制图教学软件》压缩文件包内。凡使用本书作为教材的教师，请以学校和本人实名申请加入“化工制图群”(854687759)，从群文件中下载《(中化6）化工制图教学软件》，即可免费使用。

本书由胡建生教授主编。参加编写的有：胡建生（编写绪论、第一章、第二章、第三章、第四章及附录），陈清胜（编写第六章、第八章），赵丹（编写第五章、第七章）。全书由胡建生教授统稿。本书由武海滨教授主审。

书中难免有疏漏之处，欢迎广大读者特别是任课教师提出意见或建议，并及时反馈给我们。教材主编QQ：1075185975；责任编辑QQ：455590372。

编　者

目　录

绪　　论

一、图样及其作用

根据投影原理、制图标准或有关规定，表示工程对象并有必要技术说明的图，称为图样。

人类在近代生产活动中，无论是机器的设计、制造、维修，还是化工、冶金、航空、汽车、船舶、桥梁、建筑、电气等工程的设计与施工，都必须依赖工程图样才能进行。图样是设计、制造、使用和技术交流的重要技术文件，它不仅是生产或施工的依据，也是工程技术人员表达设计意图和交流技术思想的工具，被称为工程技术界的“语言”。

《化工制图》是一门研究如何绘制和阅读机械图样和化工专业图样的技术基础课。它主要介绍机械图样和化工专业图样的图示原理、绘图方法、读图方法及相关标准。

二、本课程的主要任务

本课程的主要任务，是培养学生具有看图和画图的能力。

① 掌握正投影法的基本原理及其应用，培养空间想象和思维能力。

② 掌握绘制和识读一般化工设备图、化工工艺图以及简单的机械零件图、装配图的基本能力，为进一步学习计算机绘图奠定基础。

③ 能够正确、熟练地使用常用的绘图工具，具有一定的徒手画图能力。

④ 学习制图国家标准和行业标准的有关规定，初步具有查阅标准和技术资料的能力。

⑤ 培养认真负责的工作态度和一丝不苟的工作作风。

三、本课程的学习方法

《化工制图》是一门既有理论又注重实践的课程，学习时应注意以下几点：

① 在听课和复习过程中，要重点掌握正投影法的基本理论和基本方法，学习时不能死记硬背。通过由空间到平面、由平面到空间的一系列循序渐进的练习，不断提高空间思维能力和表达能力。

② 本课程的特点是实践性较强。只有通过反复实践，完成一系列的练习和尺规图作业，才能不断提高看图和画图的能力。在学习过程中，应正确掌握绘图仪器和工具的使用方法，不断提高手工绘图技巧。完成尺规图作业前，必须详细阅读作业指导书，做到动手前心中有数，以便提高完成作业的速度和质量。

③ 要重视学习和严格遵守制图方面的国家标准和行业标准，对常用的标准应该牢记并能熟练地运用。

第一章　制图的基本知识和技能

图样是表达工程技术人员的设计意图、交流技术思想、组织和指导生产的重要工具，是现代工业生产中必不可少的技术文件。因此，在设计、绘制和阅读图样时，必须严格遵守制图国家标准和行业标准的相关规定。

第一节　制图国家标准简介

图样是现代生产中的重要技术文件。为了便于管理和交流，中国标准化管理委员会发布了一系列《技术制图》和《机械制图》国家标准，对图样的内容、格式、表达方法等都作了统一规定，如图1-1所示。

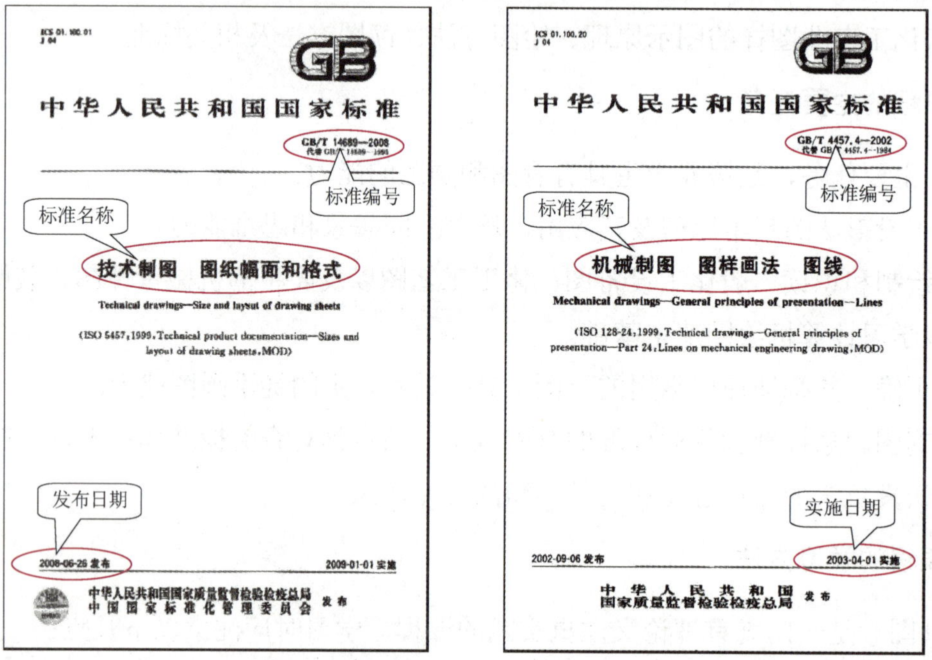

图1-1　制图国家标准样本

"GB/T 14689—2008"称为标准编号。"GB/T"称为"推荐性国家标准"，一般简称"国标"。其中，G是"国家"一词汉语拼音的第一个字母，B是"标准"一词汉语拼音的第一个字母，T是"推"字汉语拼音的第一个字母。"14689"表示该标准的顺序号，"2008"表示该标准发布的年号，标注时可省略。

一、图纸幅面及格式（GB/T 14689—2008）

1. 图纸幅面

图纸宽度与长度组成的图面，称为图纸幅面。基本幅面共有五种，其幅面代号由"A"和阿拉伯数字组成，即A0～A4，见表1-1。基本幅面的尺寸关系如图1-2所示，绘图时优先采用表

1-1 中的基本幅面。

表 1-1 图纸的基本幅面（摘自 GB/T 14689—2008） mm

幅面代号	A0	A1	A2	A3	A4
（短边×长边）$B\times L$	841×1189	594×841	420×594	297×420	210×297
（无装订边的留边宽度）e	20		10		
（有装订边的留边宽度）c	10			5	
（装订边的宽度）a	25				

> 提示：国家标准规定，机械图样中的尺寸以毫米为单位时，不需标注单位符号（或名称）。如采用其他单位，则必须注明相应的单位符号。本书文字叙述和图例中的尺寸单位均为毫米，未标出（注）。

幅面代号的几何含义，实际上就是对 0 号幅面的裁切次数。例如，A1 中的“1”，表示将整张纸（A0 幅面）的长边对裁一次所得的幅面，如图 1-2（b）所示；A4 中的“4”，表示将整张纸的长边对裁四次所得的幅面，如图 1-2（e）所示（图 1-2 中的细虚线为裁切线）。

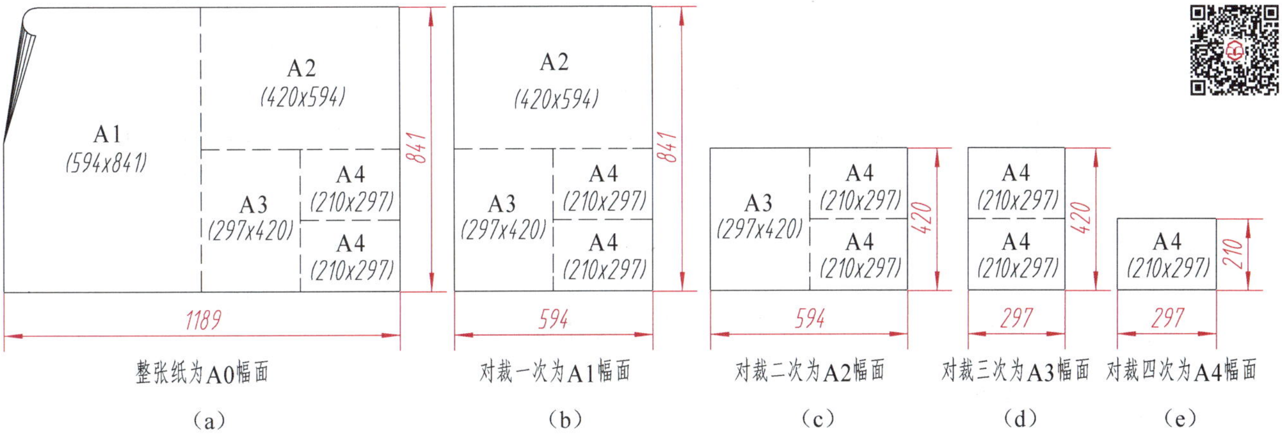

图 1-2 基本幅面的尺寸关系

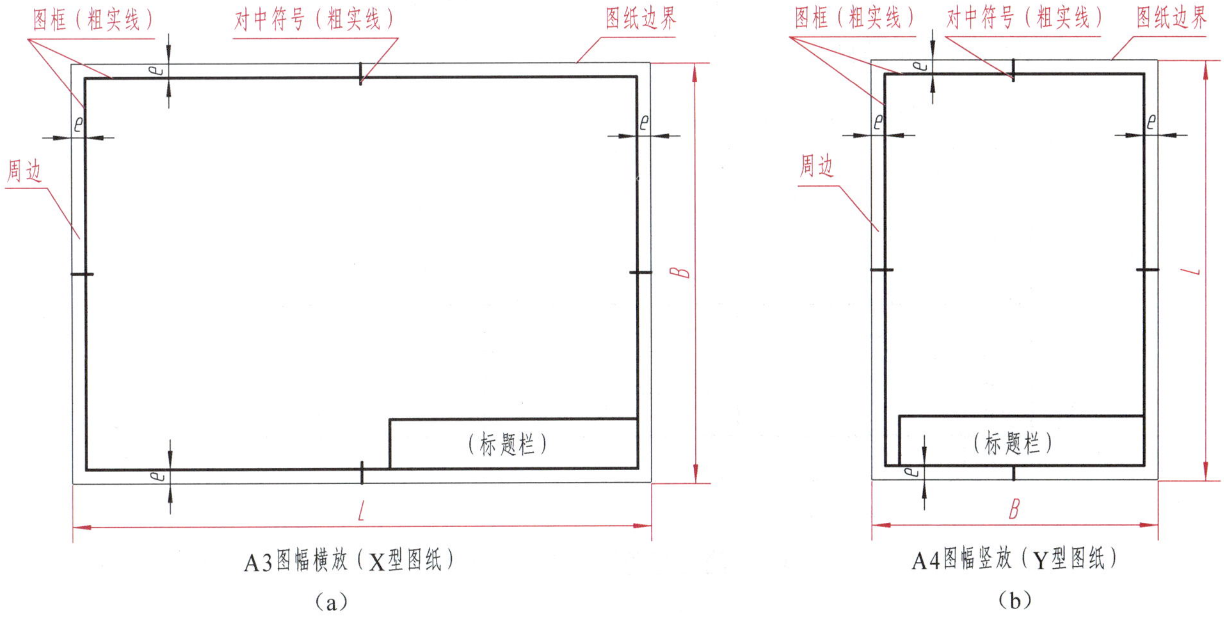

图 1-3 不留装订边的图框格式

必要时，允许选用加长幅面，但加长后幅面的尺寸，必须是由基本幅面的短边成整数倍增加后得出。

2．图框格式

在图纸上必须用粗实线画出图框，其格式分为不留装订边和留装订边两种，但同一产品的图样只能采用一种格式。优先采用不留装订边的图纸，其图框格式如图 1-3 所示。留有装订边的图纸，其图框格式如图 1-4 所示，尺寸按表 1-1 的规定。

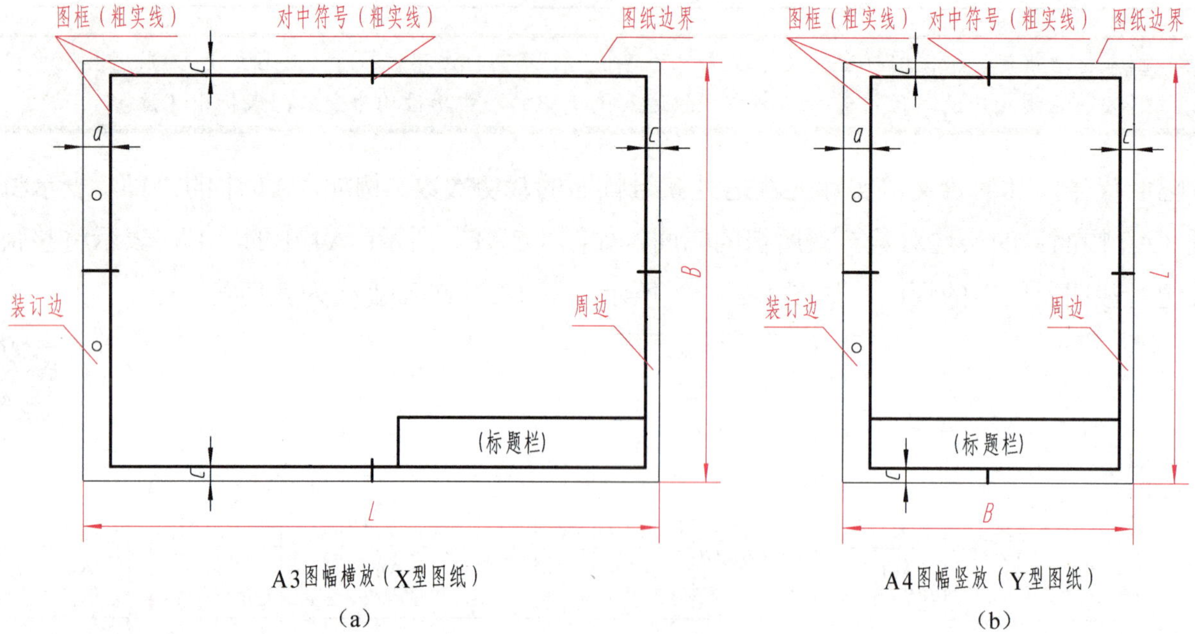

图 1-4　留有装订边的图框格式

3．标题栏格式及方位

每张图样都必须画出标题栏。绘制工程图样时，国家标准规定的标题栏格式和尺寸应按 GB/T 10609.1—2008《技术制图　标题栏》中的规定绘制。在学校的制图作业中，为了简化作图，建议采用图 1-5 所示的简化标题栏。

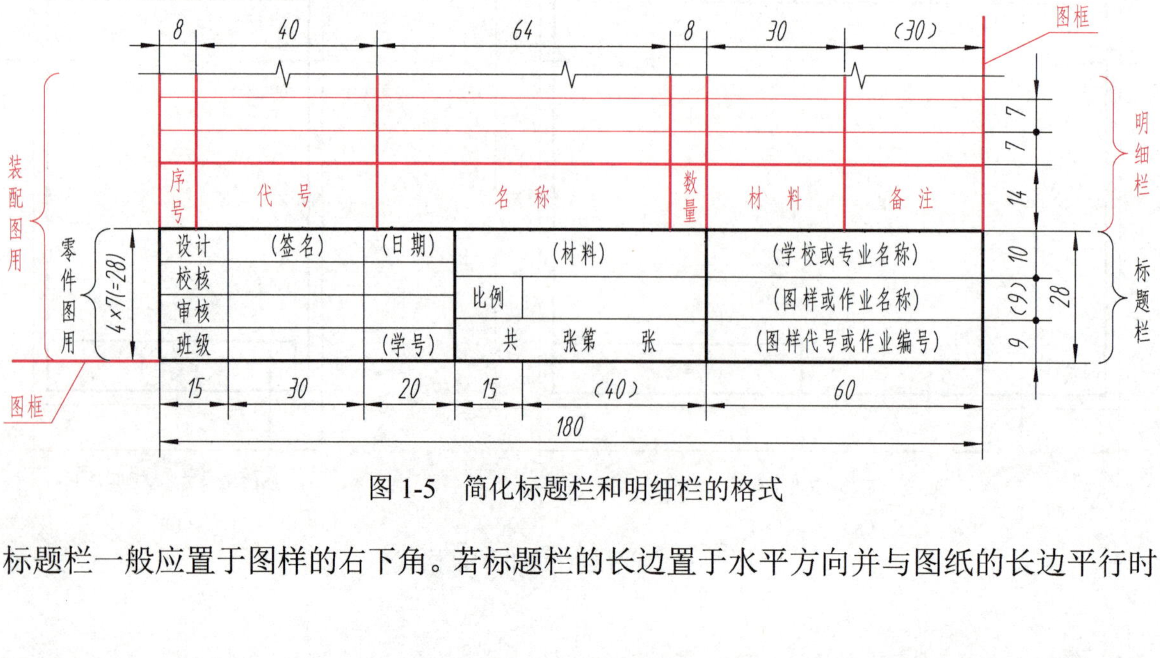

图 1-5　简化标题栏和明细栏的格式

标题栏一般应置于图样的右下角。若标题栏的长边置于水平方向并与图纸的长边平行时，则构成 X 型图纸，如图 1-3（a）、图 1-4（a）所示；若标题栏的长边与图纸的长边垂直时，则构成 Y 型图纸，如图 1-3（b）、图 1-4（b）所示。在此情况下，标题栏中的文字方向为看图方向。

提示：简化标题栏的外框是粗实线，其右侧和下方与图框重叠在一起。

4. 对中符号

对中符号是从图纸四边的中点画入图框内约 5mm 的粗实线段，通常作为缩微摄影和复制的定位基准标记。对中符号用粗实线绘制，线宽不小于 0.5mm，如图 1-3、图 1-4 所示。当对中符号处在标题栏范围内时，则伸入标题栏部分省略不画，如图 1-3（b）、图 1-4（b）所示。

二、比例（GB/T 14690—1993）

图中图形与其实物相应要素的线性尺寸之比，称为比例。简单说来，就是“图∶物”。绘图比例可以随便确定吗？当然不行。

绘制图样时，应由表 1-2“优先选择系列”中选取适当的绘图比例。必要时，从表 1-2“允许选择系列”中选取。为了直接反映出实物的大小，绘图时应尽量采用原值比例。

表 1-2　比例系列（摘自 GB/T 14690—1993）

种类	定义	优先选择系列	允许选择系列
原值比例	比值为 1 的比例	1∶1	—
放大比例	比值大于 1 的比例	5∶1　2∶1 5×10^n∶1　2×10^n∶1　1×10^n∶1	4∶1　2.5∶1 4×10^n∶1　2.5×10^n∶1
缩小比例	比值小于 1 的比例	1∶2　1∶5　1∶10 1∶2×10^n　1∶5×10^n　1∶1×10^n	1∶1.5　1∶2.5　1∶3　1∶4　1∶6 1∶1.5×10^n　1∶2.5×10^n　1∶3×10^n 1∶4×10^n　1∶6×10^n

注：n 为正整数。

比例符号应以“∶”表示，其表示方法为“1∶1”、“1∶2”、“5∶1”等。比例一般应标注在标题栏中的“比例”栏内。不论采用何种比例，图形中所标注的尺寸数值必须是实物的实际大小，与图形的比例无关，如图 1-6 所示。

三、字体（GB/T 14691—1993）

1. 基本要求

① 在图样中书写的汉字、数字和字母，要尽量做到“字体工整、笔画清楚、间隔均匀、排列整齐”。

② 字体高度（用 h 表示）代表字体的号数。字体高度的公称尺寸系列为：1.8mm，2.5mm，3.5mm，5mm，7mm，10mm，14mm，20mm。如需要书写更大的字，其字体高度应按 $\sqrt{2}$ 的比率递增。

③ 汉字应写成长仿宋体字，并应采用国家正式公布的简化字。汉字的高度 h 不应小于 3.5mm，其字宽=$h/\sqrt{2}$。书写长仿宋体字的要领是：横平竖直、注意起落、结构匀称、填满方格。

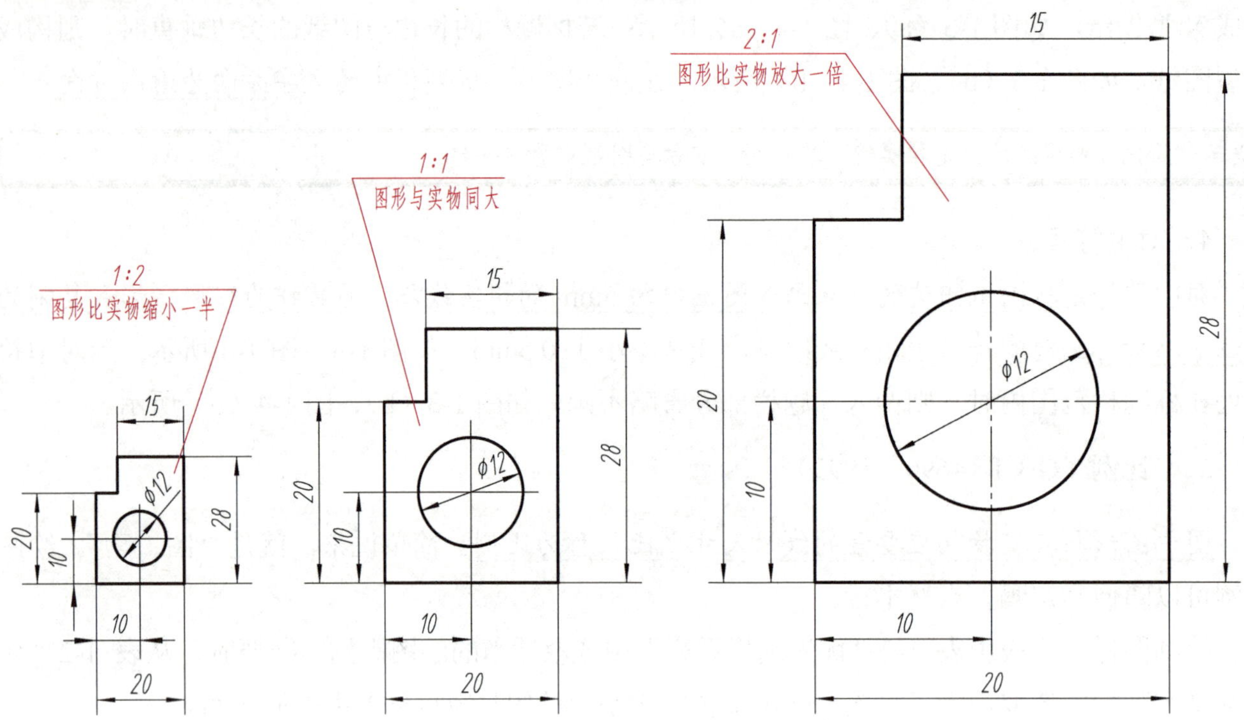

（a）　　　　　　（b）　　　　　　（c）

图 1-6　绘图比例与尺寸的关系

④ 字母和数字分 A 型和 B 型。A 型字体的笔画宽度 $d=h/14$，B 型字体的笔画宽度 $d=h/10$。在同一张图样上，只允许选用一种型式的字体。

⑤ 字母和数字可写成正体或斜体。斜体字字头向右倾斜，与水平线成 75°。

> 提示：用计算机绘图时，汉字、数字、字母一般应以正体输出。

2．字体示例

汉字、数字和字母的示例，见表 1-3。

表 1-3　字体示例

字　体		示　　例
长仿宋体汉字	5 号	学好化工制图，培养和发展空间想象能力
	3.5 号	计算机绘图是工程技术人员必须具备的绘图技能
拉丁字母	大写正体和斜体	ABCDEFGHIJKLMNOPQRSTUVWXYZ *ABCDEFGHIJKLMNOPQRSTUVWXYZ*
	小写正体和斜体	abcdefghijklmnopqrstuvwxyz *abcdefghijklmnopqrstuvwxyz*
阿拉伯数字	正体	0123456789
	斜体	*0123456789*
字体应用示例		10JS5(±0.003)　M24-6h　ϕ35　R8　10^3　S^{-1}　5%　D_1　T_d　380kPa　m/kg $\phi20^{+0.010}_{-0.023}$　$\phi25\frac{H6}{f5}$　$\frac{II}{1:2}$　$\frac{3}{5}$　$\frac{A}{5:1}$　$\sqrt{Ra\ 6.3}$　460r/min　220V　l/mm

四、图线（GB/T 4457.4—2002）

图中所采用各种型式的线，称为图线。图线是组成图形的基本要素，由点、短间隔、画、长画、间隔等线素构成。国家标准 GB/T 4457.4—2002《机械制图　图样画法　图线》规定了常用的九种图线，其名称、线型、线宽及一般应用见表 1-4。

表 1-4　线型及应用（摘自 GB/T 4457.4—2002）

名　称	线　　型	线宽	一　般　应　用
粗实线		*d*	可见棱边线、可见轮廓线、相贯线、螺纹牙顶线、螺纹终止线、齿顶圆（线）、表格图和流程图中的主要表示线、系统结构线（金属结构工程）、模样分型线、剖切符号用线
细实线		*d*/2	过渡线、尺寸线、尺寸界线、指引线和基准线、剖面线、重合断面的轮廓线、短中心线、螺纹牙底线、尺寸线的起止线、表示平面的对角线、零件成形前的弯折线、范围线及分界线、重复要素表示线、锥形结构的基面位置线、叠片结构位置线、辅助线、不连续同一表面连线、成规律分布的相同要素连线、投射线、网格线
细虚线	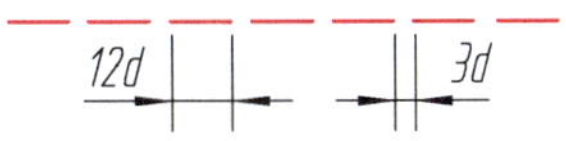	*d*/2	不可见棱边线、不可见轮廓线
细点画线	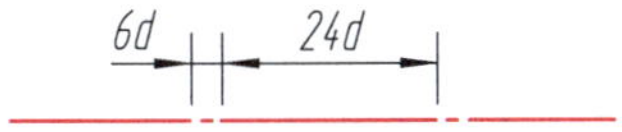	*d*/2	轴线、对称中心线、分度圆（线）、孔系分布的中心线、剖切线
波浪线		*d*/2	断裂处边界线、视图与剖视图的分界线
双折线	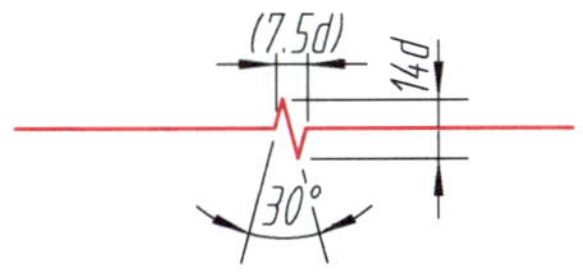	*d*/2	
粗虚线		*d*	允许表面处理的表示线
粗点画线		*d*	限定范围表示线
细双点画线	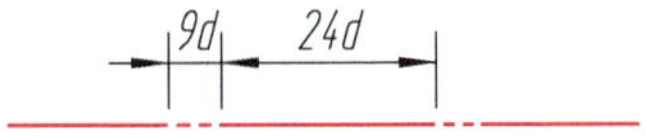	*d*/2	相邻辅助零件的轮廓线、可动零件的极限位置的轮廓线、重心线、成形前轮廓线、剖切面前的结构轮廓线、轨迹线、毛坯图中制成品的轮廓线、特定区域线、延伸公差带表示线、工艺用结构的轮廓线、中断线

1. 图线规格

在机械图样中采用粗、细两种线宽，它们之间的比例为 2∶1。图线的宽度 *d* 应按图样的类型和大小，在下列数系中选取：0.13mm、0.18mm、0.25mm、0.35mm、0.5mm、0.7mm、1.0mm、1.4mm、2mm。

即粗实线（包括粗虚线、粗点画线）线宽为 0.7mm 时，细实线、波浪线、双折线、细虚线、细点画线、细双点画线的线宽为 0.35mm，这也是优先采用的图线组别。图线的应用示例，如图 1-7 所示。

2. 图线画法

手工绘图时，在同一图样中同类图线的宽度应基本一致。细虚线、细点画线及细双点画线的线段长度和间隔应各自大致相等。实际绘图时，图线的首、末两端应是画，不应是点；图线（细

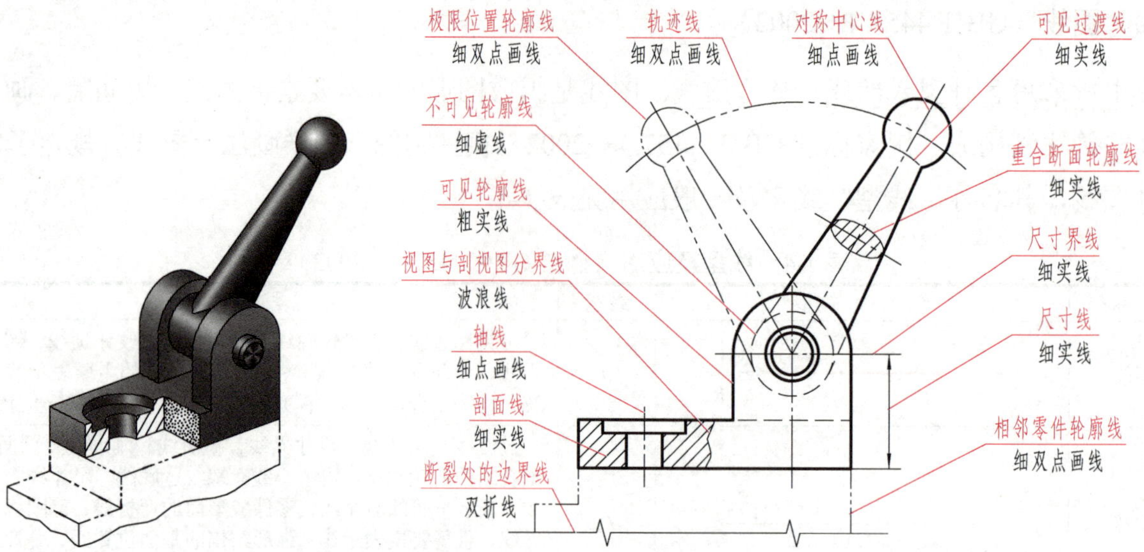

（a）　　　　（b）

图 1-7　图线的应用示例

虚线或细点画线）相交时，都应以画相交，而不应该是点或间隔；细虚线是实线的延长线、或细虚线圆弧与实线相切时，细虚线应留出间隔，如图 1-8、图 1-9 所示。

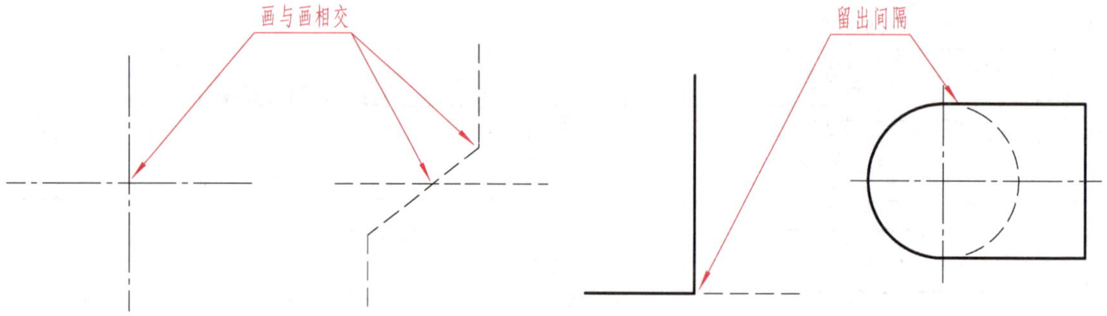

（a）　　　　（b）

图 1-8　图线相交的画法

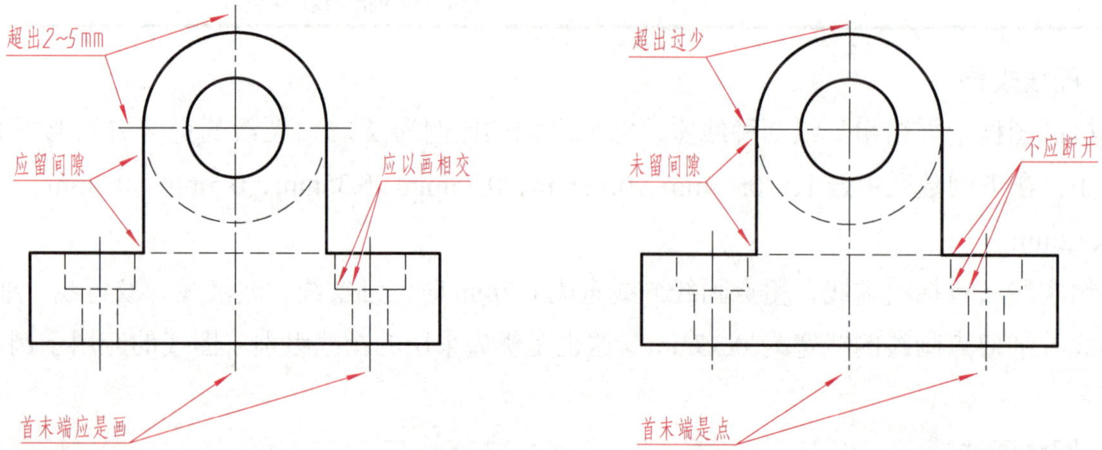

正确画法　　　　错误画法

（a）　　　　（b）

图 1-9　图线画法的正误对比

画圆的对称中心线时，圆心应是画的交点，细点画线的两端应超出轮廓线 2～5mm；当圆的图形较小（直径小于 12mm）时，允许用细实线代替细点画线。

当两条以上不同类型的图线重合时，应遵守以下优先顺序：

可见轮廓线和棱线（粗实线）→不可见轮廓线和棱线（细虚线）→剖切线（细点画线）→轴线和对称中心线（细点画线）→假想轮廓线（细双点画线）→尺寸界线和分界线（细实线）。

第二节　标注尺寸的基本规则

图形及图样上的尺寸，是加工制造零件的主要依据。如果尺寸标注错误、不完整或不合理，将给生产带来困难，甚至生产出废品而造成浪费。

一、基本规则（GB/T 4458.4—2003）

尺寸是用特定长度或角度单位表示的数值，并在技术图样上用图线、符号和技术要求表示出来。标注尺寸的基本规则如下：

① 零件的真实大小应以图样上所注的尺寸数值为依据，与图形的大小及绘图的准确度无关。

② 图样中的尺寸，以毫米为单位时，不需标注计量单位的代号或名称，如果采用其他单位，则必须注明相应的计量单位的代号或名称。

③ 图样中所标注的尺寸，为该图样所示零件的最后完工尺寸，否则应另加说明。

④ 零件的每一尺寸，一般只标注一次，并应标注在反映该结构最清晰的图形上。

二、尺寸的构成

每个完整的尺寸，一般由尺寸界线、尺寸线和尺寸数字组成，通常称为尺寸三要素，如图 1-10 所示。

1. 尺寸界线

尺寸界线表示尺寸的度量范围。尺寸界线用细实线绘制，由图形的轮廓线、轴线或对称中心线处引出，也可利用这些线作为尺寸界线。尺寸界线一般应与尺寸线垂直，且超过尺寸线箭头 2～5mm，如图 1-10 所示。必要时也允许尺寸界线倾斜，如图 1-11 所示。

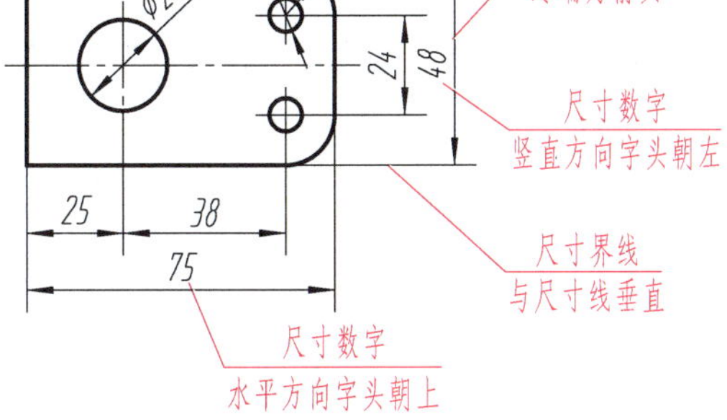

图 1-10　尺寸三要素

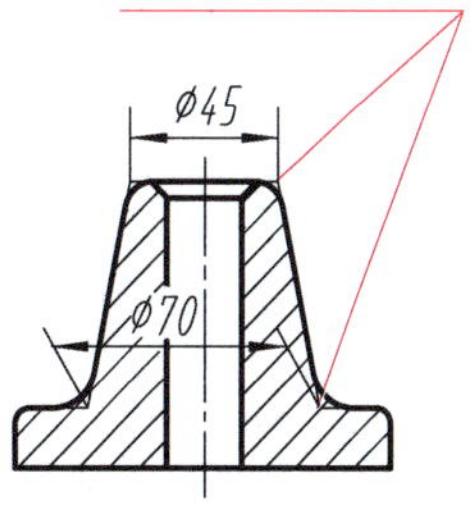

图 1-11　尺寸界线的画法

2．尺寸线

尺寸线表示尺寸的度量方向。尺寸线必须用细实线单独绘制，而不能用图中的任何图线来代替，也不得画在其他图线的延长线上。

线性尺寸的尺寸线应与所标注的线段平行；尺寸线与尺寸线之间、尺寸线与尺寸界线之间应尽量避免相交。因此，在标注尺寸时，应将小尺寸放在里面，大尺寸放在外面，如图 1-12（a）、（b）所示。

在机械图样中，尺寸线终端一般采用箭头的形式，如图 1-12（c）所示。

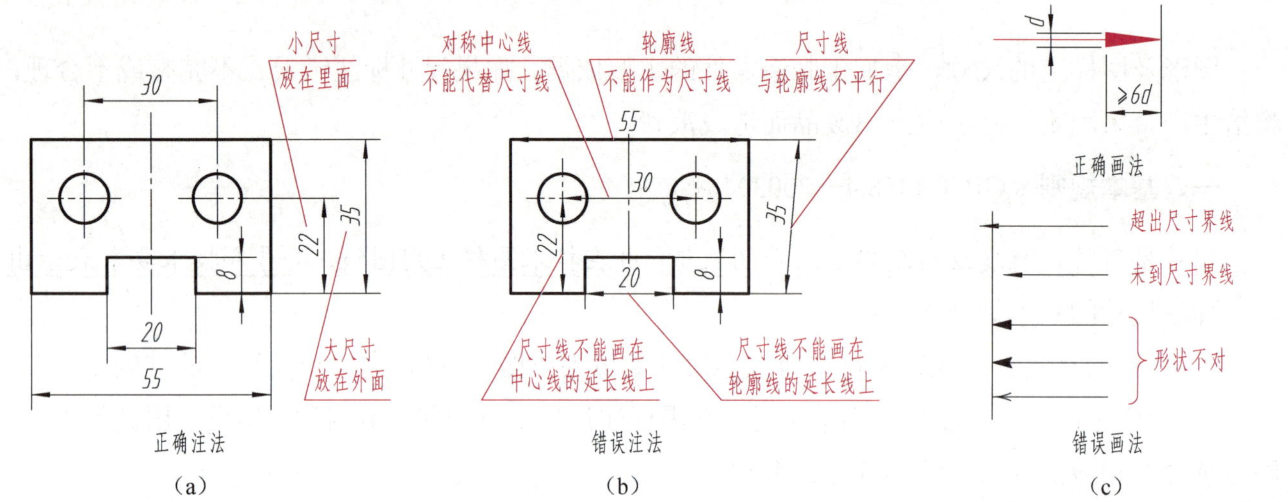

图 1-12　尺寸线的画法

3．尺寸数字

尺寸数字表示零件的实际大小，在图样中一般用 3.5 号标准字体书写。线性尺寸的尺寸数字，一般应填写在尺寸线的上方或中断处，如图 1-13（a）所示；线性尺寸数字的水平书写方向字头朝上、竖直方向字头朝左（倾斜方向要有向上的趋势），并应尽量避免在 30°（网格线）范围内标注尺寸，如图 1-13（b）所示；当无法避免时，可采用引出线的形式标注，如图 1-13（c）所示。

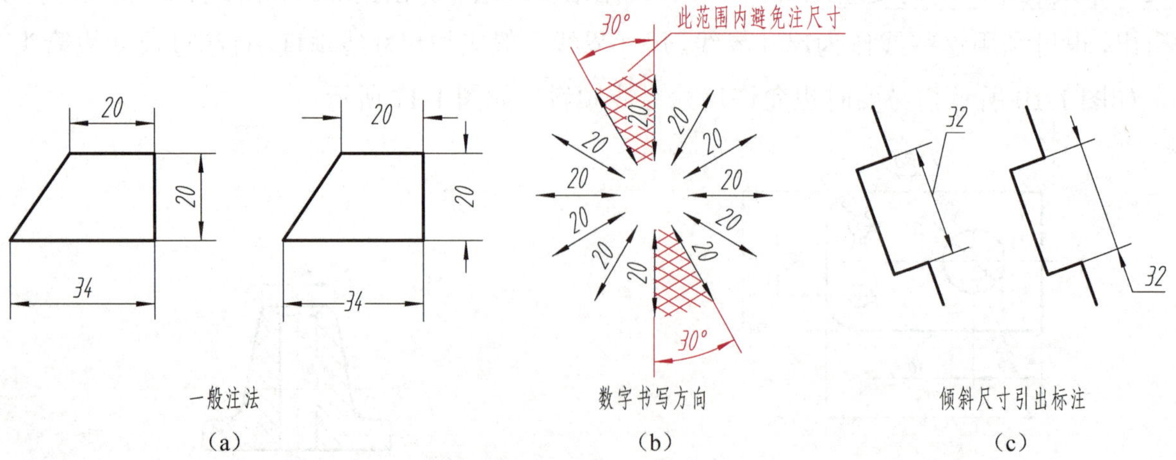

图 1-13　线性尺寸的注写方向

尺寸数字不允许被任何图线所通过，当不可避免时，必须把图线断开，如图 1-14 所示。

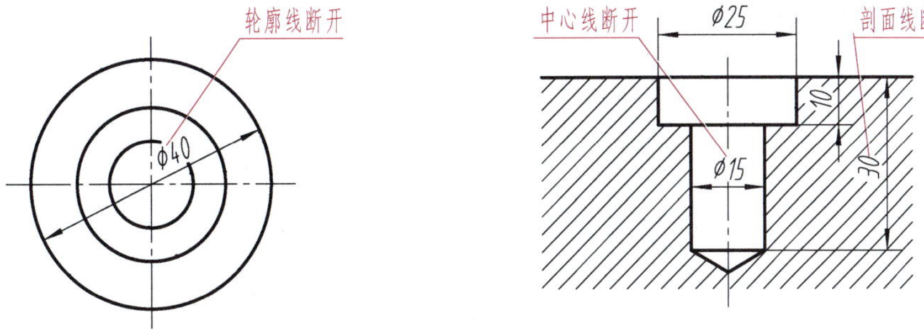

（a）　　　　　　（b）

图 1-14　任何图线不能通过尺寸数字

三、常用的尺寸注法

1．圆、圆弧及球面尺寸的注法

① 标注整圆的直径尺寸时，以圆周为尺寸界线，尺寸线通过圆心，并在尺寸数字前加注直径符号“ *ϕ*”，如图 1-15（a）所示。标注大于半圆的圆弧直径，其尺寸线应画至略超过圆心，只在尺寸线一端画箭头指向圆弧，如图 1-15（b）所示。

② 标注小于或等于半圆的圆弧半径时，尺寸线应以圆心出发引向圆弧，只画一个箭头，并在尺寸数字前加注半径符号“*R*”，且尺寸线必须通过圆心，如图 1-15（c）所示。

③ 当圆弧的半径过大或在图纸范围内无法标出圆心位置时，可采用折线的形式标注，如图 1-15（d）所示。当不需标出圆心位置时，则尺寸线只画靠近箭头的一段，如图 1-15（e）所示。

④ 标注球面的直径或半径时，应在尺寸数字前加注球直径符号“*S ϕ*”或球半径符号“*SR*”，如图 1-15（f）所示。

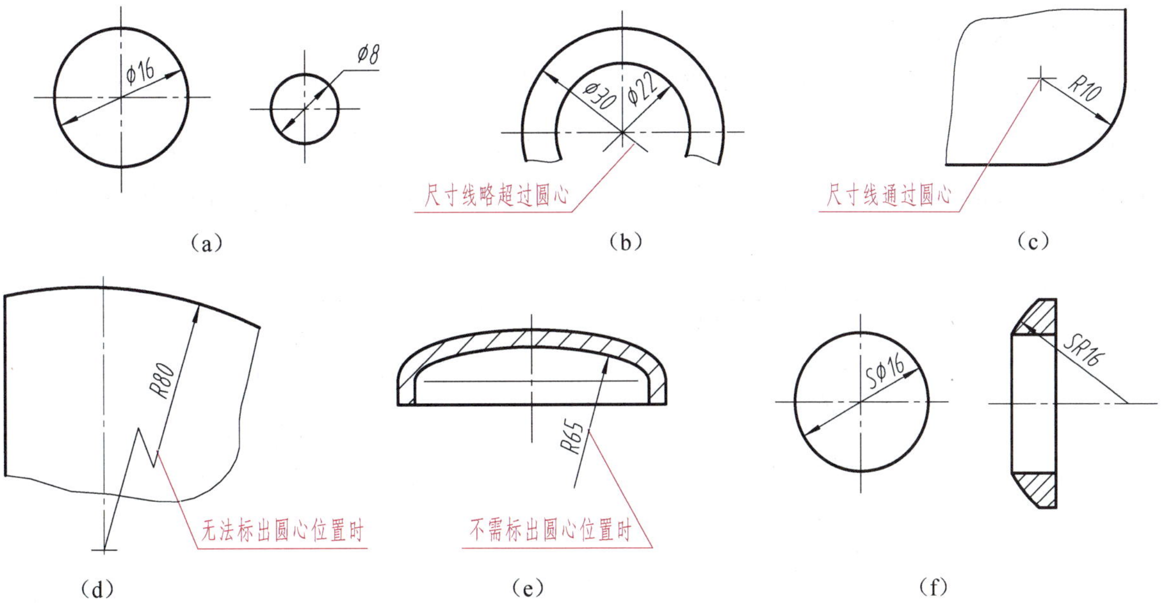

图 1-15　圆、圆弧及球面尺寸的标注

2．角度尺寸的注法

标注角度尺寸的尺寸界线，应沿径向引出，尺寸线是以角度顶点为圆心的圆弧。角度的数字，一律写成水平方向，角度尺寸一般注在尺寸线的中断处，必要时可以写在尺寸线的上方或外面，也可引出标注，如图 1-16 所示。

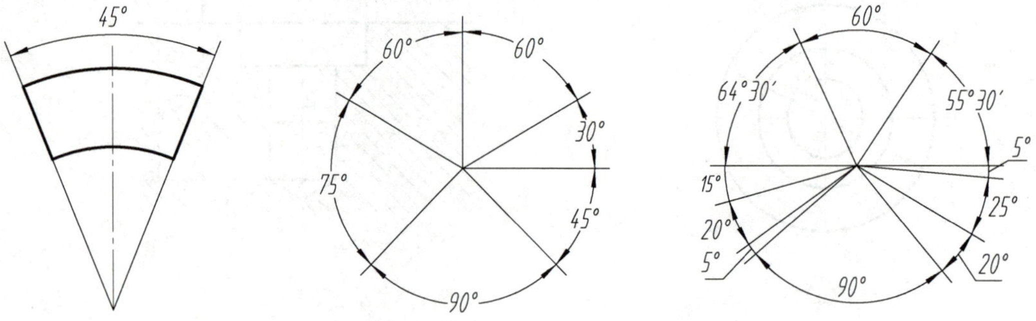

（a）（b）（c）

图 1-16 角度尺寸的标注

3．小尺寸的注法

标注一连串的小尺寸时，可用小圆点或短斜线代替箭头，但最外两端箭头仍应画出。当直径或半径尺寸较小时，箭头和数字都可以布置在外面，如图 1-17 所示。

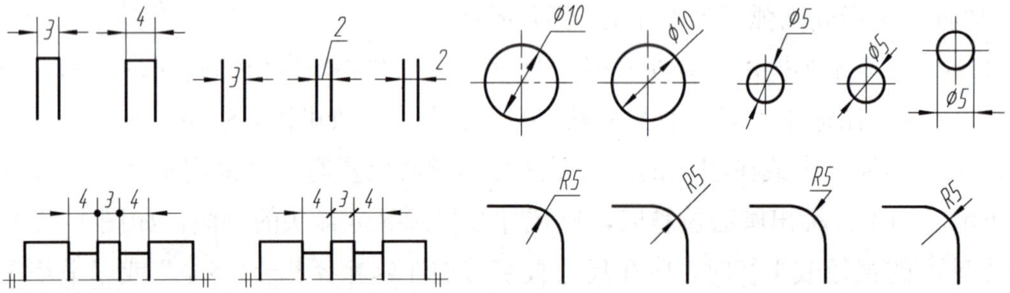

图 1-17 小尺寸的注法

4．对称图形的尺寸注法

对于对称图形，应把尺寸标注为对称分布，如图 1-18（a）中的尺寸 22、14；当对称图形只画出一半或略大于一半时，尺寸线应略超过对称中心线或断裂处的边界线，此时仅在尺寸线的一端画出箭头，如图 1-18（a）中的尺寸 36、44、 ϕ10。相关错误注法如图 1-18（b）所示。

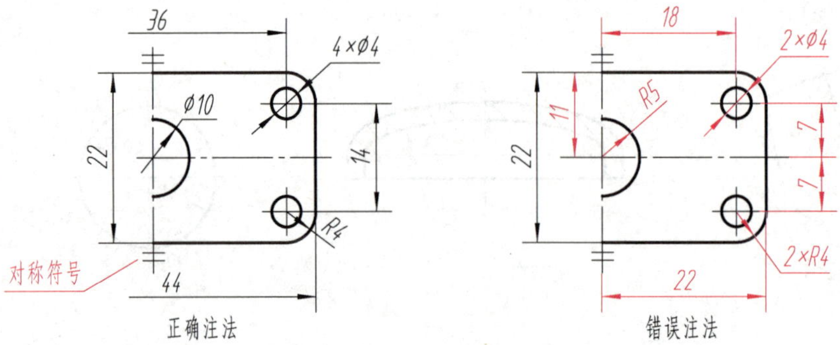

（a）（b）

图 1-18 对称图形的尺寸标注

四、常用的符号和缩写词（GB/T 4458.4—2003）

标注尺寸时，应尽可能使用符号和缩写词。常用的符号和缩写词见表 1-5。

表 1-5　常用的符号和缩写词（摘自 GB/T 4458.4—2003）

名　称	符号或缩写词	名　称	符号或缩写词	名　称	符号或缩写词
直　径	ϕ	厚　度	t	沉孔或锪平	⌴
半　径	R	正方形	□	埋头孔	⌵
球直径	$S\phi$	45°倒角	C	均　布	EQS
球半径	SR	深　度	↧	弧　长	⌒

注：正方形、深度、沉孔或锪平、埋头孔、弧长等符号的线宽为 h/10，符号高度为 h（h 为图样中字体高度）。

第三节　几何作图

机件的轮廓形状是多种多样的，但它们基本上是由直线、圆、圆弧及其他平面曲线所组成的几何图形。掌握几何图形的作图方法，是正确绘制工程图样的重要基础之一。

一、等分圆周和作正多边形

1．三角板与丁字尺配合作正六边形

【例 1-1】　用 30°～60°三角板和丁字尺配合，作圆的内接正六边形。

作图步骤

①过点 A，用 60° 三角板画斜边 AB；过点 D，画斜边 DE，如图 1-19（a）所示。

②翻转三角板，过点 D 画斜边 CD；过点 A 画斜边 AF，如图 1-19（b）所示。

③用丁字尺连接两水平边 BC、FE，即得圆的内接正六边形，如图 1-19（c）、（d）所示。

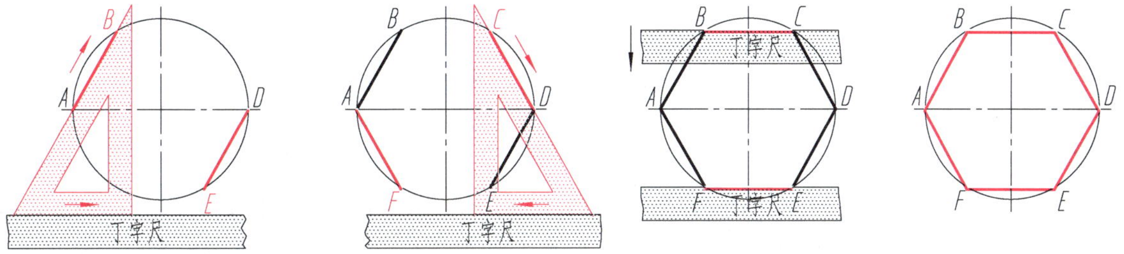

（a）　　（b）　　（c）　　（d）

图 1-19　用三角板和丁字尺配合作正六边形

2．用圆规作圆的内接正三（六）边形

【例 1-2】　用圆规作圆的内接正六边形。

作图步骤

① 以点 B 为圆心，R 为半径作弧，交圆周得 E、F 两点，如图 1-20（a）所示。

② 依次连接 D→E→F→D 各点，即得到圆的内接正三边形，如图 1-20（b）所示。

③ 若作圆的内接正六边形，则再以点 D 为圆心、R 为半径画弧，交圆周得 H、G 两点，如图 1-20（c）所示。

④ 依次连接 D→H→E→B→F→G→D 各点，即得到圆的内接正六边形，如图 1-20（d）所示。

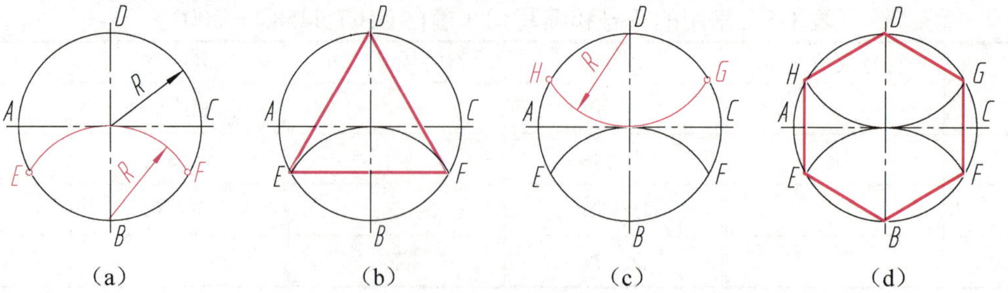

图 1-20　用圆规作圆的内接正三（六）边形

二、圆弧连接

用一已知半径的圆弧，光滑地连接相邻两线段（直线或圆弧），称为圆弧连接。要使连接是“光滑”的连接，就必须使线段与线段在连接处相切。因此，作图时必须先求出连接圆弧的圆心和确定切点的位置。

1．圆与直线相切的作图原理

若半径为 R 的圆，与已知直线 AB 相切，其圆心轨迹是与 AB 直线相距 R 的一条平行线。自圆心 O 向 AB 直线所作垂线的垂足即切点，如图 1-21 所示。

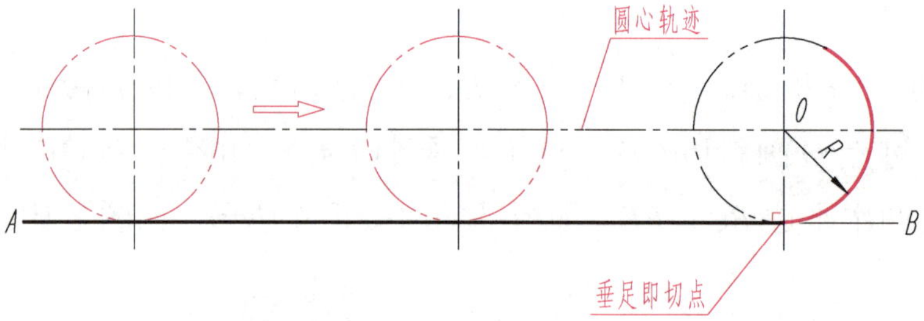

图 1-21　圆与直线相切

2．圆与圆相切的作图原理

若半径为 R 的圆，与已知圆（圆心为 O_1，半径为 R_1）相切，其圆心 O 的轨迹是已知圆的同心圆。同心圆的半径根据相切情况分为：

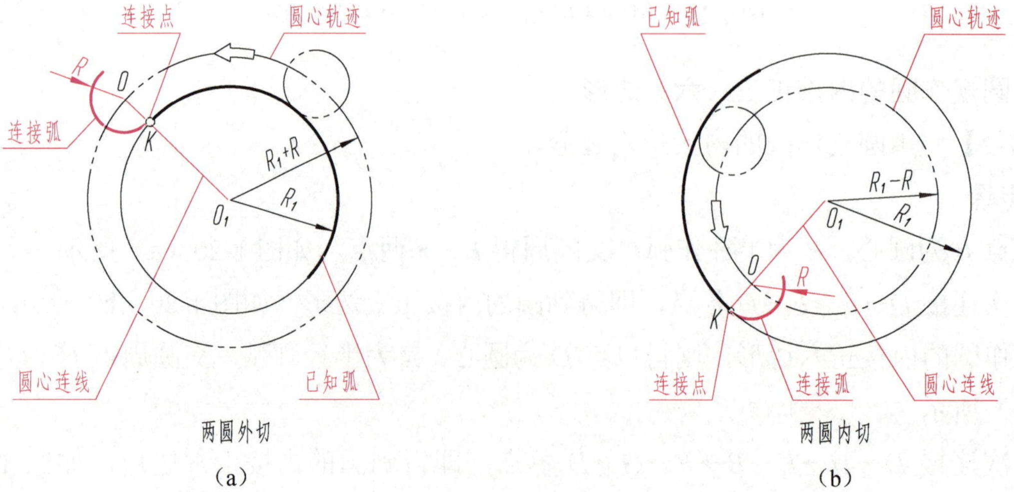

图 1-22　圆与圆相切

——两圆外切时，为两圆半径之和（R_1+R），如图 1-22（a）所示。

——两圆内切时，为两圆半径之差$|R_1-R|$，如图 1-22（b）所示。

两圆相切的切点，为两圆的圆心连线与已知圆弧的交点。

3. 圆弧连接的作图步骤

根据圆弧连接的作图原理可知，圆弧连接的作图步骤如下：

① 求连接弧的圆心。

② 定出切点的位置。

③ 准确地画出连接圆弧。

【例 1-3】 如图 1-23（a）所示，用半径为 R 的圆弧，连接钝角的两边。

作图步骤

① 求连接弧圆心。分别画出与两已知直线 L_1 和 L_2 相距为 R 的平行线，得交点 O，即为连接弧（半径为 R）的圆心，如图 1-23（b）所示。

② 定切点。自点 O 分别向 L_1 及 L_2 作垂线，得垂足 N 和 M，即为切点，如图 1-23（c）所示。

③ 画连接弧。以 O 为圆心、R 为半径，自点 M 至 N 画圆弧，即完成作图，如图 1-23（d）所示。

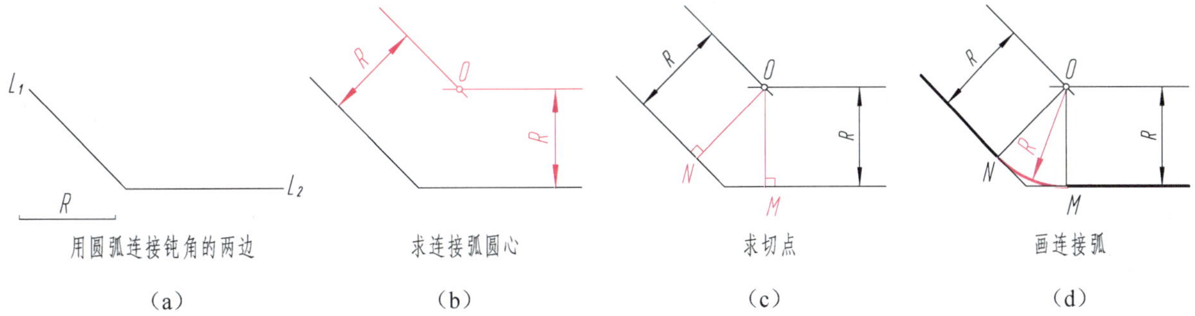

图 1-23　用圆弧连接钝角的两边

【例 1-4】 如图 1-24（a）所示，用圆弧连接直角的两边。

作图步骤

① 以角顶为圆心、R 为半径，交两直角边于 M、N，如图 1-24（b）所示。

② 分别以 M、N 为圆心，R 为半径画弧，两圆弧的交点 O 即为连接弧圆心，如图 1-24（c）

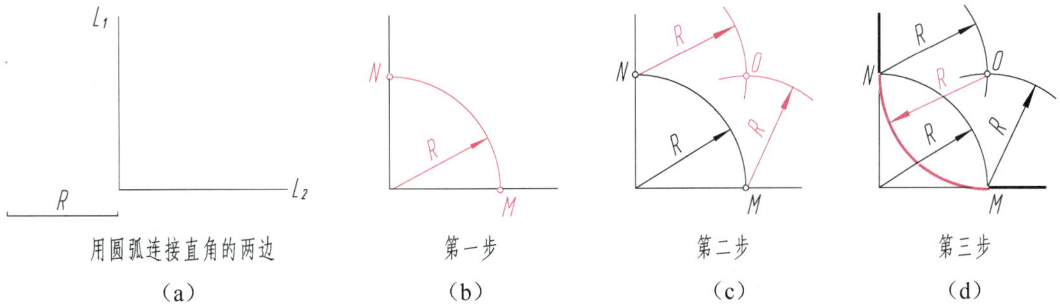

图 1-24　用圆弧连接直角的两边

所示。

③以 O 为圆心、R 为半径，在 M、N 之间画连接弧，即完成作图，如图 1-24（d）所示。

【例 1-5】 如图 1-25（a）所示，用半径为 R 的圆弧，连接已知直线 AB 和半径为 R_1 的圆弧。

作图步骤

① 求连接弧圆心。作与已知直线 AB 相距为 R 的平行线；再以已知圆弧（半径 R_1）的圆心 O_1 为圆心，R_1+R 为半径画弧，此弧与所作平行线的交点 O，即为连接弧（半径 R）的圆心，如图 1-25（b）所示。

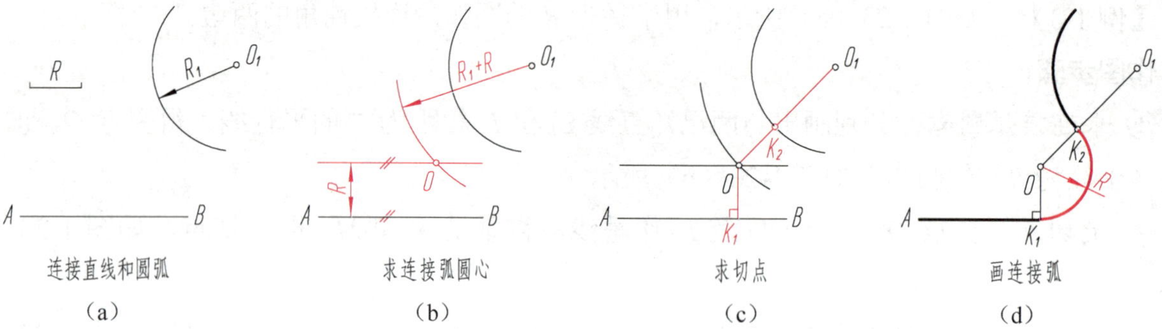

图 1-25 用圆弧连接直线和圆弧

② 定切点。自点 O 向 AB 作垂线，得垂足 K_1；再作两圆心连线 O_1O，与已知圆弧（半径 R_1）相交于点 K_2，则 K_1、K_2 即为切点，如图 1-25（c）所示。

③ 画连接弧。以点 O 为圆心，R 为半径，自点 K_2 至 K_1 画圆弧，即完成作图，如图 1-25（d）所示。

【例 1-6】 如图 1-26（a）所示，用半径为 R 的圆弧与两已知圆弧外切。

作图步骤

① 求连接弧圆心。分别以（R_1+R）及（R_2+R）为半径，O_1、O_2 为圆心，画弧交于点 O（即连接弧圆心），如图 1-26（b）所示。

② 定切点。连 OO_1 与已知弧交于 M，连 OO_2 与已知弧交于 N（M、N 即切点），如图 1-26（c）所示。

③ 画连接弧。以点 O 为圆心，R 为半径画圆弧，连接两已知圆弧于 M、N，即完成作图，如图 1-26（d）所示。

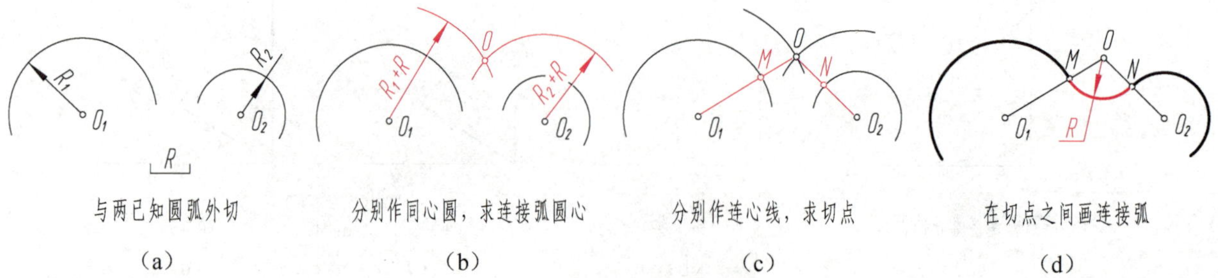

图 1-26 圆弧与两圆弧外切

【例 1-7】　如图 1-27（a）所示，用半径为 R 的圆弧，与两已知圆弧内切。

作图步骤

① 求连接弧圆心。分别以 O_1、O_2 为圆心，$|R-R_1|$ 和 $|R-R_2|$ 为半径画弧，得交点 O，即为连接弧的圆心，如图 1-27（b）所示。

② 定切点。作 OO_1、OO_2 的延长线，与两已知圆弧分别交于点 M、N，则 M、N 即为切点，如图 1-27（c）所示。

③ 画连接弧。以 O 为圆心，R 为半径，自点 M 至 N 画圆弧，即完成作图，如图 1-27（d）所示。

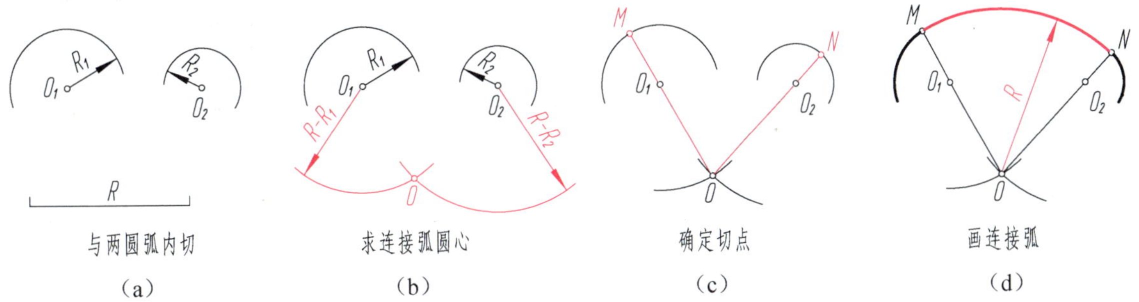

图 1-27　与两已知圆弧同时内切

三、斜度和锥度

1．斜度（GB/T 4096.1—2022、GB/T 4458.4—2003）

两指定楔体截面相对于任一楔体平面的高度 H 和 h 之差与其之间的投影距离 L 之比，称为斜度，用代号“S”表示。可以把斜度简单理解为一个平面（或直线）对另一个平面（或直线）倾斜的程度，如图 1-28 所示。

如最大棱体高 H 与最小棱体高 h 之差，对棱体长度 L 之比，用关系式表示为：

$$S=\frac{H-h}{L}=\tan\beta$$

通常把比例的前项化为 1，以简单分数 1∶n 的形式来表示斜度。

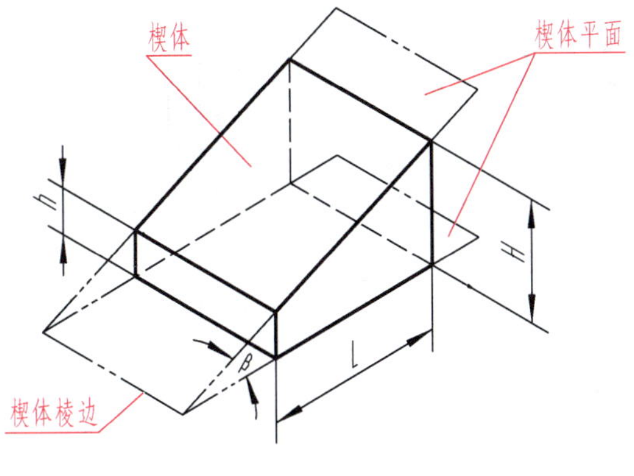

图 1-28　斜度的概念

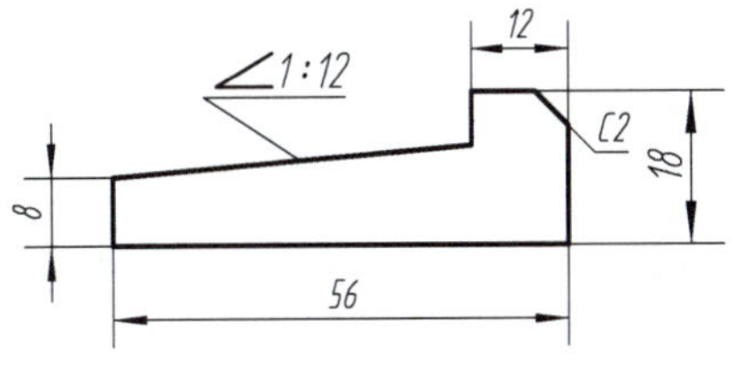

图 1-29　楔键

【例 1-8】　画出图 1-29 所示楔键的图形。

作图步骤

① 根据图 1-29 中的尺寸，画出已知的直线部分。

② 过点 A，按 1∶12 画出直角三角形，求出斜边 A、C，如图 1-30（a）所示。

③ 过已知点 E，作 A、C 的平行线，如图 1-30（b）所示。

④ 描深加粗楔键图形，标注斜度符号，即完成作图，如图 1-30（c）所示。

斜度符号的底线应与基准面（线）平行，符号的尖端方向应与斜面的倾斜方向一致。斜度符号的画法，如图 1-30（d）所示。

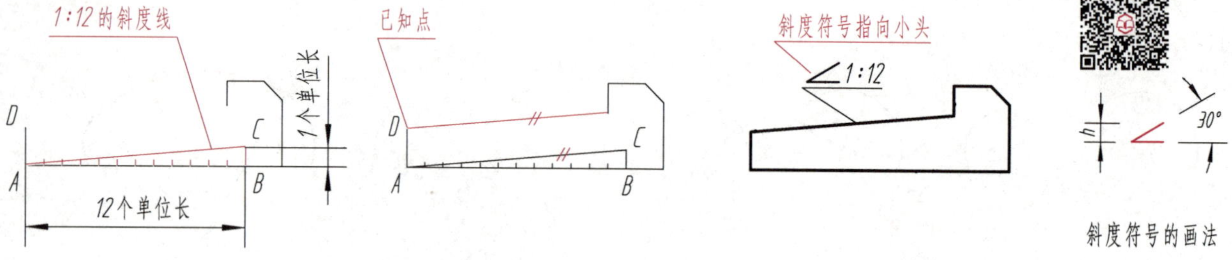

（a）（b）（c）（d）

图 1-30　楔键斜度的画法及标注

2．**锥度**（GB/T 157—2001、GB/T 4458.4—2003）

两个垂直圆锥轴线的圆锥直径差与该两截面间的轴向距离之比，称为锥度，代号为“C”。可以把锥度简单理解为圆锥底圆直径与锥高之比，如图 1-31 所示。

由图 1-31 可知，α 为圆锥角，D 为最大端圆锥直径，d 为最小端圆锥直径，L 为圆锥长度，即

$$C=\frac{D-d}{L}=2\tan(\frac{\alpha}{2})$$

与斜度的表示方法一样，通常也把锥度的比例前项化为 1，写成 1∶n 的形式。

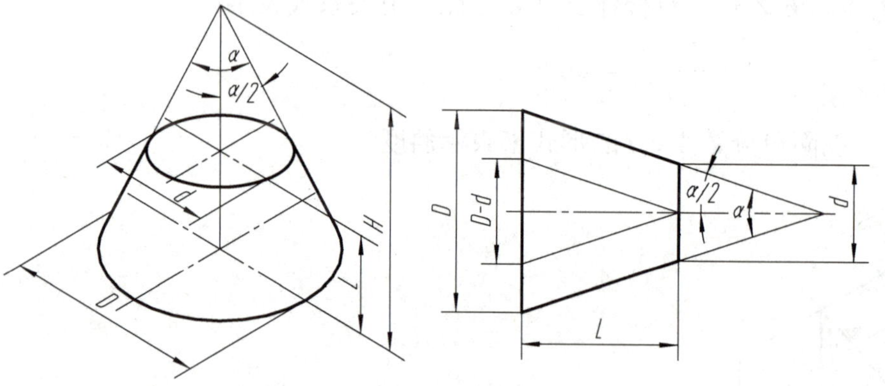

（a）（b）

图 1-31　锥度的概念

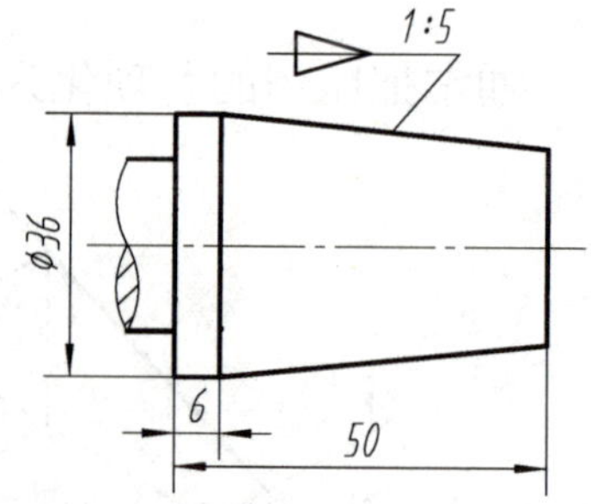

图 1-32　锥度图例

【例 1-9】　画出图 1-32 所示具有 1∶5 锥度的图形。

作图步骤

① 根据图 1-32 中的尺寸，画出已知的直线部分。

② 任意确定等腰三角形的底边 AB 为 1 个单位长度，高为 5 个单位长度，画出等腰三角形

ABC，如图 1-33（a）所示。

③ 分别过已知点 *D*、*E*，作 *AC* 和 *BC* 的平行线，如图 1-33（b）所示。

④ 描深加粗图形，标注锥度代号，即完成作图，如图 1-33（c）所示。

标注锥度时用引出线从锥面的轮廓线上引出，锥度符号的尖端指向锥度的小头方向。锥度符号的画法，如图 1-33（d）所示。

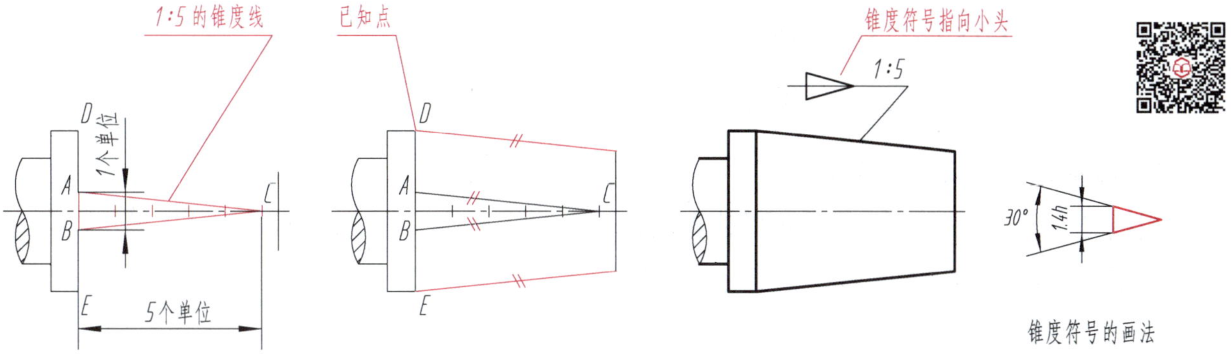

（a）　（b）　（c）　（d）

图 1-33　锥度的画法及标注

四、椭圆的近似画法

椭圆是常见的非圆曲线。已知椭圆长轴和短轴，可用四心近似画法画出椭圆。

【例 1-10】　已知椭圆长轴 *AB* 和短轴 *CD*，用四心近似画法画椭圆。

作图步骤

① 连 *AC*；以 *O* 为圆心，*OA* 为半径画弧得点 *E*；再以点 *C* 为圆心，*CE* 为半径画弧得点 *F*，如图 1-34（a）所示。

② 作 *AF* 的垂直平分线，与 *AB* 交于点 1，与 *CD* 交于点 2；量取 1、2 两点的对称点 3 和 4（1、2、3、4 点即圆心），如图 1-34（b）所示。

③ 连接点 23、点 34、点 41 并延长，得到一菱形，如图 1-34（c）所示。

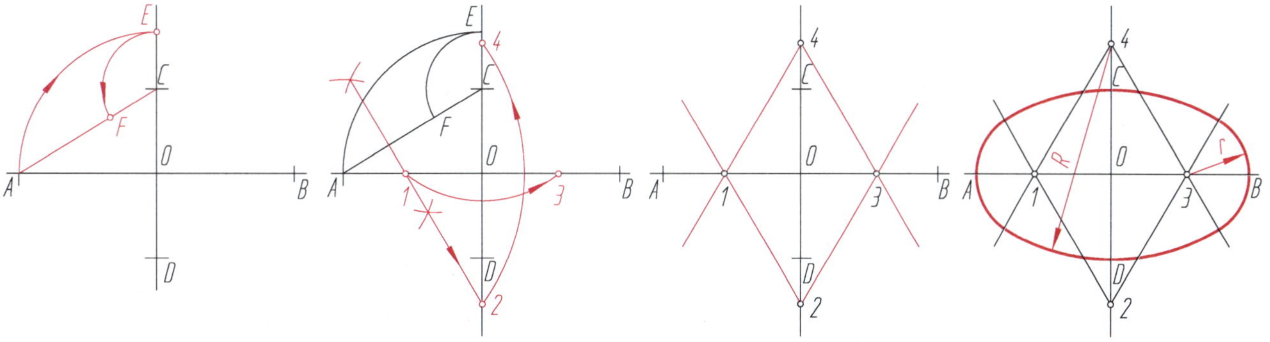

（a）　（b）　（c）　（d）

图 1-34　四心近似画法画椭圆

④ 分别以点 2、点 4 为圆心，*R*（*R*=2*C*=4*D*）为半径画弧，与菱形的延长线相交，即得两段大圆弧；再分别以点 1、点 3 为圆心，*r*（*r*=1*A*=3*B*）为半径画弧，与所画的大圆弧连接，即得到

近似椭圆（实为扁圆），如图 1-34（d）所示。

第四节　手工绘图技术

对于工程技术人员来说，要熟练地掌握相应的绘图技术。这里所说的绘图技术，包括尺规绘图技术（借助于绘图工具和仪器绘图）、徒手绘图技术和计算机绘图技术。本节主要介绍手工绘图（即尺规绘图和徒手绘图）的基本方法。

一、常用的绘图工具及其使用方法

1. 图板、丁字尺、三角板

图板是用作画图的垫板，表面平整光洁，棱边光滑平直。左、右两侧为工作导边。

丁字尺由尺头和尺身组成，尺身上有刻度的一边为工作边，用于绘制水平线。使用时，将尺头内侧紧靠图板的左侧导边上下移动，沿尺身上边可画出一系列水平线，如图 1-35 所示。

三角板由 45°和 30°～60°的两块组成一副。将三角板和丁字尺配合使用，可画垂直线和与水平线成特殊角度的倾斜线，如图 1-36 所示。

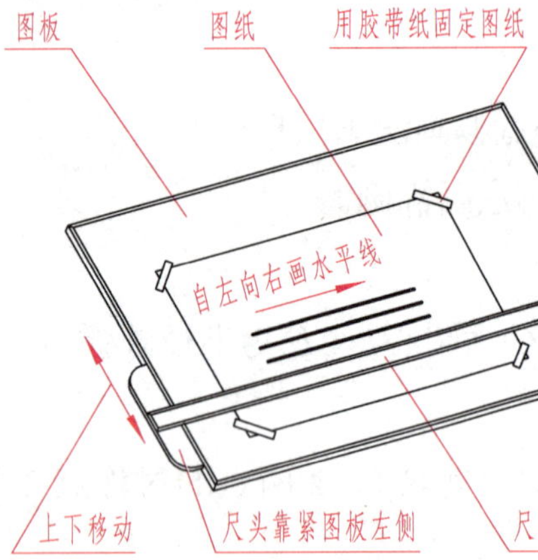

图 1-35　利用丁字尺画水平线

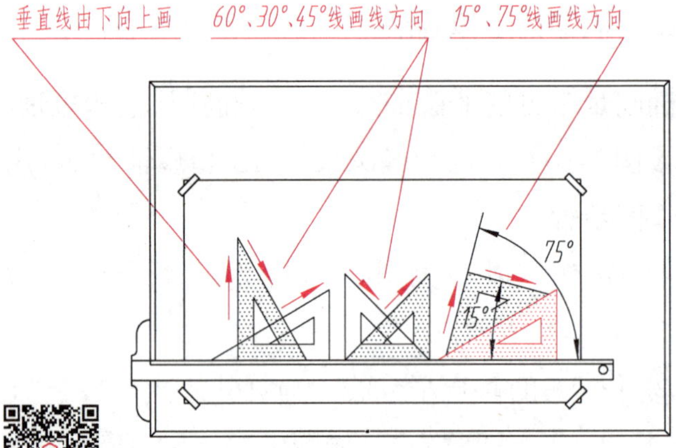

图 1-36　三角板和丁字尺配合使用

如将两块三角板配合使用，可以画出已知直线的平行线和垂直线，如图 1-37（a）、（b）所示；利用一副三角板，还可以画出任意方向的垂直线，如图 1-37（c）、（d）所示。

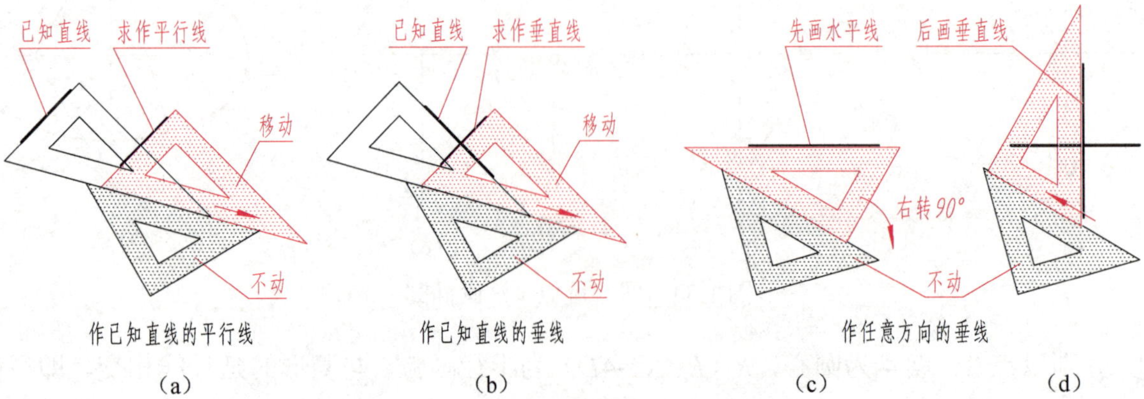

图 1-37　作已知直线的平行线和垂直线

2．圆规和分规

圆规是画圆及圆弧的工具。使用前应先调整针脚，使针尖稍长于铅芯，如图 1-38 所示；圆规上铅芯的削法如图 1-39 所示。画图时，先将两腿分开至所需的半径尺寸，借左手食指把针尖放在圆心位置；转动时用的力和速度都要均匀，并使圆规向转动方向稍微倾斜，如图 1-40 所示。

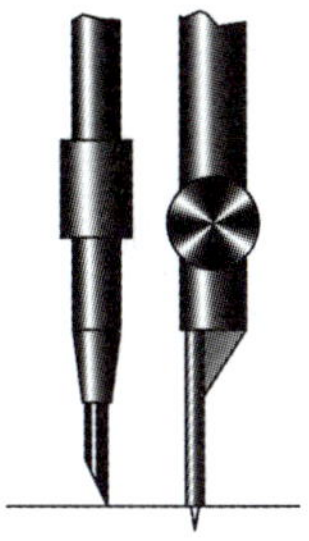

图 1-38　钢针与铅芯

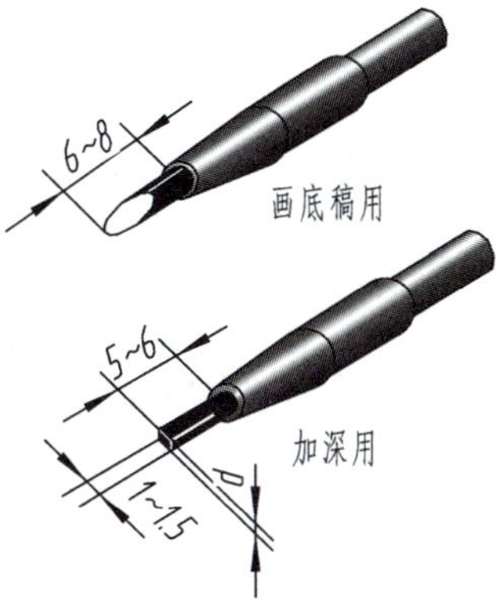

图 1-39　铅芯的削法

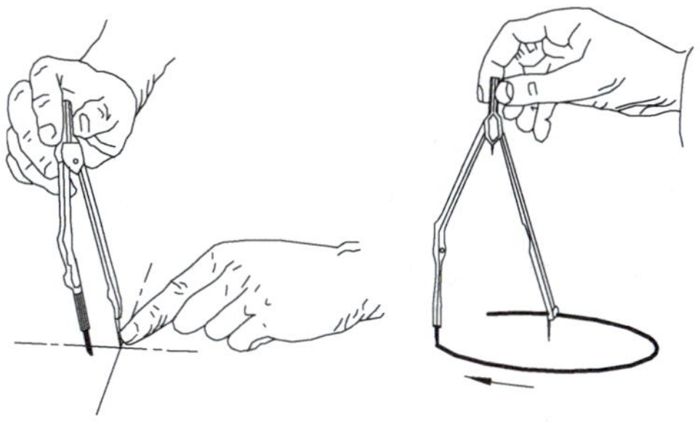

图 1-40　圆规的用法

分规是用来量取尺寸和等分线段或圆周的工具。分规的两条腿均安有钢针，当两条腿并拢时，分规的两个针尖应对齐，如图 1-41（a）所示。调整分规两脚间距离的手法，如图 1-41（b）所示。分规的使用方法，如图 1-41（c）所示。

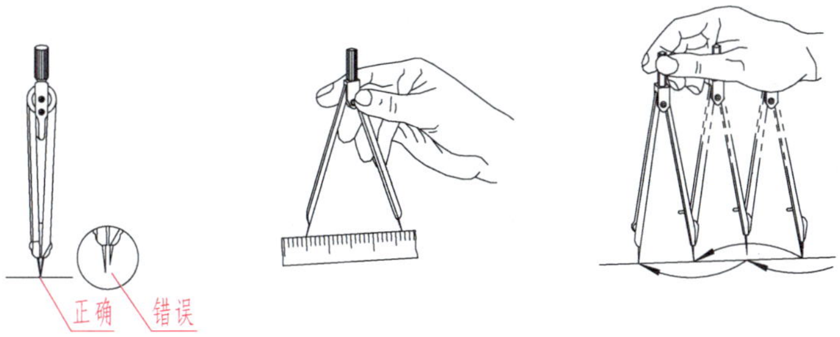

（a）　（b）　（c）

图 1-41　分规及其用法

3．铅笔

绘图铅笔的铅芯有软硬之分，用代号 H、B 和 HB 来表示。B 前的数字愈大，表示铅芯愈软，绘出的图线颜色愈深；H 前的数字愈大，表示铅芯愈硬；HB 表示铅芯软硬适中。

画粗实线常用 2B 或 B 的铅笔；画细实线、细虚线、细点画线和写字时，常用 H 或 HB 的铅笔；画底稿线常用 2H 的铅笔。

铅笔应从没有标号的一端开始使用，以便保留铅芯软硬的标号。画粗实线时，应将铅芯磨成铲形（扁平四棱柱），如图 1-42（a）所示。画其余的线型时应将铅芯磨成圆锥形，如图 1-42（b）所示。

二、尺规图的绘图方法

图样中的图形都是由各种线段连接而成的，这些线段之间的相对位置和连接关系，靠给定的

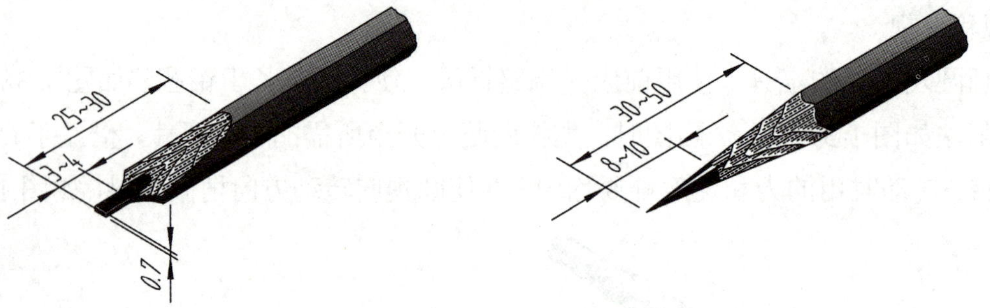

（a）　　　　　　　　（b）

图 1-42　铅笔的削法

尺寸来确定。借助于绘图工具绘图时，首先要分析尺寸和线段之间的关系，然后才能顺利地完成作图。尺规作图的方法和步骤如下。

1．尺寸分析

平面图形中的尺寸，按其作用可分为两类。

（1）定形尺寸　确定平面图形上几何元素形状大小的尺寸称为定形尺寸。例如，线段长度、圆及圆弧的直径和半径、角度大小等。如图 1-43 中的 ϕ16、*R*12、*R*35、*R*25、*R*85、*R*18 等，均属于定形尺寸。

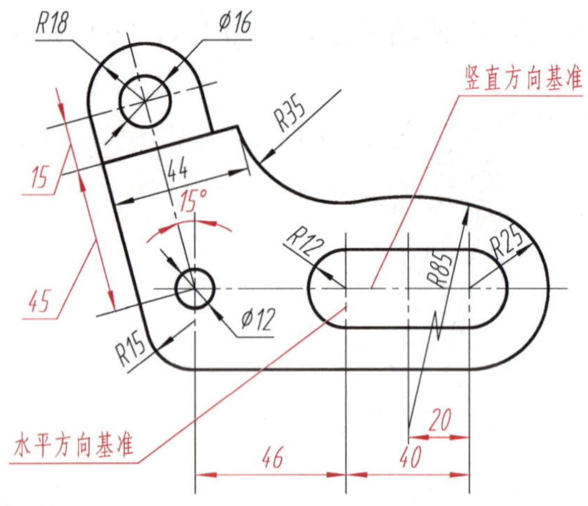

图 1-43　转动导架的尺寸和线段分析

（2）定位尺寸　确定几何元素位置的尺寸称为定位尺寸。如图 1-43 中的 20、40、44、15°、45、15 等，均属于定位尺寸。

（3）尺寸基准　标注定位尺寸时的起点，称为尺寸基准。平面图形有长和高两个方向，每个方向至少应有一个尺寸基准。通常以图形的对称中心线、较长的底线或边线作为尺寸基准。如图 1-43 中注有 *R*12 长圆形的一对对称中心线，分别是水平方向和竖直方向的尺寸基准。

2．线段分析

平面图形中的线段（这里只讲圆弧），根据其定位尺寸的完整与否，可分为以下三类：

（1）已知弧　给出半径大小及圆心在两个方向的定位尺寸的圆弧，称为已知弧。如图 1-43 中的 ϕ16、ϕ12 圆，*R*12、*R*25、*R*18 圆弧。

（2）中间弧　给出半径大小及圆心一个方向的定位尺寸的圆弧，称为中间弧。如图 1-43 中的 *R*85 圆弧。

（3）连接弧　已知圆弧半径而无圆心定位尺寸的圆弧，称为连接弧。如图 1-43 中的 *R*15、*R*35 的圆弧。

在作图时，由于已知弧有两个定位尺寸，故可直接画出；而中间弧虽然缺少一个定位尺寸，但它总是和一个已知线段相连接，利用相切的条件便可画出；连接弧则由于缺少两个定位尺寸，因此，唯有借助于它和已经画出的两条线段的相切条件才能画出来。

> 提示：手工画图时，应先画已知弧，再画中间弧，最后画连接弧。

3．绘图步骤

（1）绘图准备　确定比例→选择图幅→固定图纸→画出图框、对中符号和标题栏。

（2）绘制底稿　合理、匀称地布图，画出基准线和定位线，如图 1-44（a）所示→先画已知弧，如图 1-44（b）所示→再画中间弧，如图 1-44（c）所示→最后画连接弧，如图 1-44（d）所示。

绘制底稿时，图线要清淡、准确，并保持图面整洁。

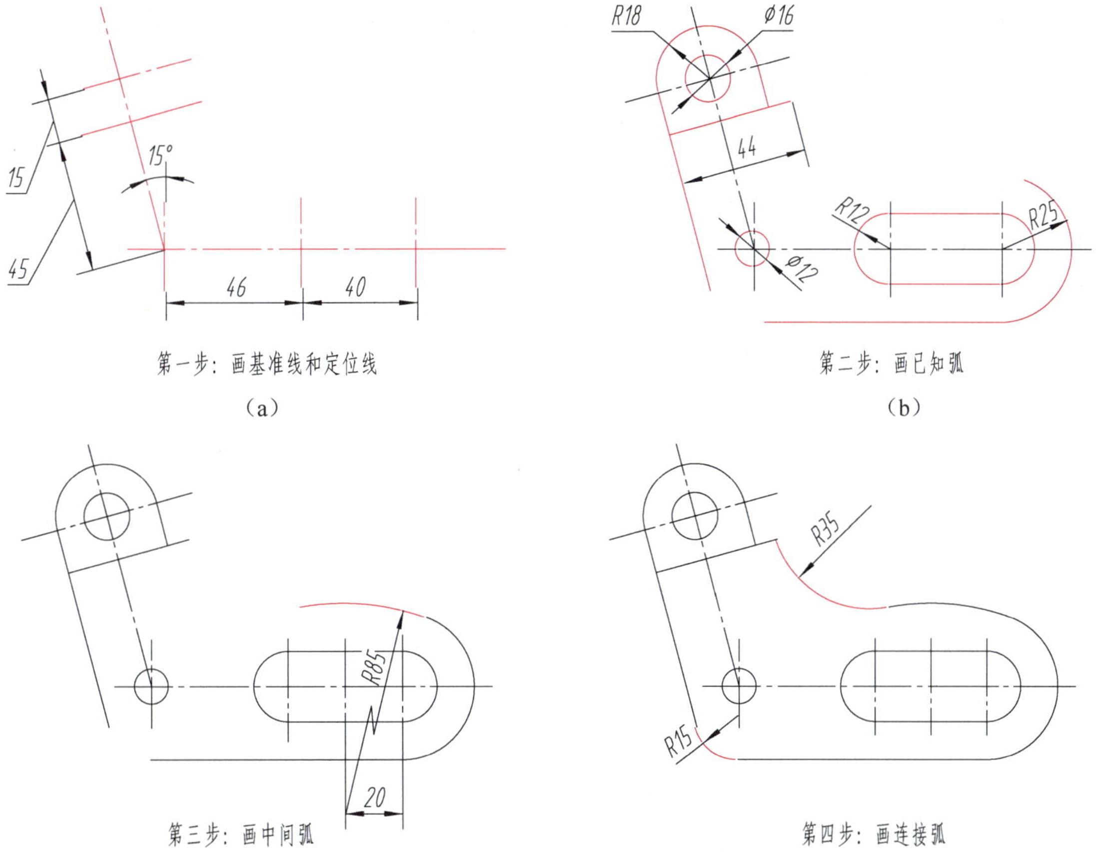

第一步：画基准线和定位线

（a）

第二步：画已知弧

（b）

第三步：画中间弧

（c）

第四步：画连接弧

（d）

图 1-44　画底稿的步骤

（3）加深描粗　加深描粗前，要全面检查底稿，修正错误，擦去画错的线条及作图辅助线。加深描粗要注意以下几点。

① 先粗后细。先加深全部粗实线，再加深全部细虚线、细点画线及细实线等。

② 先曲后直。在加深同一种线（特别是粗实线）时，应先画圆弧或圆，后画直线。

③ 先水平，后垂斜。先用丁字尺自上而下画出水平线，再用三角板自左向右画出垂直线，最后画倾斜的直线。

④ 标注尺寸，填写标题栏。此步骤可将图纸从图板上取下来进行。

提示：加深描粗时，应尽量使同类图线粗细、浓淡一致，连接光滑，图面整洁。

三、徒手画图的方法

徒手画出的图也称草图。它是以目测估计图形与实物的比例，按一定画法要求徒手（或部分使用绘图仪器）绘制的图。草图是工程技术人员交流、记录、构思、创作的有力工具，徒手画图是工程技术人员必须掌握的一项基本技能。

与尺规绘图一样，徒手绘图基本上也应做到：图形正确、比例匀称、线型分明、图面整洁、字体工整。

开始练习徒手绘图时，可先在方格纸上进行，这样较容易控制图形的大小比例。尽量让图形中的直线与分格线重合，以保证所画图线的平直。一般选用 HB 或 B 铅笔，铅芯磨成圆锥形。画可见轮廓线时，铅芯应磨得较钝，画细点画线和尺寸线时，铅芯应磨得较尖。

画图的基本方法如下。

1. 直线的画法

徒手画直线时，执笔要自然，手腕抬起，不要靠在图纸上，眼睛应朝着前进的方向，注意画线的终点。同时，小手指可轻轻与纸面接触，以作为支点，使运笔平稳。

短直线应一笔画出，长直线则可分段相接而成；画水平线时，为方便起见，可将图纸稍微倾斜放置，从左到右画出；画垂直线时，由上向下较为顺手。画斜线时，最好将图纸转动一个适宜运笔的角度，一般是稍向右上方倾斜，为了防止发生偶然性的笔误，斜线画好后，要马上把图纸转回到原来的位置。图 1-45 表示水平线、垂直线、斜线的画法。

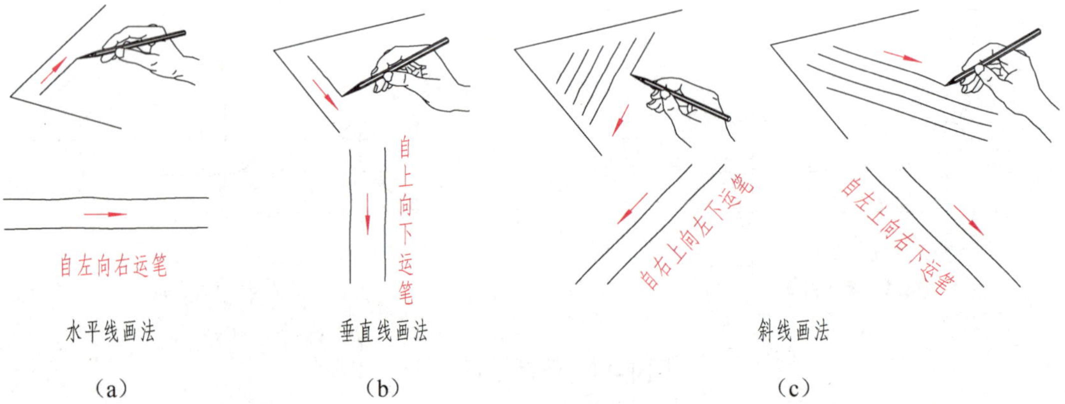

图 1-45　徒手画直线的手势

2. 圆的画法

画小圆时，先定圆心，画出相互垂直的两条中心线，再按半径目测在中心线上定出四个点，然后过四点分两半画出，如图 1-46（a）所示；画较大的圆时，可增加两条斜线，在斜线上再根据半径目测定出四个点，然后分段画出，如图 1-46（b）所示。

3. 圆角及圆弧连接的画法

画圆角时，先将两直线徒手画成相交，然后目测，在角分线上定出圆心位置，使它与角两边

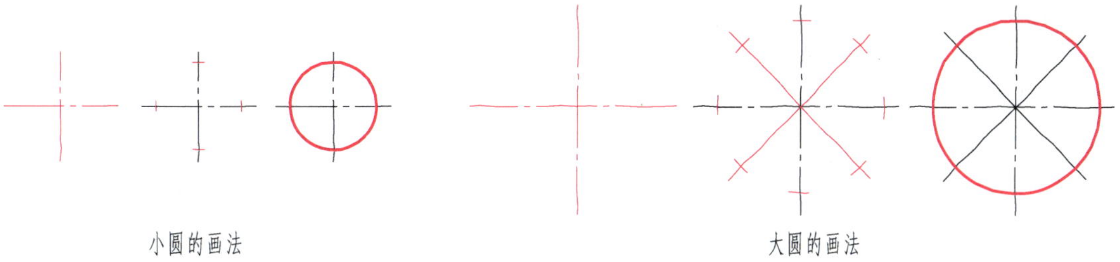

（a）（b）

图 1-46 徒手画圆的方法

的距离等于圆角半径的大小。过圆心向两边引垂线定出圆弧的起点和终点，并在角分线上也定出一圆周点，然后徒手画圆弧把三点连接起来。也可以利用其与正方形相切的特点，画出圆角或圆弧，如图 1-47 所示。

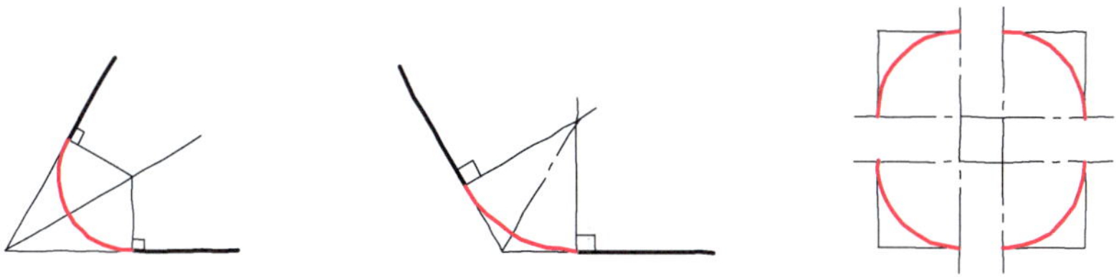

（a）（b）（c）

图 1-47 圆角及圆弧连接的徒手画法

4．椭圆的画法

画椭圆时，先根据长短轴定出四个端点，过四个端点分别作长短轴的平行线，构成一矩形，最后作出与矩形相切的椭圆，如图 1-48（a）所示。也可以先画出椭圆的外接菱形，然后作出椭圆，如图 1-48（b）所示。

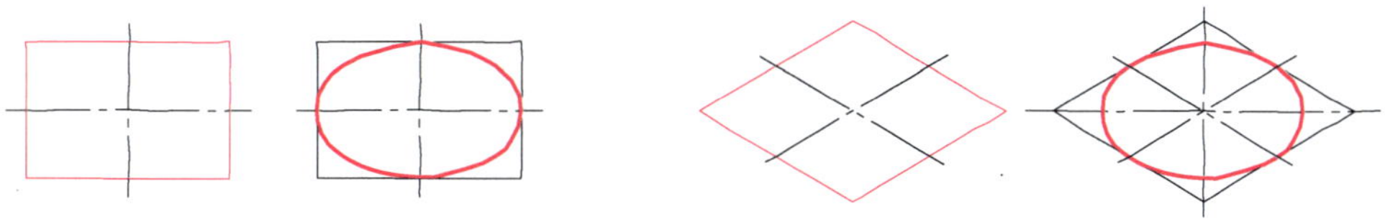

（a）（b）

图 1-48 椭圆的徒手画法

5．常用角度线的画法

画 30°、45°、60°等常见角度，可根据两直角边的比例关系，在两直角边上定出两端点，然后连接而成。若画 10°、15°、75°等角度的斜线，则可先画出 30°的角后，再等分求得，如图 1-49 所示。

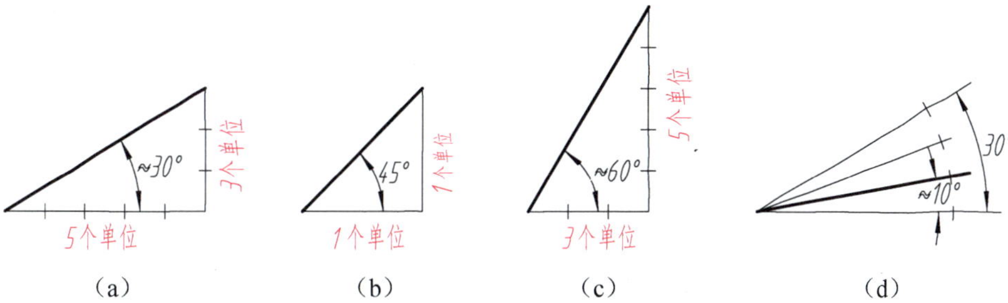

（a）（b）（c）（d）

图 1-49 角度线的徒手画法

素养提升

同学们，当我们刚接触到本门课程的时候，就遇到了一个新名词——标准。标准是指对重复性事物和概念所作的统一规定。技术标准是国家标准中的一项重要内容，有关机械制图的所有标准都包含在其中。国际标准化组织ISO是世界上最大的标准化专门机构。我国是国际标准化组织ISO的重要成员，我国明确提出采用ISO标准并贯彻于技术领域的各个环节。工程类制图标准是应用广泛的基础标准，不仅是工程技术界的共同语言，而且是一切工业标准的基础。

作为初学者，一定要认真地从最基础的内容学起。汉字怎么写，数字、字母怎么写，图线怎么画，铅笔怎么削，都要认真练习，逐步养成认真负责的工作态度和一丝不苟的工作作风。对常用的国家标准和化工专业制图标准，应该牢记于心并能熟练地运用，为使自己能成为工匠奠定坚实的基础。

第二章　投 影 基 础

机械图样是怎么画出来的?怎样才能看懂机械图样呢?本章内容主要介绍机械图样的绘制原理和看图方法，是本门课程的理论基础。通过学习，建立投影法的概念，掌握正投影法的原理、正投影的基本性质和“三等”规律，为学习后续内容奠定基础。

第一节　投影法和视图的基本概念

一、投影的形成

人、物体在阳光或灯光的照射下，会在地面上或墙上产生灰黑色的影子，如图 2-1 所示。

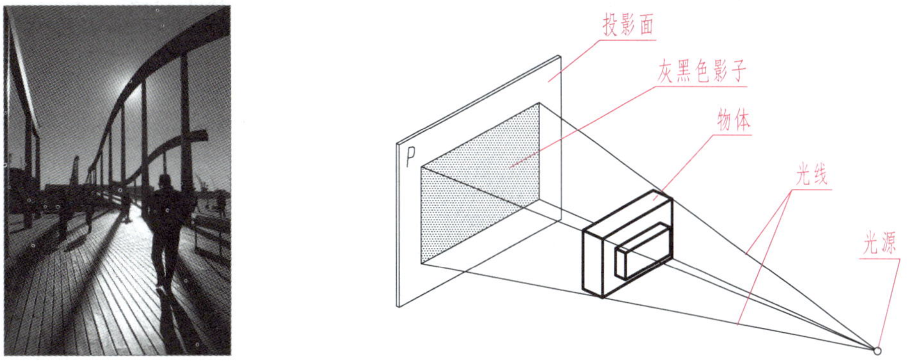

（a）　　　　（b）

图 2-1　影子的形成

形成这种现象应具备以下三个条件。

（1）物体　不同的物体有不同的影子。如人和桌子的影子不可能一样。

（2）光源　同一物体处在同一位置，光源不同，则影子也不同。如早晨和中午看到自己的影子是不一样的。

（3）投影面　同一物体处在同一位置，影子落到不同地方，得到的影子也不一样。如人的影子落在地面上与落在墙面上是不一样的。

二、投影法的基本概念

人们从物体与其影子的几何关系中，经过科学的总结、抽象，逐步形成了投影法。投影法就是在图纸上准确而全面地表达物体形状和大小的基本方法。

投射线通过物体，向选定的面投射，并在该面上得到图形的方法称为投影法。根据投影法所得到的图形，称为投影。根据投射线的类型（平行或汇交），投影法分为以下两类：

- 投影法
  - 中心投影法
  - 平行投影法
    - 正投影法
    - 斜投影法

1．中心投影法

投射线汇交一点的投影法，称为中心投影法，如图 2-2 所示。用中心投影法所得的投影大小，随着投影面、物体、投射中心三者之间距离的变化而变化。用中心投影法绘制的图样具有较强的立体感，但不能反映物体的真实形状和大小，且度量性差，作图比较复杂，在机械图样中很少采用。

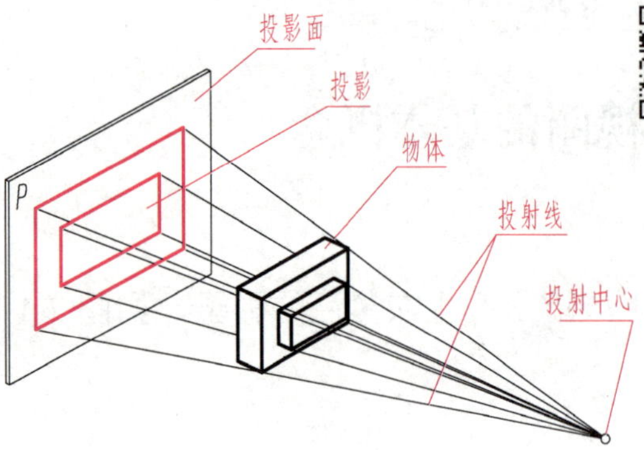

图 2-2　中心投影法

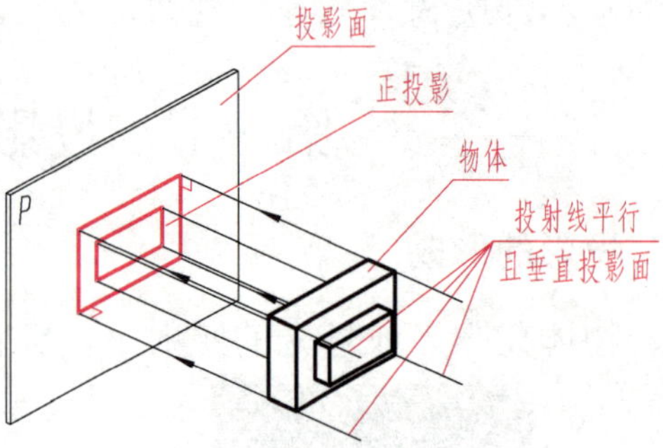

图 2-3　平行投影法（正投影法）

2．平行投影法

假设将投射中心 *S* 移至无限远处，则投射线相互平行，如图 2-3 所示。这种投射线相互平行的投影法，称为平行投影法。根据投射线与投影面是否垂直，又可将平行投影法分为正投影法和斜投影法两种。

（1）正投影法　投射线与投影面相垂直的平行投影法，称为正投影法。根据正投影法所得到的图形，称为正投影（或正投影图），如图 2-4（a）所示。

由于正投影法能反映物体的真实形状和大小，度量性好，作图简便，所以在工程上应用得十分广泛。机械图样都是采用正投影法绘制的，正投影法是机械制图的理论基础。

（2）斜投影法　投射线与投影面相倾斜的平行投影法，称为斜投影法。根据斜投影法所得到的图形，称为斜投影（或斜投影图），如图 2-4（b）所示。

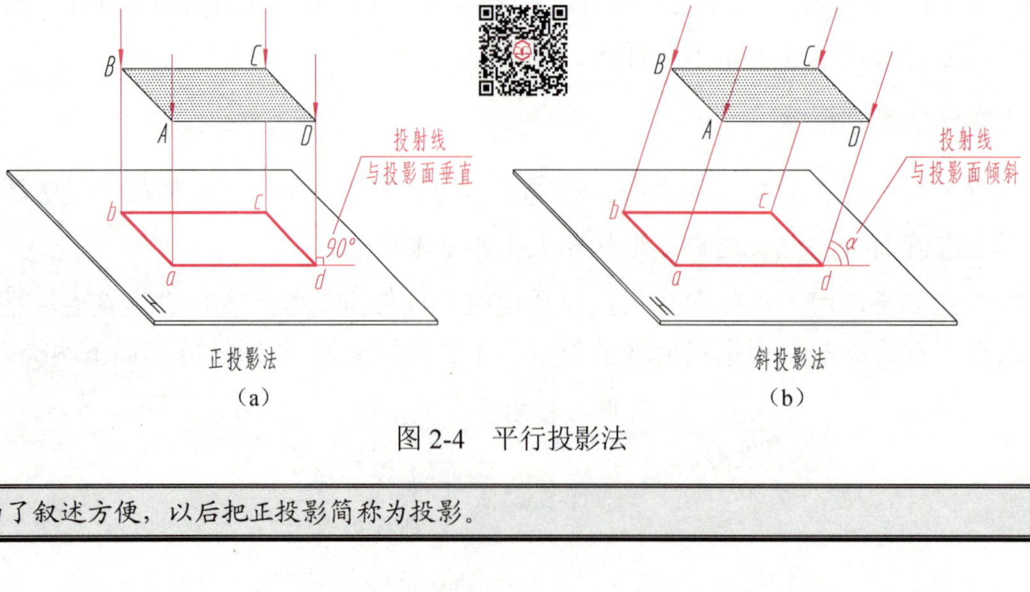

图 2-4　平行投影法

提示：为了叙述方便，以后把正投影简称为投影。

三、正投影的基本性质

（1）真实性　平面（直线）平行投影面，投影反映实形（实长）。这种性质称为真实性，如图 2-5（a）所示。

（2）积聚性　平面（直线）垂直投影面，投影积聚成直线（一点）。这种性质称为积聚性，如图 2-5（b）所示。

（3）类似性　平面（直线）倾斜投影面，投影往小变（长缩短）。这种性质称为类似性，如图 2-5（c）所示。

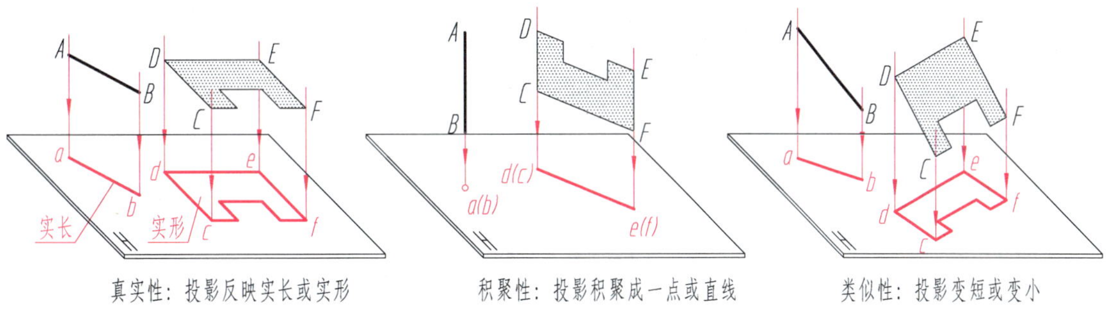

（a）　（b）　（c）

图 2-5　平面与直线的正投影性质

四、视图的基本概念

用正投影法绘制物体的图形时，可把人的视线假想成相互平行且垂直投影面的一组投射线，进而将物体在投影面上的投影称为视图，如图 2-6 所示。

> 提示：国标规定，绘制视图时，可见的棱线和轮廓线用粗实线绘制，不可见的棱线和轮廓线用细虚线绘制。

从图 2-6 中可以看出，这个视图只能反映物体的长度和高度，没有反映出物体的宽度。因此，在一般情况下，一个视图不能完全确定物体的形状和大小。如图 2-7 所示，两个物体的结构形状不同，但其视图相同。

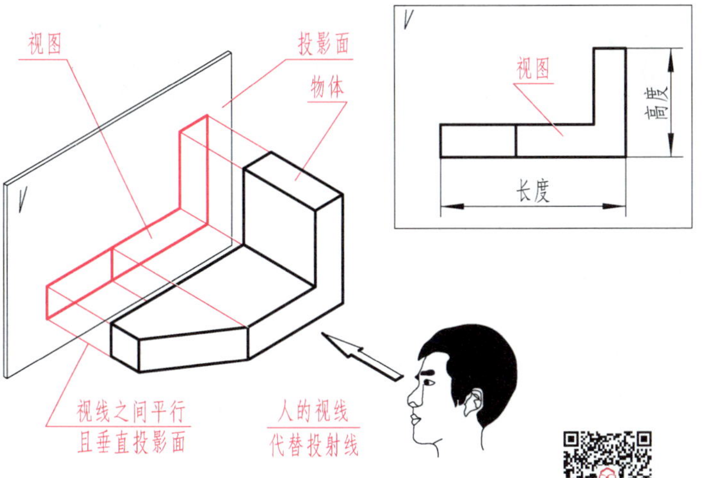

图 2-6　视图的概念

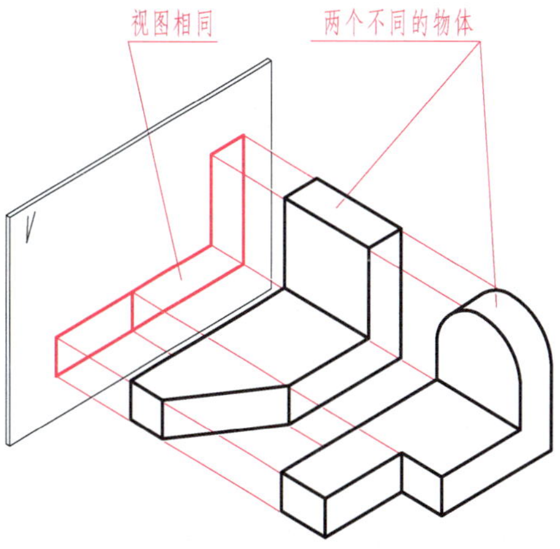

图 2-7　一个视图不能确定物体的形状

第二节　三视图的形成及其对应关系

一、三视图的形成

三投影面体系由三个相互垂直的正立投影面（简称正面或 *V* 面）、水平投影面（简称水平面或 *H* 面）、侧立投影面（简称侧面或 *W* 面）组成，如图 2-8（a）所示。

相互垂直的投影面之间的交线，称为投影轴，它们分别是：

OX 轴（简称 *X* 轴），是 *V* 面与 *H* 面的交线，它代表长度方向；

OY 轴（简称 *Y* 轴），是 *H* 面与 *W* 面的交线，它代表宽度方向；

OZ 轴（简称 *Z* 轴），是 *V* 面与 *W* 面的交线，它代表高度方向。

三个投影轴相互垂直，其交点称为原点，用 *O* 表示。

如图 2-8（b）所示，将物体置于三个相互垂直的投影面体系内，然后从物体的三个方向进行观察（投射），就可以在三个投影面上得出三个视图，即

主视图——由前向后投射在正面所得的视图；

左视图——由左向右投射在侧面所得的视图；

俯视图——由上向下投射在水平面所得的视图。

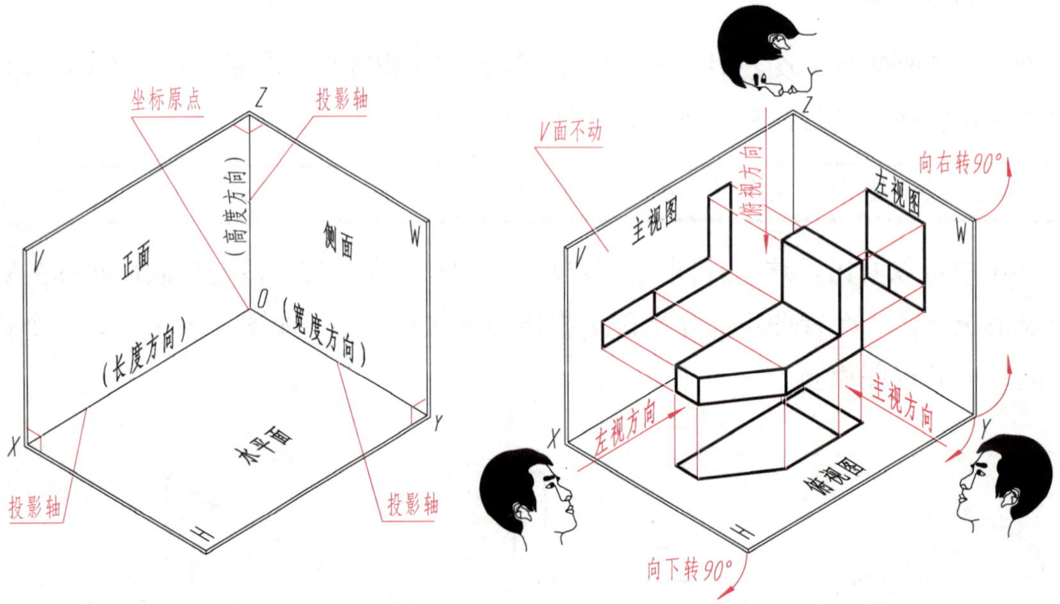

（a）　　（b）

图 2-8　三视图的获得

为把三个视图画在同一张图纸上，必须将相互垂直的三个投影面摊平在一个平面上。展开方法如图 2-8（b）所示，规定：*V* 面保持不动，将 *H* 面绕 *OX* 轴向下旋转 90°，将 *W* 面绕 *OZ* 轴向右旋转 90°，就得到展开后的三视图，如图 2-9 所示。

实际绘图时，应去掉投影面边框和投影轴，如图 2-10 所示。

二、三视图之间的对应关系

1. 三视图的位置关系

由图 2-9、图 2-10 可知，三视图之间的相对位置是固定的，即

主视图确定位置后，左视图在主视图的右方，俯视图在主视图的下方。

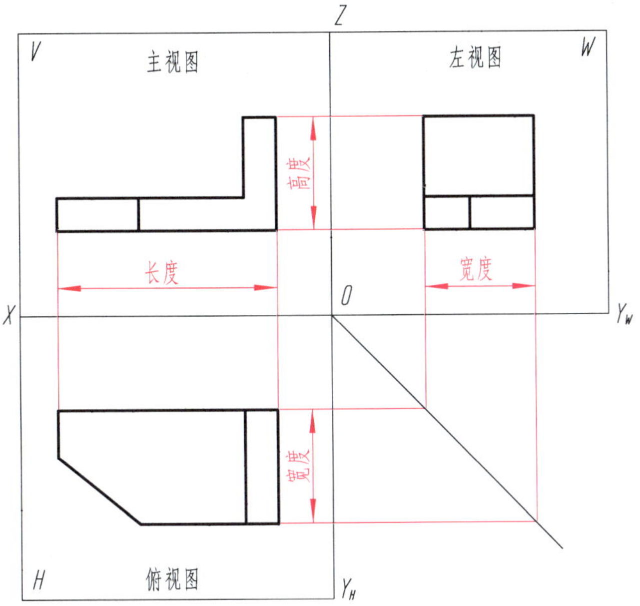

图 2-9　投影面的展开

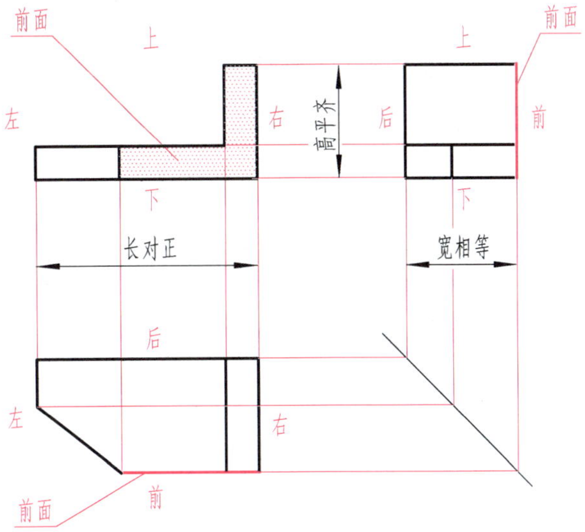

图 2-10　三视图

> 提示：各视图的名称不需标注。

2. 三视图的投影规律

从图 2-9 中可以看出，每一个视图只能反映出物体两个方向的尺度，即

主视图——反映物体的长度（X）和高度（Z）；

左视图——反映物体的高度（Z）和宽度（Y）；

俯视图——反映物体的长度（X）和宽度（Y）。

从图 2-10 中可以得出三视图之间的投影规律，即

主、左高平齐
主、俯长对正　} 简称三等规律
左、俯宽相等

> 提示：三视图之间的三等规律，不仅反映在物体的整体上，也反映在物体的任意一个局部结构上。这一规律是画图和看图的依据，必须熟练掌握和运用。

3. 三视图与物体的方位关系

物体有左右、前后、上下六个方位。从图 2-10 中可以看出，每一个视图只能反映物体的四个方位，即

主视图——反映物体的上、下和左、右；

左视图——反映物体的上、下和前、后；

俯视图——反映物体的左、右和前、后。

画图与看图时，要特别注意俯视图和左视图的前、后对应关系。

提示：左、俯视图远离主视图的一边，表示物体的前面；靠近主视图的一边，表示物体的后面。

三、三视图的作图方法

根据物体（或轴测图）画三视图时，应先选好主视图的投射方向，然后摆正物体（使物体的主要表面尽量平行于投影面），再根据图纸幅面和视图的大小，画出三视图的定位线。

三视图的具体作图步骤如图 2-11 所示。

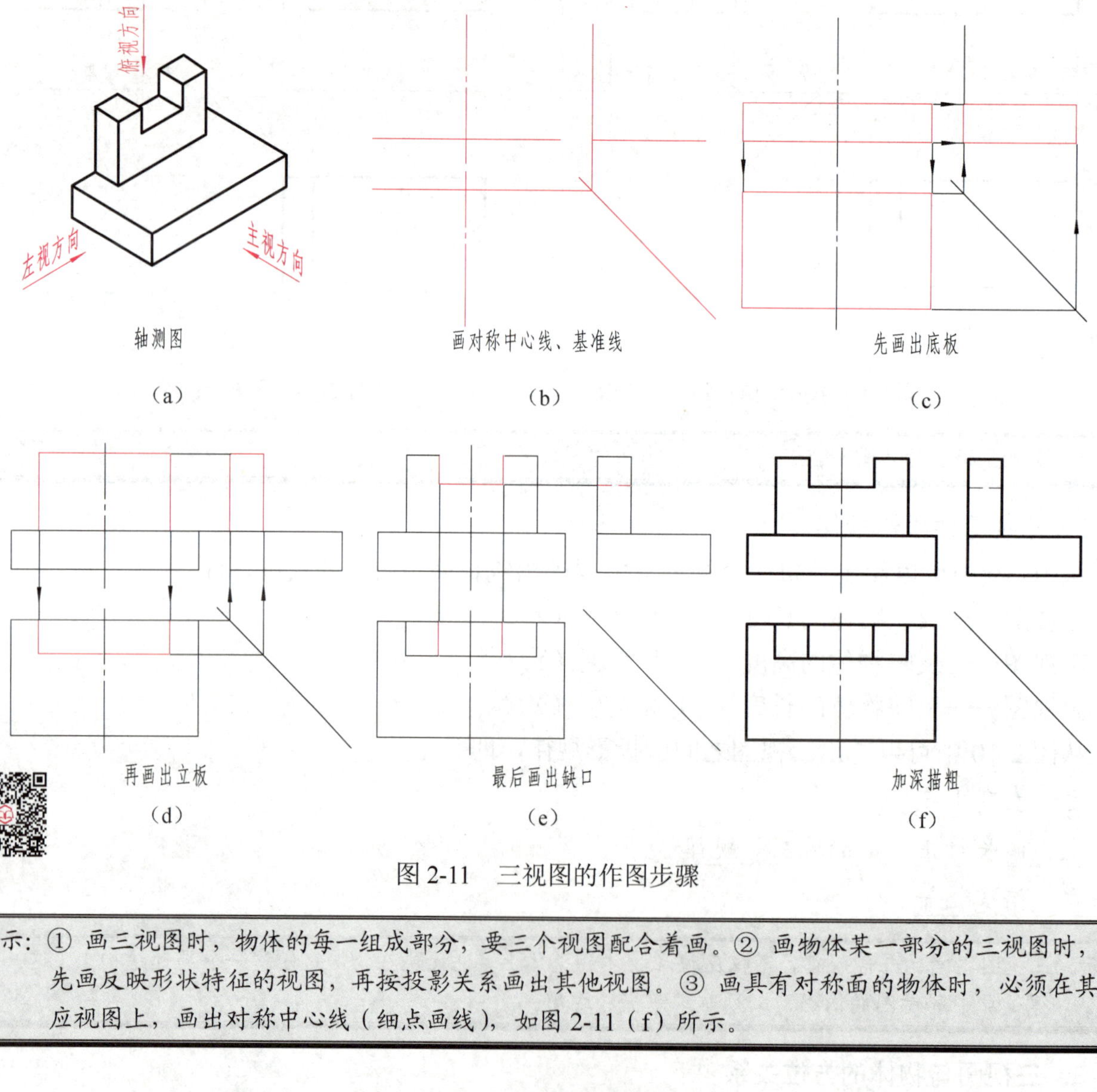

图 2-11　三视图的作图步骤

提示：① 画三视图时，物体的每一组成部分，要三个视图配合着画。② 画物体某一部分的三视图时，应先画反映形状特征的视图，再按投影关系画出其他视图。③ 画具有对称面的物体时，必须在其对应视图上，画出对称中心线（细点画线），如图 2-11（f）所示。

第三节　几何体的投影

几何体分为平面立体和曲面立体。表面均为平面的立体，称为平面立体；表面由曲面、或曲面与平面组成的立体，称为曲面立体。

一、平面立体

1. 棱柱

（1）三棱柱的三视图　图 2-12（a）表示一个正三棱柱的投影。它的顶面和底面平行 *H* 面，三个矩形侧面中，后面平行 *V* 面，左右两面垂直 *H* 面，三条侧棱垂直 *H* 面。

画正三棱柱的三视图时，先画顶面和底面的投影：在水平面投影中，它们均反映实形（等边三角形）且重影；其正面和侧面投影都有积聚性，分别为平行于 *X* 轴和 *Y* 轴的直线；三条侧棱的水平面投影都有积聚性，为三角形的三个顶点，它们的正面和侧面投影，均平行于 *Z* 轴且反映了棱柱的高。画完这些面和棱线的投影，即得正三棱柱的三视图，如图 2-12（b）所示。

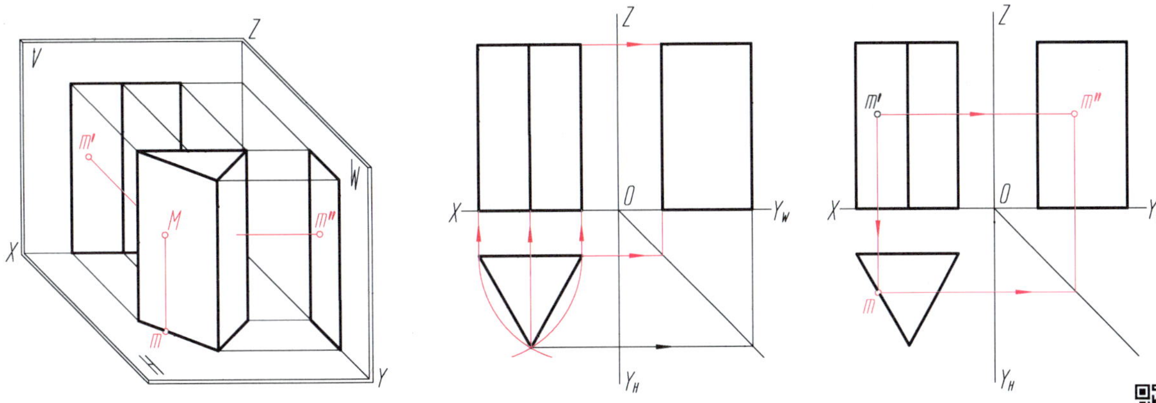

（a）　　（b）　　（c）

图 2-12　正三棱柱的三视图及其表面上点的求法

> 提示：空间点用大写拉丁字母表示，如 *A*、*B*、*C*…；水平面投影用相应的小写字母表示，如 *a*、*b*、*c*…；正面投影用相应的小写字母加一撇表示，如 *a*′、*b*′、*c*′…；侧面投影用相应的小写字母加两撇表示，如 *a*″、*b*″、*c*″…；对于不可见的点的投影，需加圆括号表示。

（2）棱柱表面上的点　如图 2-12（c）所示，已知正三棱柱表面上 *M* 点的正面投影 *m*′，求 *m* 和 *m*″的方法是：按 *m*′的位置和可见性，可判定点 *M* 在三棱柱的左侧棱面上。因点 *M* 所在平面垂直 *H* 面，因此，其水平面投影 *m* 必落在该平面有积聚性的水平面投影上。根据 *m*′和 *m*，即可求出侧面投影 *m*″。

判别点的投影的可见性：若点所在表面的投影可见，则点的同面投影也可见；反之为不可见。由于点 *M* 在三棱柱的左侧面上，该棱面的侧面投影可见，故 *m*″可见（不加圆括号）。

2. 棱锥

（1）正三棱锥的三视图　图 2-13（a）表示正三棱锥的投影。它由底面△*ABC* 和三个棱面△*SAB*、△*SBC* 和△*SAC* 所组成。底面平行 *H* 面，其水平面投影反映实形，正面和侧面投影积聚成直线。棱面△*SAC* 垂直 *H* 面，侧面投影积聚成直线，水平面投影和正面投影都是类似形。棱面△*SAB* 和△*SBC* 与三个投影面都倾斜，其三面投影均为类似形。棱线 *SB* 平行 *W* 面，棱线 *SA*、*SC* 与三个投影面都倾斜，棱线 *AC* 垂直 *W* 面，棱线 *AB*、*AC* 平行于 *H* 面。它们的投影特性读者可自行分析。

画正三棱锥的三视图时，先画出底面△*ABC* 的各面投影，如图 2-13（b）所示；再根据锥高，画出锥顶 S 的各面投影，连接各顶点的同面投影，即为正三棱锥的三视图，如图 2-13（c）所示。

> 提示：正三棱锥的左视图并不是等腰三角形。

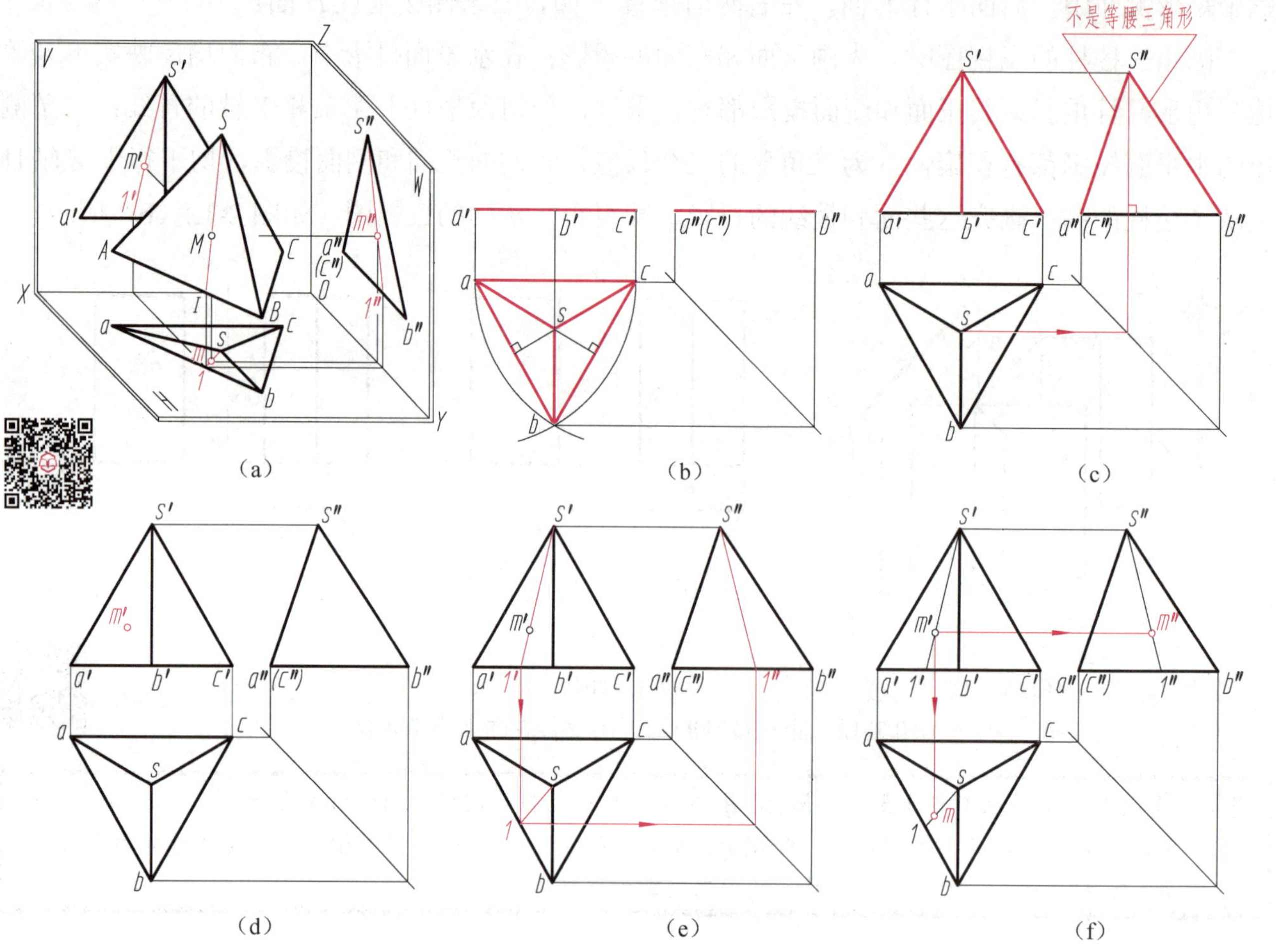

图 2-13　正三棱锥的三视图及其表面上点的求法

（2）棱锥表面上的点　如图 2-13（d）所示，已知棱面△SAB 上点 M 的正面投影 m'，试求点 M 的其他两面投影。棱面△SAB 与三个投影面都倾斜，可用辅助线法求其表面上点的投影。

辅助线法　过锥顶 S 及点 M 作一辅助线 $S1$。即过 m' 作 $s'1'$，其水平面投影为 $s1$，侧面投影为 $s''1''$，如图 2-13（e）所示；然后求出直线上点的投影，其水平面投影为 m，侧面投影为 m''，如图 2-13（f）所示。

求正三棱锥与投影面平行或垂直的表面上点的投影，可利用该平面投影的积聚性直接作图。

二、曲面立体

1．圆柱

（1）圆柱面的形成　如图 2-14（a）所示，圆柱面可看作一条直线 AB 围绕与它平行的轴线 OO 回转而成。OO 称为轴线，直线 AB 称为母线，母线转至任一位置时称为素线。这种由一条母线绕轴线回转而形成的表面称为回转面；由回转面构成的立体称为回转体。

（2）圆柱的三视图　由图 2-14（b）可以看出，圆柱的主视图为一个矩形线框。其中左右两轮廓线是两组由投射线组成（和圆柱面相切）的平面与 *V* 面的交线。这两条交线也正是圆柱面上最左、最右素线的投影，它们把圆柱面分为前后两部分，其投影前半部分可见，后半部分不可见，而这两条素线是可见与不可见的分界线。最左、最右素线的侧面投影和轴线的侧面投影重合（不需画出其投影），水平投影在横向中心线和圆周的交点处。矩形线框的上、下两边分别为圆柱顶面、底面的积聚性投影。

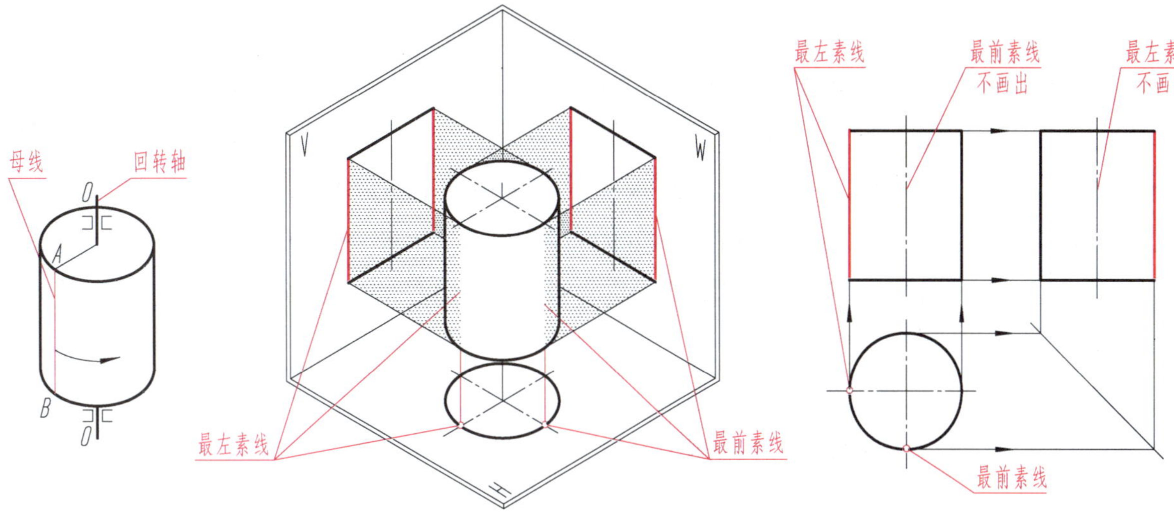

（a）　　（b）　　（c）

图 2-14　圆柱的形成、视图及其分析

图 2-14（c）为圆柱的三视图。俯视图为一圆线框。由于圆柱轴线垂直 *H* 面，圆柱表面所有素线都垂直 *H* 面，因此，圆柱面的水平投影积聚成一个圆。同时，圆柱顶面、底面的投影（反映实形），也与该圆相重合。画圆柱的三视图时，一般先画投影具有积聚性的圆，再根据投影规律和圆柱的高度完成其他两视图。

（3）圆柱表面上的点　如图 2-15（a）所示，已知圆柱面上点 *M* 的正面投影 m'，求另两面投影 m 和 m''。

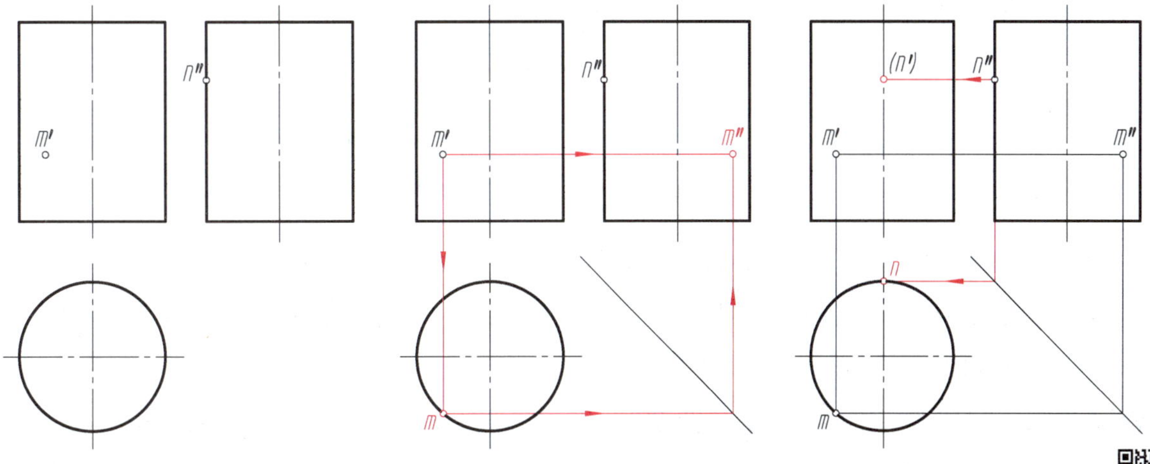

（a）　　（b）　　（c）

图 2-15　圆柱表面上点的求法

根据给定的 m' 的位置，可判定点 M 在前半圆柱面的左半部分（可见）；因圆柱面的水平投影有积聚性，故 m 必在前半圆周的左侧。根据 m' 和 m，求得 m''，如图 2-15（b）所示。根据点 N 的侧面投影 n'' 可知，点 N 位于圆柱面的最后素线上，其他两面投影 n 和 n' 可直接求出，n' 不可见，需加圆括号，如图 2-15（c）所示。

2. 圆锥

（1）圆锥面的形成　圆锥面可看作由一条直母线 SA 围绕和它相交的轴线回转而成，如图 2-16（a）所示。

（2）圆锥的三视图　图 2-16（b）为圆锥的三视图。俯视图的圆形，反映圆锥底面的实形，同时也表示圆锥面的投影。主、左视图的等腰三角形线框，其下边为圆锥底面的积聚性投影。主视图中三角形的左、右两边，分别表示圆锥面最左素线 SA 和最右素线 SB（反映实长）的投影，它们是圆锥面正面投影可见与不可见部分的分界线；左视图中三角形的两边，分别表示圆锥面最前素线 SC、最后素线 SD 的投影（反映实长），它们是圆锥面侧面投影可见与不可见部分的分界线。

画圆锥的三视图时，先画出圆锥底面的各个投影，再画出锥顶点的投影，然后分别画出特殊位置素线的投影，即完成圆锥的三视图。

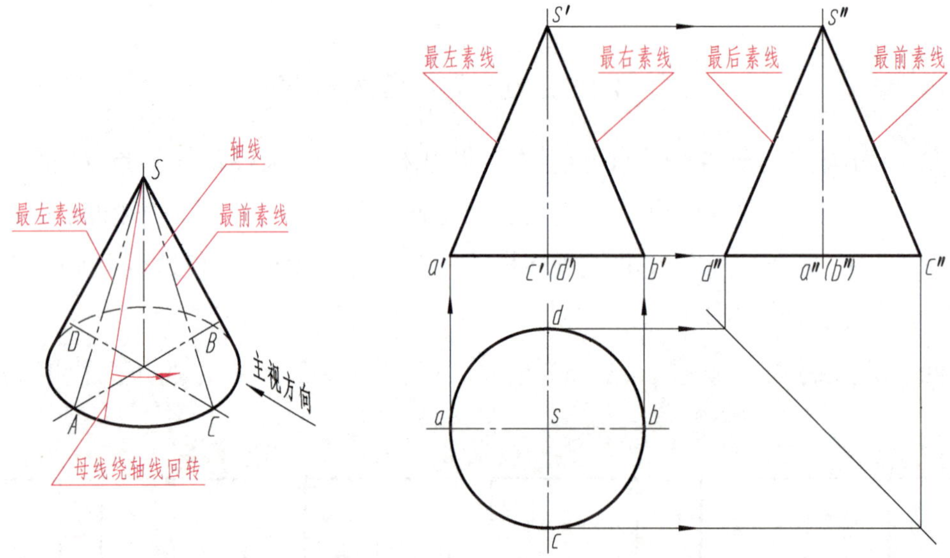

（a）　　（b）

图 2-16　圆锥的形成、视图及其分析

（3）圆锥表面上的点　如图 2-17（a）、（d）所示，已知圆锥面上的点 M 的正面投影 m'，求 m 和 m''。根据 M 的位置和可见性，可判定点 M 在前、左圆锥面上，点 M 的三面投影均可见。作图可采用如下两种方法。

辅助线法　过锥顶 S 和点 M 作一辅助线 $S1$，即连接 $s'm'$，并延长到与底面的正面投影相交于 $1'$，求得 $s1$ 和 $s''1''$，如图 2-17（b）所示；根据 m'，在辅助素线上作出 m 和 m''，如图 2-17（c）所示。

辅助圆法　过点 M 在圆锥面上作垂直于圆锥轴线的水平辅助圆（该圆的正面投影积聚为一直线，即过 m'所作的 $2'3'$）。它的水平投影为一直径等于 $2'3'$的圆，圆心为 s，如图 2-17（e）所示；由 m'作 X 轴的垂线，与辅助圆的交点即为 m；再根据 m'和 m，求出 m''，如图 2-17（f）所示。

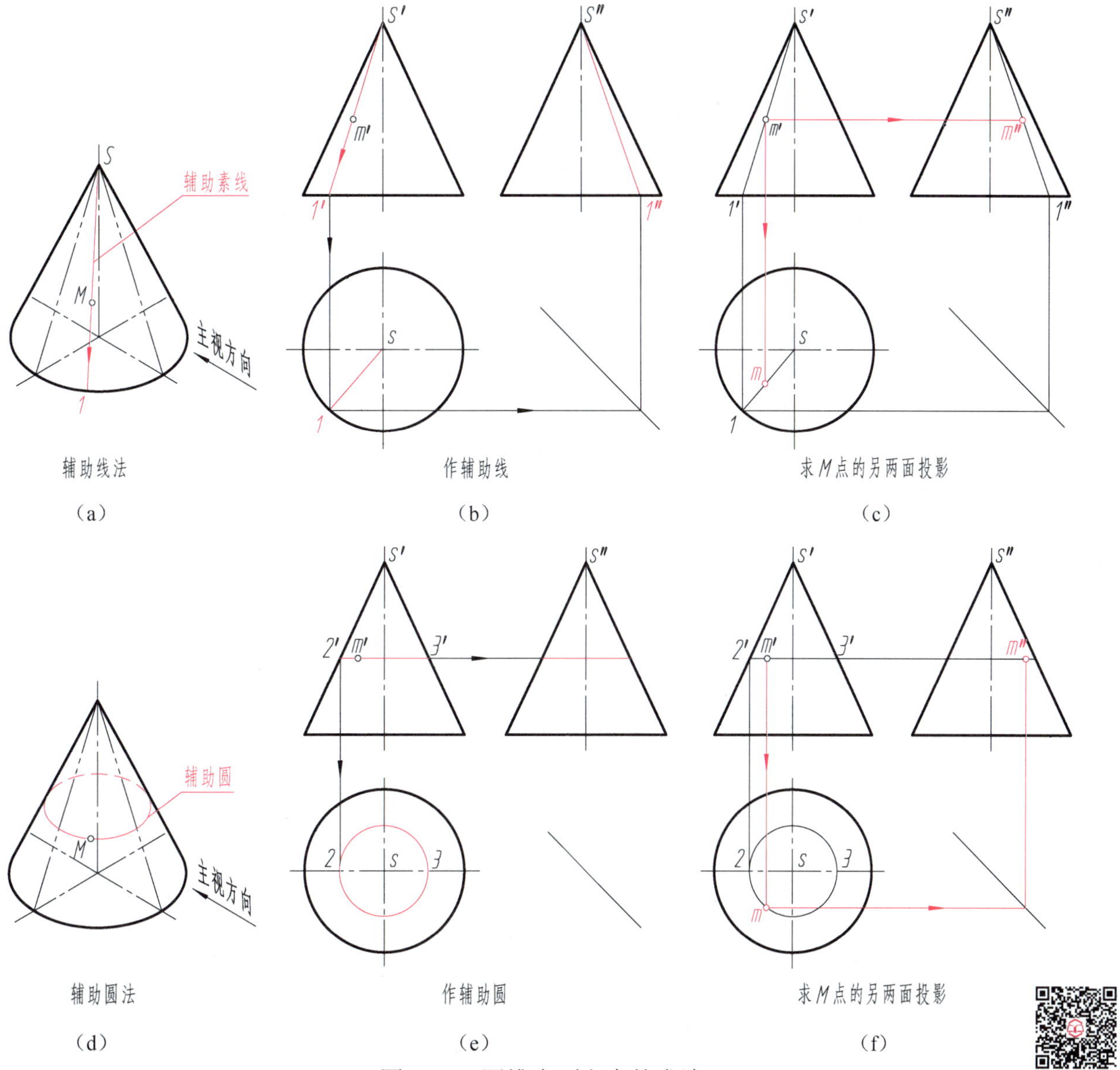

图 2-17　圆锥表面上点的求法

3. 圆球

（1）圆球面的形成　如图 2-18（a）所示，圆球面可看作一个圆（母线），围绕它的直径回转而成。

（2）圆球的三视图　图 2-18（b）为圆球的三视图。它们都是与圆球直径相等的圆，均表示圆球面的投影。球的各个投影虽然都是圆形，但各个圆的意义不同。

——正面投影的圆，既是前、后两半球的分界圆，也是圆球面正面投影可见与不可见的分界圆；

——水平面投影的圆，既是上、下两半球的分界圆，也是圆球面水平投影可见与不可见的分界圆；

——侧面投影的圆，既是左、右两半球的分界圆，也是圆球面侧面投影可见与不可见的分界圆。

这三条圆素线的其他两面投影，都与圆的相应中心线重合。

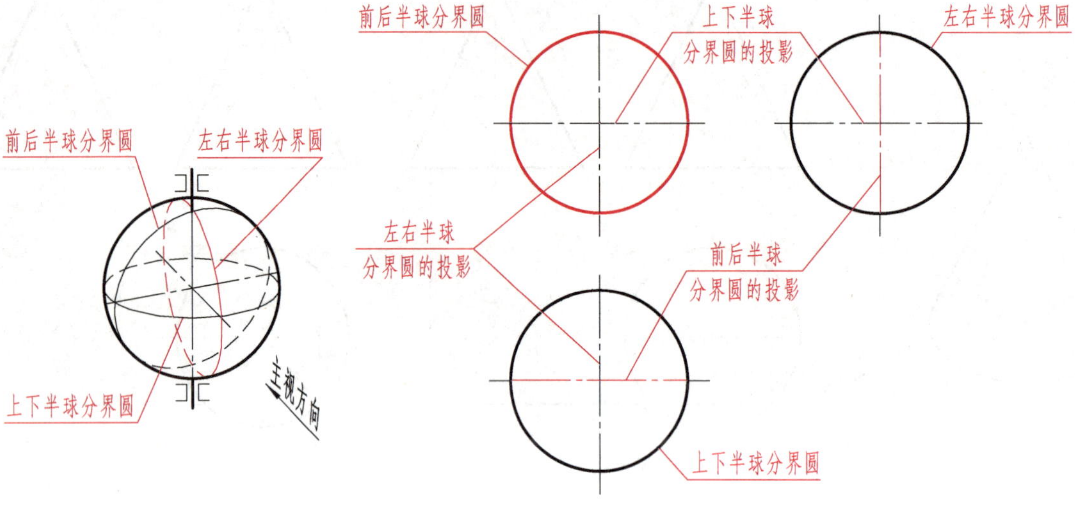

（a）　　　　（b）

图 2-18　圆球的形成及视图

（3）圆球表面上的点　如图 2-19（a）所示，已知圆球表面上点 M 的水平投影 m 和点 N 的正面投影 n'，求其他两面投影。根据点的位置和可见性，可判定：点 N 在前、后两半球的分界线上（点 N 在右半球，其侧面投影不可见），n 和 n'' 可直接求出，如图 2-19（b）所示；点 M 在左、前、上半球（点 M 的三面投影均为可见），需采用辅助圆法求 m' 和 m''。

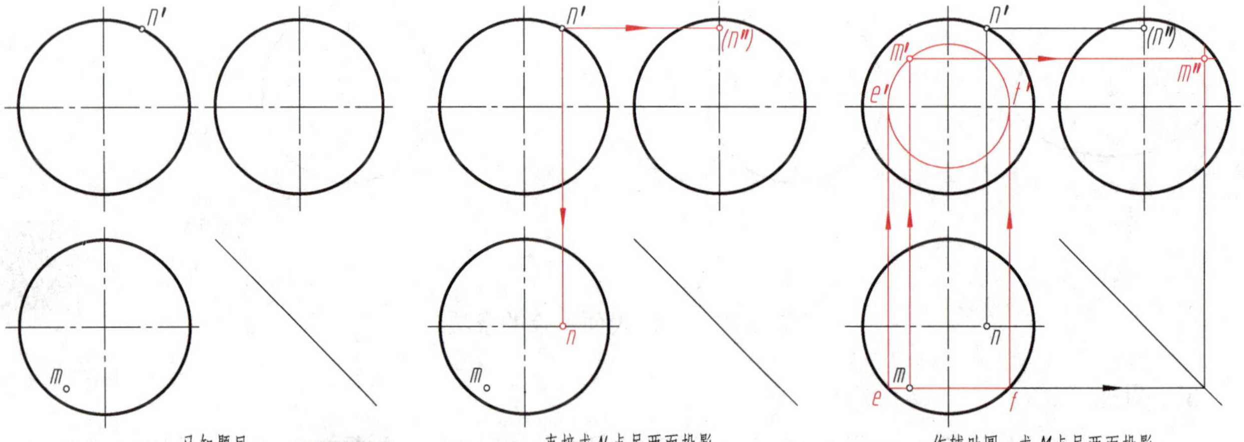

（a）　　　　（b）　　　　（c）

图 2-19　圆球表面上点的求法

辅助圆法　过点 m 在球面上作一平行于水平面的辅助圆（也可作平行于正面或侧面的圆）。因点在辅助圆的圆周上，故点的投影必在辅助圆的同面投影上。作图时，先在水平投影中过 m 作 X 轴的平行线 ef（ef 为辅助圆在水平投影面上的积聚性投影），其正面投影为直径等于 ef 的圆，由 m 作 X 轴的垂线，与辅助圆正面投影的交点即为 m'，再由 m'求得 m''，如图 2-19（c）所示。

提示：对于圆球来说，只能采用辅助圆法，而不能采用辅助线法。

三、几何体的尺寸注法

几何体三视图只能表示几何体的形状，而几何体的大小要用尺寸来表示。掌握几何体的尺寸注法，是学习比较复杂物体尺寸标注的基础。

1. 平面立体的尺寸标注

棱柱、棱锥及棱台，除了标注确定其顶面和底面形状大小的尺寸外，还要标注高度尺寸。为了便于看图，确定顶面和底面形状大小的尺寸，宜标注在其反映实形的视图上，如图 2-20、图 2-21 所示。

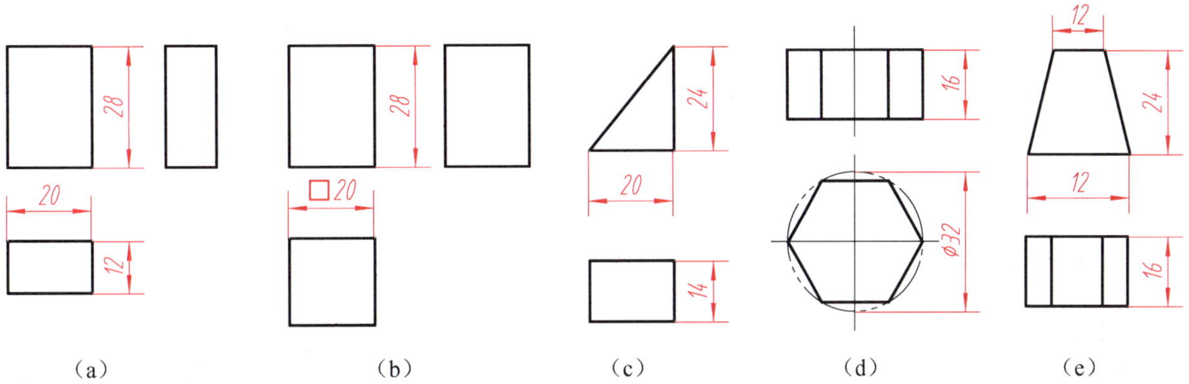

图 2-20　棱柱的尺寸注法

标注正方形尺寸时，采用在正方形边长尺寸数字前，加注正方形符号“□”，如图 2-20（b）、图 2-21（d）所示。

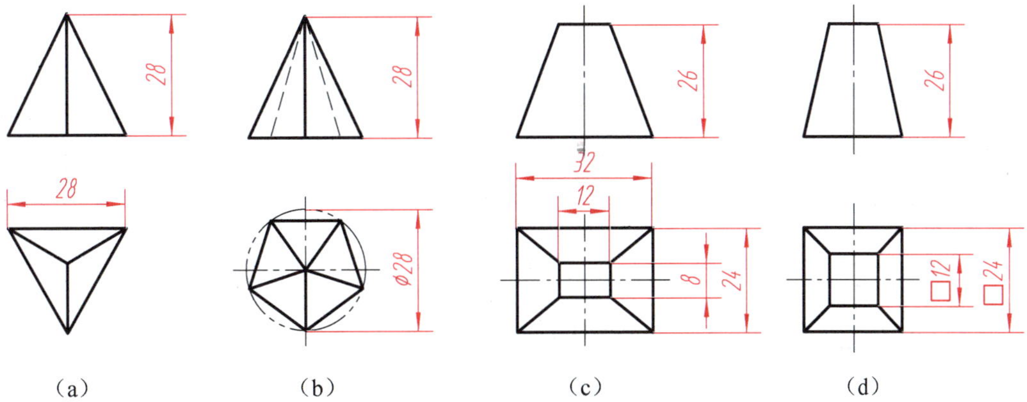

图 2-21　棱锥、棱台的尺寸注法

2. 曲面立体的尺寸标注

圆柱、圆锥和圆台，应标注底圆直径和高度尺寸，并在直径数字前加注直径符号“ ϕ”。标注圆球尺寸时，在直径数字前加注球直径符号“$S\phi$”。

直径尺寸一般标注在非圆视图上。当尺寸集中标注在一个非圆视图上时，一个视图即可表达清楚它们的形状和大小。如图 2-22 所示，圆柱、圆锥、圆台、圆球均用一个视图即可。

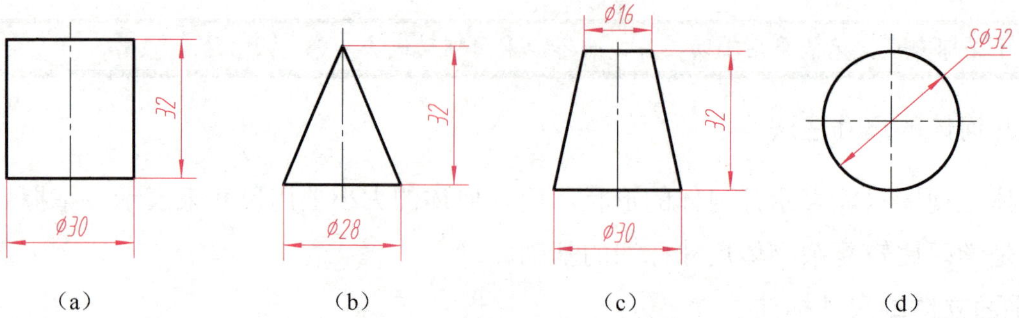

图 2-22　曲面立体的尺寸注法

第四节　轴　测　图

在工程图样中，主要用正投影图来表达物体的形状和大小。由于视图是按正投影法绘制的，每个视图只能反映其两度空间大小，所以缺乏立体感。轴测图是用平行投影法绘制的单面投影图，它能同时反映物体三个方向的形状，因而具有较强的立体感。但轴测图度量性差，作图复杂，在工程上只作为辅助图样。

一、轴测图的基本知识

1. 轴测图的形成

将物体连同其参考直角坐标体系，沿不平行于任一坐标面的方向，用平行投影法将其投射在单一投影面上所得到的图形，称为轴测投影，简称轴测图。

如图 2-23（b）、（c）中 *P* 投影面上所得到的图形。由于轴测图能同时反映出物体长、宽、高三个方向的形状，所以具有立体感。

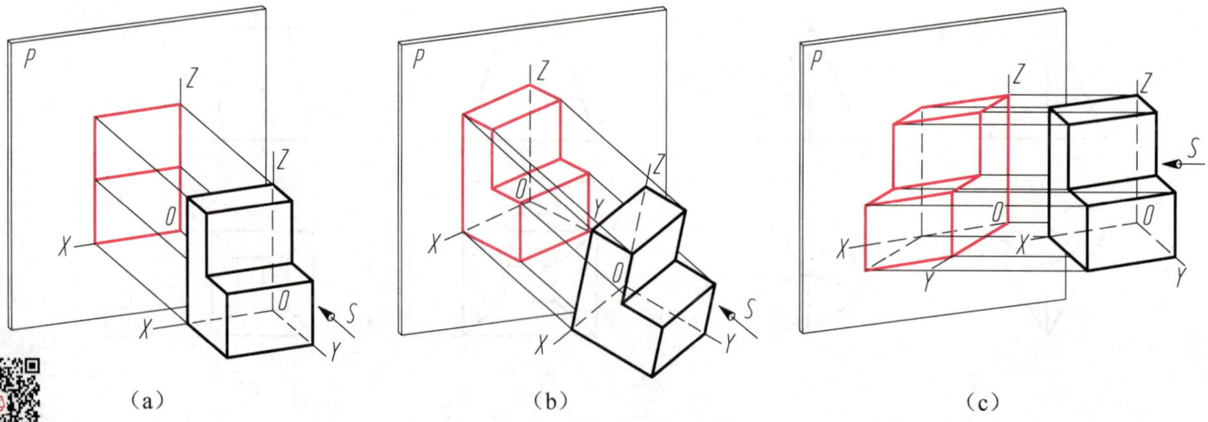

图 2-23　轴测图的形成

2. 术语和定义（GB/T 4458.3—2013）

（1）轴测轴　空间直角坐标轴在轴测投影面上的投影称为轴测轴，如图 2-23（b）、（c）中的 *OX* 轴、*OY* 轴、*OZ* 轴。

（2）轴间角　在轴测图中，两根轴测轴之间的夹角，称为轴间角，如图 2-23（b）、（c）中的∠*XOY*、∠*YOZ*、∠*XOZ*。

（3）轴向伸缩系数　轴测轴上的单位长度与相应投影轴上单位长度的比值，称为轴向伸缩系数。不同的轴测图，其轴向伸缩系数不同，如图 2-24 所示。

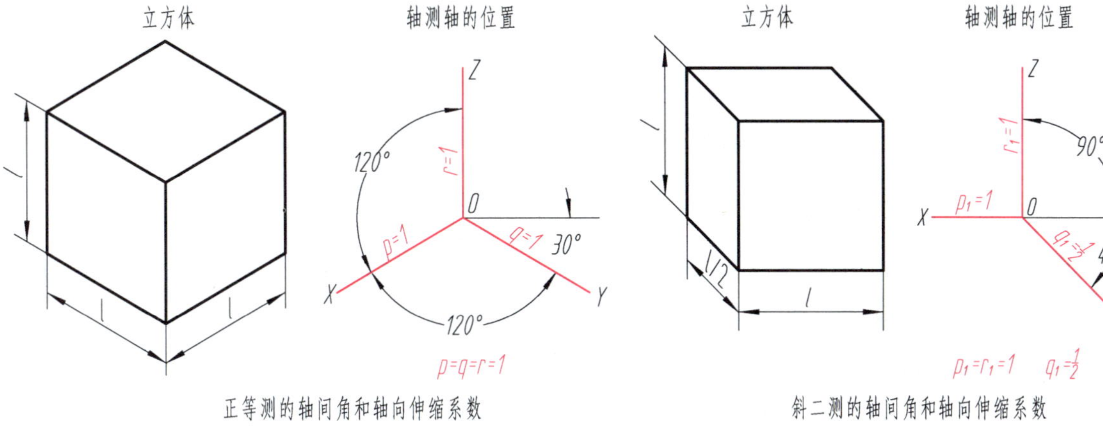

（a）　　　　　　　　（b）

图 2-24　轴间角和轴向伸缩系数的规定

二、一般规定（GB/T 4458.3—2013）

理论上轴测图可以有许多种，但从作图简便等因素考虑，一般采用以下两种。

1．正等轴测投影（正等轴测图）

用正投影法得到的轴测投影，称为正轴测投影。三个轴向伸缩系数均相等的正轴测投影，称为正等轴测投影，简称正等测。此时三个轴间角相等。绘制正等测轴测图时，其轴间角和轴向伸缩系数（p、q、r），按图 2-24（a）中的规定绘制。

2．斜二等轴测投影（斜二等轴测图）

轴测投影面平行于一个坐标平面，且平行于坐标平面的那两个轴的轴向伸缩系数相等的斜轴测投影，称为斜二等轴测投影，简称斜二测。绘制斜二测轴测图时，其轴间角和轴向伸缩系数（p_1、q_1、r_1），按图 2-24（b）中的规定绘制。

3．轴测图的投影特性

① 物体上与坐标轴平行的线段，在轴测图中平行于相应的轴测轴。

② 物体上相互平行的线段，在轴测图中也相互平行。

三、正等测的画法

1．正等测轴测轴的画法

在绘制正等测轴测图时，先要准确地画出轴测轴，然后才能根据轴测图的投影特性，画出轴测图。如图 2-24（a）所示，正等测中的轴间角相等，均为 120°。绘图时，可利用丁字尺和 30°三角板配合，准确地画出轴测轴，如图 2-25 所示。

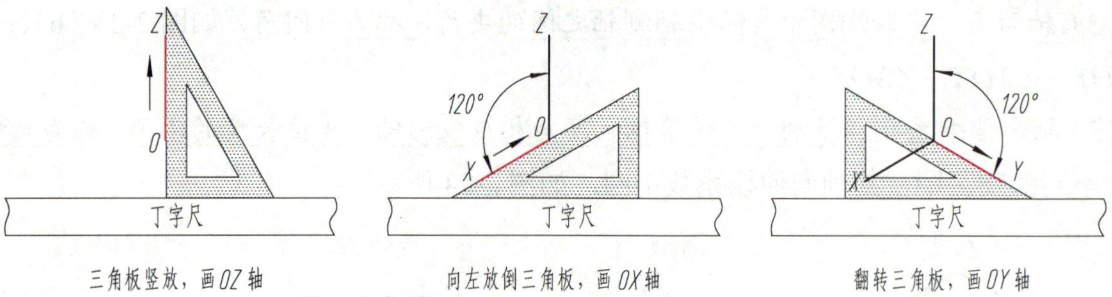

（a）　（b）　（c）

图 2-25　正等测轴测轴的画法

2. 平面立体的正等测画法

坐标法　作图时，首先定出空间直角坐标系，画出轴测轴；再按立体表面上各顶点或线段的端点坐标，画出其轴测图；最后分别连线，完成整个轴测图。为简化作图步骤，要充分利用轴测图平行性的投影特性。

【例 2-1】　画出图 2-26（a）所示管路 $A \to B \to C \to D \to E \to F$ 的正等测。

分析

若画出其正等测，关键是先按坐标画出管路上 *A*、*B*、*C*、*D*、*E*、*F* 各个点的轴测图，进而连点成线。

作图

① 画出轴测轴，根据 *A*、*B*、*C*、*D*、*E*、*F* 各点的 *x*、*y* 坐标，确定各点在水平面的位置，如图 2-26（b）所示。

② 据 *A*、*B*、*C*、*D* 各点的 *z* 坐标（*E*、*F* 两点的 *z* 坐标为零），向上拔高（平行于 *Z* 轴），即完成管路的正等测，如图 2-26（c）所示。

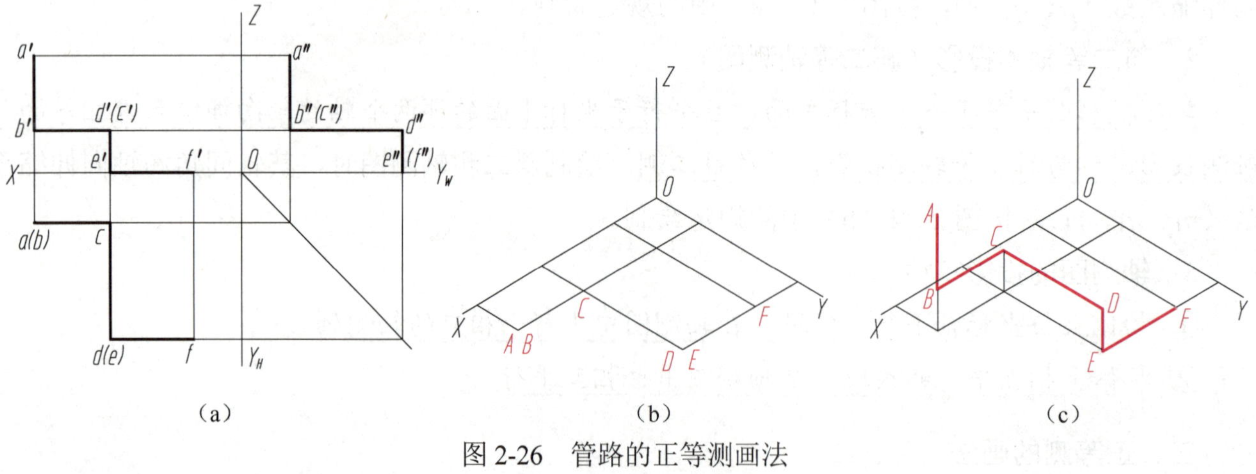

（a）　（b）　（c）

图 2-26　管路的正等测画法

【例 2-2】　根据图 2-27（a）所示正六棱柱的两视图，画出其正等测。

分析

由于正六棱柱前后、左右对称，故选择顶面的中点作为坐标原点，棱柱的轴线作为 *Z* 轴，顶面的两条对称中心线作为 *X*、*Y* 轴，如图 2-27（a）所示。用坐标法从顶面开始作图，可直接作出顶面六边形各顶点的坐标。

作图

① 画出轴测轴，定出Ⅰ、Ⅱ、Ⅲ、Ⅳ点；通过Ⅰ、Ⅱ点，作 X 轴的平行线，如图 2-27（b）所示。

② 在过Ⅰ、Ⅱ点的平行线上，确定 m、n 点，连接各顶点得到六边形的正等测，如图 2-27（c）所示。

③ 过六边形的各顶点，向下作 Z 轴的平行线，并在其上截取高度 h，画出底面上可见的各条边，如图 2-27（d）所示。

④ 擦去作图线并描深，完成正六棱柱的正等测，如图 2-27（e）所示。

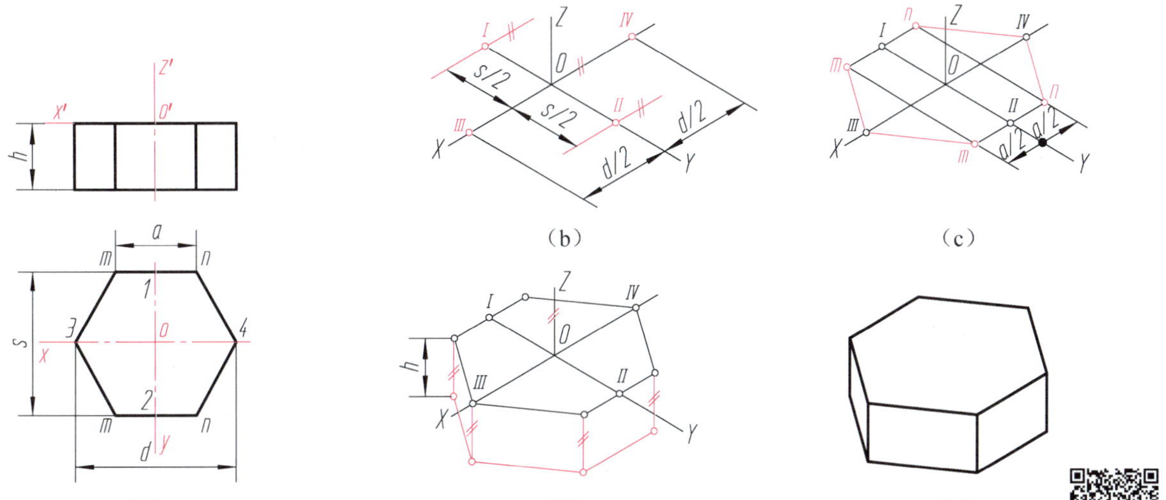

（a）（b）（c）（d）（e）

图 2-27　正六棱柱正等测的作图步骤

3．不同坐标面的圆的正等测画法

在正等测中，三个坐标面上的圆的轴测投影——都是椭圆，其长轴和短轴的比例都是相同的，即椭圆的大小相同。

从图 2-28（a）中可以看出，椭圆长轴的方向与相应的轴测轴 X、Y、Z 垂直，短轴的方向与相应的轴测轴 X、Y、Z 平行。平行于不同坐标面的圆的正等测，除了椭圆长、短轴方向不同外，其画法是一样的。椭圆具有如下特征：

椭圆 1（水平椭圆）的长轴垂直于 Z 轴。

椭圆 2（侧面椭圆）的长轴垂直于 X 轴。

椭圆 3（正面椭圆）的长轴垂直于 Y 轴。

> 提示：画圆的正等测时，只要知道圆的直径 d，即可计算出椭圆的长、短轴，如图 2-28（b）所示。应记住 $1.22d$ 和 $0.7d$ 这两个参数，在利用计算机画椭圆时非常方便。

画回转体的正等测时，只有明确圆所在的平面与哪一个坐标面平行，才能画出方位正确的椭圆，如图 2-28（b）、（c）、（d）所示。

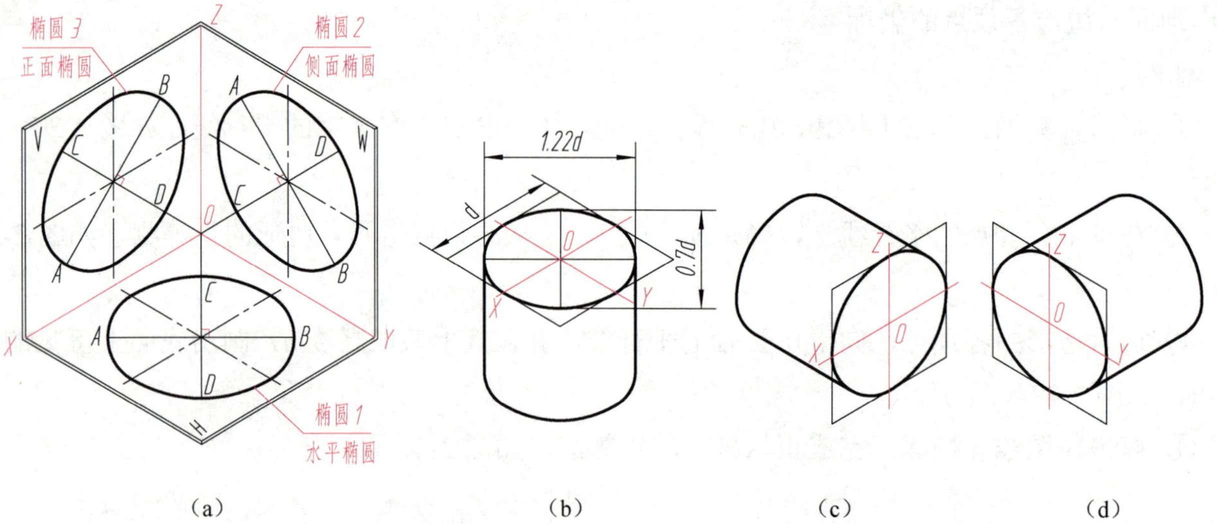

图 2-28　不同坐标面圆的正等测画法

【例 2-3】　圆的正等测画法。已知圆的直径为 $\phi 24$，圆平面与水平面平行（即椭圆长轴垂直 Z 轴），用六点共圆法画出圆的正等测。

作图

① 画出轴测轴 X、Y、Z 以及椭圆长轴，如图 2-29（a）所示。

② 以点 O 为圆心、$R12$ 为半径画圆，与 X、Y、Z 相交，得 A、B、C、D、1、2 六点，如图 2-29（b）所示。

③ 连接 $A2$ 和 $D2$，与椭圆长轴交于点 3、点 4，如图 2-29（c）所示。

④ 分别以点 2、点 1 为圆心，R（$A2$）为半径画大圆弧；再分别以点 3、点 4 为圆心，r（$D4$）为半径画小圆弧。四段相切于 A、B、C、D 四点，如图 2-29（d）所示。

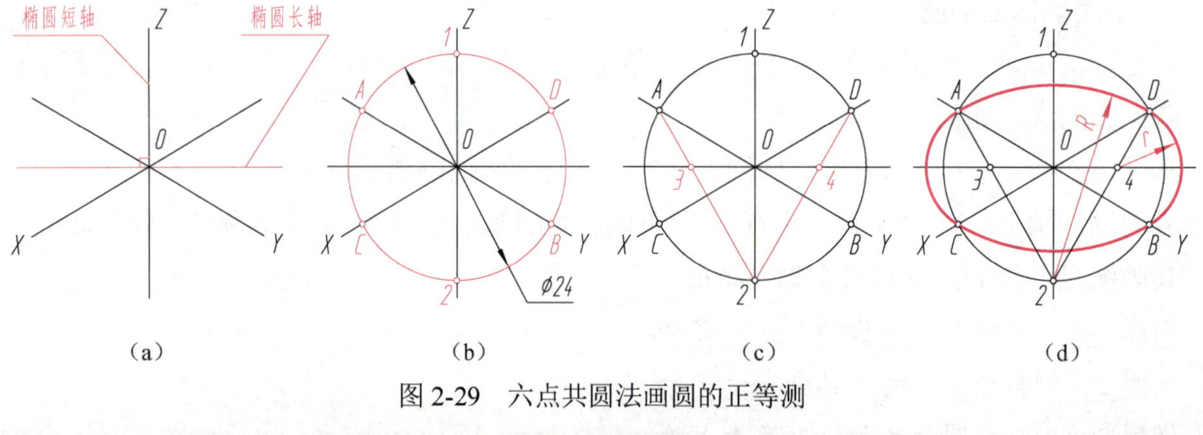

图 2-29　六点共圆法画圆的正等测

> 提示：画圆的正等测时，必须搞清圆平行于哪一个坐标面。根据椭圆长、短轴的特征，先确定椭圆的短轴方向；再作短轴的垂线，确定椭圆的长轴方向，进而画出圆的正等测。正面椭圆的正等测画法，如图 2-30 所示。侧面椭圆的正等测画法，如图 2-31 所示。具体作图步骤与图 2-29 基本相同。

4．曲面立体的正等测画法

【例 2-4】　圆柱的正等测画法。根据图 2-32（a）所示圆柱的视图，画出其正等测。

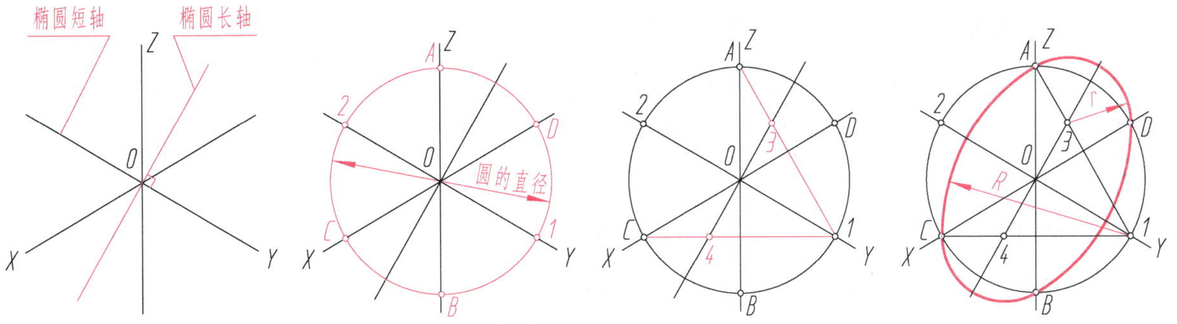

（a）　（b）　（c）　（d）

图 2-30　平行于正面的圆的正等测画法

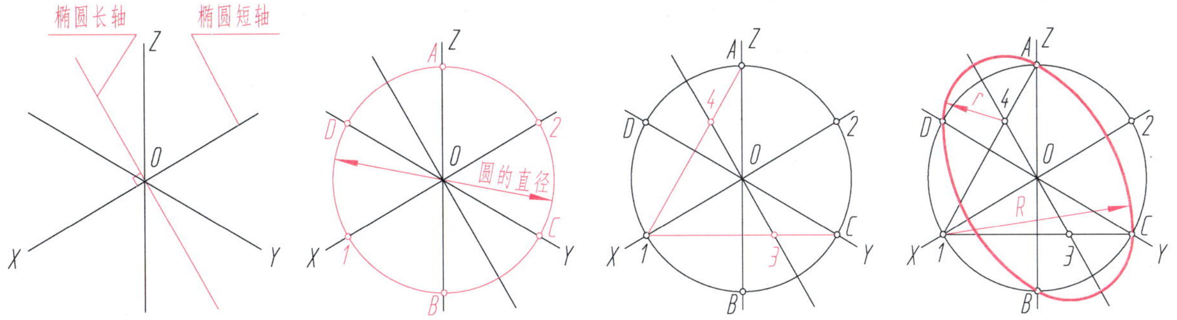

（a）　（b）　（c）　（d）

图 2-31　平行于侧面的圆的正等测画法

分析

圆柱轴线垂直于水平面，其上、下底两个圆与水平面平行（即椭圆长轴垂直 Z 轴）且大小相等。可根据其直径 d 和高度 h 作出两个大小完全相同、中心距为 h 的两个椭圆，然后作两个椭圆的公切线即成。

作图

① 采用六点共圆法，画出上底圆的正等测，如图 2-32（b）所示。

② 向下量取圆柱的高度 h，画出下底圆的正等测，如图 2-32（c）所示。

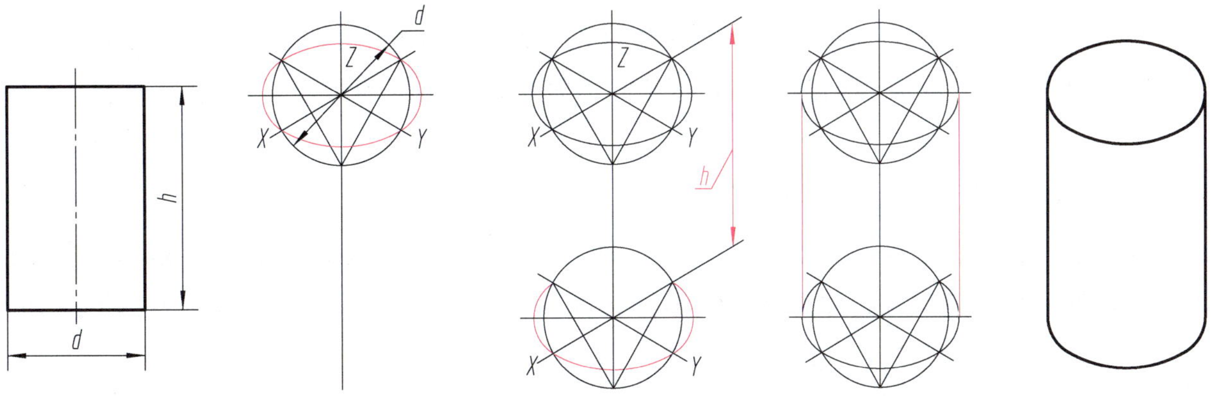

视图　画出轴测轴，作出上底椭圆　确定上下底距离，作出下底椭圆　作出两椭圆公切线　擦掉多余图线后描深

（a）　（b）　（c）　（d）　（e）

图 2-32　圆柱的正等测画法

③ 分别作两椭圆的公切线，如图 2-32（d）所示。

④ 擦去作图线并描深，完成圆柱的正等测，如图 2-32（e）所示。

【例 2-5】 圆台的正等测画法。根据图 2-33（a）所示圆台的视图，画出其正等测。

分析

圆台轴线垂直于水平面，其上、下底两个圆与水平面平行但大小不等。可根据其上底直径 d_2、下底直径 d_1 和高度 h 作出两个大小不同、中心距为 h 的两个椭圆，然后作椭圆的公切线即成。

作图

① 采用六点共圆法，画出上底圆的正等测；自圆心向下量取圆台的高度 h，画出下底圆的正等测，如图 2-33（b）、（c）所示。

② 分别作两椭圆的公切线，如图 2-33（d）所示。

③ 擦去作图线并描深，完成圆台的正等测，如图 2-33（e）所示。

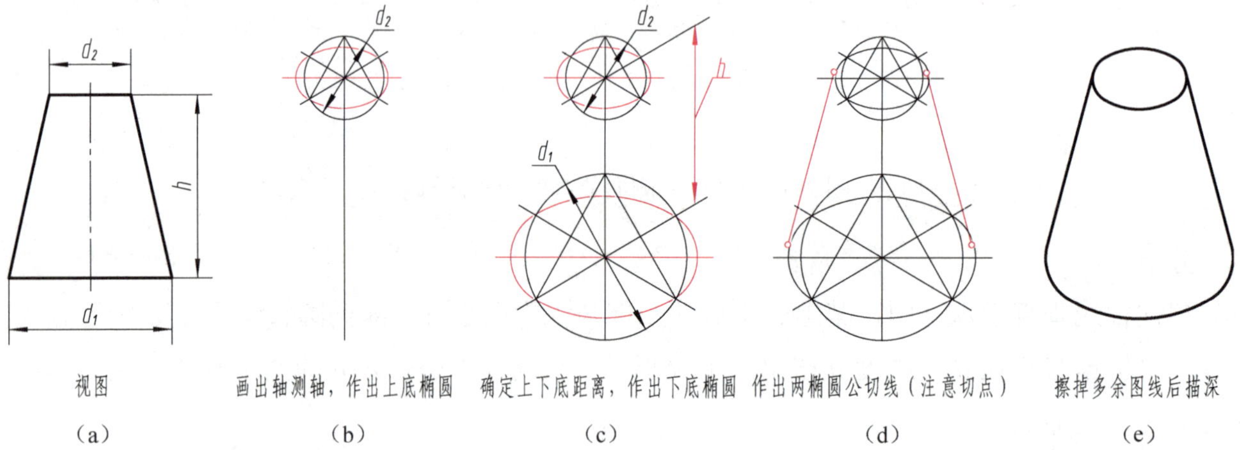

图 2-33 圆台的正等测画法

【例 2-6】 圆角的简化画法。根据图 2-34（a）所示带圆角平板的两视图，画出其正等测。

分析

平行于坐标面的圆角，实质上是平行于坐标面的圆的一部分。因此，其轴测图是椭圆的一部分。特别是常见的 1/4 圆周的圆角，其正等测恰好是近似椭圆的四段圆弧中的一段。

作图

① 首先画出平板上面（矩形）的正等测，如图 2-34（b）所示。

② 沿棱线分别量取 R，确定圆弧与棱线的切点；过切点作棱线的垂线，垂线与垂线的交点即为圆心，圆心到切点的距离即为连接弧半径 R_1 和 R_2；分别画出连接弧，如图 2-34（c）所示。

③ 分别将圆心和切点向下平移 h（板厚），如图 2-34（d）所示。

④ 画出平板下面（矩形）和相应圆弧的正等测，作出左右两段小圆弧的公切线，如图 2-34（e）所示。

⑤ 擦去作图线并描深，完成带圆角平板的正等测，如图 2-34（f）所示。

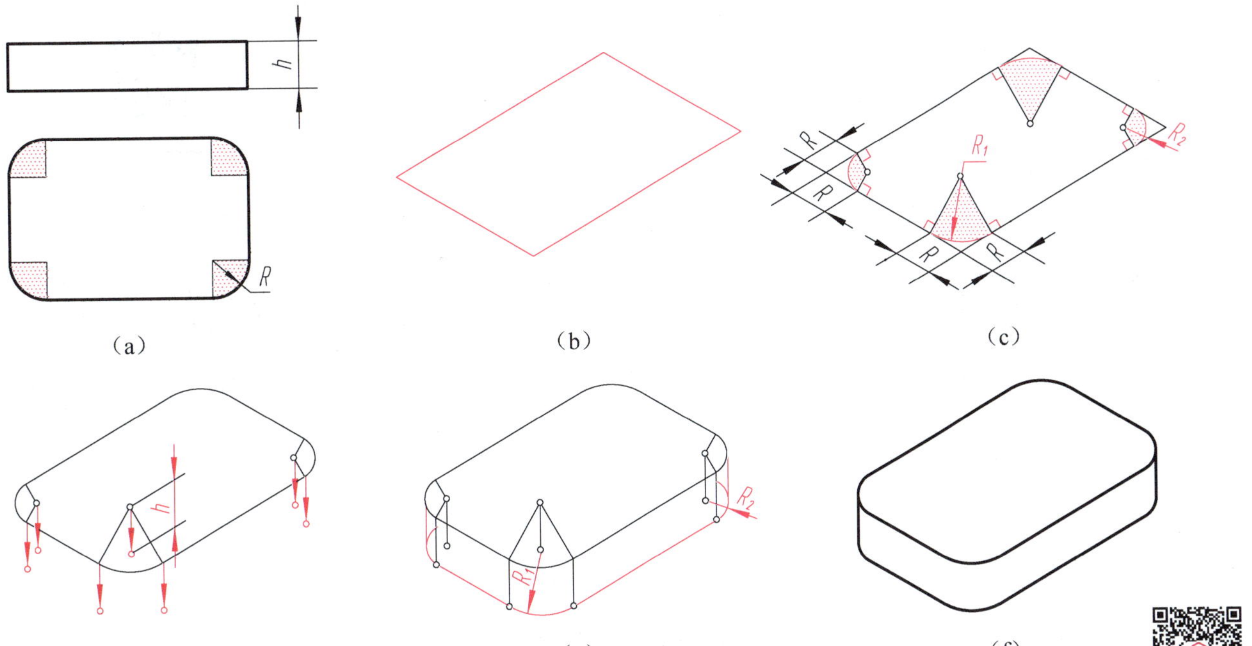

图 2-34　圆角正等测的简化画法

四、斜二测画法简介

斜二测的一个突出特点是：凡是平行于 *XOZ* 坐标面的平面图形，在斜二测中，其轴测投影均反映实形。如图 2-24（b）所示，正方体前面的投影仍是正方形，这一投影特点是由平行投影法的基本特性所决定的。若利用这一特点来画沿单方向形状较复杂的物体，可使其轴测图简便易画。

斜二测的画法与正等测的画法相似，但它们的轴间角及轴向伸缩系数均不同。由于斜二测中 *OY* 轴的轴向伸缩系数 q_1=0.5，所以在画斜二测时，沿 *OY* 轴方向的长度应取物体上相应长度的一半。

1．平面立体的斜二测

【例 2-7】　根据图 2-35（a）所示正四棱台的两视图，画出其斜二测。

作图

① 首先在视图上确定原点和坐标轴，画出与 *XOY* 坐标面平行的下底面的斜二测（*Y* 轴方向的长度取下底面长度的一半），如图 2-35（b）所示。

② 沿 *Z* 轴向上量取正四棱台的高度，画出上底面的斜二测，如图 2-35（c）所示。

③ 连接上、下底面之间对应的侧棱，去掉多余图线后描深，完成正四棱锥台的斜二测，如图 2-35（d）所示。

2．圆柱的斜二测

【例 2-8】　根据图 2-36（a）所示圆柱的视图，画出其斜二测。

作图

① 选定圆柱的端面为 *XOY* 坐标面，圆心为坐标原点。画出与 *XOY* 坐标面平行的圆柱两个

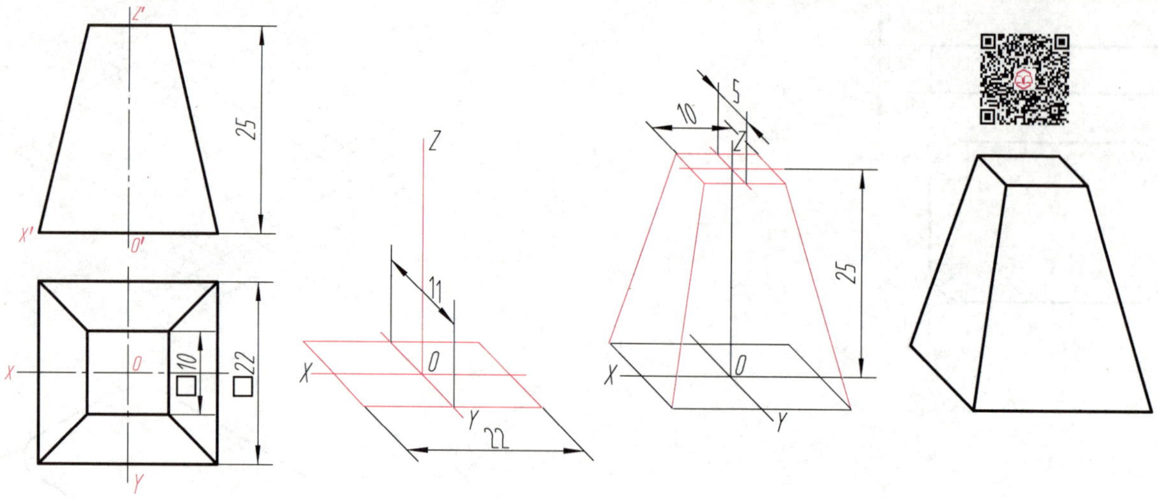

（a）　（b）　（c）　（d）

图 2-35　正四棱台的斜二测画法

端面的斜二测——圆，Y 轴方向的长度取圆柱长度的一半 $L/2$，如图 2-36（b）所示。

② 作出两个圆的公切线，如图 2-36（c）所示。

③ 去掉多余图线后描深，完成圆柱的斜二测，如图 2-36（d）所示。

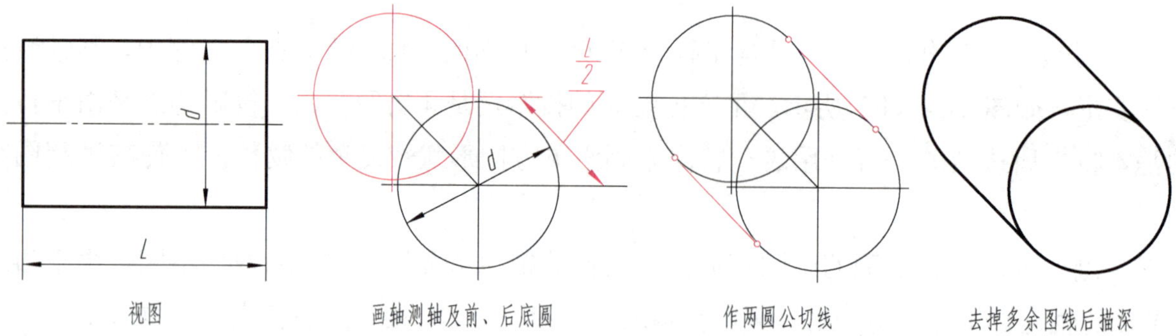

（a）　（b）　（c）　（d）

图 2-36　圆柱的斜二测画法

五、综合练习

画组合体轴测图的基本方法是叠加法和切割法，有时也可两种方法并用。

叠加法　叠加法就是先将组合体分解成若干基本形体，再按其相对位置逐个画出各基本形体的正等测，然后完成整体的正等测。

【例 2-9】　根据组合体三视图，作其正等测（图 2-37）。

分析

该组合体由底板、立板及一个三角形肋板叠加而成。画其正等测时，可采用叠加法，依次画出底板、立板及三角形肋板。

作图

① 首先在组合体三视图中确定坐标轴，画出轴测轴，如图 2-37（a）、（b）所示。

② 画出底板的正等测，如图 2-37（c）所示。

③ 在底板上添画立板的正等测，如图 2-37（d）所示。

④ 在底板之上、立板的前面添画三角形肋板的正等测，如图 2-37（e）所示。

⑤ 擦去多余图线并描深，完成组合体的正等测，如图 2-37（f）所示。

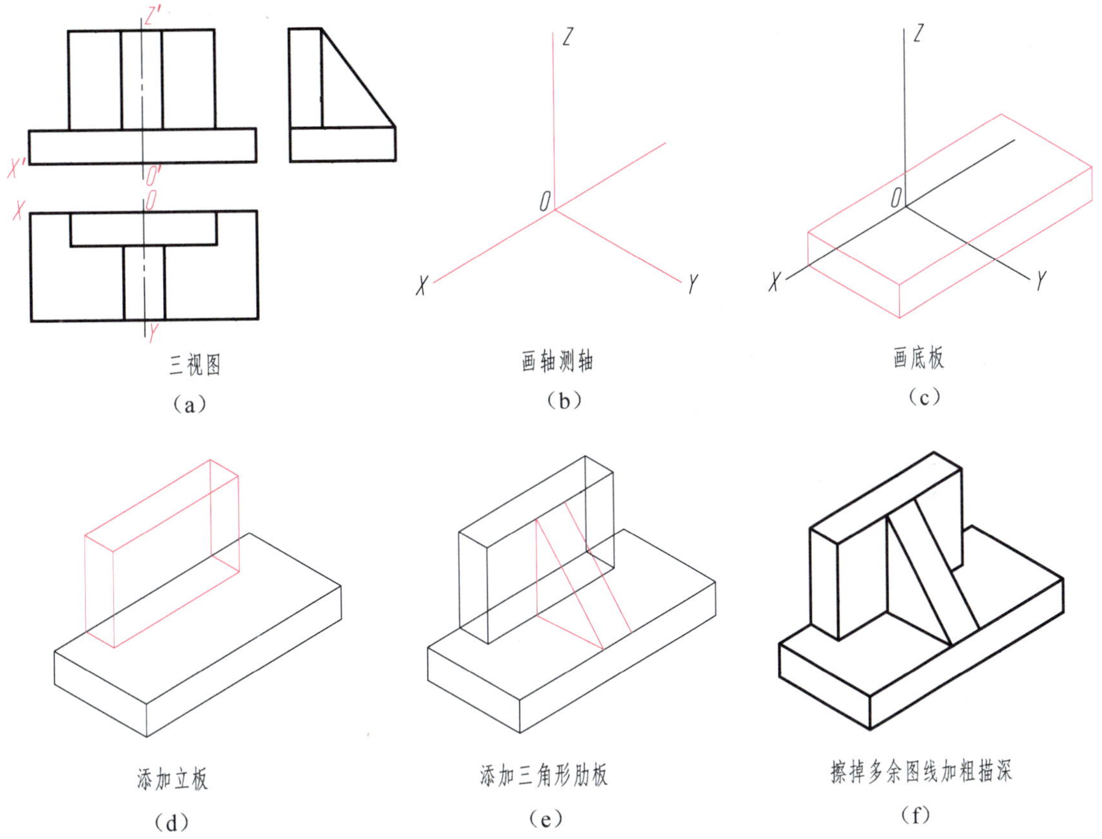

图 2-37　用叠加法画组合体的正等测

切割法　切割法就是先画出完整的几何体（通常为方箱），再按其结构特点逐个切去多余部分，然后完成切割后组合体的轴测图。

【例 2-10】　根据图 2-38（a）所示组合体三视图，用切割法画出其斜二测。

分析

组合体是由一长方体经过多次切割而形成的。画其斜二测时，可用切割法，即先画出整体（方箱），在方箱基础上，再逐步截切而成。

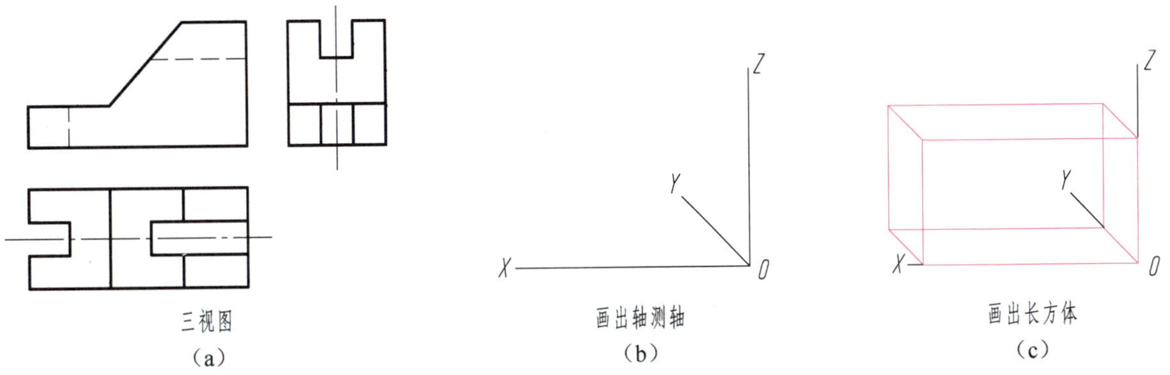

图 2-38

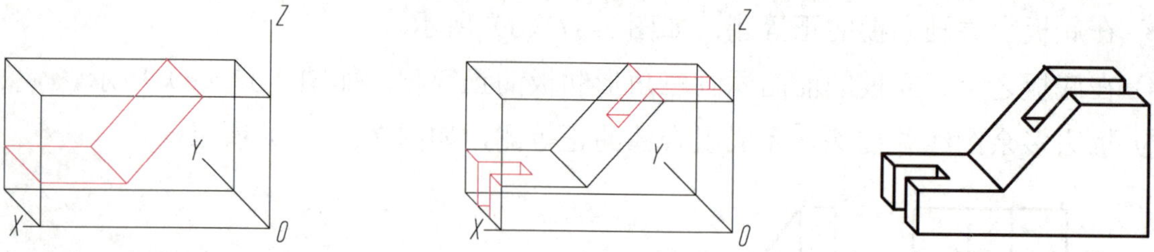

切去左上角　　画出上下开槽　　去掉多余图线后描深

（d）　　（e）　　（f）

图 2-38　用切割法画组合体的斜二测

作图

① 先画出轴测轴，再画出长方体（方箱）的斜二测，如图 2-38（b）、（c）所示。

② 在长方体的基础上，切去左上角，如图 2-38（d）所示。

③ 在左下方切出方形槽，如图 2-38（e）所示。

④ 去掉多余图线后描深，完成组合体的斜二测，如图 2-38（f）所示。

素养提升

我国改革开放四十多年来，在中国共产党的领导下，全国人民发奋图强，国民经济飞速发展，现代化建设规模越来越大。在中华民族崛起的过程中，离不开众多工程技术人员和技术工人的无私贡献。如今，现代化生产对一线技术工人的工程素养、文化水平、专业知识等要求越来越高。作为在校生，一定要抓住宝贵的学习机会，尽可能多地掌握专业基础知识，为成为一名合格的工程技术人员打好基础。

第二章主要介绍了获得视图的原理，三视图的形成及对应关系，绘制三视图的方法和技巧，基本几何体的投影特征和标注尺寸的基本要求，使初学者具备看图的初步能力。第二章是化工制图的基础理论，是本书的核心内容之一。通过本章的学习，可以迅速提高空间想象能力和空间思维能力。同学们一定要在这一章多下功夫，争取为后续章节的学习打下坚实的基础。

第三章　组　合　体

任何复杂的形体都是由若干基本几何体按不同的形式组合而成的。组合体的组合形式分为叠加型、切割型和综合型。既有叠加又有切割的形体，称为综合型组合体。分析叠加型组合体采用形体分析法，分析切割型组合体采用线面分析法。

第一节　叠加型组合体

叠加型组合体是由若干个基本几何体堆砌而成的。画叠加型组合体时，首先要对组合体进行形体分析，分析是由哪几个基本几何体、如何叠加而成的，然后根据各形体之间的相对位置进行组合，想象出组合体整体形状。

一、形体分析法

将复杂物体分解成若干基本几何体，并确定它们之间相对位置和组合形式的方法称为形体分析法。

如图 3-1（a）所示的组合体，可看成是由两个尺寸不同的长方体和一个半圆柱叠加起来后，再切出一个较大的圆柱体和两个较小的圆柱体而成的。

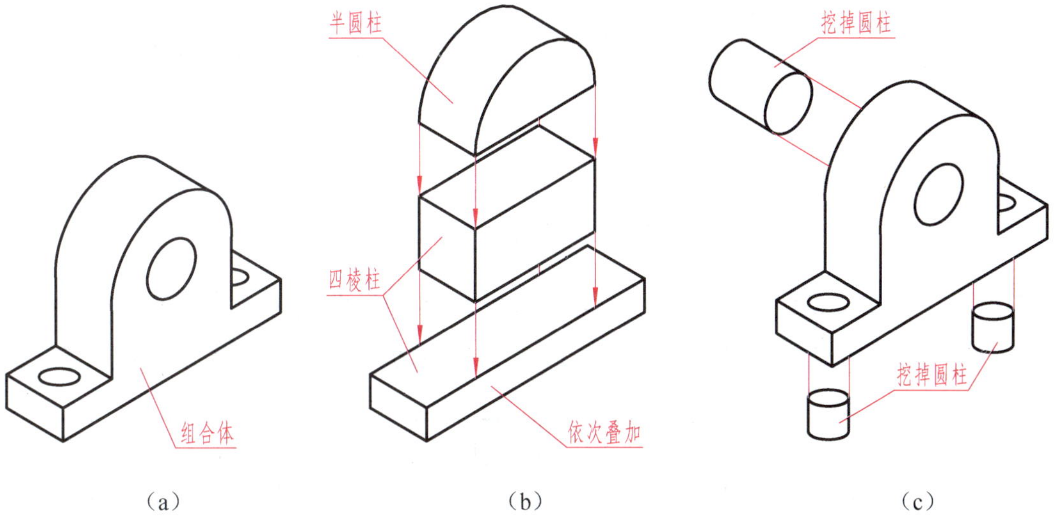

图 3-1　轴承座的形体分析

画组合体的三视图时，可采用“先分后合”的方法。即先在想象中将组合体分解成若干个基本几何体，然后按其相对位置逐个地画出各基本几何体的投影，综合起来，即得到整个组合体的视图。

二、组合体的组合形式

1．共面与不共面

如图 3-2（a）所示，当两形体表面不平齐（不共面）时，其中间有线隔开，如图 3-2（b）

所示。如图 3-3（a）所示，当两形体表面平齐（共面）时，其中间没有线隔开，如图 3-3（b）所示。

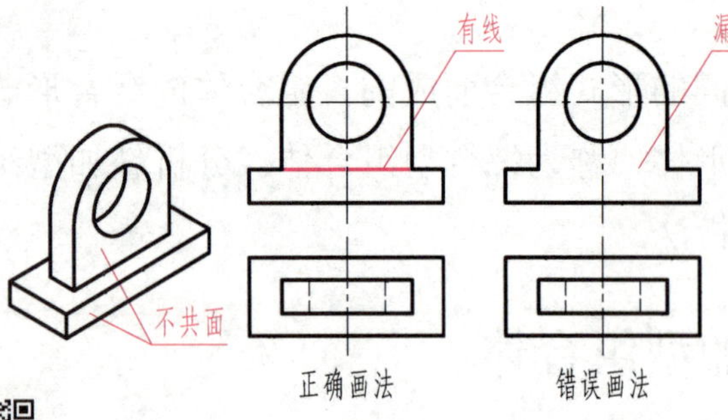

（a）（b）（c）

图 3-2　不共面的画法

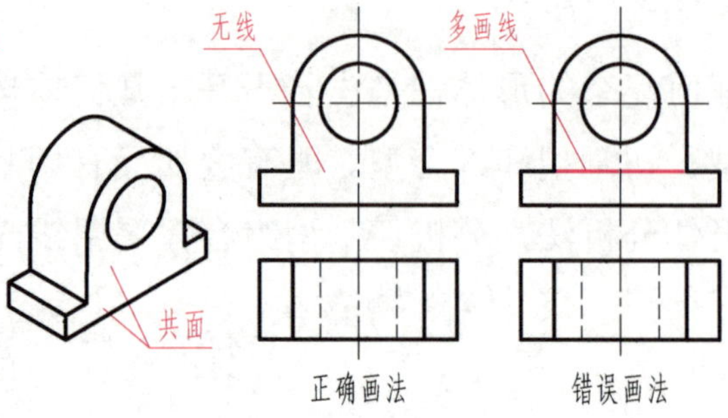

（a）（b）（c）

图 3-3　共面的画法

2. 相交与相切

如图 3-4（a）所示，当两个基本几何体表面相交时，要画出其交线的投影，如图 3-4（b）所示。

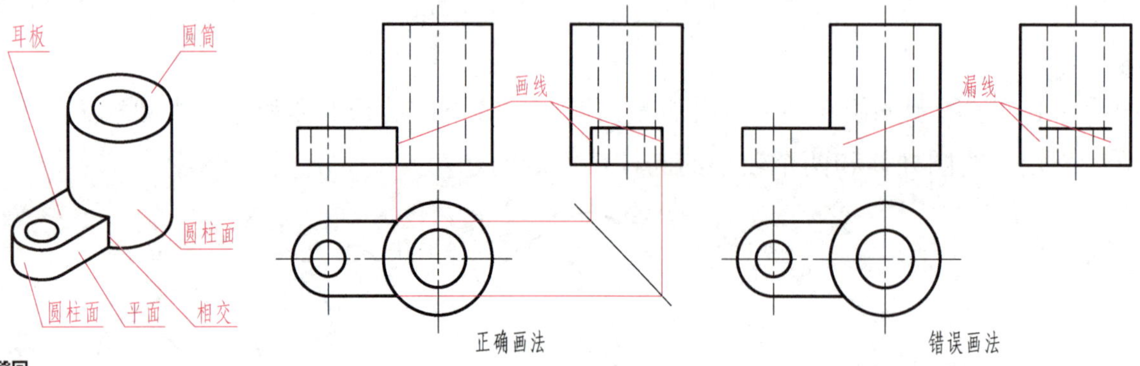

（a）（b）（c）

图 3-4　两基本体相交的画法

如图 3-5（a）所示，当两个基本几何体表面相切时，从理论上讲有准确的分界线，但在实际形体中看不到明显的分界线。所以当两基本体表面相切时不画分界线，如图 3-5（b）所示。

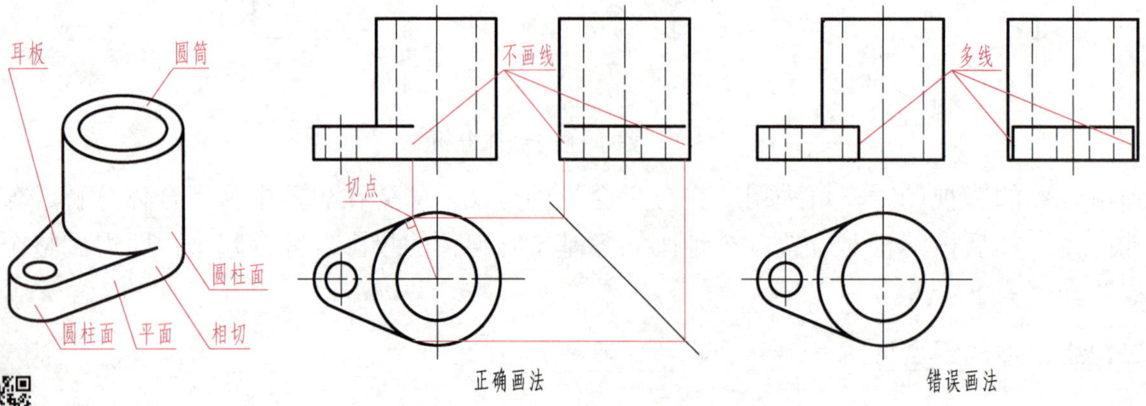

（a）（b）（c）

图 3-5　两基本体相切的画法

3. 相贯

两立体表面相交时产生的交线，称为相贯线。由于两相交回转体的形状、大小和相对位置不同，相贯线的形状也不同。相贯线具有下列基本性质。

① 共有性。相贯线是两回转体表面上的共有线，也是两回转体表面的分界线，所以相贯线上的所有点，都是两回转体表面上的共有点。

② 封闭性。一般情况下，相贯线是封闭的空间曲线，在特殊情况下，相贯线是平面曲线或直线。

（1）相贯线的简化画法　当不需要准确求作两圆柱正交相贯线的投影时，可采用简化画法，即用圆弧代替相贯线。

【例 3-1】　如图 3-6（a）所示，补画主视图中所缺的相贯线。

分析

由于两圆柱的轴线垂直相交，相贯线是一条前后、左右对称，闭合的空间曲线，如图 3-6（b）所示。小圆柱的轴线垂直于水平面，相贯线的水平投影为圆（与小圆柱面的积聚性投影重合），大圆柱面的轴线垂直于侧面，相贯线的侧面投影为一段圆弧（与大圆柱面的积聚性投影重合），只需补画相贯线的正面投影，如图 3-6（c）所示。

作图

① 先求出相贯线的最低点 K，如图 3-6（d）所示。

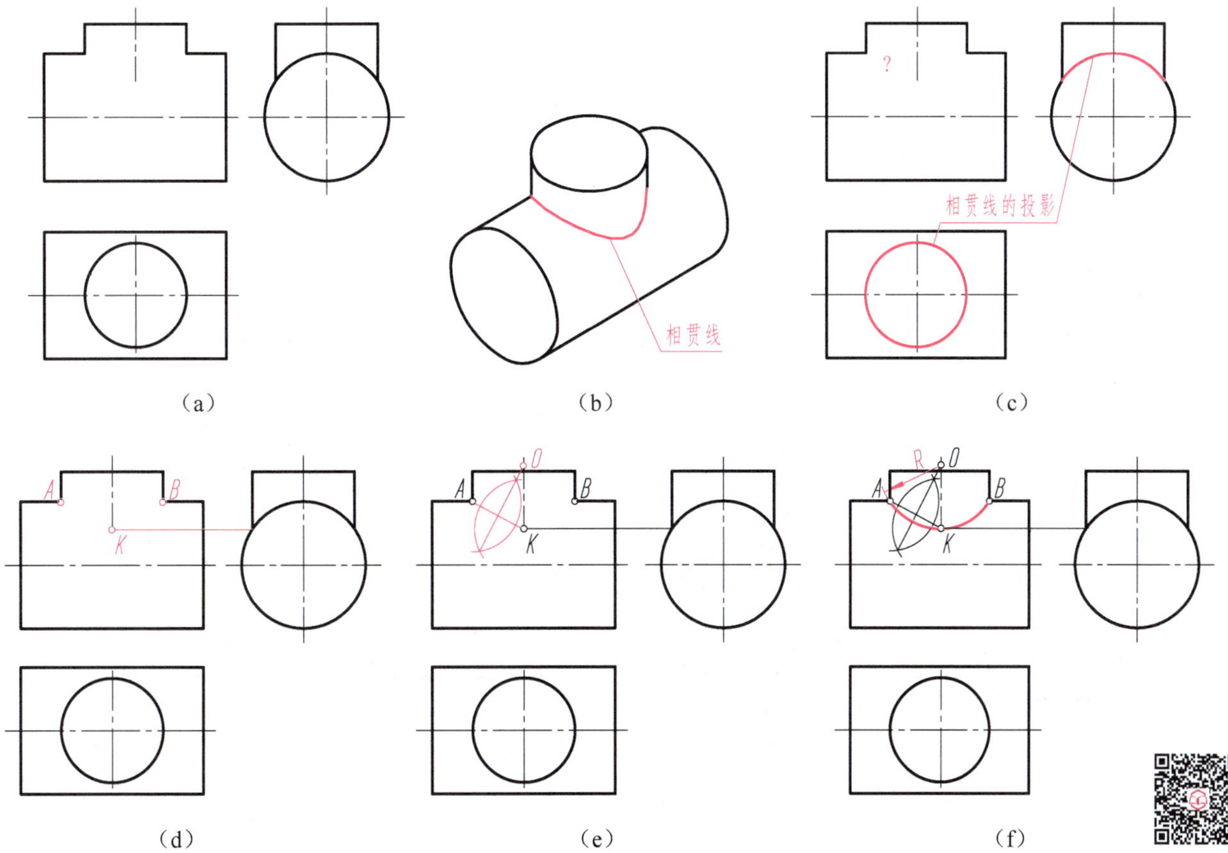

图 3-6　两异径圆柱正交相贯线的简化画法

② 作 AK 的垂直平分线，与轴线相交得点 O，如图 3-6（e）所示。

③ 以点 O 为圆心、OA 为半径画弧即可，如图 3-6（f）所示。

提示：主视图中相贯线向直径大的圆柱一侧弯曲。

（2）内相贯线的画法　当在圆筒上钻有圆孔时，则孔与圆筒外表面及内表面均有相贯线，如图 3-7（a）所示。在内表面产生的交线，称为内相贯线。内相贯线和外相贯线的画法相同，因为内相贯线的投影不可见而画成细虚线，如图 3-7（b）所示。

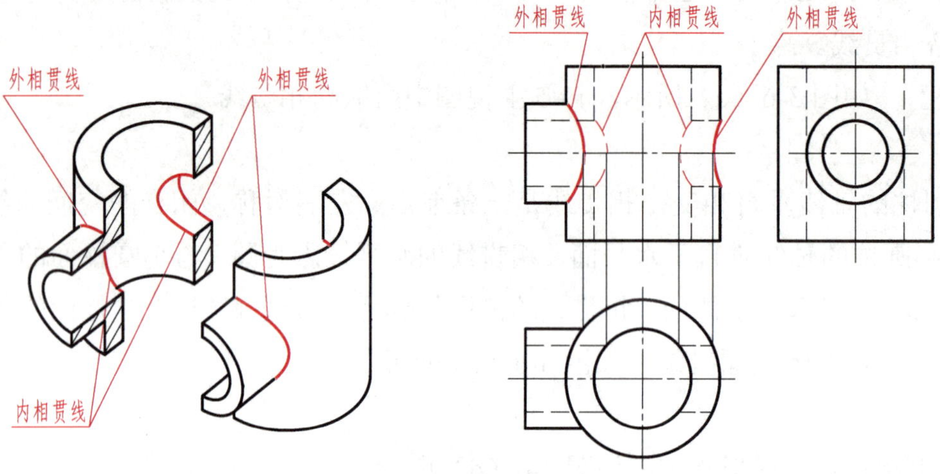

（a）　　　　（b）

图 3-7　孔与孔相交时相贯线的简化画法

（3）相贯线的特殊情况　两回转体相交，在一般情况下相贯线为空间曲线。但在特殊情况下，相贯线为平面曲线或直线，如图 3-8 所示。

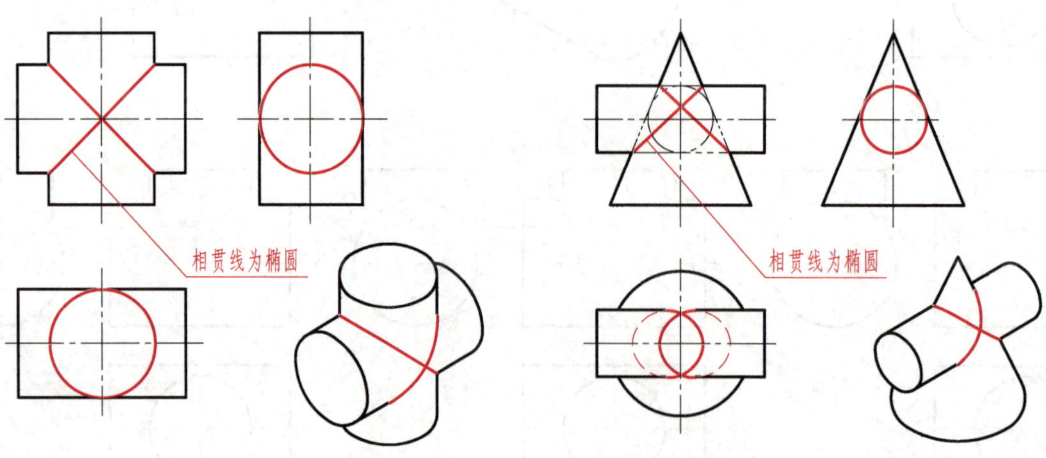

圆柱与圆柱等径正交　　　　圆柱与圆锥正交（公切一圆球）

（a）　　　　（b）

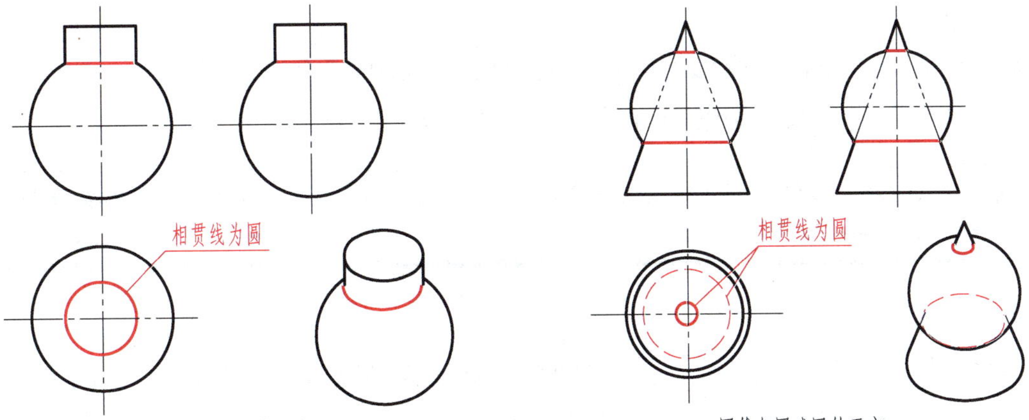

圆柱与圆球同轴正交　　　　圆锥与圆球同轴正交

（c）　　　　（d）

图 3-8　相贯线的特殊情况

第二节　切割型组合体

基本几何体通过截切后形成切割型组合体。当切平面与基本几何体相交，在基本几何体表面产生交线，这种交线称为截交线。截交线是切平面与立体表面的共有线。截交线的形状取决于切平面的位置和被切立体的形状。

一、平面切割平面立体

1．平面切割棱柱

平面切割棱柱有三种情况：一是截平面与侧棱平行，其截交线是矩形；二是截平面与侧棱垂直，其截交线是与底面全等的多边形；三是截平面与侧棱倾斜，其截交线是与底面类似的多边形。

【例 3-2】　求图 3-9（a）所示正六棱柱截断体的投影。

分析

求棱柱截交线的投影，就是求棱线与截平面交点的投影。因为截断面垂直于正面，且棱柱在俯视图中有积聚性，所以截交线上Ⅰ、Ⅱ、Ⅲ、Ⅳ、Ⅴ、Ⅵ各顶点的水平投影和正面投影是已知的。

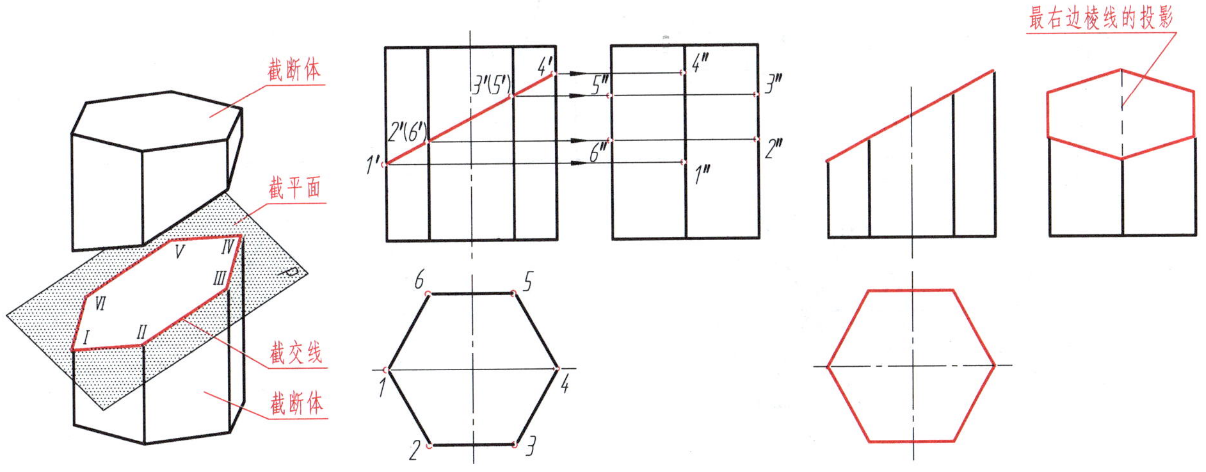

（a）　　　　（b）　　　　（c）

图 3-9　求正六棱柱的截交线

作图

① 根据高平齐的关系，直接求出各点的侧面投影，如图 3-9（b）所示。

② 去掉多余的图线，判别棱线的可见性，如图 3-9（c）所示

> 提示：因为最左、最右两条棱线在侧面的投影重合，当最左边棱线比最右边棱线短时，不要遗漏最右边棱线在侧面的投影——细虚线。

2. 平面切割棱锥

平面切割棱锥也有三种情况：一是截平面过锥顶，其截交线是三角形；二是截平面与底面平行，其截交线是与底面相似的形状；三是截平面倾斜于所有棱线，其截交线是与底面类似的多边形。

【例 3-3】 求图 3-10（a）所示正六棱锥截断体的投影。

分析

由图 3-10（a）可见，正六棱锥被截平面 *P* 截切，截交线是六边形，六个顶点分别是截平面与六条侧棱的交点。求棱锥截断体的投影，就是求棱锥的棱线与截平面的交点，即截交线的顶点。因为截断面垂直于正面，所以截交线顶点的正面投影是已知的。根据直线上点的投影仍在直线的同面投影上的规律，可求出各点的水平投影和侧面投影。

作图

① 利用截平面的积聚性投影，先找出截交线各顶点的正面投影 a'、b'、c'、d'（*B*、*C* 各为前后对称的两个点）；再依据直线上点的投影特性，求出各顶点的水平投影 *a*、*b*、*c*、*d* 及侧面投影 a''、b''、c''、d''，如图 3-10（b）所示。

② 依次连接各顶点的同面投影，即为截交线的投影。去掉作图线，判别棱线的可见性，如图 3-10（c）所示。

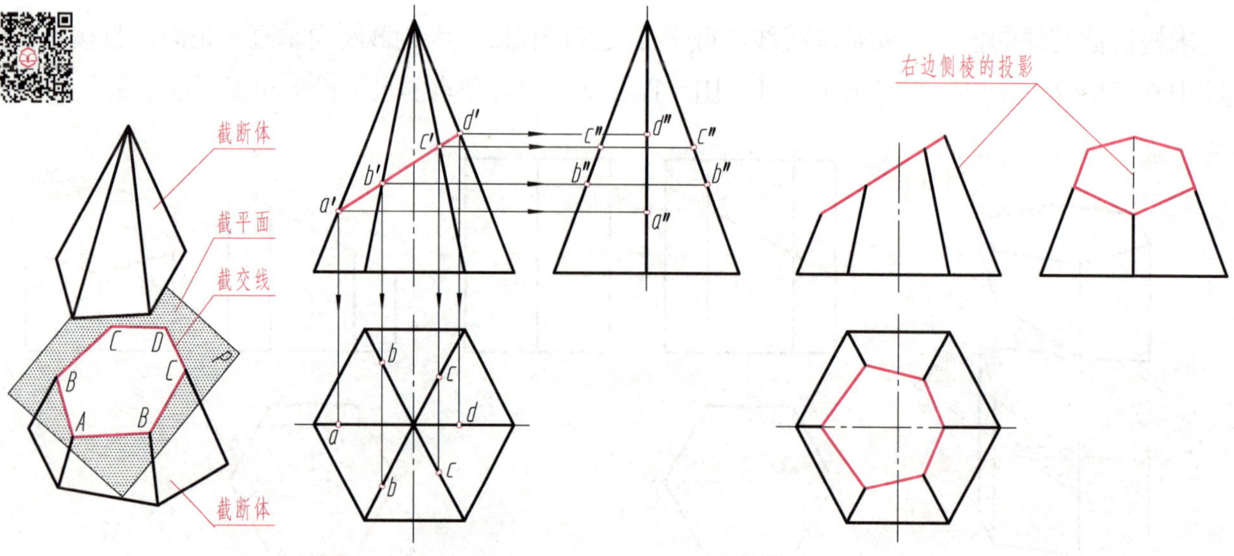

（a）（b）（c）

图 3-10 求正六棱锥的截交线

提示：注意正六棱锥右边棱线在侧面投影中的可见性问题。

二、平面切割曲面立体

1．平面切割圆柱

平面切割圆柱有三种情况：一是截平面与轴线平行，其截交线是矩形；二是截平面与轴线垂直，其截交线是与底面相等的圆；三是截平面倾斜于轴线，其截交线是椭圆。

【例 3-4】　求图 3-11（a）所示圆柱截断体的投影。

分析

圆柱的截断面为椭圆，其正面投影积聚成一斜线，水平投影与圆柱面投影重合，仅需求出侧面投影。

作图

① 求特殊点。对于椭圆应求出长、短轴的四个端点。这四点的正面投影是 1′、3′（Ⅲ为前后对称的两个点）、5′，水平投影是 1、3、5，根据投影关系可求出侧面投影 1″、3″、5″，如图 3-11（b）所示。

② 求一般点。作图时，在投影为圆的视图上取适当数量的一般点（如Ⅱ、Ⅳ点，也是前后对称的两个点），根据投影关系可求出正面投影 2′、4′和侧面投影 2″、4″，如图 3-11（c）所示。

③ 画截交线。依次光滑地连接 1″→2″→3″→4″→5″→4″→3″→2″→1″各点，即得左视图中的截交线（椭圆），如图 3-11（d）所示。

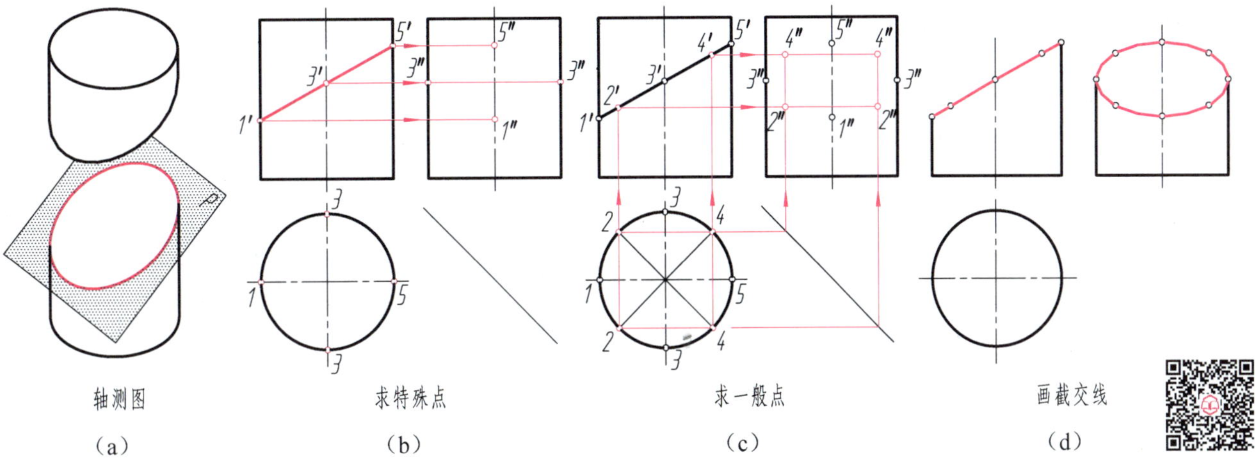

图 3-11　求圆柱的截交线

【例 3-5】　画全图 3-12（a）所示开槽圆柱的俯、左视图。

分析

如图 3-12（b）所示，开槽部分的侧壁是由平行于侧面的平面切割而成的，且两侧壁重合在一起；槽底是由一个平行于水平面的平面切割而成的，圆柱面上的截交线分别位于被切出的各个平面上。由于这些面均与投影面平行，其投影具有积聚性或显实性，因此，截交线的投影应依附于这些面的投影，不需另行求出。

作图

① 作图时根据开槽圆柱的主视图，先在俯视图中作出两侧壁的积聚性投影；再按“高平齐、宽相等”的投影规律，作出通槽的侧面投影，如图 3-12（c）所示。

② 擦去作图线，校核切割后的图形轮廓，加深描粗，如图 3-12（d）所示。

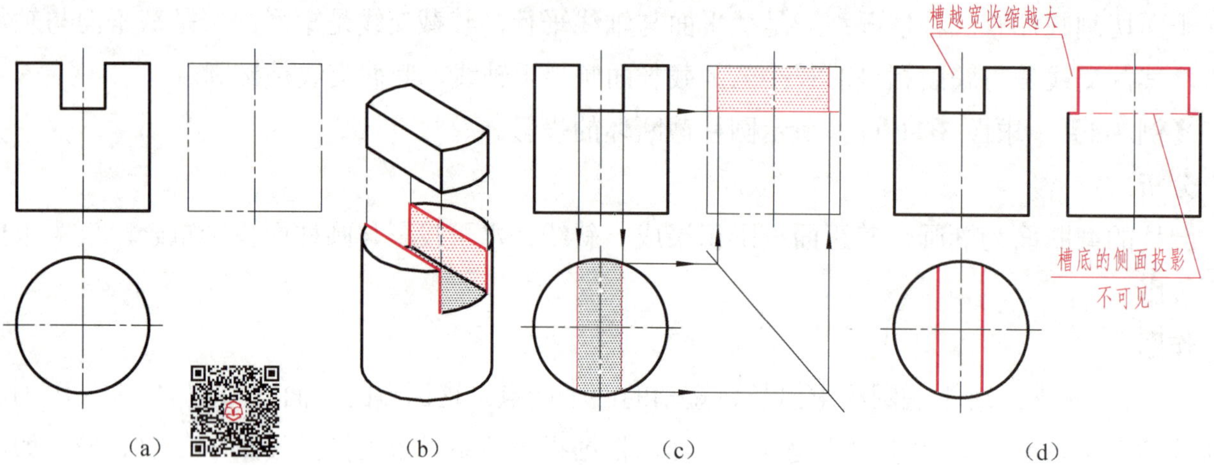

图 3-12　圆柱开槽的画法

> 提示：① 因圆柱的最前、最后素线均在开槽部位被切去，故左视图中的外形轮廓线，在开槽部位向内“收缩”，其“收缩”程度与槽宽有关；② 注意区分槽底侧面投影的可见性：槽底是由两段直线、两段圆弧构成的平面图形，其侧面投影积聚为一直线，其中间部分是不可见的。

2．平面切割圆球

圆球被任意方向的平面截切，其截交线都是圆。当截平面为投影面平行面时，截交线在所平行的投影面上的投影为一圆，其余两面投影积聚为直线，如图 3-13 所示。该直线的长度等于圆的直径，其直径的大小与截平面至球心的距离 B 有关。

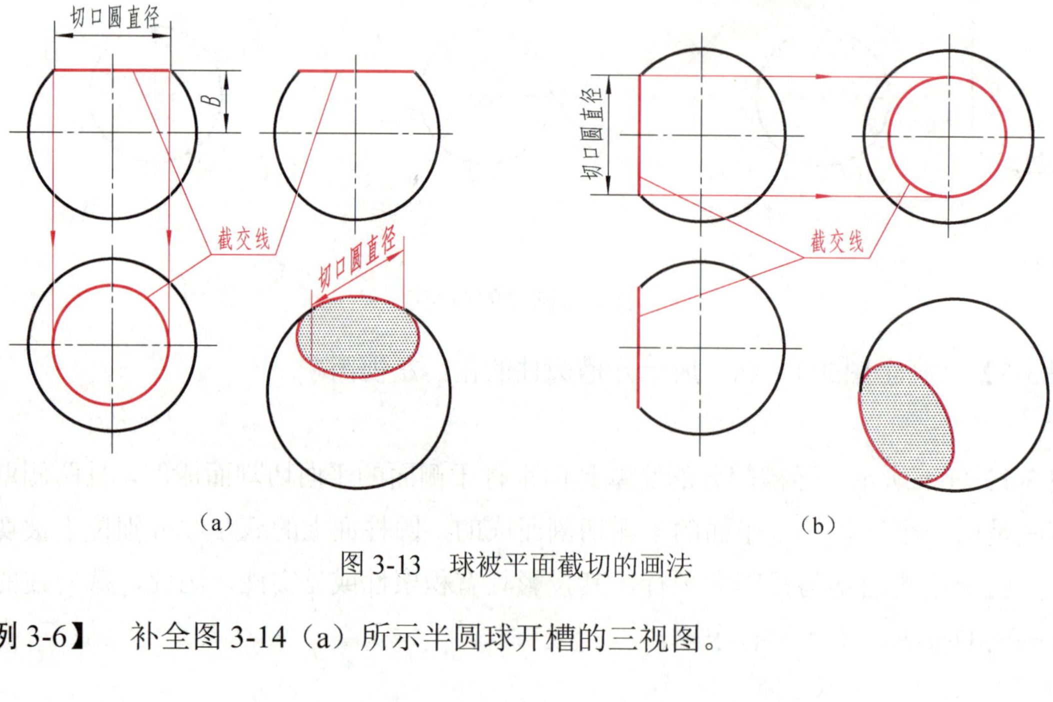

图 3-13　球被平面截切的画法

【例 3-6】　补全图 3-14（a）所示半圆球开槽的三视图。

分析

如图 3-14（a）所示，由于半圆球被两个对称且平行于侧面的平面和一个水平面截切，所以两个侧平面与球面的截交线，各为一段平行于侧面的圆弧，而水平面与球面的截交线为两段水平圆弧。

作图

① 首先画出完整半圆球的三视图。再根据槽宽和槽深依次画出正面、水平面和侧面投影，作图的关键在于确定辅助圆弧半径 R_1 和 R_2（R_1 和 R_2 均小于半圆球的半径 R），如图 3-14（b）、（c）所示。

② 去掉多余图线并判别可见性，完成截交线的投影，如图 3-14（d）所示。

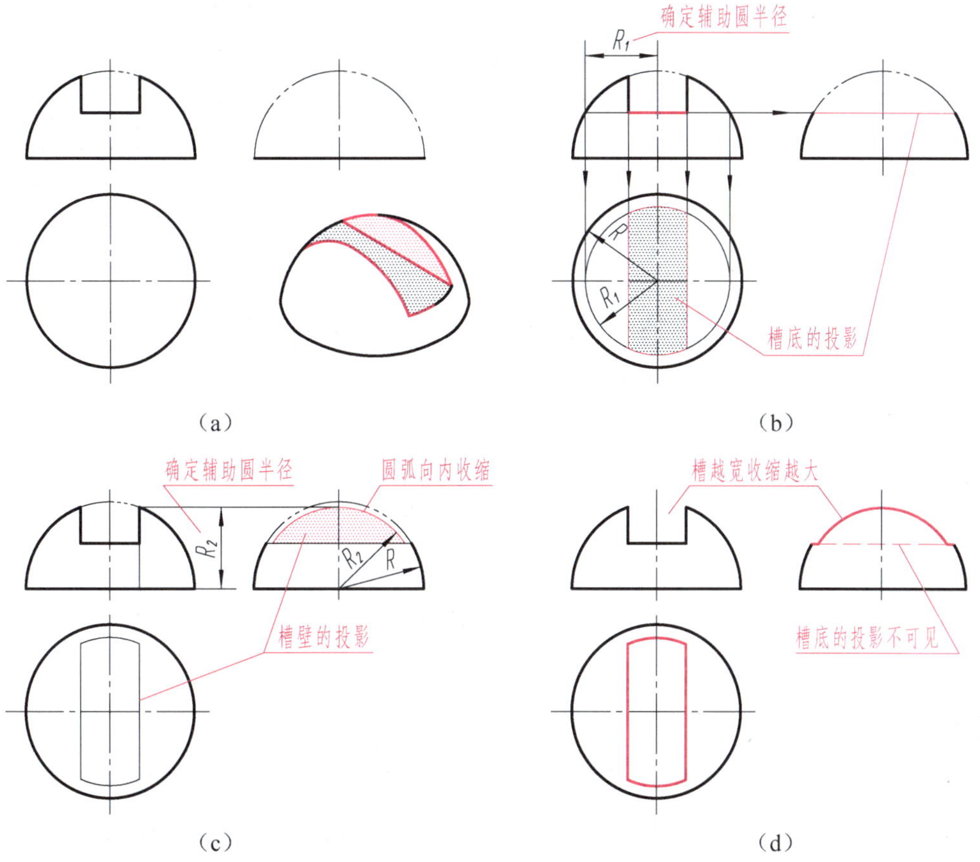

图 3-14　半圆球开槽的画法

> 提示：①因圆球的最高处在开槽部位被切去，故左视图中上方的外形轮廓线向内“收缩”，其收缩程度与槽宽有关，槽愈宽，收缩愈大。②注意区分槽底侧面投影的可见性，槽底的中间部分是不可见的。

三、综合型组合体

大部分组合体都是既有叠加又有切割，属综合型。画图时，一般可先画叠加各形体的投影，再画被切各形体的投影。

如图 3-15（a）所示组合体，就是按底板、四棱柱叠加后，再切掉两个 U 形柱、半圆柱和一个小圆柱的顺序画出的，如图 3-15（b）～（f）所示。

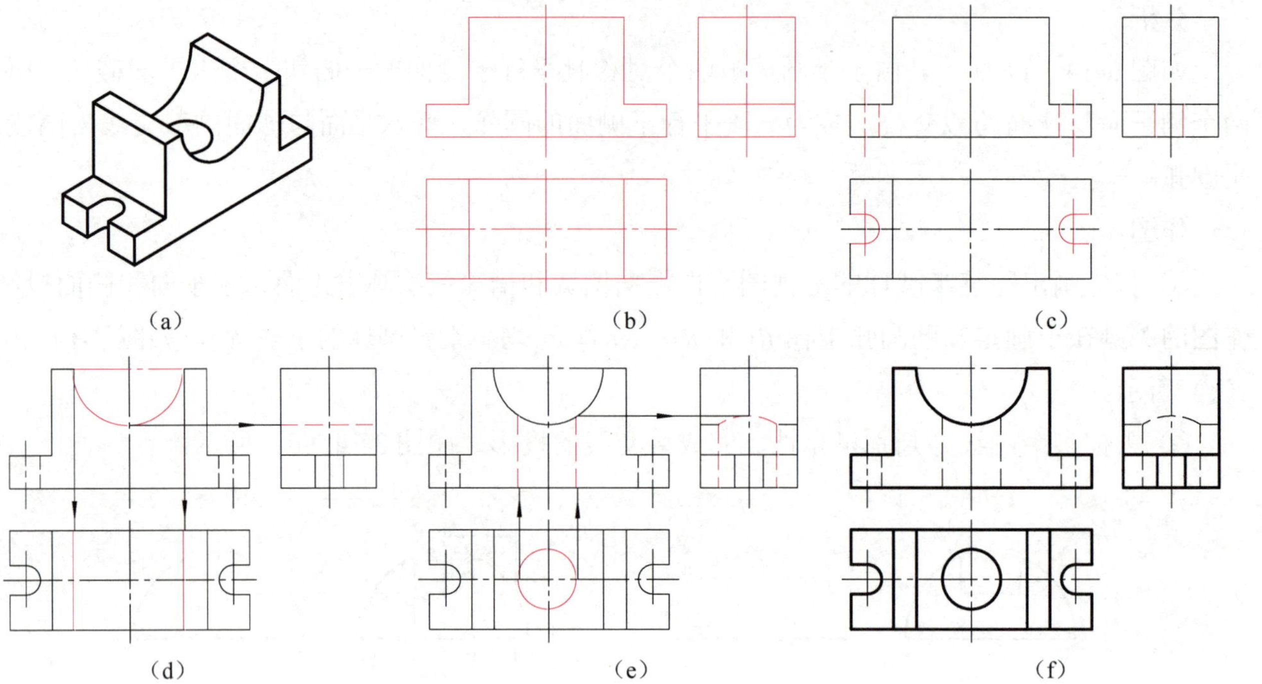

图 3-15　综合型组合体的画法

第三节　组合体三视图的画法

为了迅速而准确地画出组合体三视图，一般按下述步骤进行。

一、画图的一般步骤

1. 分析形体

画组合体三视图时，首先采用形体分析法，其次采用线面分析法。分析组合体是由哪几个基本几何体组合而成，了解它们的相对位置关系和组合形式。

2. 选择主视图

选择主视图时，可将组合体的主要表面或轴线，摆放成与投影面平行或垂直的位置，并以最能反映组合体形状特征的投射方向，作为主视图方向。同时，还要考虑其他两视图中尽量少出现细虚线。

3. 选择绘图比例

根据组合体的复杂程度和图幅大小，在国家标准规定的范围内选择适当的绘图比例。

4. 布置视图

布置视图就是画组合体的主要轴线、对称中心线和基准线。布置视图时，力求图面匀称，视图之间的距离恰当，要留有标注尺寸的位置。

5. 画底稿

画图的先后顺序，一般应从形状特征明显的视图入手。先画主要部分，后画次要部分；先画看得见的部分，后画看不见的部分；先画圆或圆弧，后画直线。

画图时，组合体的每一组成部分，最好是三个视图配合着画。就是说，不要先把一个视图画完再画另一个视图。这样不但速度慢，而且容易出错，也很难保证投影关系。

6．校对和加深

当画完底稿后，一定要认真校对，将三视图与组合体反复对照比较，在确定无误的情况下，擦去作图辅助线，加深各类线条。加深时先粗后细、先曲后直、平行线条一次完成，这样才能保证图面质量。

二、画图示例

现以图 3-16（a）所示轴承座为例，说明组合体三视图的画图步骤。

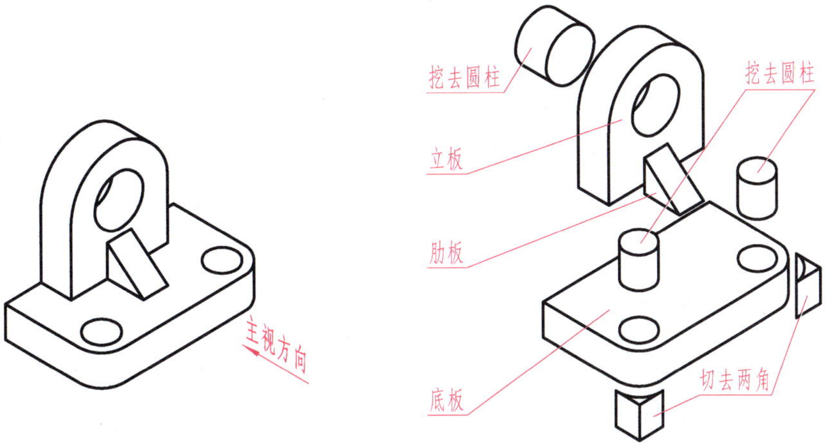

（a）　　（b）

图 3-16　轴承座的形体分析

（1）形体分析　该轴承座左右对称。它由长方形底板、长方形和半圆柱组成的立板和三角形肋板叠加后，在立板上挖去一圆柱，在底板上挖去两圆柱，再在底板前方 1 / 4 圆柱面切去两角而形成的，如图 3-16（b）所示。

（2）选择主视图　首先将轴承座平放，并按图 3-16（a）中箭头所指方向作为主视方向，因为这个方向最能反映轴承座的形状特征。

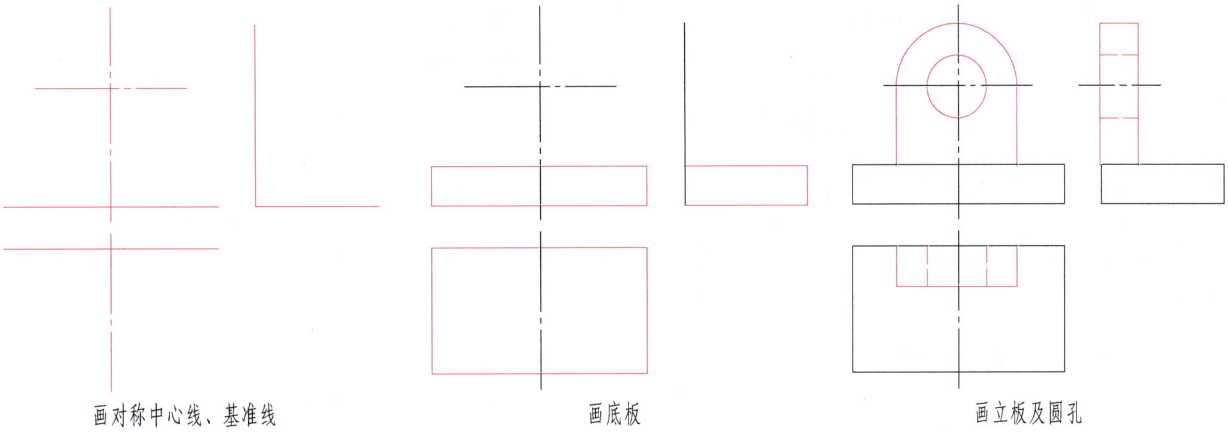

（a）　　（b）　　（c）

图 3-17

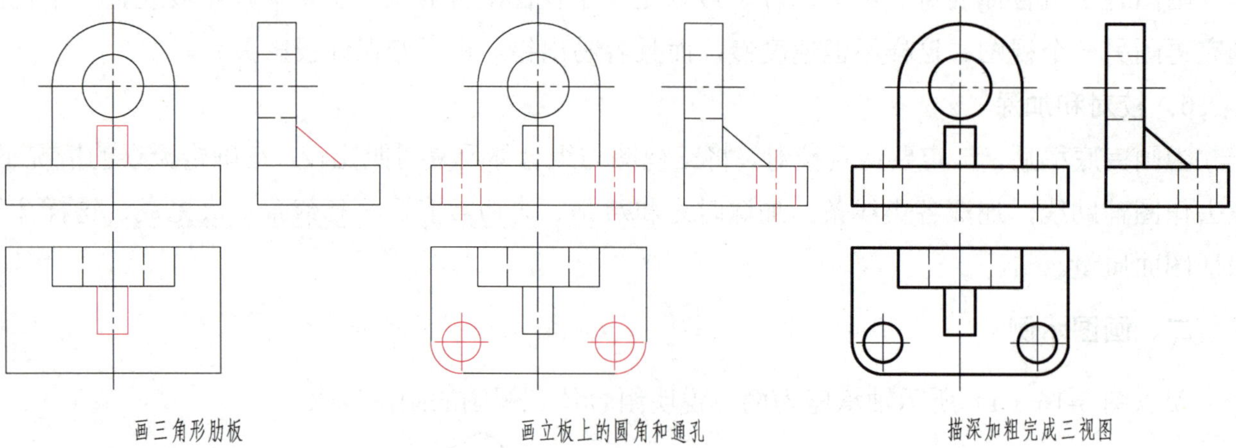

（d）　（e）　（f）

图 3-17　轴承座的作图步骤

（3）确定基准，布置图面　如图 3-16（a）所示，以左右对称平面作为长度方向基准；以底板下面作为高度方向基准；以底板和支承板的后面作为宽度方向基准，画出作图基准线，如图 3-17（a）所示。

（4）画底稿　先简要画出底板的三视图，如图 3-17（b）所示；再画立板和圆孔，如图 3-17（c）所示；添加三角形肋板，如图 3-17（d）所示；再画出底板的两圆孔和两圆角，完成轴承座三视图的初稿，如图 3-17（e）所示。

（5）校对和加深　校对无误后，擦去作图线，描深加粗完成全图，如图 3-17（f）所示。

第四节　组合体的尺寸注法

视图只能表示形体的形状，而它的大小要靠尺寸来确定。要完整、准确地表达组合体，必须在视图上标注完整、清晰的尺寸。本节主要介绍组合体的尺寸注法。

一、尺寸种类

（1）定形尺寸　确定组合体中各基本形体的大小尺寸；

（2）定位尺寸　确定组合体各基本形体之间的相对位置尺寸；

（3）总体尺寸　表示组合体外形大小的总长、总宽、总高尺寸。

二、标注尺寸的方法和步骤

组合体是由基本形体按一定的连接关系组合而成的。因此，在标注组合体尺寸时，仍然要运用形体分析法。

1. 标注各组成部分的尺寸

按形体分析法，将组合体分解为若干部分，然后逐个注出各部分的尺寸。

如图 3-16 所示，将轴承座分解成底板、立板、肋板三部分。确定立板的大小，应标注高度 20、厚 10，孔径 $\phi16$ 和半径 $R16$（含长度）四个尺寸；底板的大小，应标注长 56、宽 32、高

10 三个尺寸；肋板的大小，应标注长 8、宽 12、高 10 三个尺寸，如图 3-18（a）所示。

2. 选定尺寸基准，标注定位尺寸

标注确定各部分之间相对位置的定位尺寸。

标注定位尺寸时，必须选择好尺寸基准。标注尺寸时用以确定尺寸位置所依据的一些面、线或点称为尺寸基准。组合体有长、宽、高三个方向的尺寸，每个方向至少有一个尺寸基准，以它来确定基本形体在该方向的相对位置。标注尺寸时，通常以组合体的底面、端面、对称面、回转体轴线等作为尺寸基准。

轴承座的尺寸基准是：以左右对称面为长度方向的基准；以底板和立板的后面作为宽度方向的基准；以底板的底面作为高度方向的基准，如图 3-18（b）所示。

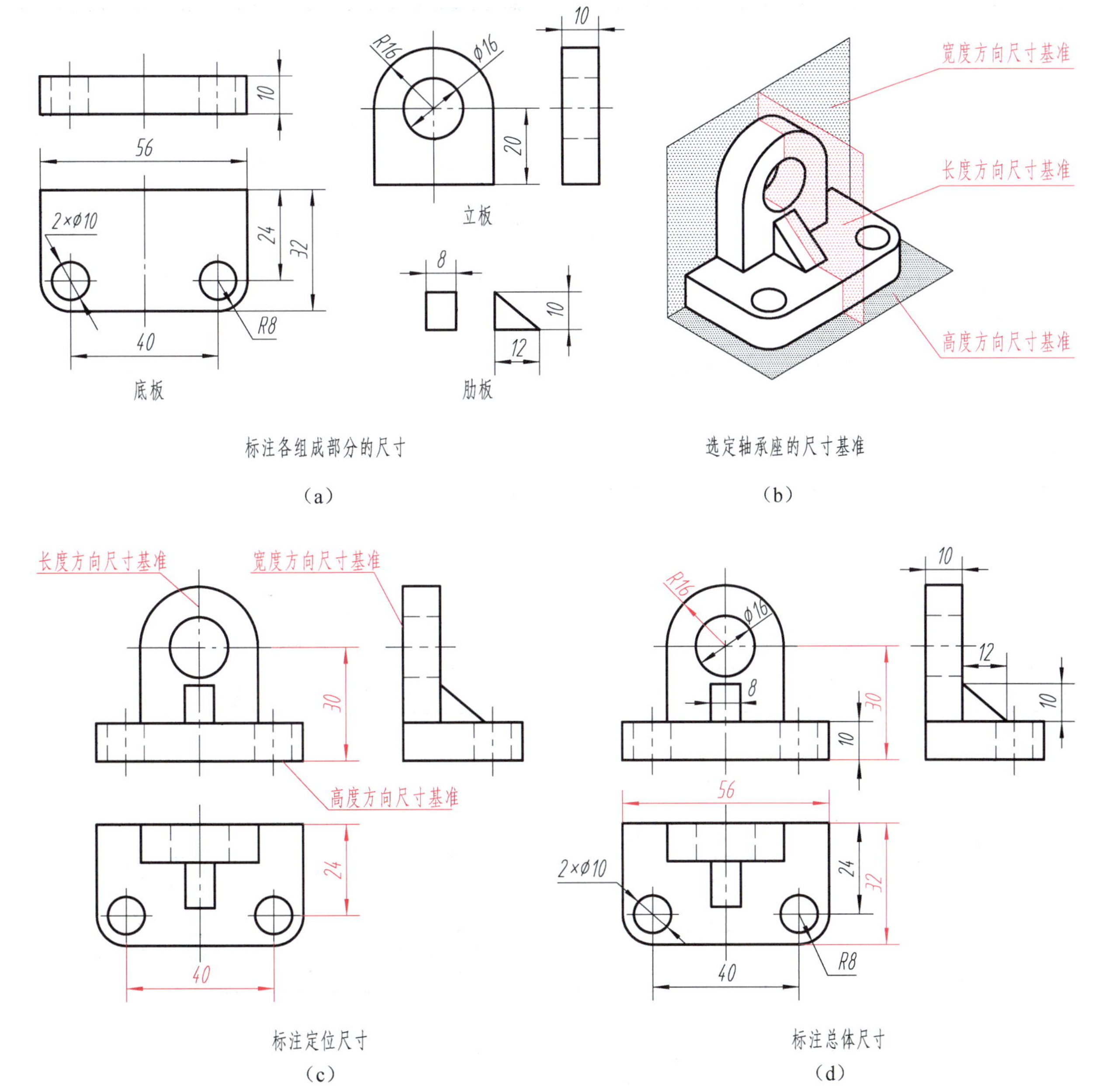

标注各组成部分的尺寸

（a）

选定轴承座的尺寸基准

（b）

标注定位尺寸

（c）

标注总体尺寸

（d）

图 3-18　轴承座的尺寸标注

基准确定后，各方向主要尺寸就应从相应的基准处引出，如图 3-18（c）所示。主、俯视图中的肋板长 8、底板的长度 56 和两圆柱孔的定位尺寸 40，是以长度方向为基准标注的；主视图中底板的高度 10、轴承孔轴线的定位尺寸 30，是以高度方向为基准标注的；左、俯视图中的底板宽 32、底板上两圆柱孔定位尺寸 24、立板的厚度 10，是以宽度方向为基准标注的。

3．标注总体尺寸

最后，标注总体尺寸。如图 3-18（d）所示，底板的长度 56 即为轴承座的总长。底板的宽度 32 即为轴承座的总宽。总高由立板轴承孔轴线高 30 加上立板上方圆弧半径 *R*16 决定，三个总体尺寸已注全。

> 提示：在这种情况下，总高是不能直接注出的，即组合体的一端或两端为回转面时，应采用这种标注形式，否则会出现重复尺寸，也不便于测量。

三、标注尺寸应注意的几个问题

① 所注尺寸必须完整、清晰，不多也不少。要达到完整的要求，需分析组合体的结构形状，明确各组成部分之间的相对位置，然后一部分、一部分地注出定形尺寸和定位尺寸。标注时要从长、宽、高三个方向考虑。核对时，也应从这三个方向检查尺寸是否齐全。

② 尺寸尽量标注在反映形状特征的视图中。如图 3-18（d）中底板的长度 56 和宽度 32，标在俯视图中比标在主、左视图中效果好。肋板的定形尺寸 10、12 标在左视图中，比标在主、俯视图中效果好。

③ 尺寸标注要相对集中。每个基本几何体的定形和定位尺寸，尽量标注在一两个视图上。长度方向的尺寸，尽量标在主视图和俯视图之间，如图 3-18（d）中的 56；高度方向的尺寸，尽量标在主视图和左视图之间，如图 3-18（d）中的 10、30；宽度方向的尺寸，尽量标在俯视图右边或左视图下边，如图 3-18（d）中的 24、32。

④ 尽量避免在细虚线处标注尺寸。如图 3-18（d）中的立板轴承孔 $\phi16$、底板的两圆柱孔

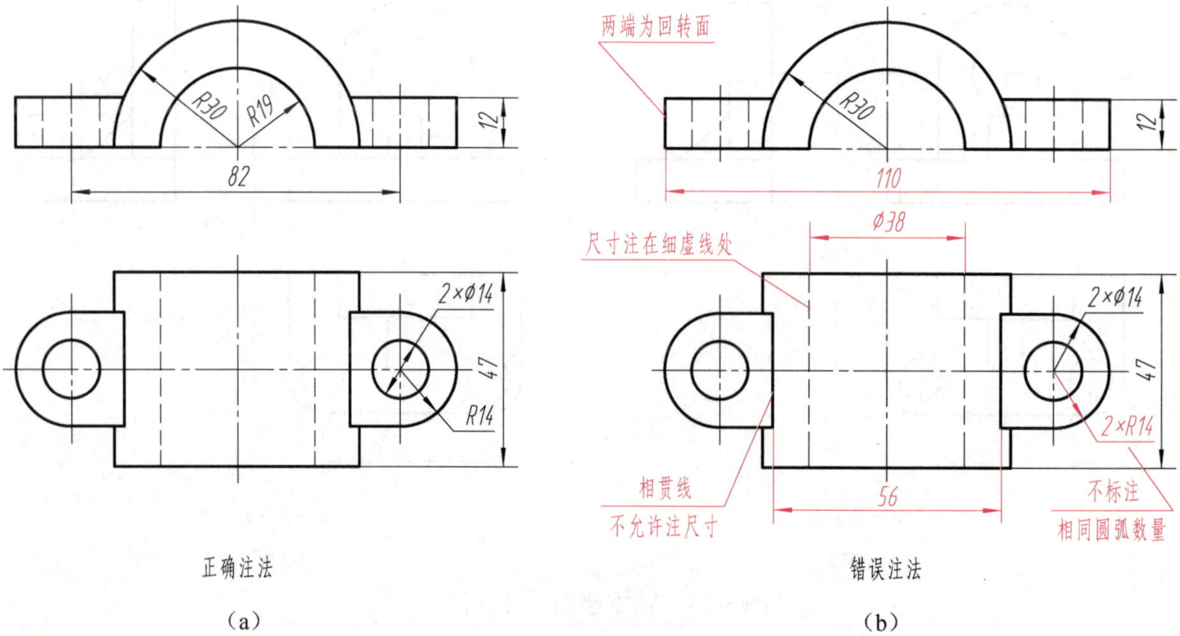

图 3-19　轴承盖的尺寸标注

2× ϕ10 都标在实线处。

⑤ 在截交线、相贯线和通过几何作图所得到的线段处，不允许标注尺寸。具有相贯线的组合体，其相贯线部分只需注出两立体之间相对位置尺寸，而不应注出相贯线的定形尺寸，如图3-19 所示。

⑥ 尽量把尺寸注在视图之外。避免尺寸线与尺寸界线相交，即小尺寸在里边，大尺寸在外边，如图 3-20 所示。

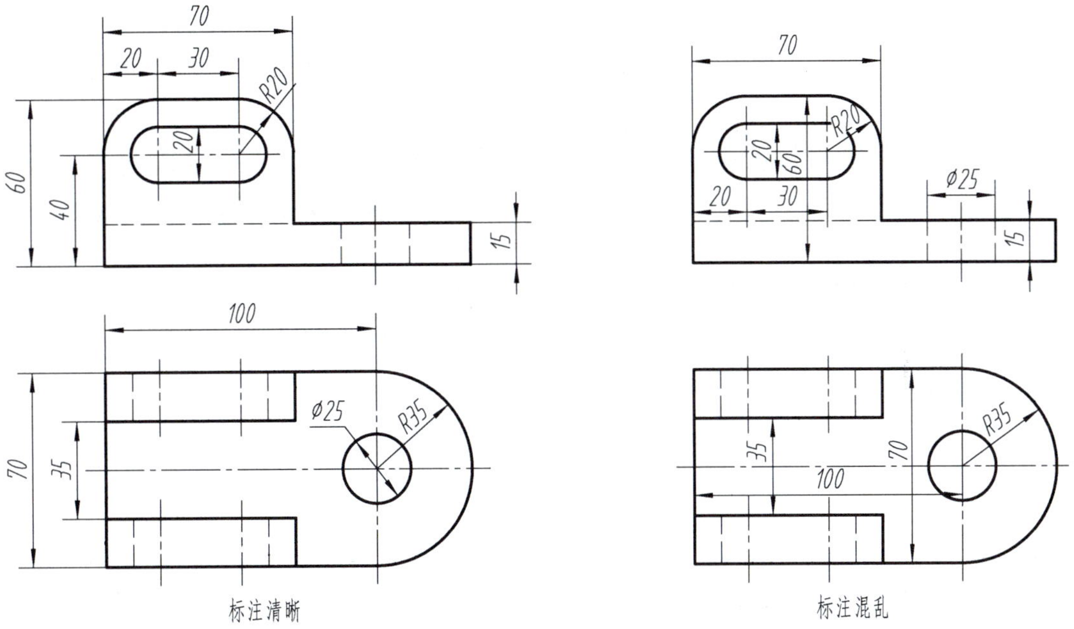

（a）　　（b）

图 3-20　支架的尺寸标注

四、组合体常见结构的尺寸注法

组合体常见结构的尺寸注法如图 3-21 所示，供标注尺寸时参考。

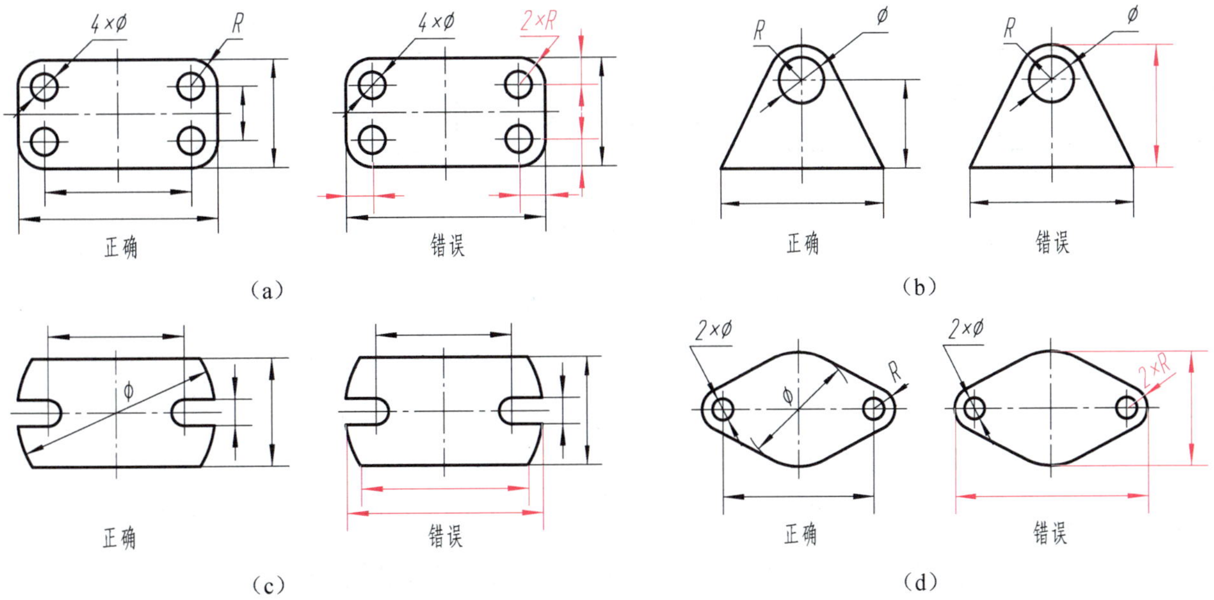

图 3-21　组合体常见结构的尺寸注法

第五节　看组合体视图的方法

学习制图课最主要的任务是：一是画图，即将三维的空间物体，绘制成二维的平面图形；二是看图，即根据二维的平面图形，想象出空间物体的结构形状。不管是看图还是画图，都要运用正投影法的基本原理，采用形体分析法和线面分析法。

一、看图的基本要领

1．先从主视图入手

在从三维到二维的转换过程中，主视图的空间位置不变，而且在画图时将最能反映组合体形状特征的方向作为主视图的方向。因此，看组合体视图时，必须先从主视图入手。

2．要把几个视图联系起来看

因为一面视图不能完全反映组合体的形状。所以看图时要根据投影规律，将组合体各视图联系起来看，而不是孤立地看一个视图。

如图 3-22 所示，如果只看主视图，四个物体的主视图都一样，但与俯视图联系起来看，就很容易区别了。

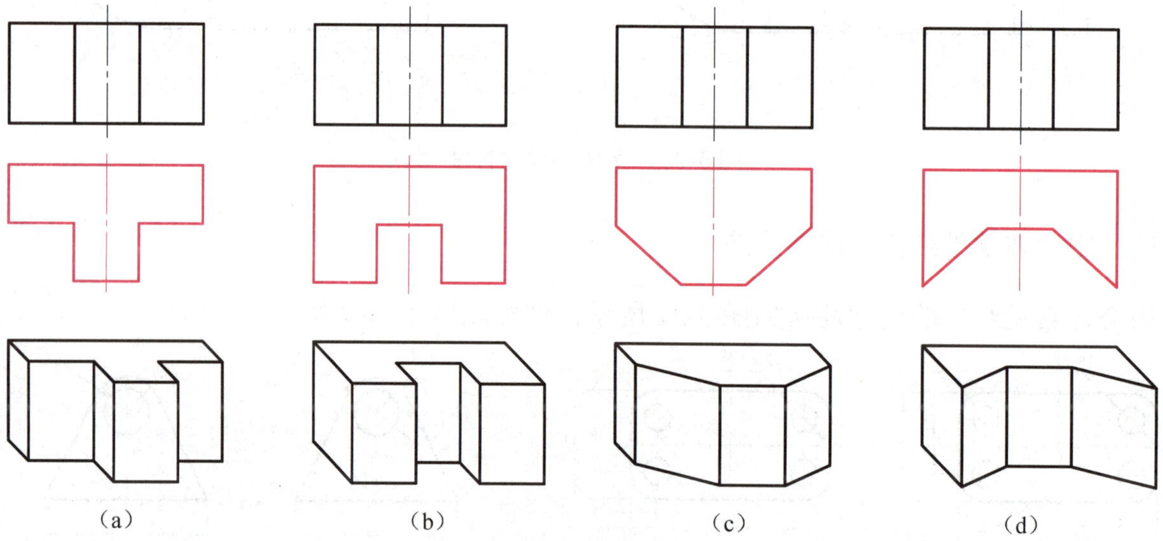

图 3-22　两面视图的比较

有时两面视图也不能表达组合体的形状，看图时要将三个视图联系起来，去想象组合体的空间形状。如图 3-23 所示，两组主、俯视图都一样，只有将三个视图一起看，才能想象出其空间形状。

3．分析每个线框和图线的含义

视图是由一个个封闭线框组成的，而线框又是由图线构成的。因此，掌握图线及线框的含义，是十分必要的。现以图 3-24 为例，说明视图中图线和线框的含义。

（1）视图中图线的含义　视图中图线的含义有以下三种情况。

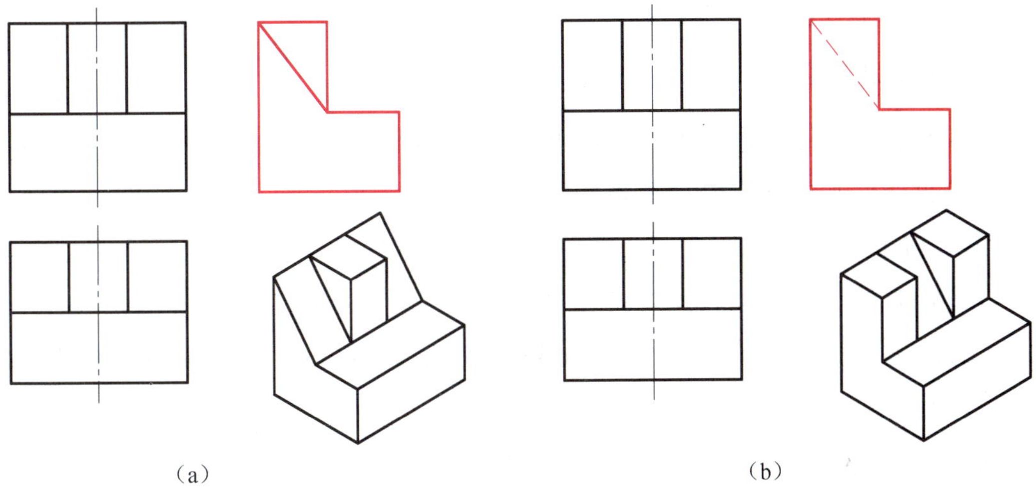

图 3-23　三视图的比较

① 有积聚性的面的投影。

② 面与面的交线。

③ 曲面的转向轮廓线。

(2) 视图中线框的含义　视图中线框的含义有以下三种情况。

① 一个封闭的线框，表示物体的一个面，可能是平面、曲面、组合面或孔洞。

② 相邻的两个封闭线框，表示物体上位置不同的两个面。由于不同线框代表不同的面，它们表示的面有前、后、左、右、上、下的相对位置关系，可以通过这些线框在其他视图中的对应投影来加以判断。

③ 一个大封闭线框内所包含的各个小线框，表示在大平面体（或曲面体）上凸出或凹下各

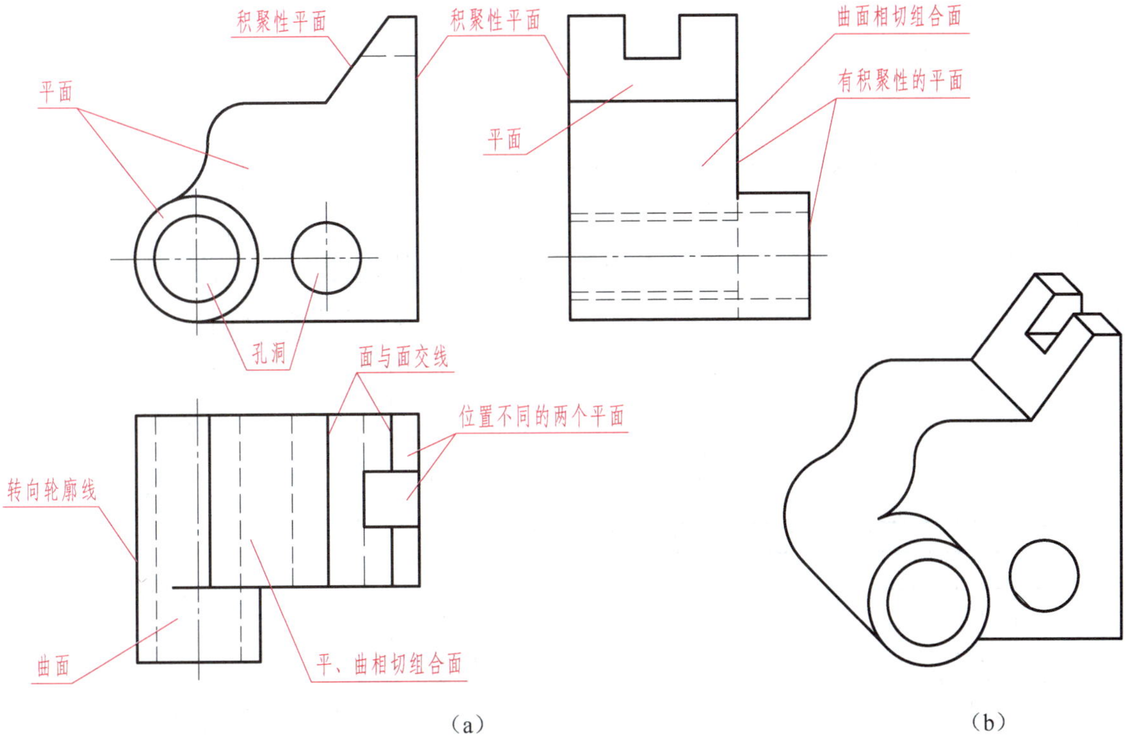

图 3-24　视图中图线与线框的分析

个小平面体（或曲面体）。

二、看图的方法和步骤

看图的基本方法是形体分析法为主，线面分析法为辅。其步骤为：看视图，分部分；抓特征，想形状；线面分析解疑难；综合起来想整体。

1．看视图、分部分

在工作中遇到的组合体，绝大多数是综合型组合体。看图时首先要弄清楚图样上给出的是哪些视图，以及各视图之间的投影关系；然后以主视图为主，结合其他视图，运用形体分析法，将组合体分解成若干部分。

2．抓特征、想形状

根据“三等”规律，按照线框分别找出各部分在每个视图中的位置；再将每一部分的三视图对号入座，想象出每一部分的形状。

分析各部分的形状时，要抓住反映形状特征的视图进行分析。因为在画图时，我们把最能反映形状特征的方向作为主视图方向，所以在看图时应先从主视图入手。但是具体到每一个形体，当它最能反映形状特征的视图不是主视图时，也应从最能反映形状特征的视图入手分析。

3．线面分析解疑难

有些组合体很难把它们分成几部分，而是一个基本几何体经过多次切割而成的，要看懂这样的视图，必须用线面分析法，分析切平面的位置和截切后产生的交线的投影特点。

4．综合起来想整体

在看懂部分结构形状的基础上，根据整体的三视图，想象出它们的相对位置，以及各部分的组合方式，最后综合想象出组合体的整体形状。

【例 3-7】 运用形体分析法，看懂图 3-25（a）所示的轴承座三视图。

（1）看视图，分部分　运用形体分析法可知，主视图较明显地反映出形体Ⅰ、形体Ⅱ的特征，而左视图则较明显地反映出形体Ⅲ的特征。据此，该轴承座可大体分为三部分，如图 3-25（a）所示。

（2）抓特征，想形状　依据“三等”规律，分别在其他视图中找出形体Ⅰ、形体Ⅱ、形体Ⅲ的对应投影（图中红色线所示）。根据各部分的三视图，想象出各部分的形状，如图 3-25（b）、

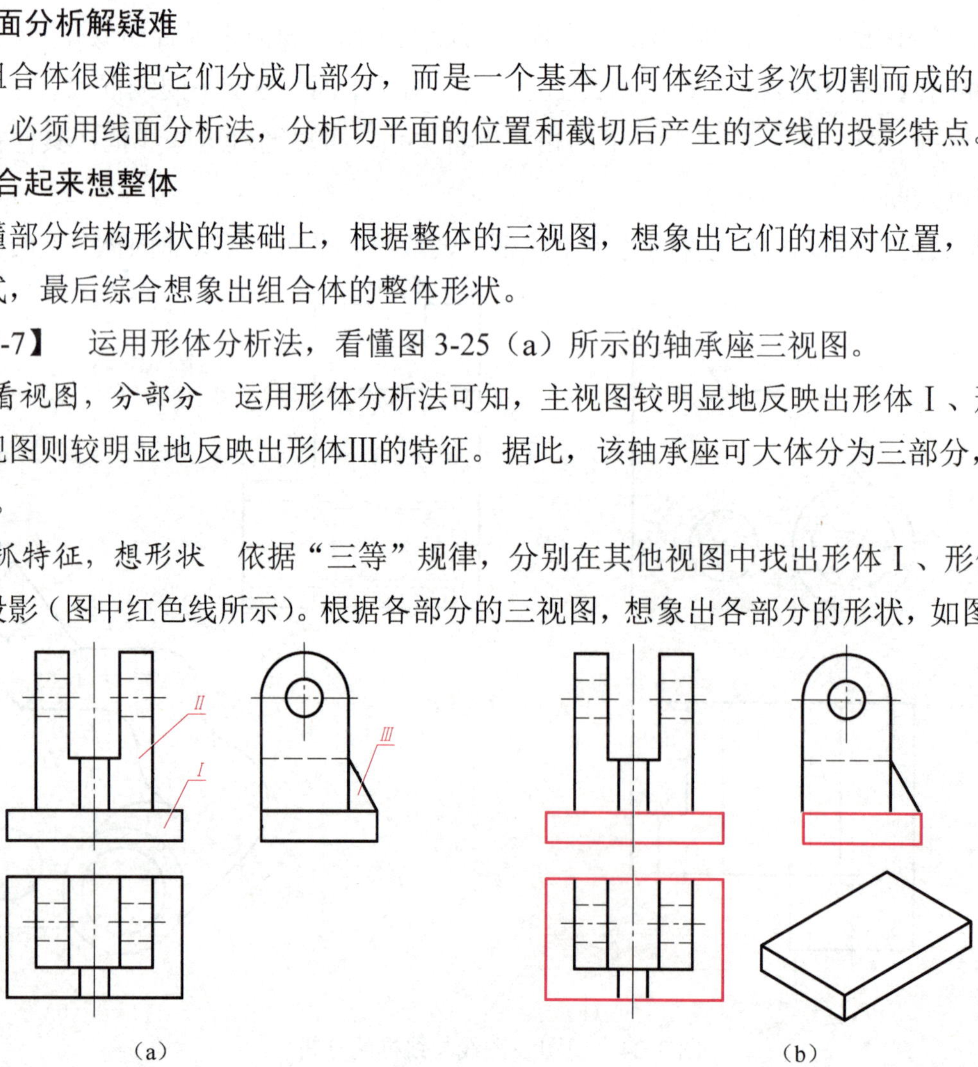

（a）　（b）

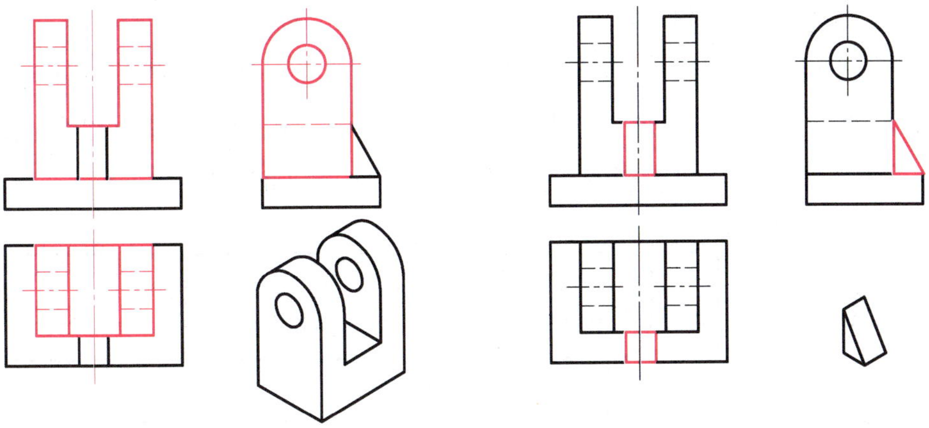

（c）　　　　　　　　　　　　（d）

图 3-25　轴承座的看图方法

（c）、（d）中的轴测图所示。

（3）综合起来想整体　形体Ⅱ在形体Ⅰ之上，两形体左右对称面重合且后面靠齐；形体Ⅲ在形体Ⅰ之上、在形体Ⅱ之前并居中。从而想象出轴承座的整体形状，如图 3-26 所示。

图 3-26　轴承座轴测图

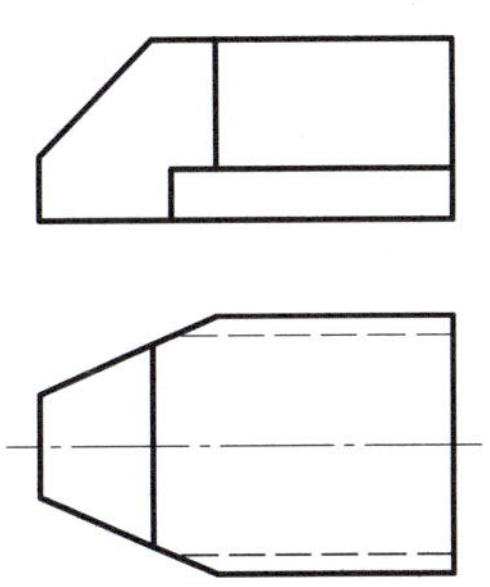

图 3-27　压块三视图

【例 3-8】　运用线面分析法，看懂图 3-27 所示的压块三视图。

（1）看视图，分部分　从图 3-27 中看出，由于压块三个视图的轮廓基本上都是矩形（只切掉了几个角），所以它的原始形体是长方体。

（2）线面分析解疑难　从压块的外表面来看，主视图左上方的缺角是用正垂面切出的；俯视图左端的前、后缺角是用两个铅垂面切出的；左视图下方前、后的缺块，则是用正平面和水平面切出的。可见，压块的外形是一个长方体被几个特殊位置平面切割后形成的。

在搞清切平面的空间位置后，再根据平面的投影特性，分清各切面的几何形状。

① 当被切面为“垂直面”时，从该平面投影积聚成的直线出发，在其他两视图上找出对应的线框，即一对边数相等的类似形。

从主视图中斜线（正垂面的积聚性投影）出发，在俯视图中找出与它对应的梯形线框，则左视图中的对应投影，也一定是一个梯形线框，如图 3-28（a）所示；从俯视图中的斜线（铅垂面的投影）出发，在主、左视图上找出与它对应的投影，一对七边形，如图 3-28（b）所示。

② 当被切面为“平行面”时，也从该平面投影积聚成的直线出发，在其他两视图上找出对

应的投影——一直线和一平面图形。

从左视图中正平面的积聚性投影（红色竖线）出发，找出其正面投影（矩形线框）和水平投影（一直线），如图 3-28（c）所示；从左视图中水平面的积聚性投影（红色横线）出发，找出其水平投影（四边形）和正面投影（一直线），如图 3-28（d）所示。

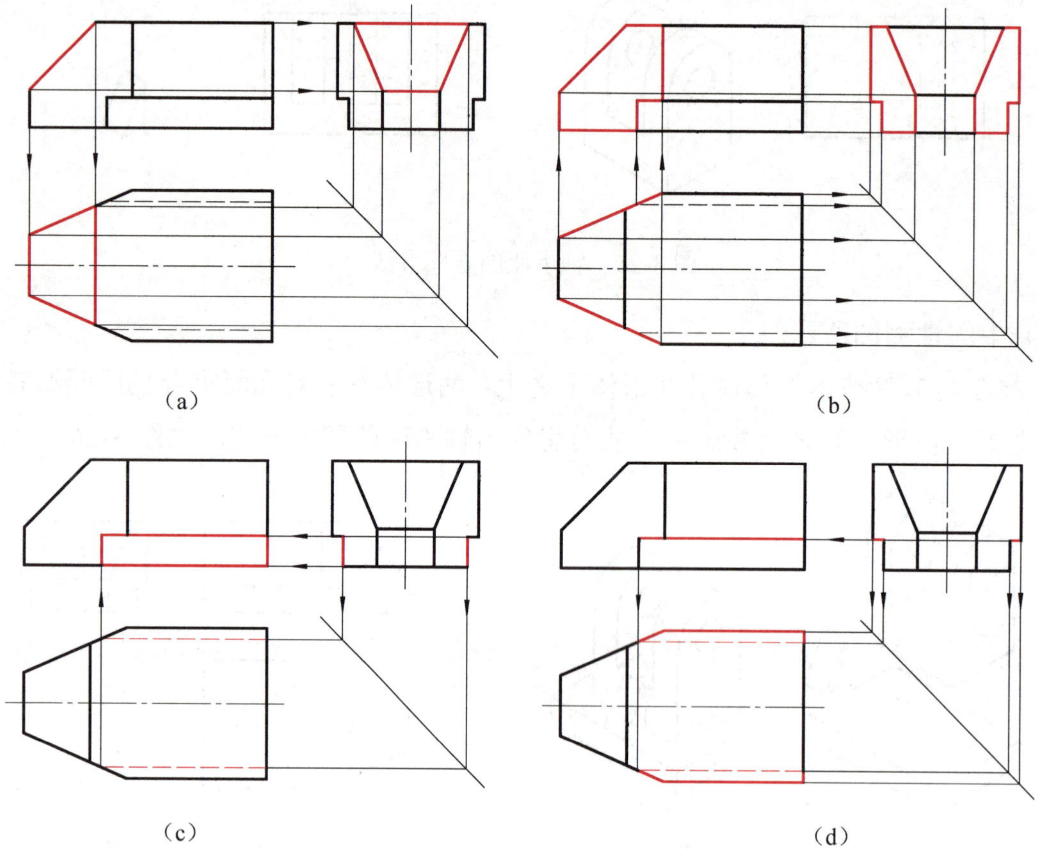

图 3-28　压块的看图方法

（3）综合起来想整体　在看懂压块各表面的空间位置与形状后，还必须根据视图搞清面与面之间的相对位置，进而综合想象出压块的整体形状，如图 3-29 所示。

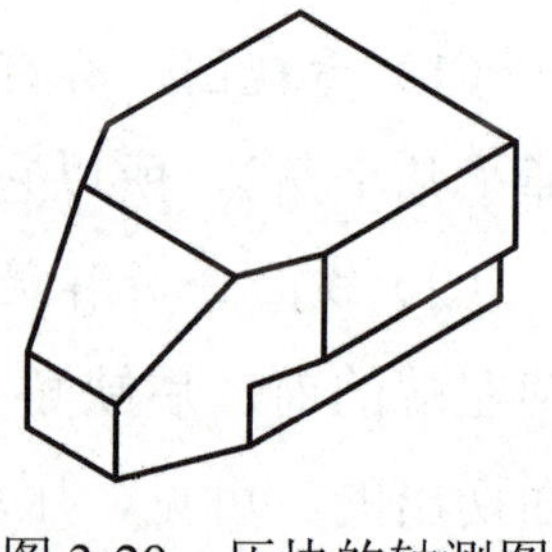
图 3-29　压块的轴测图

应当指出，在上述看图过程中，没有利用尺寸来帮助看图。有时图中的尺寸，是有助于分析物体形状的。如直径符号 ϕ 表示圆孔或圆柱形，半径符号 R 则表示圆角等。

三、由已知两视图补画第三视图（简称二求三）

由已知两视图补画第三视图是训练看图能力，培养空间想象力的重要手段。补画视图，实际上是看图和画图的综合练习，一般可分如下两步进行：

第一步，根据已给的视图按前述方法将视图看懂，并想出物体的形状；

第二步，在想出形状的基础上再进行作图。作图时，应根据已知的两个视图，按各组成部分逐个地画出第三视图，进而完成整个物体的第三视图。

【例 3-9】　由图 3-30（a）中的主、俯两视图，补画左视图。

分析

根据已知的两视图，可以看出该物体是由底板、前半圆板和后立板叠加起来后，又切去一个通槽、钻一个通孔而成的。

作图

依次补画出底板→后立板→前半圆板→通槽→通孔，完成左视图，如图 3-30(b)、(c)、(d)、(e)、(f) 所示。

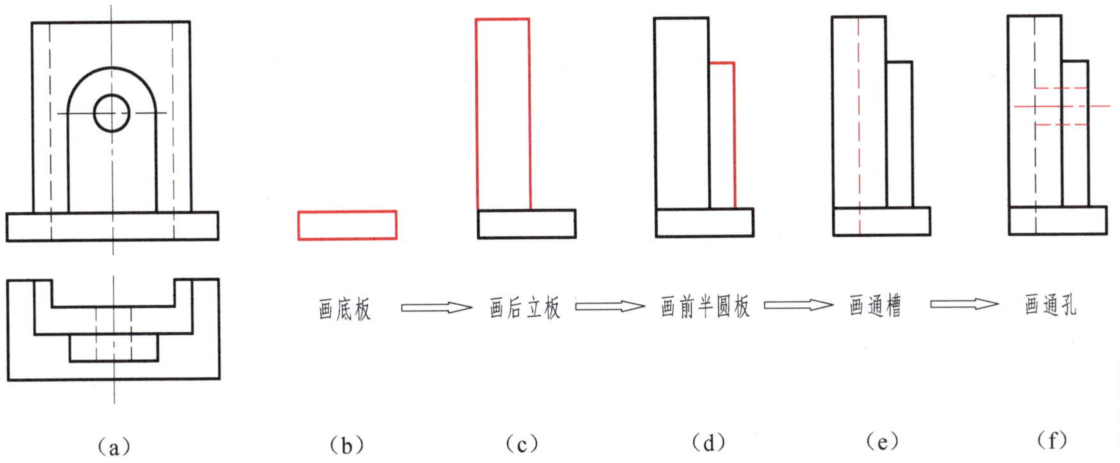

图 3-30　由已知两视图补画第三视图

四、补画视图中的漏线

补漏线就是在给出的三视图中，补画缺漏的线条。首先，运用形体分析法，看懂三视图所表达的组合体形状，然后细心检查组合体中各组成部分的投影是否有漏线，最后将缺漏的图线补出。

【例 3-10】　补画图 3-31（a）所示组合体三视图中缺漏的图线。

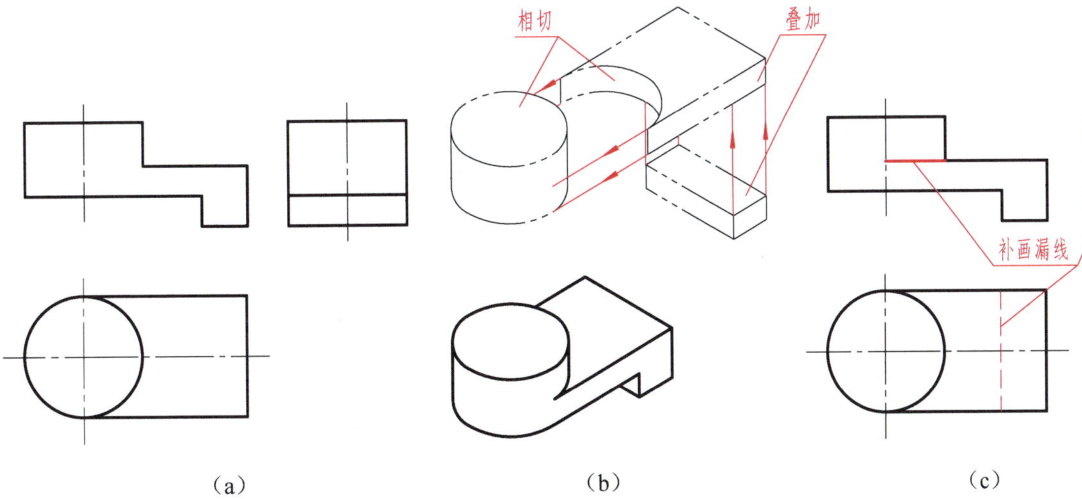

图 3-31　补画组合体三视图中缺漏的图线

分析

通过投影分析可知，三视图所表达的组合体由柱体和座板叠加而成，两组成部分分界处的表面是相切的，如图3-31（b）所示。

作图

对照各组成部分在三视图中的投影，发现在主视图中相切处（座板最前面）缺少一段粗实线；在左视图缺少座板顶面的投影（一条细虚线）。将它们逐一补上，如图3-31（c）中的红色图线所示。

素养提升

2016年政府工作报告指出，“鼓励企业开展个性化定制柔性化生产，培育精益求精的工匠精神，增品种、提品质、创品牌”，说明“工匠精神”已经得到了党和国家的高度重视。“工匠精神”是一种职业精神，它是职业道德、职业能力、职业品质的体现。中国商飞上海飞机制造有限公司数控机加工车间钳工组组长胡双钱就是一位拥有非凡技术的大国工匠。至今，他还是一名工人身份的老师傅，但这并不妨碍他成为制造中国大飞机团队里不可缺少的一分子。要做好一件事，不难。要做好一天的工作，也不难。但是，要在几十年间，不出差错，做好每一件事，却是难上加难。出色的工作技能，良好的工作习惯，谦虚谨慎的工作态度，精益求精的工作作风，最终造就出了胡双钱这样的大国工匠。

至此，我们学习了组合体的画法、尺寸标注和读组合体视图的基本方法，为绘制机械图样奠定了一定的基础。在做练习时，一定要拿出工匠精神，认真做好每一道题，努力做到少出错或不出错；对每条图线的画法，每个数字、字母的写法，都要严格按照国家标准的规定执行，绝不能马虎了事。

第四章　物体的表达方法

由于使用要求不同，物体的结构形状是多种多样的。绘制机械图样时，应根据物体的结构特点，选用适当的表达方法。国家标准《技术制图　图样画法》、《机械制图　图样画法》及《技术制图　简化表示法》规定了图样的各种画法，本章将介绍视图、剖视图、局部放大图和常用的简化画法，以及工程图样中的一些特殊表示法。

第一节　视　　图

根据有关标准和规定，用正投影法所绘制出物体的图形，称为视图。视图主要用于表达物体的可见部分，必要时才画出其不可见部分。

一、基本视图（GB/T 13361—2012、GB/T 17451—1998）

将物体向基本投影面投射所得的视图，称为基本视图。

当物体的构结比较复杂时，为了完整、清晰地表达物体各方面的形状，国家标准规定，在原有三个投影面的基础上，再增设三个投影面，组成一个正六面体，如图 4-1（a）所示。六面体的六个面称为基本投影面。将物体置于六面体中，分别向六个基本投影面投射，即得到六个基本视图（用大写字母 *A*、*B*、*C*、*D*、*E*、*F* 表示）。

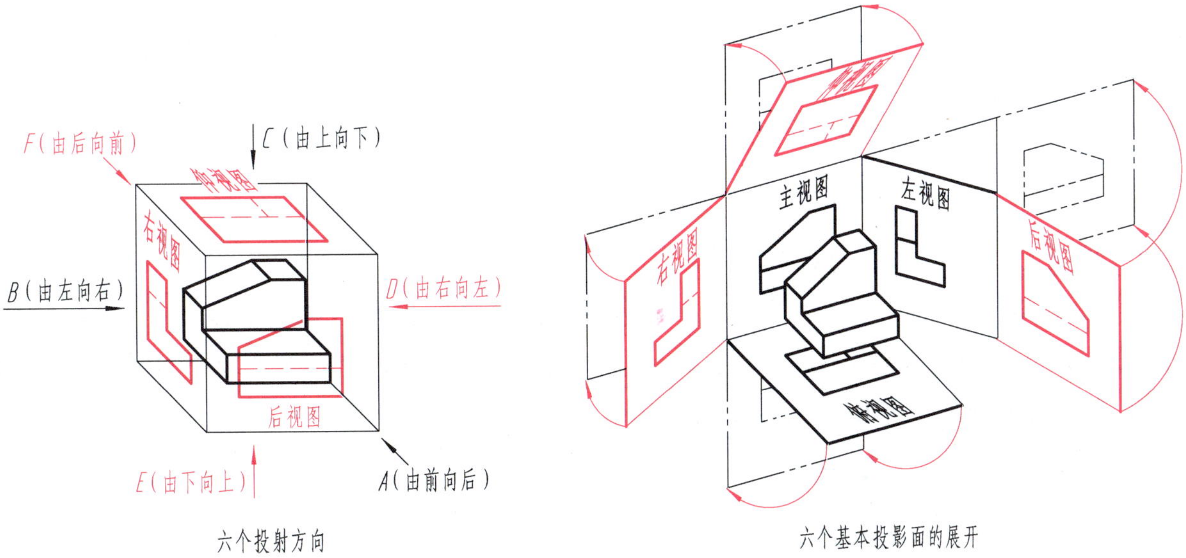

（a）　　　　（b）

图 4-1　六个基本视图的形成

主视图（或称 *A* 视图）——由前向后投射（在后立面）所得的视图。

左视图（或称 *B* 视图）——由左向右投射（在右侧面）所得的视图。

俯视图（或称 *C* 视图）——由上向下投射（在水平面）所得的视图。

右视图（或称 D 视图）——由右向左投射（在左侧面）所得的视图。

仰视图（或称 E 视图）——由下向上投射（在顶面）所得的视图。

后视图（或称 F 视图）——由后向前投射（在前立面）所得的视图。

六个基本投影面展开的方法如图 4-1（b）所示，即正面保持不动，其他投影面按箭头所示方向旋转到与正面共处在同一平面。

六个基本视图在同一张图纸内按图 4-2 配置时，各视图一律不注图名。六个基本视图仍符合“长对正、高平齐、宽相等”的投影规律。除后视图外，其他视图靠近主视图的一边是物体的后面，远离主视图的一边是物体的前面。

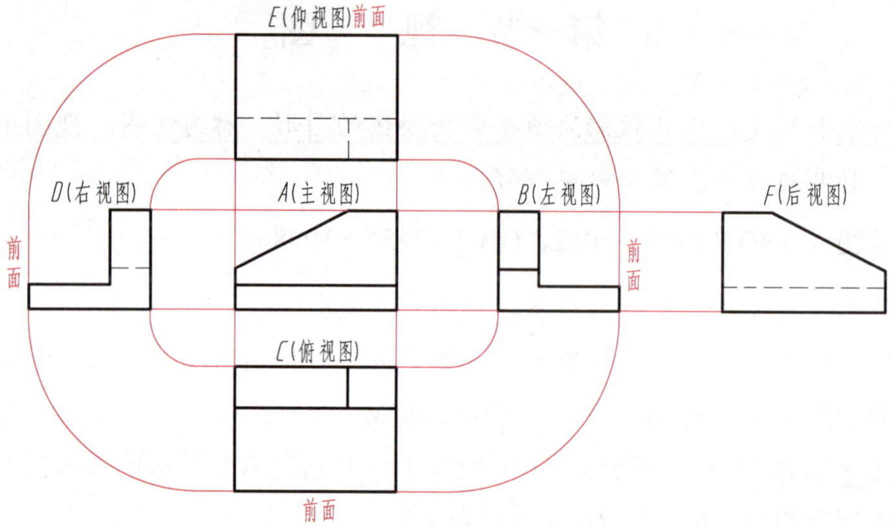

图 4-2　六个基本视图的配置

提示：在绘制工程图样时，一般并不需要将物体的六个基本视图全部画出，而是根据物体的结构特点和复杂程度，选择适当的基本视图，优先采用主、左、俯视图。

二、向视图（GB/T 17451—1998）

向视图是可以自由配置的基本视图。

在实际绘图过程中，有时难以将六个基本视图按图 4-2 的形式配置，此时如采用向视图的形式配置，即可使问题得到解决。如图 4-3 所示，在向视图的上方标注“×”（×为大写拉丁字母），在相应的视图附近，用箭头指明投射方向，并标注相同的字母。

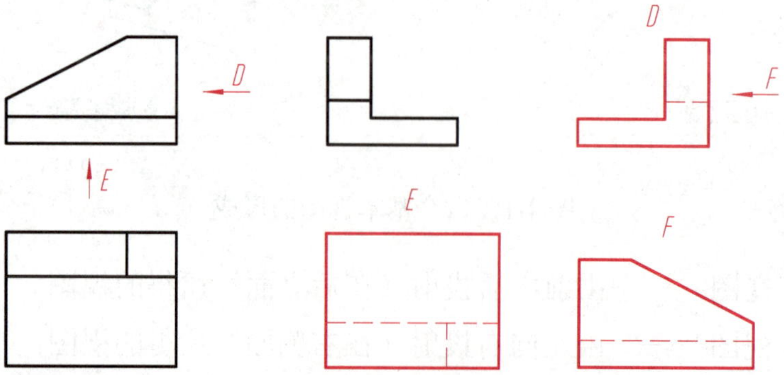

图 4-3　向视图

向视图是基本视图的一种表达形式，它们的主要区别在于视图的配置形式不同。

三、局部视图（GB/T 17451—1998、GB/T 4458.1—2002）

将物体的某一部分向基本投影面投射所得的视图，称为局部视图。

如图 4-4（a）所示，组合体左侧有一凸台。在主、俯视图中，圆筒和底板的结构已表达清楚，而凸台在主、俯视图中未表达清楚，如图 4-4（b）所示。若画出完整的左视图，可以将凸台结构表达清楚，但大部分是重复的，如图 4-4（e）所示。

当局部视图按基本视图的形式配置，中间又无其他图形隔开时，可省略标注，如图 4-6（a）中的俯视图。局部视图也可按向视图的配置形式配置并标注，如图 4-4（d）所示。

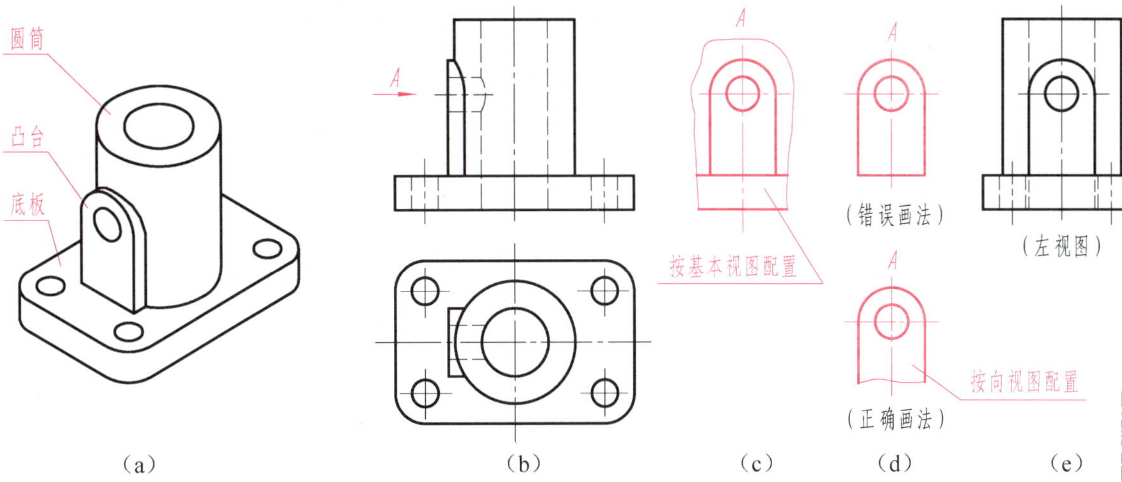

图 4-4　局部视图

当所表示的局部结构是完整的，且外轮廓又封闭时，波浪线可省略不画。如图 4-4（a）所示，组合体的左部凸台下端与底板融为一体，并非整体外凸，图 4-4（c）中下端的横线实际上是底板上表面的投影，凸台的投影并未自成封闭状。在这种情况下，必须画出底部的断裂边界线，如图 4-4（d）所示。

四、斜视图（GB/T 17451—1998）

将物体向不平行于基本投影面的平面投射所得的视图，称为斜视图。

当物体上有倾斜结构时，将物体的倾斜部分向新设立的投影面（与物体上倾斜部分平行，且垂直于一个基本投影面的平面）上投射，便可得到倾斜部分的实形，如图 4-5 所示。

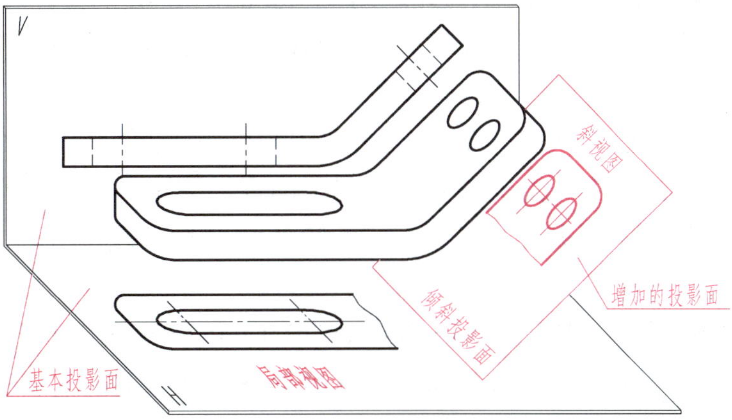

图 4-5　斜视图的形成

斜视图通常按向视图的配置形式配置并标注，如图 4-6（a）所示。必要时，可将斜视图旋转配置。此时表示该视图名称的大写拉丁字母，应靠近旋转符号的箭头端“*A*⌒”，如图 4-6（b）所示。旋转符号的方向应与实际旋转方向一致。旋转符号的半径应等于字体高度 *h*。

斜视图一般只画出倾斜部分的局部形状，其断裂边界用波浪线表示。

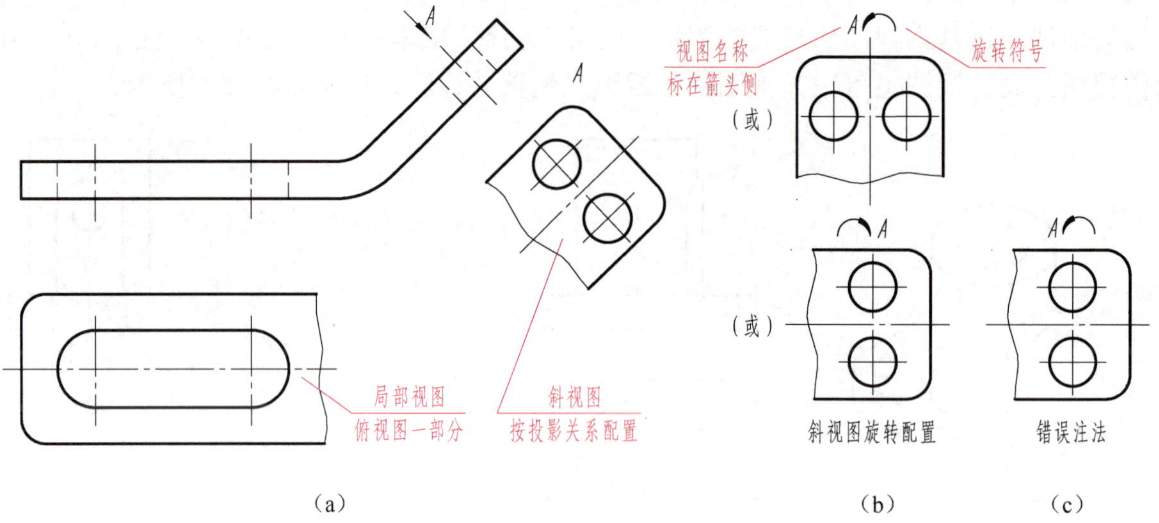

图 4-6　斜视图

第二节　剖　视　图

当物体的内部结构比较复杂时，视图中就会出现较多的细虚线，既影响图形清晰，又不利于标注尺寸。为了清晰地表示物体的内部结构，国家标准 GB/T 17452—1998《技术制图　图样画法　剖视图和断面图》和 GB/T 4458.6—2002《机械制图　图样画法　剖视图和断面图》规定了剖视的表达方法。

一、剖视图的基本概念

1．剖视图的获得（GB/T 17452—1998、GB/T 4458.6—2002）

假想用剖切面剖开物体，将处在观察者和剖切面之间的部分移去，而将其余部分向投影面投射所得的图形，称为剖视图，简称剖视，如图 4-7（a）所示。

图 4-7（b）中的主视图是视图，图 4-7（c）中的主视图是剖视图。通过比较不难发现，视图中细虚线较多。在剖视图中，由于主视图采用了剖视，原来不可见的孔成为可见的，视图上的细虚线在剖视图中变成了粗实线，同时去掉了俯视图中的细虚线圆，加上在剖面区域内画出了剖面线，使图形层次分明，更加清晰。

2．剖面区域的表示法（GBT 17453—2005、GB/T 4457.5—2013）

假想用剖切面剖开物体，剖切面与物体的接触部分，称为剖面区域。通常要在剖面区域画出剖面符号。剖面符号的作用：一是明显地区分被剖切部分与未剖切部分，增强剖视的层次感；

二是识别相邻零件的形状结构及其装配关系；三是区分材料的类别。

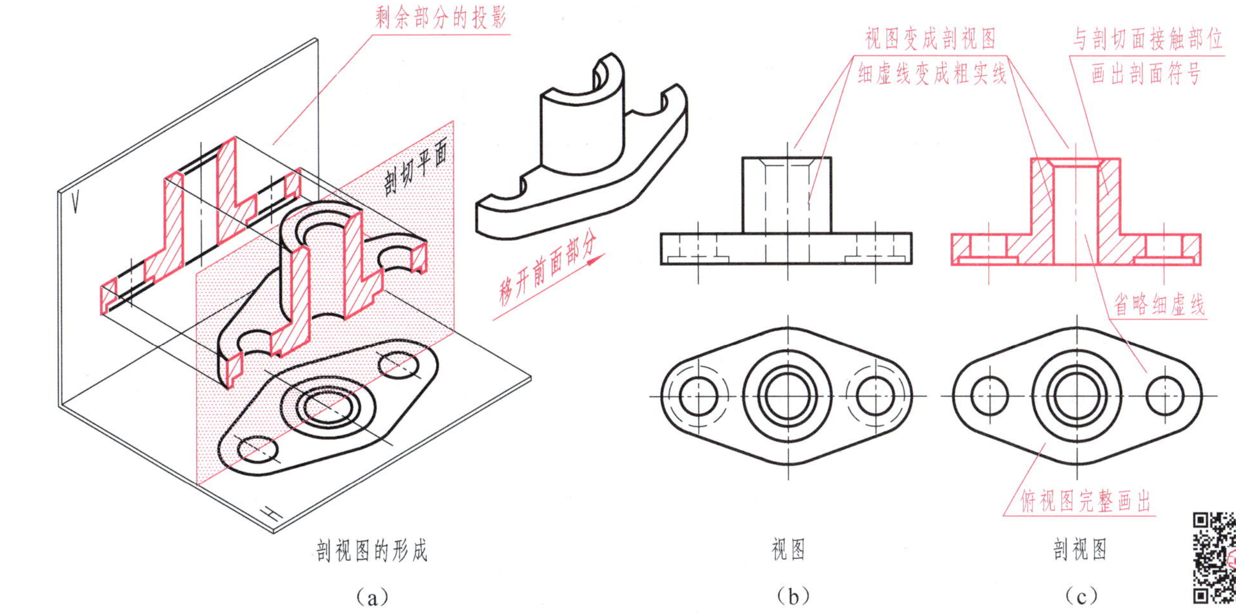

图 4-7　剖视图的形成

① 当不需在剖面区域中表示物体的材料类别时，应按国家标准 GB/T 17453—2005《技术制图　图样画法　剖面区域的表示法》中的规定：剖面符号用通用的剖面线表示；同一物体的各个剖面区域，其剖面线的方向及间隔应一致。通用剖面线是与图形的主要轮廓线或剖面区域的对称线成 45°角且间距（≈3mm）相等的细实线，如图 4-8 所示。

在图 4-9 的主视图中，由于物体倾斜部分的轮廓与底面成 45°，而不宜将剖面线画成与主要轮廓成 45°时，可将该图形的剖面线画成与底面成 30°或 60°的平行线，但其倾斜方向仍应与其他图形的剖面线一致。此时，俯视图中的剖面线仍画成 45°。

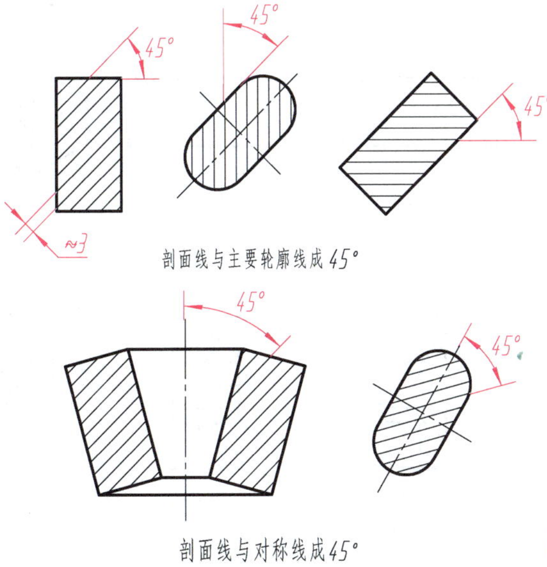

图 4-8　通用剖面线的画法

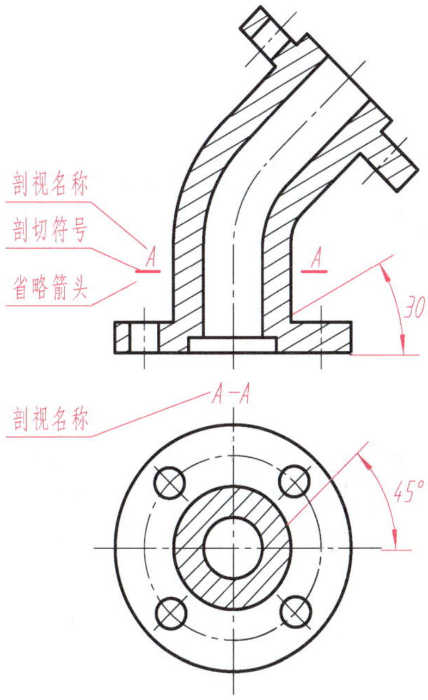

图 4-9　30°或 60°剖面线的画法

② 当需要在剖面区域中表示物体的材料类别时，应根据国家标准 GB/T 4457.5—2013《机械制图　剖面符号》中的规定绘制，常用的剖面符号如图 4-10 所示。

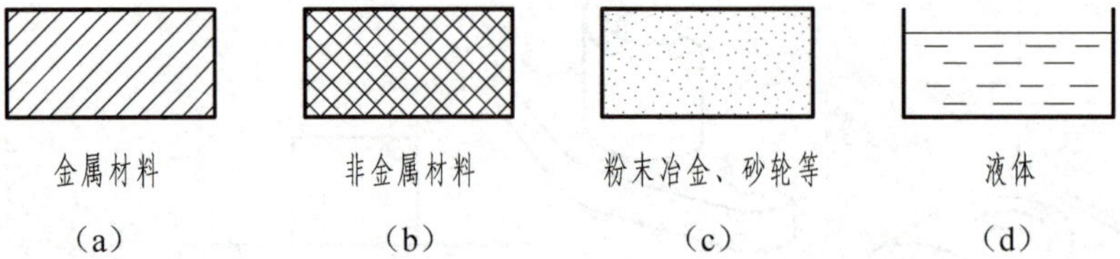

图 4-10　常用的剖面符号

3．剖视图的标注

为了便于看图，在画剖视图时，应将剖切位置、剖切后的投射方向和剖视图名称等三项内容标注在相应的视图上，如图 4-9 所示。

（1）剖切符号　表示剖切面的位置。在相应的视图上，用剖切符号（线长 5～8 mm 的粗实线）表示剖切面的起、迄和转折处位置，并尽可能不与图形的轮廓线相交。

（2）投射方向　在剖切符号的两端外侧，用箭头指明剖切后的投射方向。

（3）剖视图名称　在剖视图的上方用大写拉丁字母标注剖视图的名称“×—×”，并在剖切符号的一侧注上同样的字母。

在下列情况下，可省略或简化标注。

① 当单一剖切平面通过物体的对称面或基本对称面，且剖视图按投影关系配置，中间又没有其他图形隔开时，可以省略标注，如图 4-7（c）所示。

② 当剖视图按投影关系配置，中间又没有其他图形隔开时，可以省略箭头，如图 4-9 所示。

二、画剖视图的注意事项

（1）不可漏画可见的轮廓线　在剖切面后面的可见轮廓线，必须用粗实线画出，不能遗漏，如图 4-11 所示。

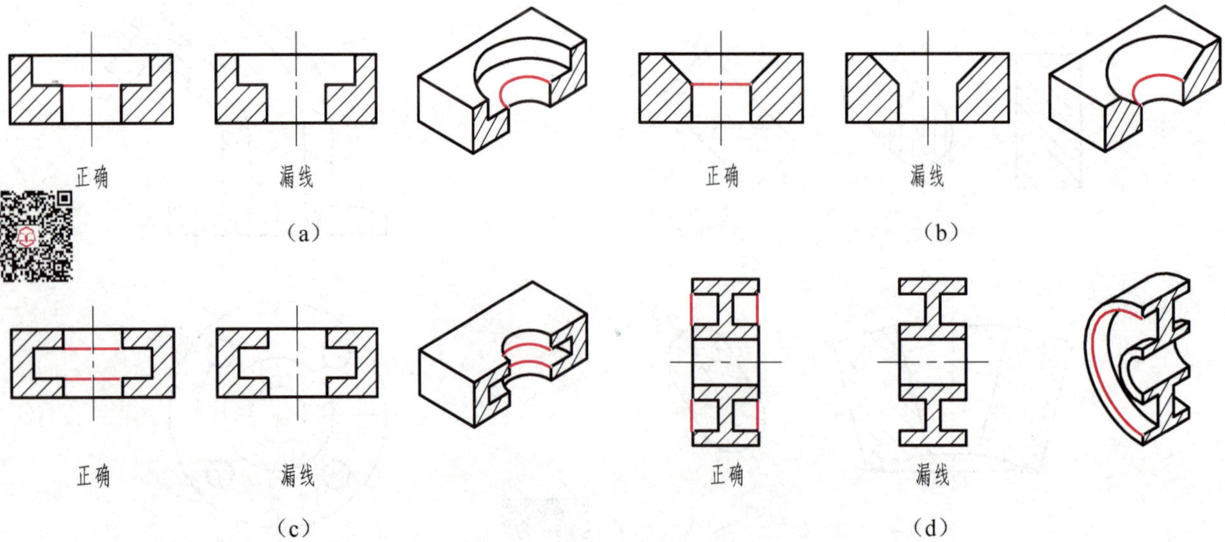

图 4-11　不能漏画剖切面后面的可见轮廓线

（2）分清剖切的真与假　由于剖视图是一种假想画法，并不是真的将物体切去一部分，因此当物体的一个视图画成剖视图后，其他视图应该完整地画出。如图 4-12（b）中的俯视图，仍应画成完整的。图 4-12（c）中俯视图的画法是错误的。

（3）注意剖切面的位置　剖切面一般应通过物体的对称面、基本对称面或内部孔、槽的轴线，并与投影面平行。如图 4-12（b）所示，剖切面通过物体的前后对称面，且平行于正面。

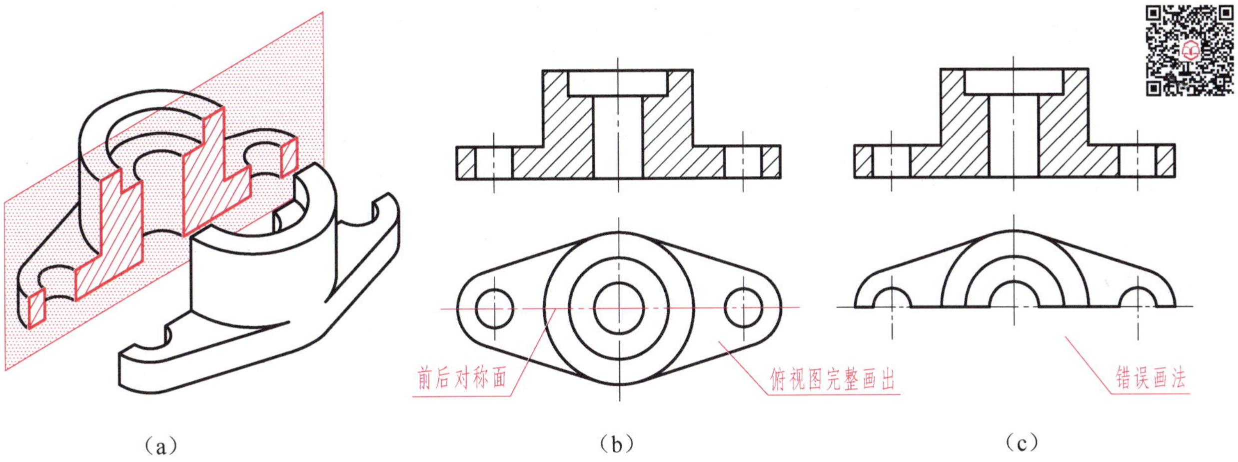

图 4-12　剖视图的正确画法

（4）注意细虚线的取舍　在剖视图中，表示物体不可见部分的细虚线，如在其他视图中已表达清楚，一般都可以省略不画。如图 4-7（c）、图 4-9、图 4-12（b）所示，图中应有的细虚线均省略不画。但有时画出少量细虚线，如图 4-13（b）中的⊥型细虚线，可使图形的表达更为简练。

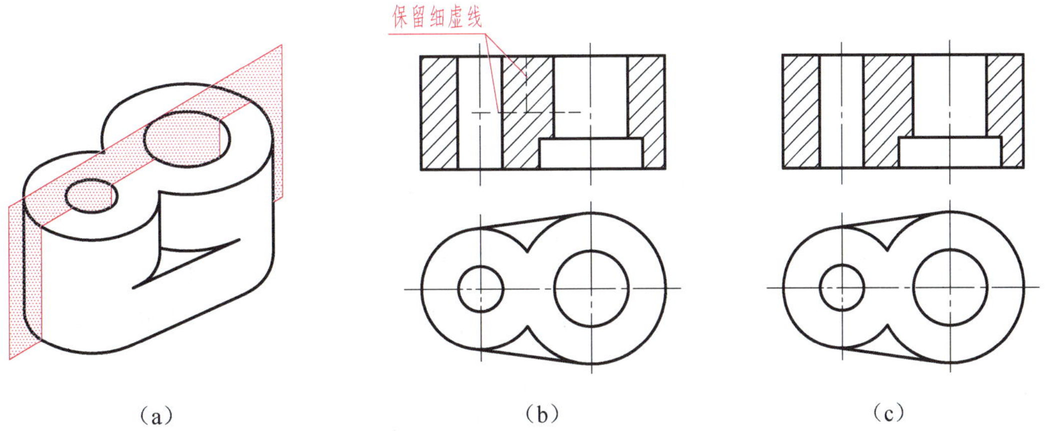

图 4-13　剖视图中必要的虚线

三、剖视图的种类

根据剖开物体的范围，可将剖视图分为全剖视图、半剖视图和局部剖视图。国家标准规定，剖切面可以是平面，也可以是曲面；可以是单一的剖切面，也可以是组合的剖切面。绘图时，应根据物体的结构特点，恰当地选用单一剖切面、几个平行的剖切平面或几个相交的剖切面（交线垂直于某一投影面），绘制物体的全剖视图、半剖视图和局部剖视图。

1. 全剖视图

用剖切面完全地剖开物体所得的剖视图，称为全剖视图，简称全剖视，如图 4-7（c）、图 4-9、图 4-12（b）、图 4-13（b）所示。

> 提示：全剖视图主要用于表达外形简单、内部结构复杂而又不对称的物体。

（1）用单一剖切面获得的全剖视图　单一剖切面通常指平面或柱面。图 4-7（c）、图 4-9、图 4-12（b）、图 4-13（b）都是用单一剖切平面剖切得到的全剖视图，是最常用的剖切形式。

图 4-14（b）中的“*A*—*A*”剖视图，是用单一斜剖切平面完全地剖开物体得到的全剖视图，主要用于表达物体上倾斜部分的结构形状。用单一斜剖切面获得的剖视图，一般按投影关系配置，也可将剖视图平移到适当位置。必要时允许将图形旋转配置，但必须标注旋转符号“⌒”。对此类剖视图必须进行标注，不能省略。

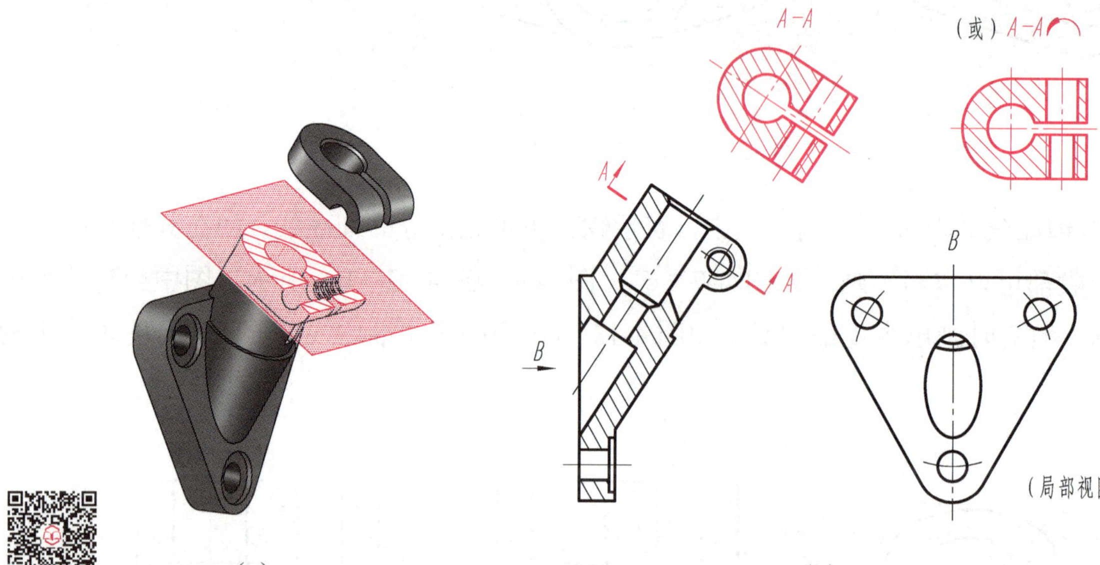

（a）　　（b）

图 4-14　用单一斜剖切平面剖切得到的全剖视图

（2）用几个平行的剖切平面获得的全剖视图　当物体上有若干个不在同一平面上而又需要表达的内部结构时，可采用几个平行的剖切平面剖开物体。几个平行的剖切平面可能是两个或两个以上，各剖切平面的转折必须是直角。

如图 4-15（a）所示，物体上的三个孔不在前后对称面上，用一个剖切平面不能同时剖到。这时，可用两个相互平行的剖切平面分别通过左侧的阶梯孔和前后对称面，再将两个剖切平面后面的部分，同时向基本投影面投射，即得到用两个平行平面剖切的全剖视图。

用几个平行的剖切平面剖切时，应注意以下两点：

① 在剖视图的上方，用大写拉丁字母标注图名“×—×”，在剖切平面的起、迄和转折处画出剖切符号，并注上相同的字母。若剖视图按投影关系配置，中间又没有其他图形隔开时，允许省略箭头，如图 4-15（b）所示。

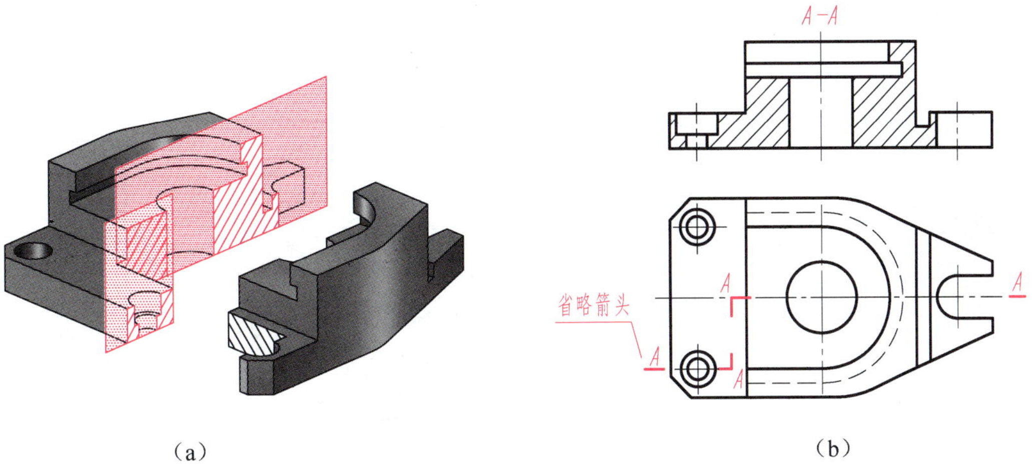

图 4-15　用两个平行的剖切平面获得的全剖视图

② 在剖视图中避免出现不完整的结构要素，如图 4-16（a）所示。剖切平面的转折处不应与图中的轮廓线重合，在剖视图中也不应画出剖切平面转折处的界线，如图 4-16（b）所示。

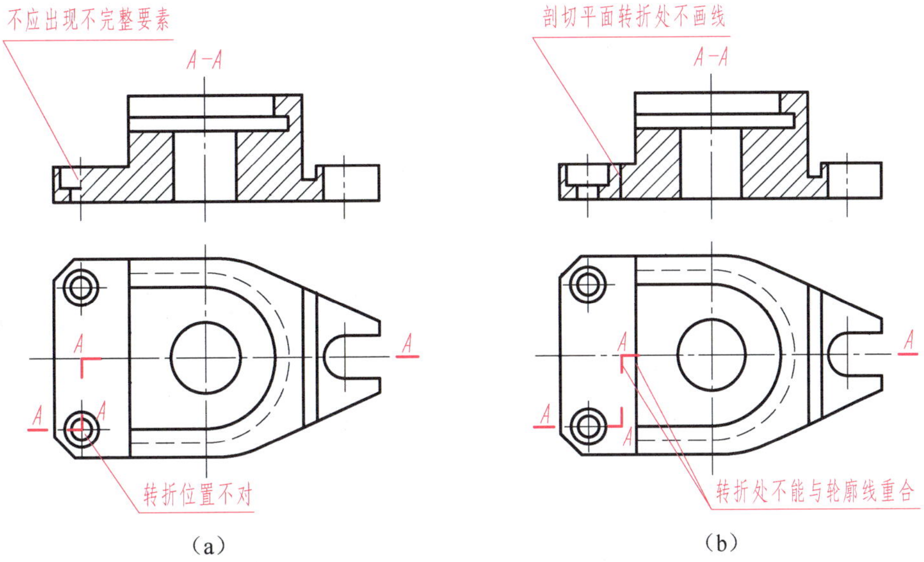

图 4-16　用几个平行平面剖切时的错误画法

（3）用几个相交的剖切面获得的全剖视图　当物体上的孔（槽）等结构不在同一平面上，但却沿物体的某一回转轴线周向分布时，可采用几个相交于回转轴线的剖切面剖开物体，将剖切面剖开的结构及有关部分，旋转到与选定的投影面平行后，再进行投射。几个相交剖切面的交线，必须垂直于某一基本投影面。

如图 4-17（a）所示，用相交的侧平面和正垂面将物体剖切，并将倾斜部分绕轴线旋转到与侧面平行后再向侧面投射，即得到用两个相交平面剖切的全剖视图，如图 4-17（b）所示。

用几个相交的剖切面剖切时，应注意以下三点：

① 剖切平面的交线应与物体的回转轴线重合，如图 4-18（a）所示。

② 剖切平面后的其他结构，一般仍按原来的位置进行投射，如图 4-18（b）所示。

③ 必须对剖视图进行标注，其标注形式及内容，与几个平行平面剖切的剖视图相同。

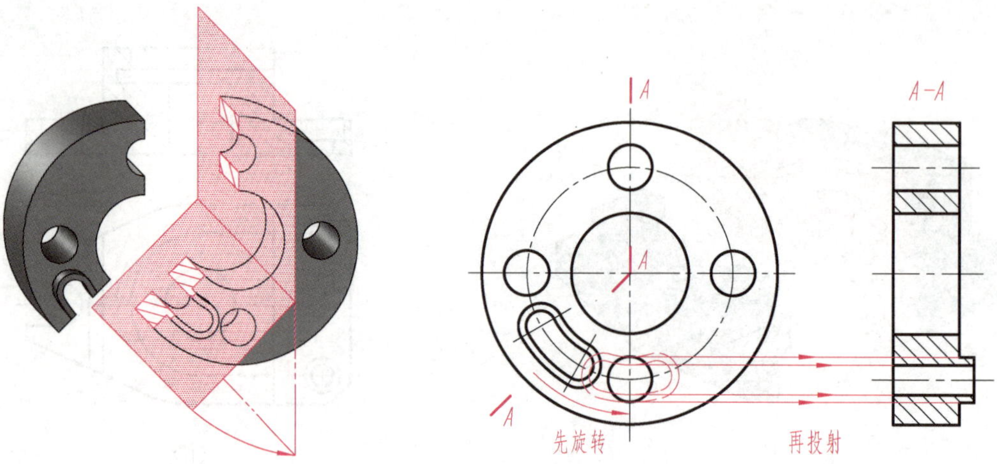

（a）　　　　（b）

图 4-17　两个相交剖切平面获得的全剖视图

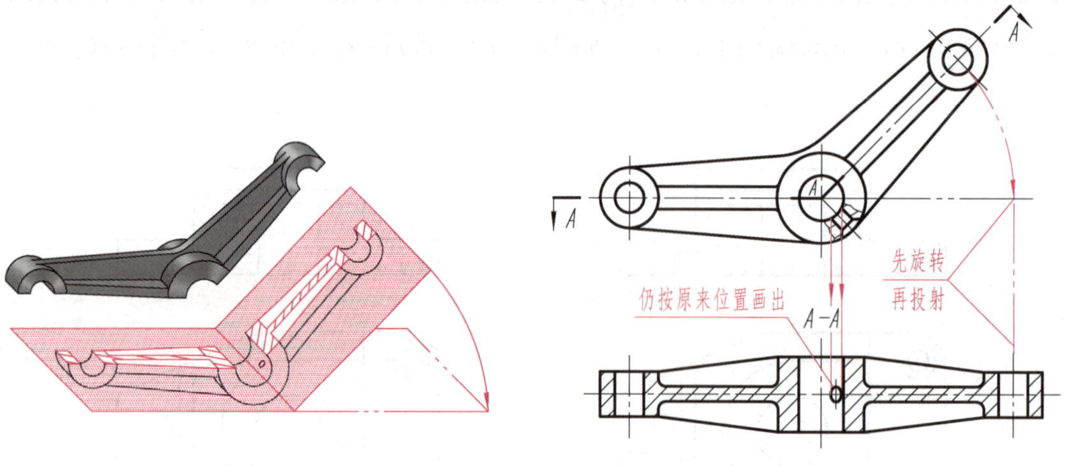

（a）　　　　（b）

图 4-18　剖切平面后的结构画法

2. 半剖视图

当物体具有垂直于投影面的对称平面时，在该投影面上投射所得的图形，可以对称中心线为界，一半画成剖视图，另一半画成视图，这种组合的图形称为半剖视图，简称半剖视，如图 4-19（a）所示。

> 提示：半剖视图主要用于内、外结构形状都需要表示的对称物体。

画半剖视应注意以下几点。

① 视图部分和剖视图部分必须以细点画线为界。如图 4-19（a）所示，在半剖视图中，剖视部分的位置通常可按以下原则配置：

——在主视图中，位于对称中心线的右侧；

——在左视图中，位于对称中心线的右侧；

——在俯视图中，位于对称中心线的下方。

② 由于物体的内部形状已在半个剖视中表示清楚，所以在半个视图中的细虚线省略，但对

孔、槽等需用细点画线表示其中心位置。

③ 半剖视图的标注方法与全剖视图相同。但要注意：剖切符号应画在图形轮廓线以外，如图 4-19（a）主视图中的“*A*—　—*A*”。

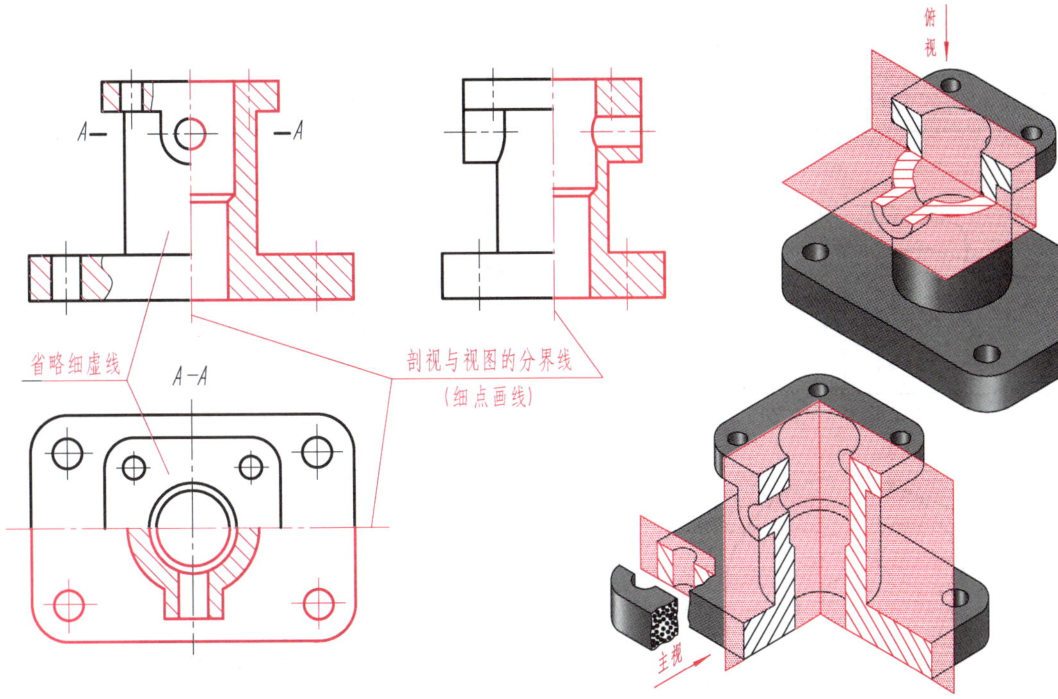

（a）　　　　（b）

图 4-19　半剖视图

④ 在半剖视图中标注对称结构的尺寸时，由于结构形状未能完整显示，则尺寸线应略超过对称中心线，并只在另一端画出箭头，如图 4-20 所示。

⑤ 当物体形状接近对称，且不对称部分已在其他视图中表达清楚时，也可画成半剖视图，如图 4-21 所示。

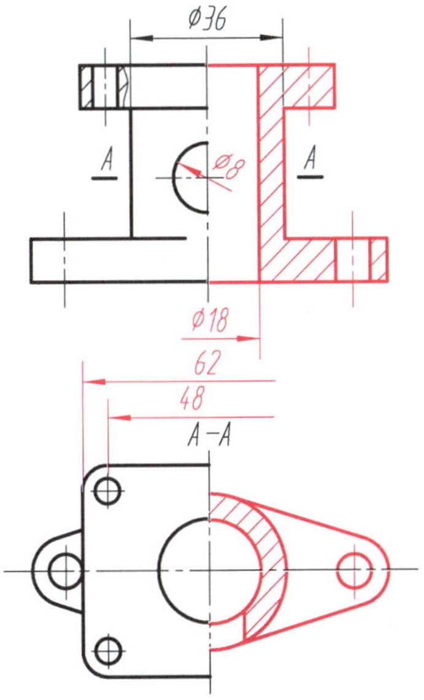

图 4-20　半剖视的标注

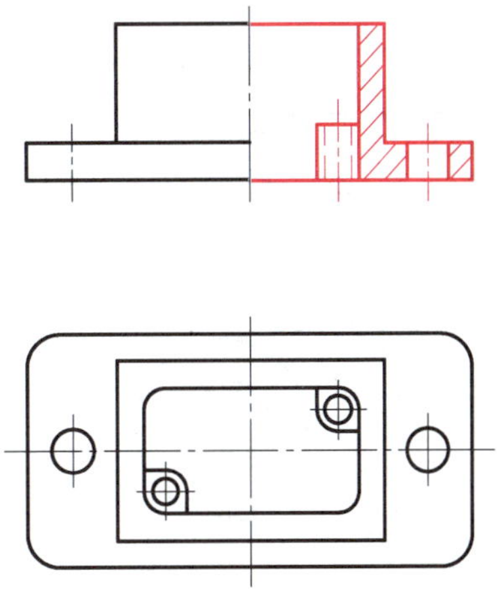

图 4-21　基本对称物体的半剖视

3．局部剖视图

用剖切面局部地剖开物体所得的剖视图，称为局部剖视图，简称局部剖视，如图 4-22 所示。局部剖视是一种灵活、便捷的表达方法。它的剖切位置和剖切范围，可根据实际需要确定。但在一个视图中，过多地选用局部剖视，会使图形零乱，给看图造成困难。

提示：当物体只有局部内形需要表示，而又不宜采用全剖视时，可采用局部剖视表达。

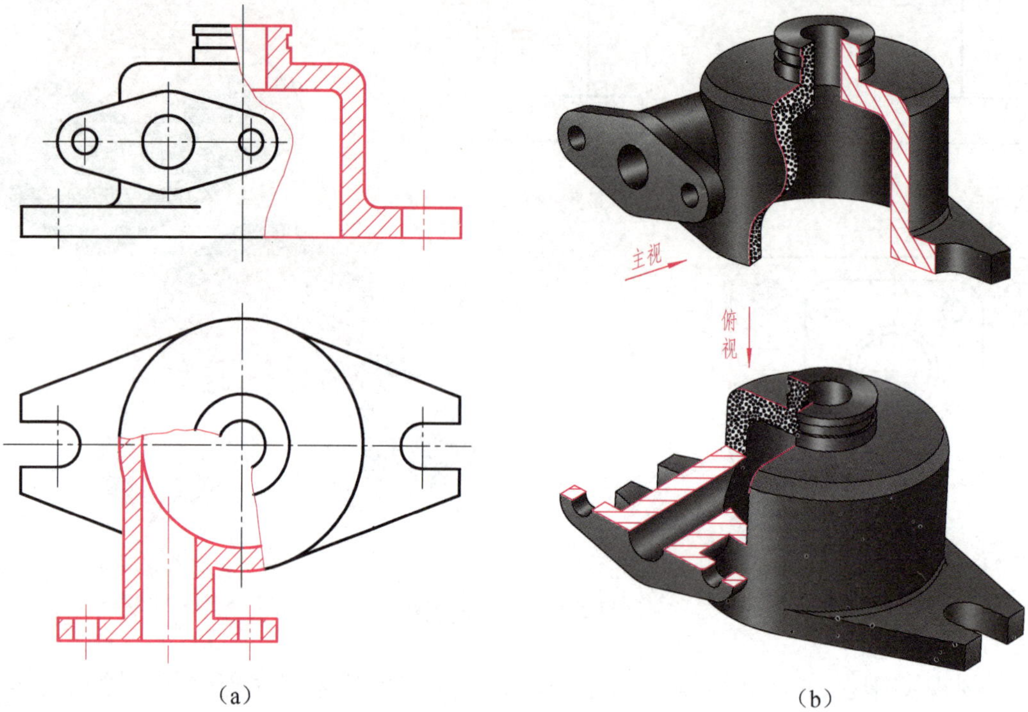

图 4-22　局部剖视图

画局部剖视图时，应注意以下三点：

① 当被剖结构为回转体时，允许将该结构的轴线作为局部剖视与视图的分界线，如图 4-23（a）所示。当对称物体的内部（或外部）轮廓线与对称中心线重合而不宜采用半剖视时，可采用局部剖视，如图 4-23（b）所示。

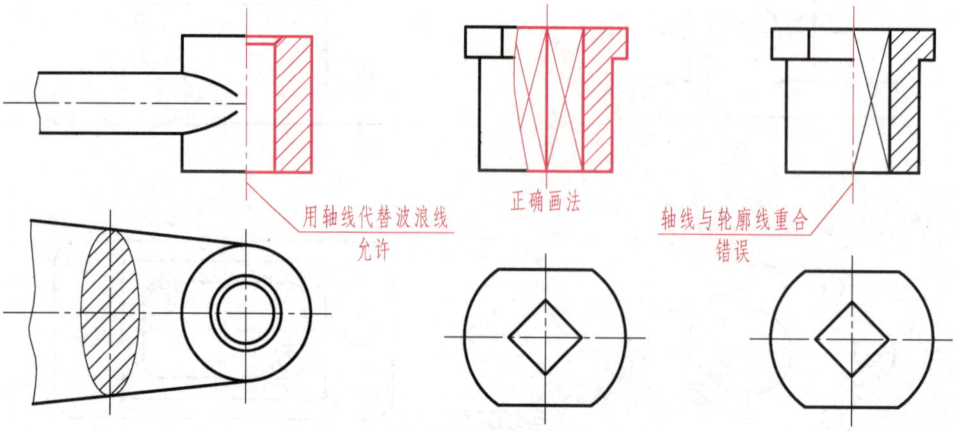

图 4-23　局部剖视的特殊情况

② 局部剖视图的视图部分和剖视部分以波浪线分界。波浪线要画在物体的实体部分，不应超出视图的轮廓线，也不能与其他图线重合，如图 4-24（a）、（c）所示。

③ 对于剖切位置明显的局部剖视，一般不予标注，如图 4-22（a）、图 4-23（a）、图 4-23（b）所示。必要时，可按全剖视的标注方法标注。

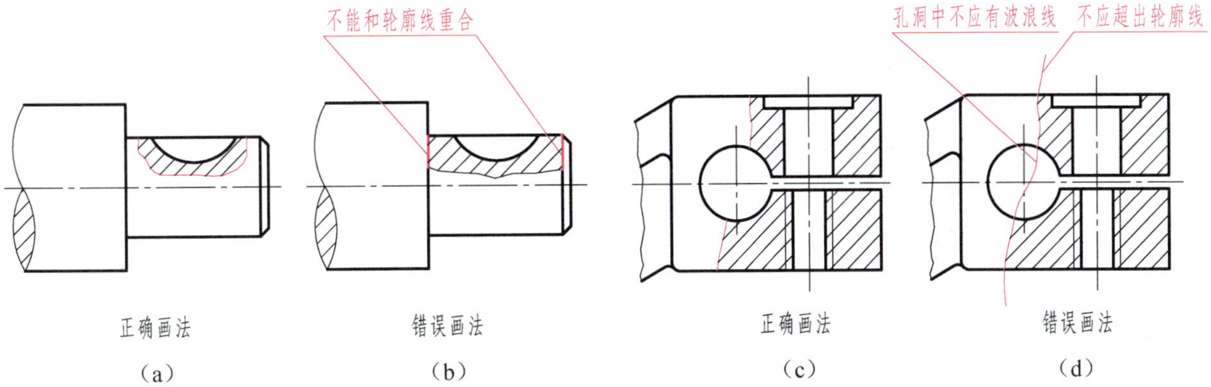

图 4-24　波浪线的画法

四、剖视中肋板的画法

画各种剖视时，对于物体上的肋板及薄壁等，若按纵向剖切，这些结构都不画剖面符号，而用粗实线将它们与相邻部分分开。

1．肋板的规定画法

如图 4-25（a）中的左视图，当采用全剖视时，剖切平面通过中间肋板的纵向对称平面，在肋板的范围内（空白处）不画剖面符号，肋板与其他部分的分界处均用粗实线绘出。

图 4-25（a）中的“*A*—*A*”剖视图，因为剖切平面垂直于肋板和支承板（即横向剖切），所以仍要画出剖面符号。

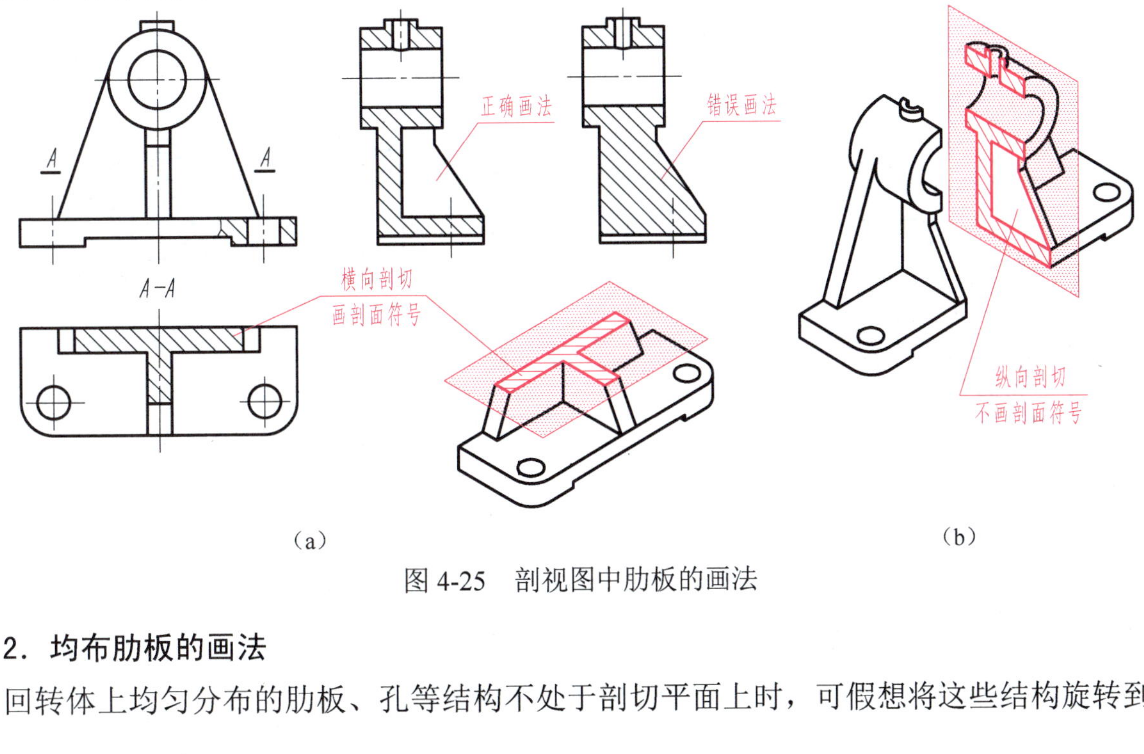

图 4-25　剖视图中肋板的画法

2．均布肋板的画法

回转体上均匀分布的肋板、孔等结构不处于剖切平面上时，可假想将这些结构旋转到剖切平面上画出，如图 4-26 所示。“EQS” 表示“均匀分布”。

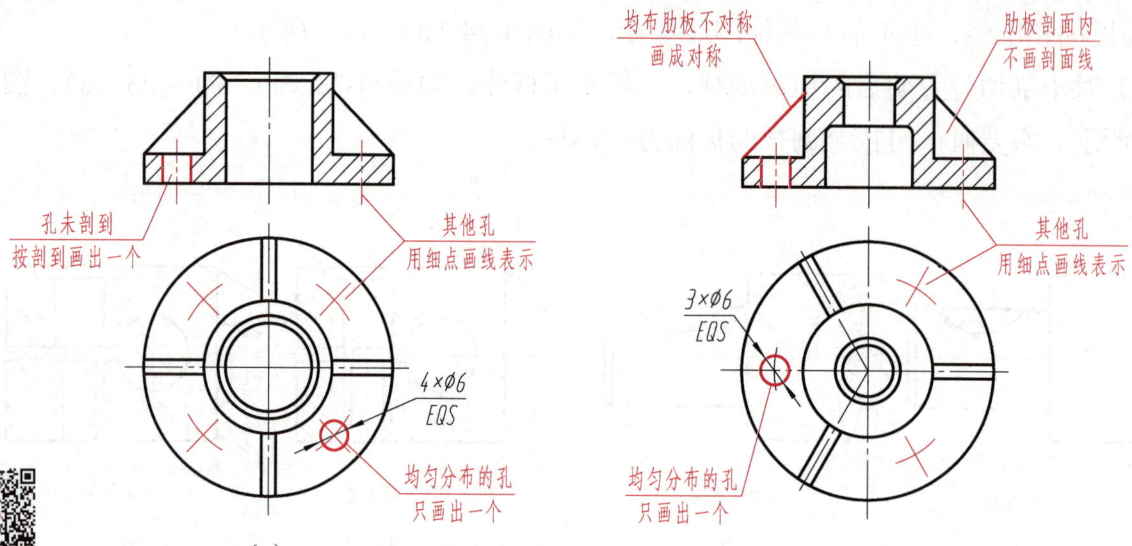

（a）　（b）

图 4-26　回转体上均布结构的简化画法

第三节　断　面　图

一、断面图的概念

假想用剖切平面将物体的某处切断，仅画出该剖切面与物体接触部分的图形，称为断面图，简称断面。

断面图，实际上就是使剖切平面垂直于结构要素的轴线或主要轮廓线进行剖切，然后将断面图形旋转 90°，使其与纸面重合而得到的。

断面图与剖视图的区别在于：断面图仅画出横截面的形状，而剖视图除画出横截面的形状外，还要画出剖切面后面物体的完整投影，如图 4-27（b）所示。

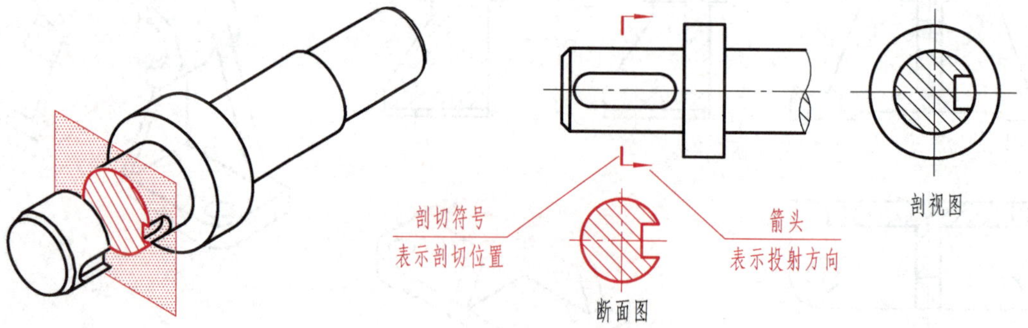

（a）　（b）

图 4-27　断面图的概念

断面图主要用于表达物体某一局部的横截面形状。例如，物体上的肋板、轮辐、键槽、小孔及各种型材的横截面形状等。

根据断面在图样中的不同位置，分为移出断面和重合断面。

二、移出断面（GB/T 17452—1998、GB/T 4458.6—2002）

画在视图之外的断面图，称为移出断面图，简称移出断面。移出断面的轮廓线用粗实线绘制，如图 4-28 所示。

1. 画移出断面图的注意事项

① 移出断面应尽量配置在剖切符号或剖切线的延长线上，如图 4-28（a）中圆孔和键槽处的断面；也可配置在其他适当位置，如图 4-28（b）中的 *A*—*A*、*B*—*B* 断面。

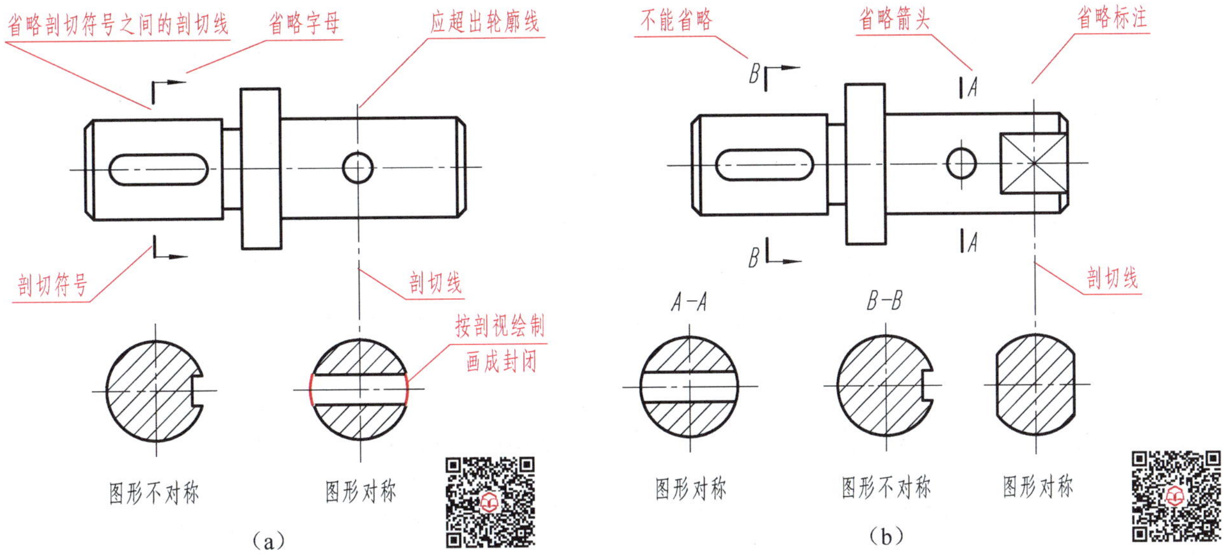

图 4-28　移出断面的配置

② 对称的移出断面也可画在视图的中断处，如图 4-29 所示。

③ 当剖切平面通过回转面形成的孔或凹坑的轴线时，这些结构按剖视绘制，如图 4-28（b）中的 *A*—*A* 断面和图 4-30 中的 *A*—*A* 断面。

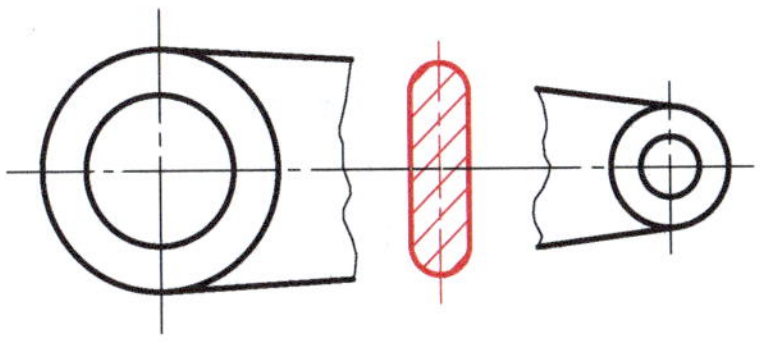

图 4-29　移出断面画在视图中断处

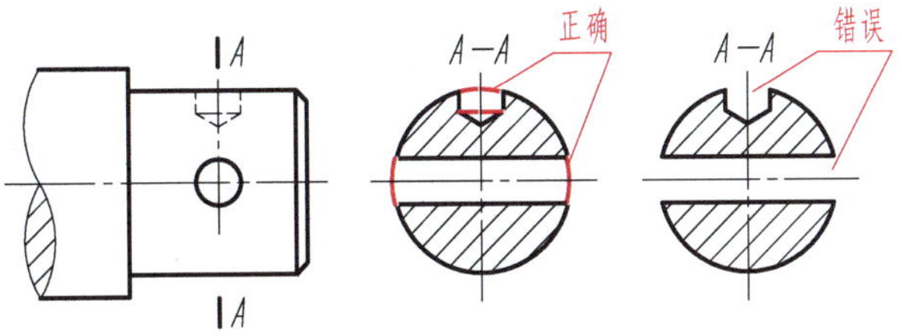

图 4-30　移出断面按剖视绘制（一）

④ 当剖切平面通过非圆孔，会导致出现完全分离的两个断面时，则这些结构应按剖视的要求绘制，如图 4-31 所示。

⑤ 为了得到断面实形，剖切平面一般应垂直于被剖部分的轮廓线。当移出断面是由两个或多个相交的剖切平面剖切得到时，断面的中间一般应断开，如图 4-32 所示。

2. 移出断面的标注

移出断面图的标注形式及内容与剖视图基本相同。根据具体情况，标注可简化或省略。

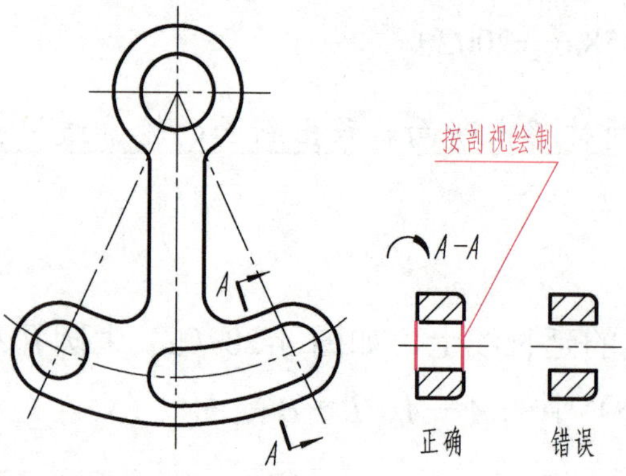

图 4-31　移出断面按剖视绘制（二）

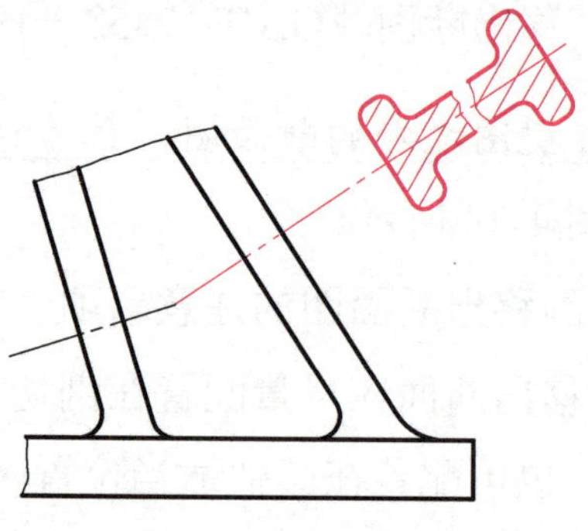

图 4-32　移出断面由两个或多个相交平面剖切时的画法

（1）对称的移出断面图　画在剖切符号的延长线上时，可省略标注，如图 4-28（a）所示；画在其他位置时，可省略箭头，如图 4-28（b）中的 *A*—*A* 断面。

（2）不对称的移出断面图　画在剖切符号的延长线上时，可省略字母，如图 4-28（a）所示；画在其他位置时，要标注剖切符号、箭头和字母（即哪一项都不能省略），如图 4-28（b）中的 *B*—*B* 断面。

三、重合断面（GB/T 17452—1998、GB/T 4458.6—2002）

画在视图之内的断面图，称为重合断面图，简称重合断面。重合断面的轮廓线用细实线绘制，如图 4-33 所示。

画重合断面应注意以下两点：

① 重合断面与视图中的轮廓线重叠时，视图的轮廓线应连续画出，不可间断，如图 4-33（a）所示。

② 对称的重合断面和不对称的重合断面，均可省略标注，如图 4-33 所示。

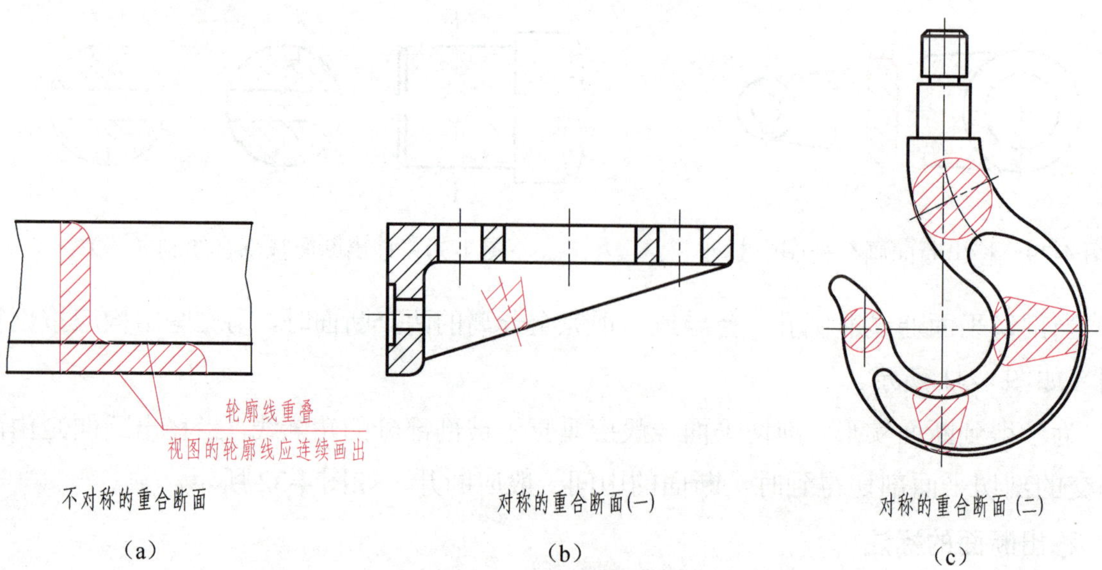

图 4-33　重合断面

第四节　局部放大图和简化画法

一、局部放大图（GB/T 4458.1—2002）

当物体上的细小结构在视图中表达不清楚，或不便于标注尺寸时，可采用局部放大图。将图样中所表示的物体部分结构，用大于原图形的比例所绘出的图形，称为局部放大图，如图 4-34 所示。

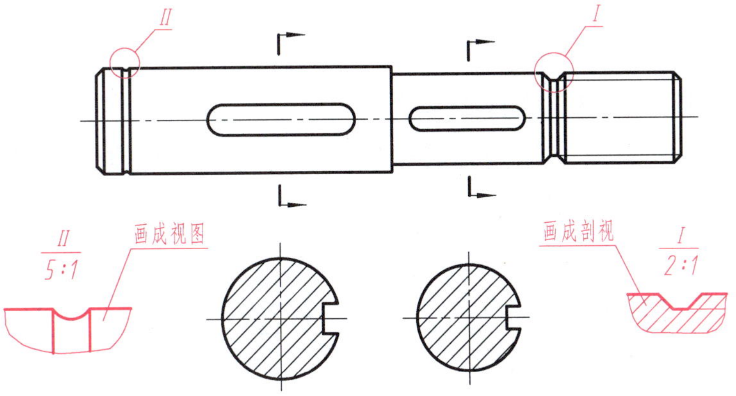

图 4-34　局部放大图（一）

局部放大图的比例，系指该图形中物体要素的线性尺寸与实际物体相应要素的线性尺寸之比，而与原图形所采用的比例无关。

局部放大图可以画成视图、剖视图和断面图，它与被放大部分的表示方式无关，如图 4-34 所示。画局部放大图应注意以下几点：

① 用细实线圈出被放大的部位，并尽量将局部放大图配置在被放大部位附近。当同一物体上有几处被放大的部位时，应用罗马数字依次标明被放大的部位，并在局部放大图的上方，标注相应的罗马数字和所采用的比例，如图 4-34（b）所示。

② 当物体上只有一处被放大时，在局部放大图的上方只需注明所采用的比例，如图 4-35（a）所示。

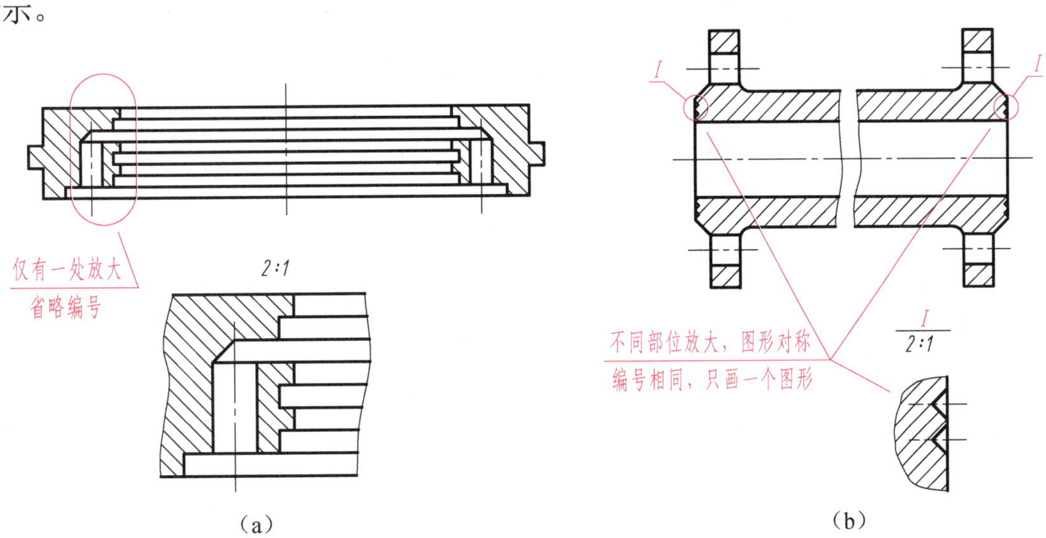

（a）　（b）

图 4-35　局部放大图（二）

③ 同一物体上不同部位的局部放大图，其图形相同或对称时，只需画出一个，如图 4-35（b）所示。

二、简化画法（GB/T 16675.1—2012、GB/T 4458.1—2002）

简化画法是包括规定画法、省略画法、示意画法等在内的图示方法。国家标准规定了一系列的简化画法，其目的是减少绘图工作量，提高设计效率及图样的清晰度，满足手工制图和计算机制图的要求，适应国际贸易和技术交流的需要。

1．规定画法

较长的零件（轴、杆、型材、连杆等）沿长度方向的形状一致或按一定规律变化时，可断开后（缩短）绘制，其断裂边界可用波浪线绘制，也可用双折线或细双点画线绘制，但在标注尺寸时，要标注零件的实长，如图 4-36 所示。

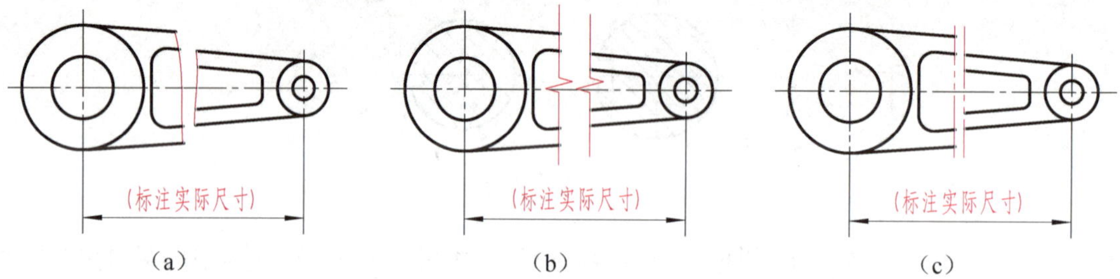

图 4-36　断开视图的简化画法

2．省略画法

① 若干直径相同且成规律分布的孔（圆孔、螺孔、沉孔等），可以仅画一个或少量几个，其余只需用细点画线表示其中心位置，但在零件图中要注明孔的总数，如图 4-37 所示。

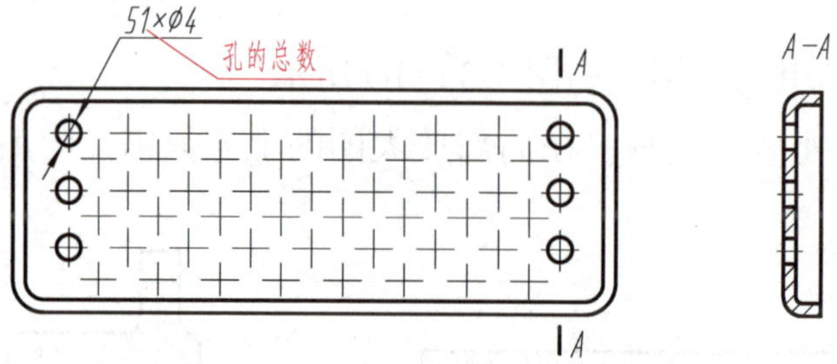

图 4-37　成规律分布的孔的简化画法

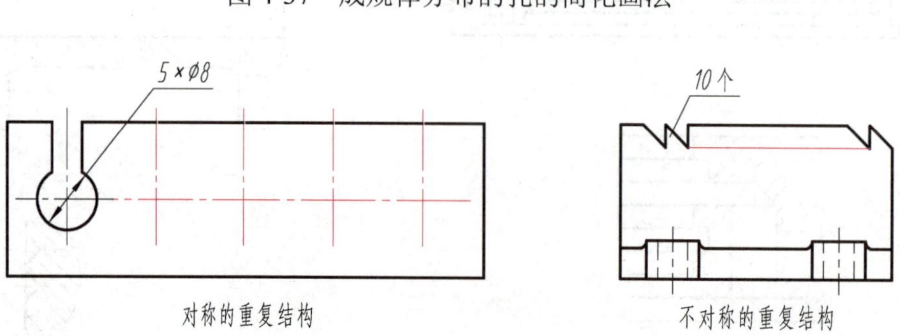

图 4-38　重复结构的简化画法

② 零件中成规律分布的重复结构，允许只绘制出其中一个或几个完整的结构，并反映其分布情况，并在零件图中注明重复结构的数量和类型。对称的重复结构，用细点画线表示各对称结构要素的位置，如图 4-38（a）所示；不对称的重复结构，则用相连的细实线代替，如图 4-38（b）所示。

第五节 第三角画法简介

国家标准 GB/T 17451—1998《技术制图 图样画法 视图》规定，“技术图样应采用正投影法绘制，并优先采用第一角画法”。在工程制图领域，世界上多数国家（如中国、英国、法国、德国、俄罗斯等）都采用第一角画法，而美国、日本、加拿大、澳大利亚等，则采用第三角画法。为了适应日益增多的国际间技术交流和协作的需要，我们应当了解第三角画法。

一、第三角画法与第一角画法的异同点（GB/T 13361—2012）

如图 4-39 所示，用水平和铅垂的两投影面，将空间分成四个区域，每个区域为一个分角，分别称为第一分角、第二分角、第三分角、第四分角。

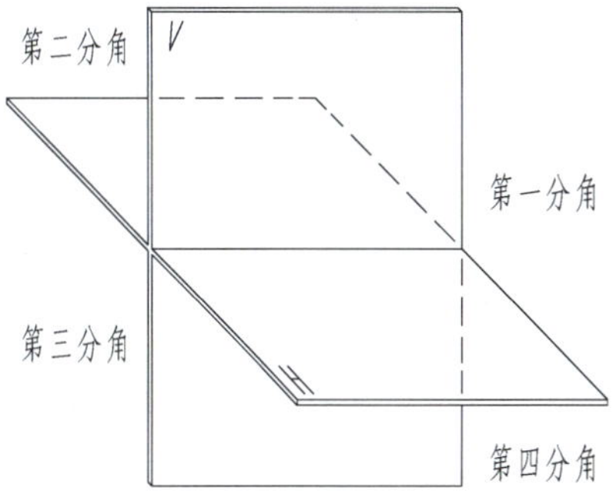

图 4-39 四个分角

1. 获得投影的方式不同

第一角画法是将物体放在第一分角内，使物体处于观察者与投影面之间进行投射（即保持人→物体→投影面的位置关系），而得到多面正投影的方法，如图 4-40（a）所示。

第三角画法是将物体放在第三分角内，使投影面处于观察者与物体之间进行投射（假设投影面是透明的，并保持人→投影面→物体的位置关系），而得到多面正投影的方法，如图 4-40（b）所示。

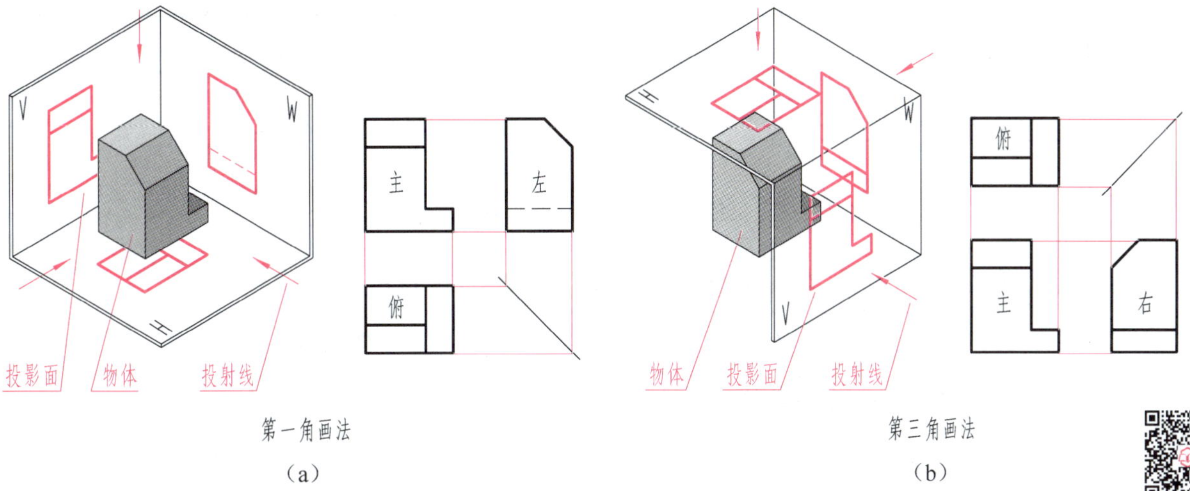

图 4-40 第一角画法与第三角画法获得投影的方式

与第一角画法类似，采用第三角画法获得的三视图符合多面正投影的投影规律，即

主、俯视图长对正；

主、右视图高平齐；

俯、右视图宽相等。

2．视图的配置关系不同

第一角画法与第三角画法都是将物体放在六面投影体系当中，向六个基本投影面进行投射，得到六个基本视图，其视图名称相同。由于六个基本投影面展开方式不同，其基本视图的配置关系不同，如图 4-41 所示。

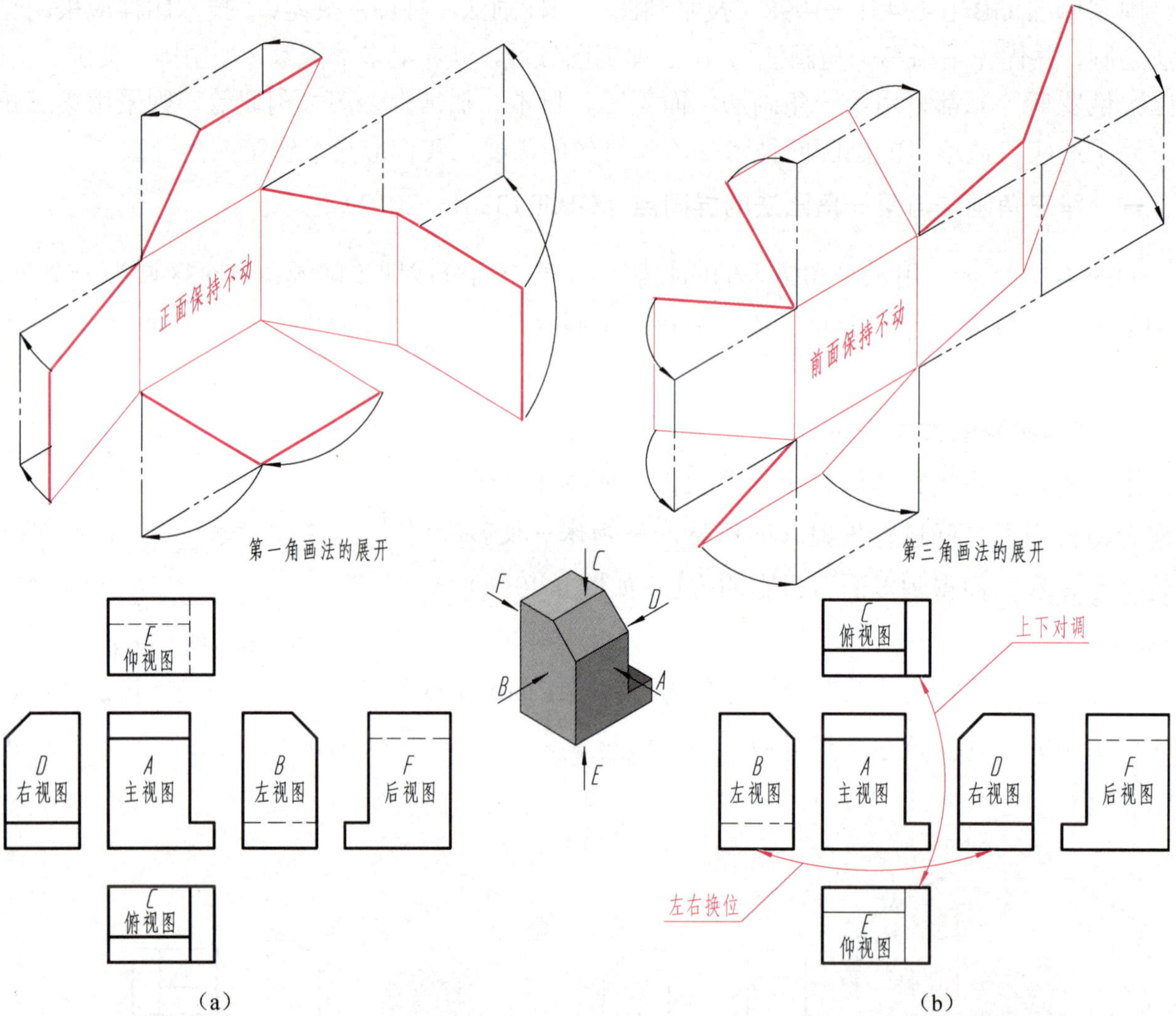

图 4-41　第一角画法与第三角画法配置关系的对比

第一角画法与第三角画法各个视图与主视图的配置关系对比如下：

第一角画法	第三角画法
俯视图在主视图的下方	俯视图在主视图的上方
左视图在主视图的右方	左视图在主视图的左方
右视图在主视图的左方	右视图在主视图的右方
仰视图在主视图的上方	仰视图在主视图的下方
后视图在左视图的右方	后视图在右视图的右方

从上述对比中可以清楚地看到：

第三角画法的主、后视图，与第一角画法的主、后视图一致（没有变化）；

第三角画法的俯视图和仰视图，与第一角画法的俯视图和仰视图上下对调；

第三角画法的左视图和右视图，与第一角画法的左视图和右视图左右换位。

> 提示：第三角画法与第一角画法的主要区别是视图的配置关系不同。第三角画法的俯视图、仰视图、左视图、右视图靠近主视图的一边（里边），均表示物体的前面；远离主视图的一边（外边），均表示物体的后面，与第一角画法的“外前、里后”正好相反。

二、第三角画法与第一角画法的识别符号（GB/T 14692—2008）

为了识别第三角画法与第一角画法，国家标准规定了相应的投影识别符号，如图 4-42 所示。该符号标在标题栏中“名称及代号区”的最下方。

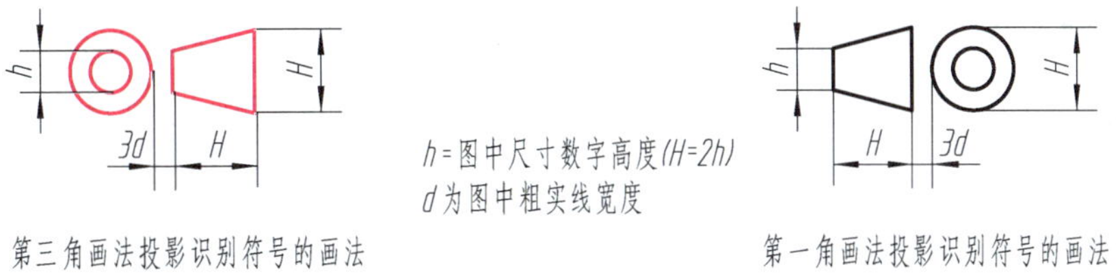

（a）　　（b）

图 4-42　第三角画法与第一角画法的投影识别符号

> 提示：采用第一角画法时，在图样中一般不必画出第一角画法的识别符号。采用第三角画法时，必须在图样中画出第三角画法的识别符号。

三、第三角画法的特点

第三角画法与第一角画法之间并没有根本的差别，只是各个国家应用的习惯不同而已。第一角画法的特点和应用，读者都比较熟悉，下面仅对第三角画法的特点进行简要介绍。

1．近侧配置识读方便

第一角画法的投射顺序是：人→物→图，这符合人们对影子生成原理的认识，易于初学者直观理解和掌握基本视图的投影规律。第三角画法的顺序是：人→图→物，也就是说人们先看到投影图，后看到物体。具体到六个基本视图中，除后视图外，其他所有视图可配置在相邻视图的近侧，这样识读起来比较方便。这是第三角画法的一个特点，特别是在读轴向较长的轴杆类零件图时，这个特点会更加明显突出。

图 4-43（a）是第一角画法，因左视图配置在主视图的右边，右视图配置在主视图的左边，在绘制和识图时，需横跨主视图左顾右盼，不甚方便。

图 4-43（b）是第三角画法，其左视图是从主视图左端看到的形状，配置在主视图的左端，其右视图是从主视图右端看到的形状，配置在主视图的右端，这种近侧配置的特点，给绘图和识读带来了很大方便，可以避免和减少绘图和读图的错误。

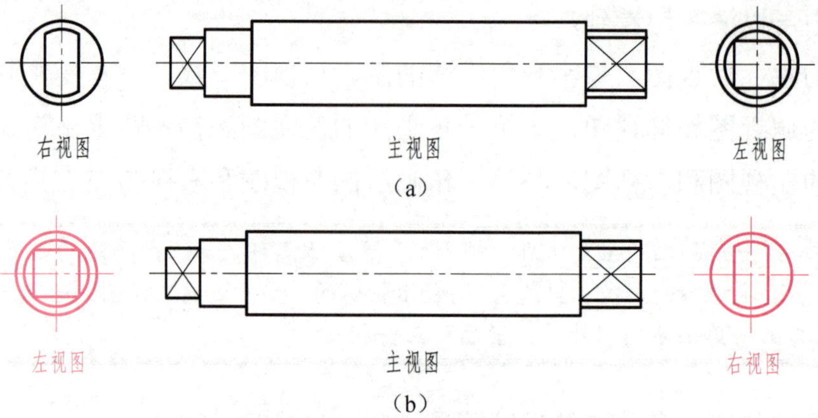

图 4-43　第三角画法的特点（一）

2．易于想象空间形状

由物体的二维视图想象出物体的三维空间形状，对初学者来讲往往比较困难。第三角画法的配置特点，易于帮助人们想象物体的空间形体。在图 4-44（a）中，只要想象将其俯视图和左视图向主视图靠拢，并以各自的边棱为轴反转，即可容易地想象出该物体的三维空间形状。

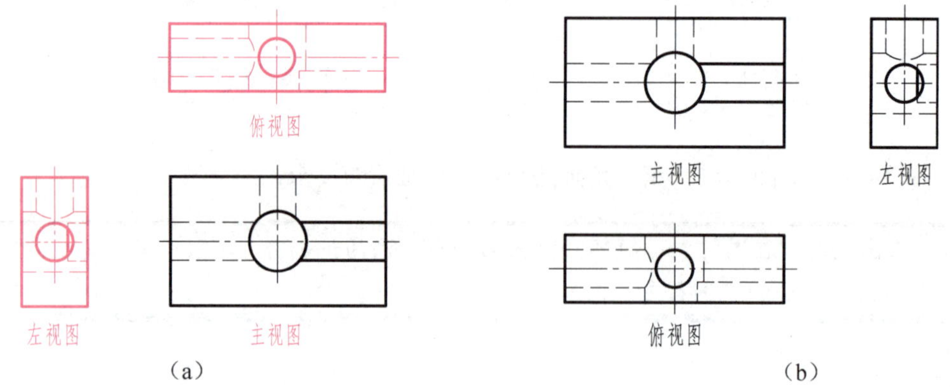

图 4-44　第三角画法的特点（二）

3．利于表达物体的细节

在第三角画法中，利用近侧配置的特点，可方便简明地采用各种辅助视图（如局部视图、斜视图等）表达物体的一些细节。在图 4-45（a）中，只要将辅助视图配置在适当的位置上，一般不需要加注表示投射方向的箭头。

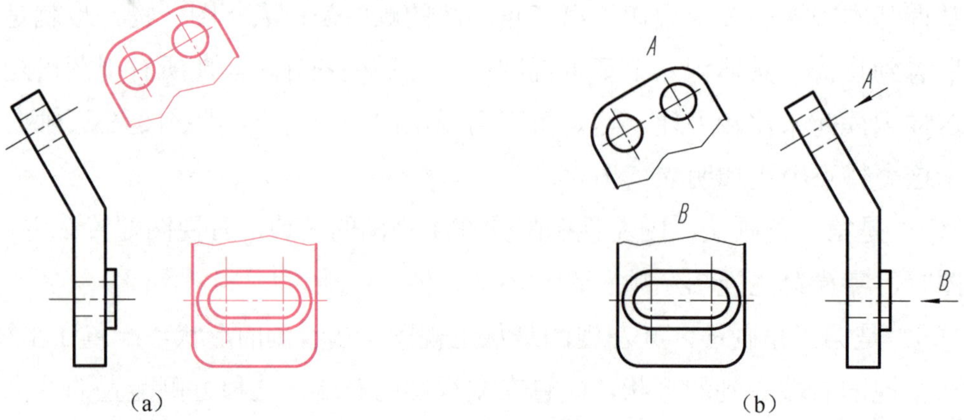

图 4-45　第三角画法的特点（三）

4. 尺寸标注相对集中

在第三角画法中，由于相邻的两个视图中表示物体的同一棱边所处的位置比较近，给集中标注零件上某一完整的要素或结构的尺寸提供了可能。在图 4-46（a）中，标注物体上半圆柱开槽（并有小圆柱）处的结构尺寸，比图 4-46（b）的标注相对集中，方便读图和绘图。

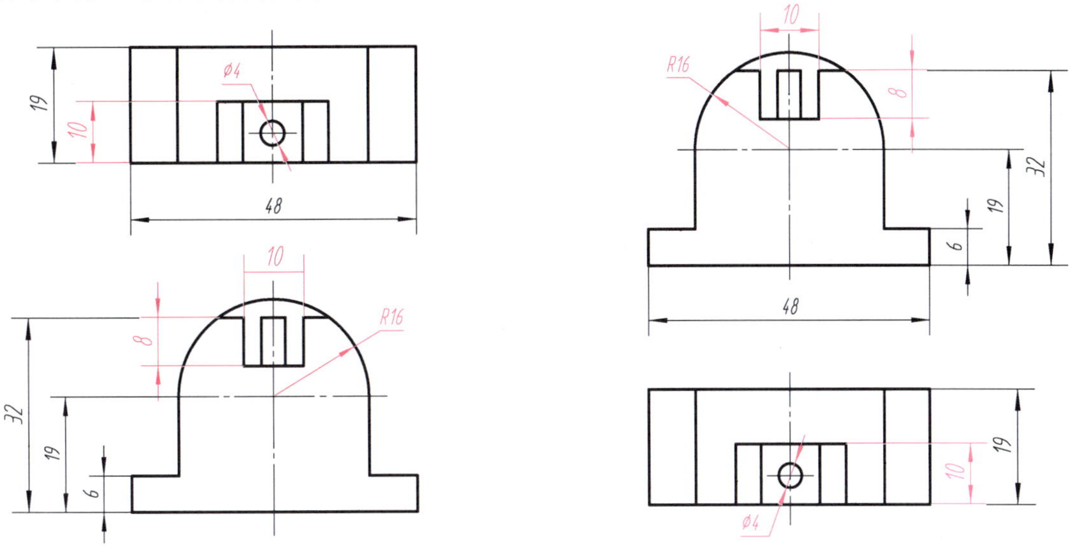

（a）　（b）

图 4-46　第三角画法的特点（四）

第六节　螺纹联接的表示法

化工设备是由许多零部件采用不同的连接方式装配而成的。连接通常分为可拆卸连接和不可拆卸连接两种类型。拆卸时，不破坏连接件或被连接件的，称为可拆卸连接。如法兰与法兰采用螺栓或双头螺柱联接，只要松开螺母，即可将其拆开。若拆卸时，必须破坏连接件或被连接件的，称为不可拆卸连接。如筒体与封头、接管与筒体都采用焊接的方法，只有破坏了才能拆卸下来。

一、螺纹的画法（GB/T 4459.1—1995）

螺纹是零件上常见的一种结构。螺纹是在圆柱或圆锥表面上，沿着螺旋线所形成的具有相同剖面的连续凸起（凸起是指螺纹两侧面间的实体部分，又称为牙）。

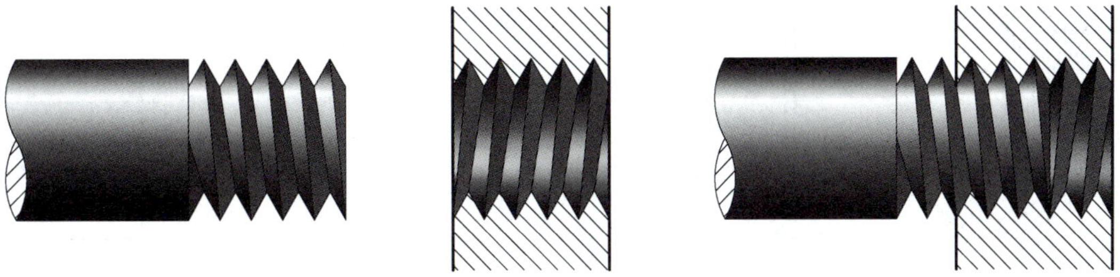

外螺纹　内螺纹　内、外螺纹旋合

（a）　（b）　（c）

图 4-47　螺纹及其联接

在圆柱或圆锥外表面上加工的螺纹，称为外螺纹，如图 4-47（a）所示；在圆柱或圆锥内表面上加工的螺纹，称为内螺纹，如图 4-47（b）所示；外螺纹和内螺纹成对使用，如图 4-47（c）所示。

> 提示：由于螺纹的结构和尺寸已经标准化，为了提高绘图效率，对螺纹的结构与形状，可不必按其真实投影画出，只需根据国家标准规定的画法和标记，进行绘图和标注即可。

1．外螺纹的规定画法

如图 4-48（a）、（b）所示，外螺纹牙顶圆的投影用粗实线表示，牙底圆的投影用细实线表示（牙底圆的投影按 d_1=0.85d 的关系绘制），在螺杆的倒角或倒圆部分也应画出；在垂直于螺纹轴线的投影面的视图中，表示牙底圆的细实线只画约 3/4 圈（空出约 1/4 圈的位置不做规定），如图 4-48（c）所示。此时，螺杆或螺纹孔上倒角圆的投影，不应画出。螺纹终止线用粗实线表示，如图 4-48（b）、（c）所示。剖面线必须画到粗实线处，如图 4-48（d）所示。

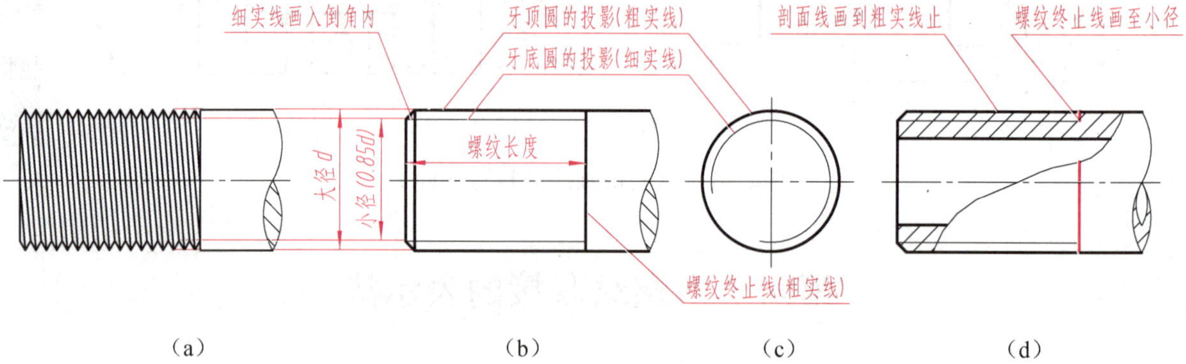

图 4-48　外螺纹的规定画法

2．内螺纹的规定画法

如图 4-49（a）、（b）所示，在剖视图或断面图中，内螺纹牙顶圆的投影和螺纹终止线用粗实线表示，牙底圆的投影用细实线表示（牙顶圆的投影按 D_1=0.85D 的关系绘制），剖面线必须画到粗实线为止；在垂直于螺纹轴线的投影面的视图中，表示牙底圆投影的细实线仍画约 3/4

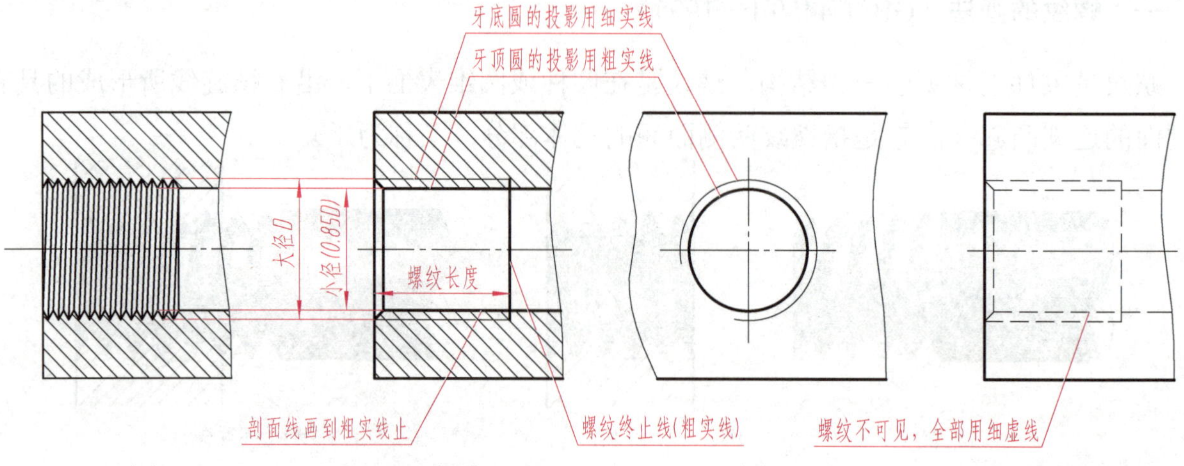

图 4-49　内螺纹的规定画法

圈，倒角圆的投影仍省略不画，如图 4-49（c）所示。不可见螺纹的所有图线（轴线除外），均用细虚线绘制，如图 4-49（d）所示。

3．螺纹联接的规定画法

用剖视表示内、外螺纹的联接时，其旋合部分应按外螺纹的画法绘制，其余部分仍按各自的画法表示，如图 4-50（a）、（c）所示。端面视图是外形视图时，其螺纹部分按内螺纹的规定画法绘制，如图 4-50（b）所示。若端面视图是采用剖切平面通过旋合部分获得的剖视图时，其螺纹部分按外螺纹的规定画法绘制，如图 4-50（d）所示。

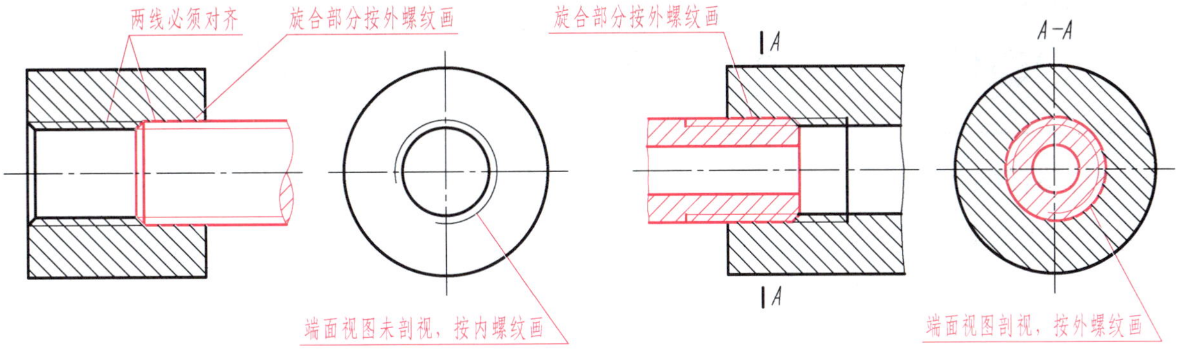

（a）　（b）　（c）　（d）

图 4-50　螺纹联接的规定画法

> 提示：画螺纹联接时，表示内、外螺纹牙顶圆投影的粗实线，与牙底圆投影的细实线应分别对齐。

二、螺纹紧固件的画法（GB/T 4459.1—1995）

在化工设备上，常用螺纹紧固件将两个零件联接在一起，常见的有六角头螺栓联接和等长双头螺柱联接。

1．螺纹紧固件的规定标记

螺纹紧固件包括六角头螺栓、等长双头螺柱、六角螺母等，这些零件都是标准件。国家标准对它们的结构、形式和尺寸都作了规定，并制定了不同的标记方法。因此只要知道其规定标记，就可以从相关标准中查出它们的结构、形式及全部尺寸。

常用螺纹紧固件的标记及示例，如表 4-1 所示（表中的红色尺寸为规格尺寸）。

表 4-1　常用的螺纹紧固件

名称	轴　测　图	画法及规格尺寸	标记示例及说明
六角头螺栓	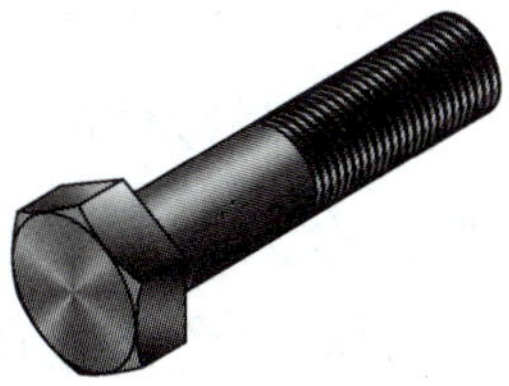	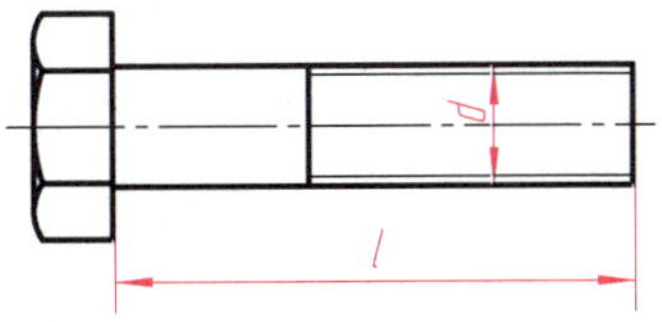	**名称　标准编号　螺纹代号×长度** 螺栓　GB/T 5782　M16×80 螺纹规格为 M16、公称长度 l=80、性能等级为 8.8 级、表面不经处理、产品等级为 A 级的六角头螺栓 注：管法兰采用 GB/T 5782（附表 15）；省略标准编号中的年号，下同

续表

名称	轴测图	画法及规格尺寸	标记示例及说明
等长双头螺柱		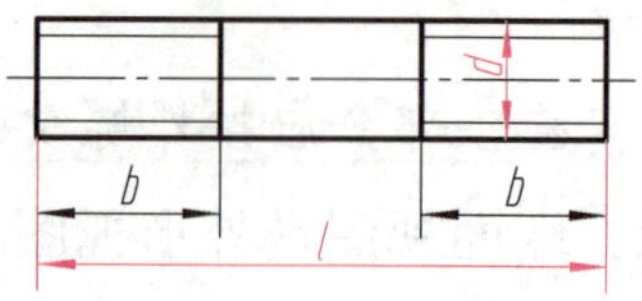	**名称　标准编号　螺纹代号×长度** 螺柱　GB/T 901　M12×100 螺纹规格为 M12、l=100、机械性能为 4.8 级、不经表面处理的等长双头螺柱 注：管法兰应采用 GB/T 901（附表 15）；设备法兰应采用 NB/T 47027（附表 19）
六角螺母	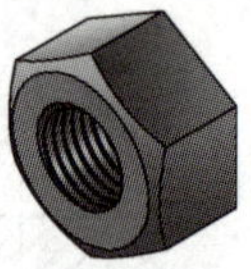	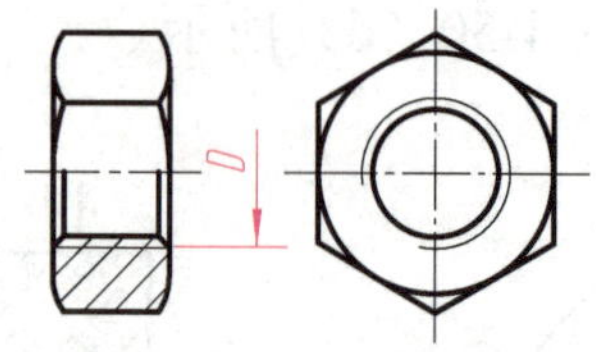	**名称　标准编号　螺纹代号** 螺母　GB/T 6170　M16 螺纹规格为 M16、性能等级为 8 级、不经表面处理、产品等级为 A 级的 1 型六角螺母 注：管法兰采用 GB/T 6170（附表 15）

2．螺栓联接的画法

螺栓联接是将六角头螺栓的杆身穿过两个被联接零件上的通孔，再用六角螺母拧紧，使两个零件联接在一起的一种联接方式，如图 4-51（a）所示。

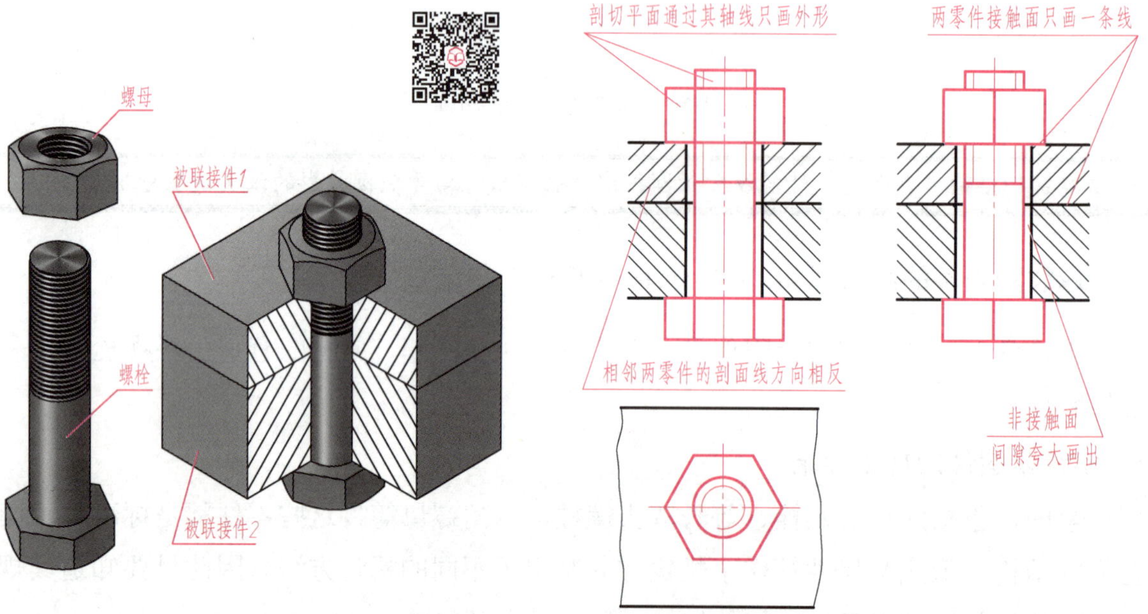

（a）　（b）

图 4-51　螺栓联接

画图时必须遵守下列基本规定：

① 两个零件的接触面或配合面只画一条粗实线，不得将轮廓线加粗。凡不接触的表面，不论间隙多小，在图上应画出间隙。如六角头螺栓与孔之间，即使间隙很小，也必须画两条线。图 4-51（b）是六角头螺栓联接的装配图，其中六角螺母与被联接件、两个被联接件的表面相接触，中间画一条粗实线；六角头螺栓与两个被联接件之间有间隙，在图上夸大画出（两条线）。

② 在剖视图中，相互接触的两个零件其剖面线的倾斜方向应相反；而同一个零件在各剖视图中，剖面线的倾斜方向、倾斜角度和间隔应相同，以便在装配图中区分不同的零件。如图 4-51

（b）中，相邻两个被联接件与的剖面线相反。

③ 在装配图中，螺纹紧固件及实心杆件，如六角头螺栓、六角螺母等零件，当剖切平面通过其基本轴线时，均按未剖绘制。但当剖切平面垂直于这些零件的轴线时，则应按剖开绘制。在图 4-51（b）中的主、左视图中，虽然剖切平面通过六角头螺栓和六角螺母的轴线，但不画剖面线，按其外形画出。

3. 双头螺柱联接

在化工设备的法兰联接中，应采用等长双头螺柱联接，用等长双头螺柱与两个六角螺母配合使用（不加垫圈），把上、下两个零件联接在一起，如图 4-52（a）所示。等长双头螺柱联接的画法，与螺栓联接的画法基本相同，如图 4-52（b）所示。

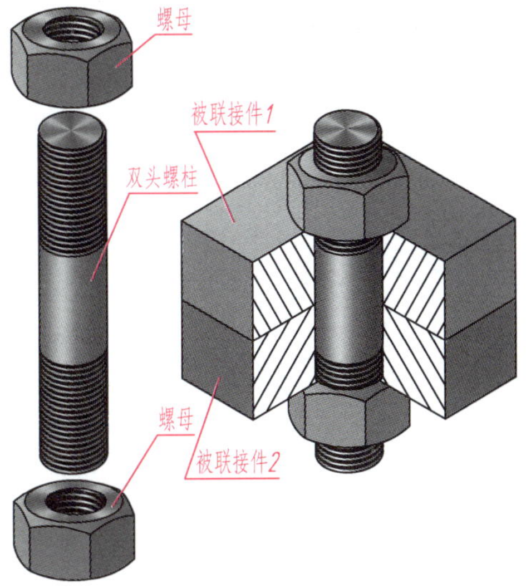

（a）

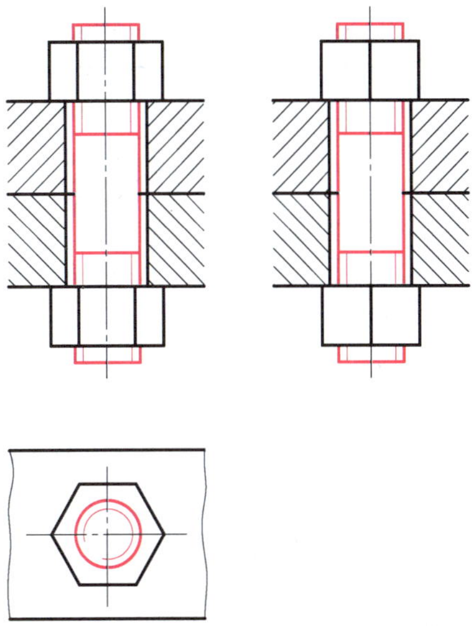
（b）

图 4-52　双头螺柱联接

> 提示：管法兰用等长双头螺柱（附表 15）、设备法兰用等长双头螺柱（附表 19）的型式、规格、标记和标准代号均不相同，选用时应加以区分。

第七节　蛇管的画法

蛇管是化工设备中的一种传热结构，一般放置在设备内，作加热或冷却之用。它是将管子按圆柱体盘成螺旋形，如图 4-53 所示。

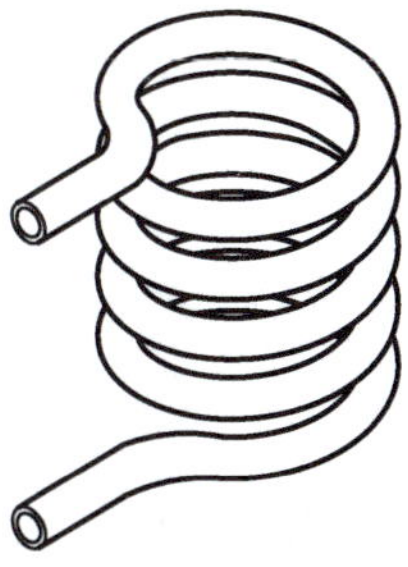
图 4-53　蛇管

一、蛇管的规定画法

① 在平行于蛇管轴线投影面的视图上，各圈管子的中心线及轮廓线均画成直线，而不必按螺旋线的真实投影画出。

② 蛇管两端的进出管线，可根据需要弯制成各种形状，分别由蛇管的主、俯（或其他）视图表示两端弯曲圆弧的形状和大小，如图 4-54（a）中俯视图所示。

③ 超过四圈以上的蛇管，中间各圈可省略，而只用细点画线连接，并可适当缩短图形的高度，如图 4-54（b）所示。

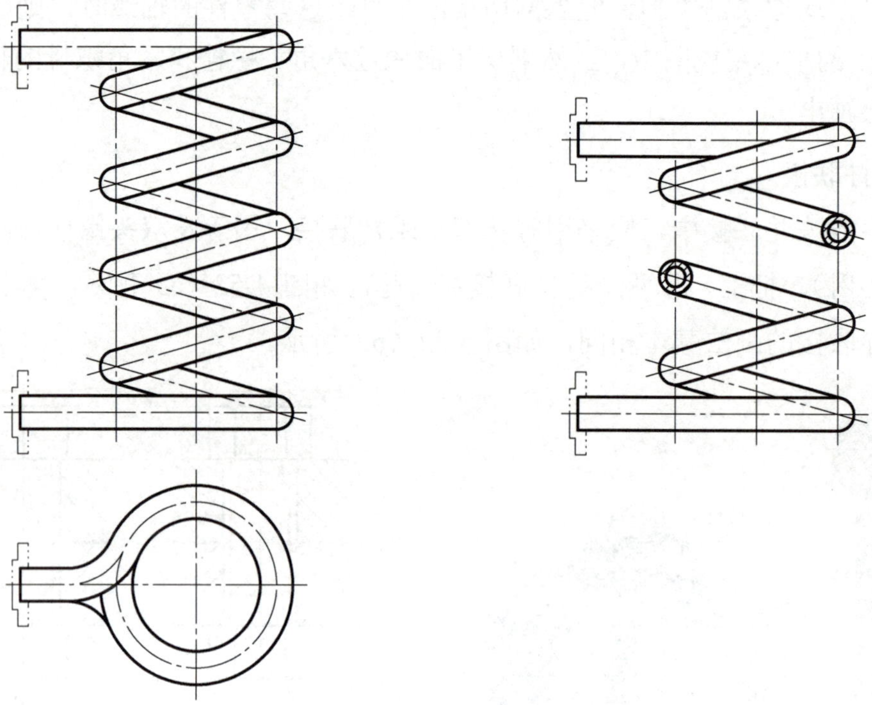

（a）　　（b）

图 4-54　蛇管的规定画法

二、蛇管的画图步骤

蛇管的形状和大小由下面几个尺寸所确定：

① 管子的尺寸，一般由管子的外径 d 及管壁厚 S 表示（$d\times S$）。

② 蛇管中心距 D。

③ 相邻两圈的间距 t（节距）。

④ 蛇管的总高 H。

⑤ 用文字注明的圈数 n。

绘制蛇管的画图步骤如图 4-55 所示。

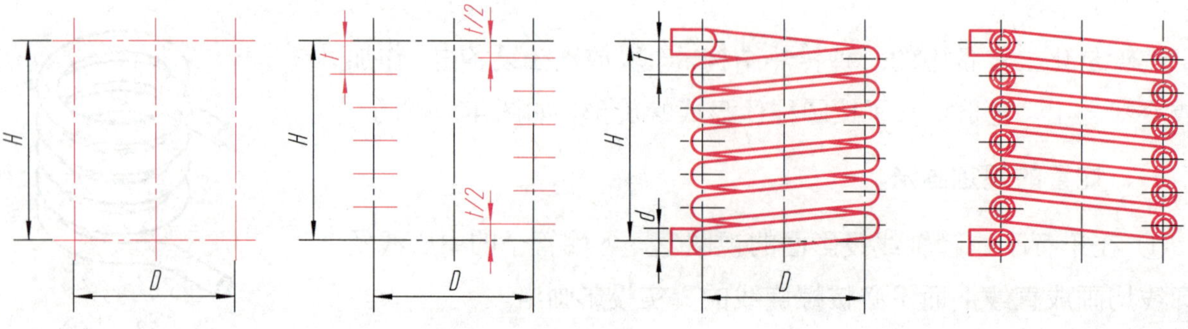

（a）　　（b）　　（c）　　（d）

图 4-55　蛇管的画图步骤

素养提升

同学们，给大家讲一个故事。1992年，上海诞生了一家主要生产大型集装箱机械的公司。经过多年的发展，这家公司已成为重型装备制造行业的排头兵。如今，该公司的港口机械市场占有率连续18年位居世界第一，全球有78个国家和地区的150余个港口都在使用它们生产的港口起重机。1989年10月，美国旧金山湾区发生7.1级地震，连接旧金山和奥克兰的海湾大桥（当时世界上最长的钢结构大桥）受损。在数年后的修建中，该公司负责建造难度最大的钢结构桥梁项目。该公司组织集团内千余名学历不高的焊工进行严格培训，让焊工师傅们学习钢结构桥梁焊接技术，提高读图能力，并拿到美国焊接协会的技能证书，成为焊接高手。这些焊工师傅们通过日以继夜的艰苦努力，用短短五年时间出色地完成了大桥的修建任务，并通过了美国专家的验收。

这个故事告诉我们，不论哪个领域、哪个行业，即使企业再大、科技人员再多，要想制造出世界领先的高质量产品，都离不开优秀的技术工人。只有拥有了一流的工匠，图样才能发挥最大的价值。纵观华为、格力、福耀、比亚迪的成功，都充分地证明了这一点。

本章除了讲解视图、剖视图、局部放大图和常用的简化画法外，还简要介绍了化工机器、设备中最为常见的标准件的表示法。例如画图多采用简化画法的螺栓（俗称螺丝钉），看起来好像不起眼儿，按需要买来装上即可，其实不然，若没有这些普通的螺丝钉，各式各样的化工机器设备恐怕也就不存在了。我们都是社会中普通的一员，要在不同的岗位上承担不同的角色。我们要学习螺丝钉精神，掌握一定的技能，做一个对社会有用的人，在社会中默默无闻地奉献个人的聪明才智，为祖国的发展进步贡献自己的力量。虽然默默无闻，但却是闪亮的“螺丝钉”。

第五章　零　件　图

任何一台机器或设备，都是由各种零件按照一定要求装配而成的。而制造机器或设备时，必须首先制造出全部零件。零件图是表示零件结构、大小及技术要求的图样。零件图用于指导零件的加工制造和检验，是生产中的重要技术文件之一。

第一节　典型零件的表达方法

一、零件图的作用和内容

1．零件图的作用

图 5-1 所示是一根轴的零件图，它表示了轴的结构形状、大小和要达到的技术要求。制造轴时要经过选材落料、车、铣、磨及热处理等加工过程，每道工序都要依据该零件图进行，最后还要依据零件图对零件进行质量检验。因此，零件图应反映零件在生产过程中的全部要求。

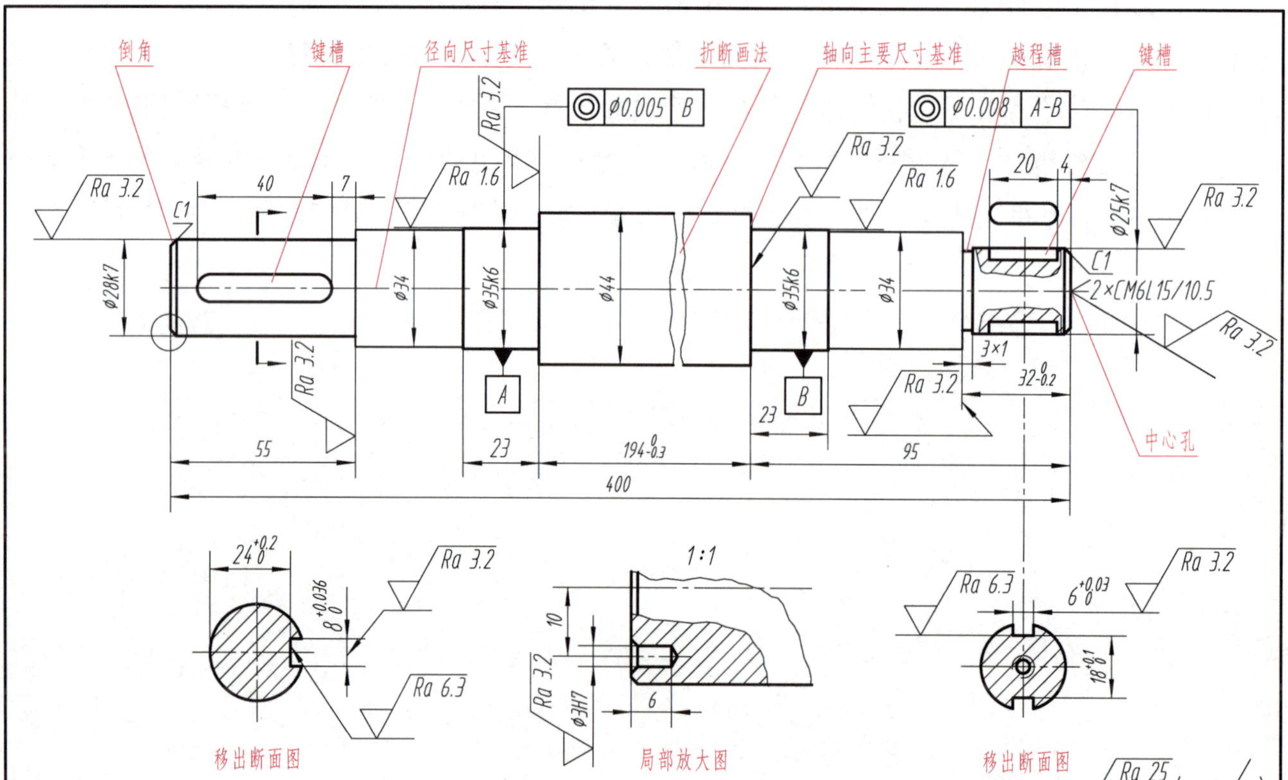

图 5-1　轴零件图

2. 零件图的内容

一张零件图应具备以下内容：

（1）*一组视图*　用一定数量的视图、剖视图、断面图、局部放大图等，完整、清晰地表达出零件的结构形状。

（2）*足够的尺寸*　正确、完整、清晰、合理地标注出零件在制造、检验时所需的全部尺寸。

（3）*必要的技术要求*　用规定的代（符）号和文字，表示零件在制造和检验中应达到的各项质量要求，如表面粗糙度、极限偏差、几何公差、热处理要求等。

（4）*标题栏*　填写零件的名称、材料、数量、比例及责任人签字等。

二、典型零件的表达方法

根据零件结构的特点和用途，大致可分为轴（套）类、轮盘类、叉架类和箱体类四类典型零件。它们在视图表达方面虽有共同原则，但各有不同特点。

1. 轴（套）类零件

（1）*结构特点*　轴的主体多数是由几段直径不同的圆柱、圆锥体所组成，构成阶梯状，轴（套）类零件的轴向尺寸远大于其径向尺寸。轴上常加工有键槽、螺纹、挡圈槽、倒角、越程槽、中心孔等结构，如图 5-2 所示。

为了传递动力，轴上装有齿轮、带轮等，利用键来联结，因此轴上有键槽；为了便于轴上各零件的安装，在轴端车有倒角；轴的中心孔是供加工时装夹和定位用的。这些局部结构主要是为了满足设计要求和工艺要求。

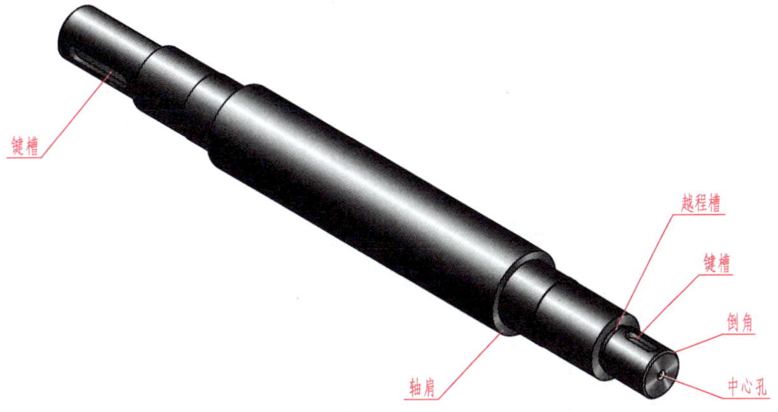

图 5-2　轴的结构

（2）*常用的表达方法*　为了加工时看图方便，轴（套）类零件的主视图按加工位置选择，一般将轴线水平放置，垂直轴线方向作为主视图的投射方向，使它符合车削和磨削的加工位置，如图 5-1 所示。

轴的基本形状为同轴回转体，主要在车床上加工。因此，轴（套）类零件的主视图应将轴线水平放置，一般只用一个基本视图，再辅以其他表达方法。在主视图上，清楚地反映了阶梯轴的各段形状及相对位置，也反映了轴上各种局部结构的轴向位置。轴上的局部结构，一般采用断面图、局部剖视、局部放大图、局部视图来表达。用移出断面反映键槽的深度，用局部放大图表达定位孔的结构。

实心轴上的钻孔、键槽等结构，一般用局部剖视图和断面图表示（空心轴套则采用适当的剖视表达内部结构）；截面形状不变而又较长的部分，可断开后缩短绘制。

2．轮盘类零件

（1）*结构特点*　轮盘类零件的基本形状是扁平的盘状，主体部分多为回转体，轮盘类零件的径向尺寸远大于其轴向尺寸，如图 5-3 所示。轮盘类零件大部分是铸件，如各种齿轮、带轮、手轮、减速器的一些端盖、齿轮泵的泵盖等都属于这类零件。

（2）*常用的表达方法*　根据轮盘类零件的结构特点，主要加工表面以车削为主，因此在表达这类零件时，其主视图经常是将轴线水平放置，并作全剖视。如图 5-4 所示，采用一个全剖的主视图，基本上清楚地反映了 V 带轮的结构。另外采用一个局部视图，用它表示键槽的结构，以便于标注键槽的尺寸。

图 5-3　V 带轮轴测图

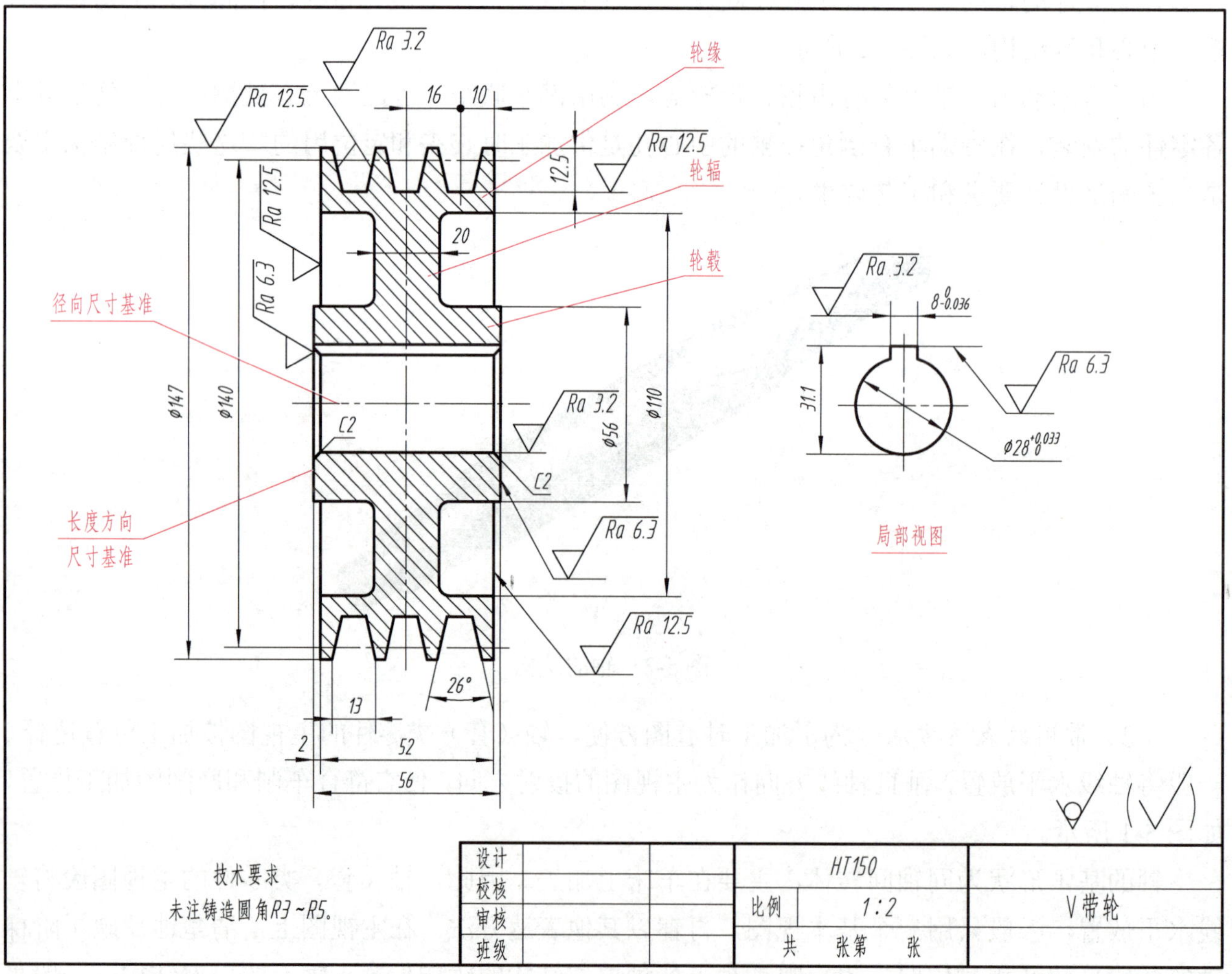

图 5-4　V 带轮零件图

3．叉架类零件

（1）结构特点　叉架类零件包括拨叉、支架、连杆等零件。叉架类零件一般由三部分构成，即支持部分、工作部分和连接部分。连接部分多是肋板结构，且形状弯曲、扭斜的较多。支持部分和工作部分，细部结构也较多，如圆孔、螺孔、油槽、油孔等，如图 5-5 所示。这类零件，多数形状不规则，结构比较复杂，毛坯多为铸件，需经多道工序加工制成。

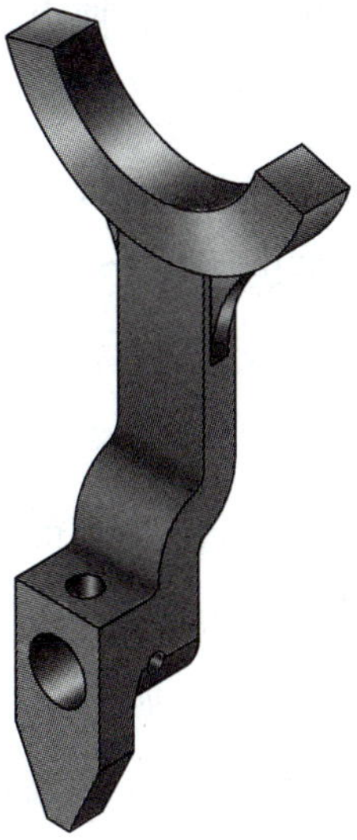

图 5-5　拨叉轴测图

（2）常用的表达方法　由于叉架类零件加工工序较多，其加工位置经常变化，因此选主视图时，主要考虑零件的形状特征和工作位置。叉架类零件常需要两个或两个以上的基本视图，为了表达零件上的弯曲或扭斜结构，还要选用斜视图、单一斜剖切面剖切的全剖视图、断面和局部视图等表达方法。

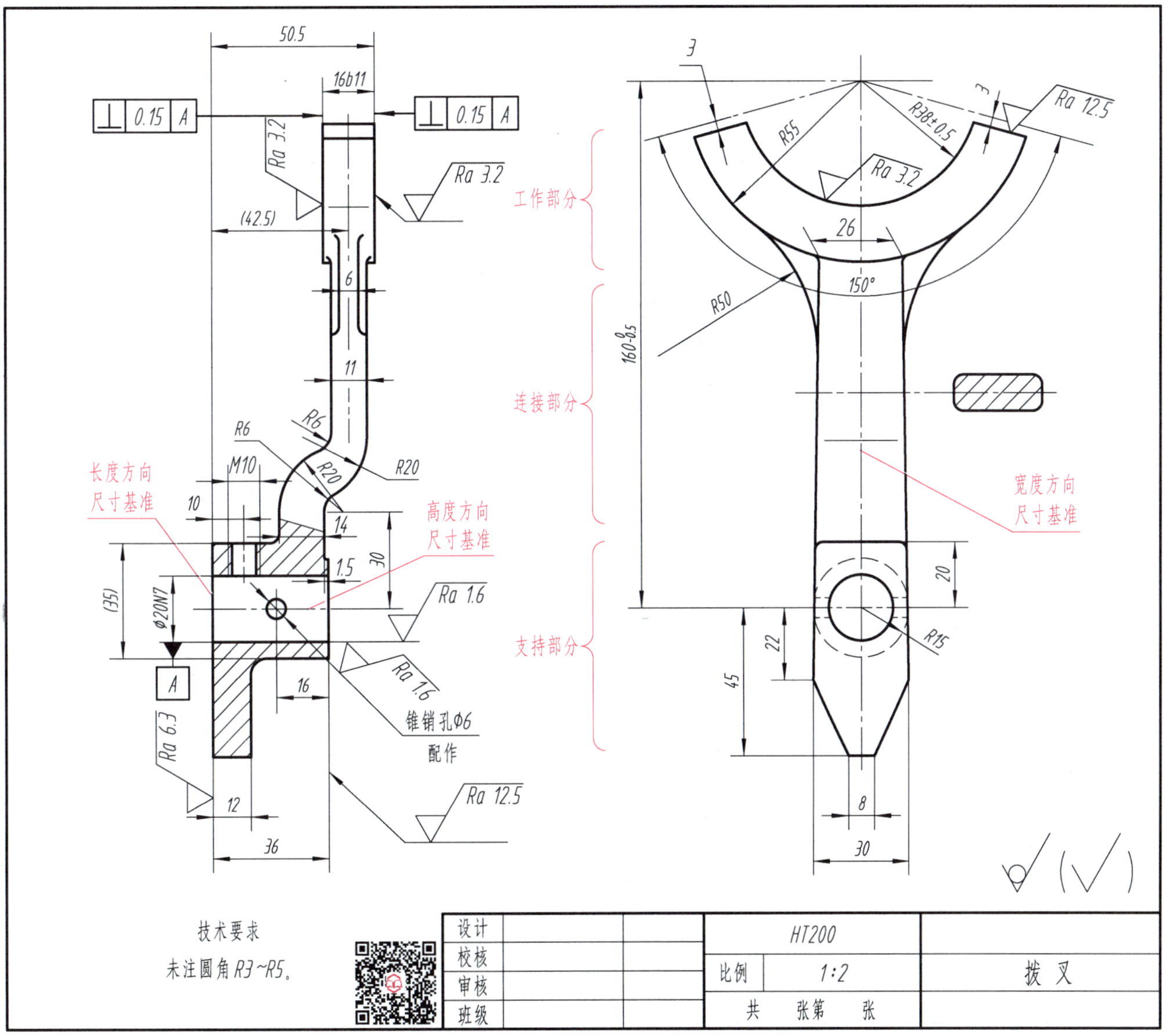

图 5-6　拨叉零件图

画图时，一般把零件主要轮廓放成垂直或水平位置。如图 5-6 所示，是将拨叉竖立放置时的零件图。拨叉的套筒部分内部有孔，在主视图上采用局部剖视表达较为合适。左视图着重表示了叉、套筒的形状和弯杆的宽度，并用移出断面表示弯杆的断面形状。

4. 箱体类零件

（1）结构特点　箱体类零件主要用来支承和包容其他零件，其内外结构都比较复杂，一般为铸件，泵体、阀体、减速器的箱体等都属于这类零件。

（2）常用的表达方法　图 5-7 所示铣刀头的座体属于箱体类零件，加工工序较多，加工位置不尽相同，但座体在机床中的工作位置是固定的。因此，座体的主视图按工作位置及形状特征来选择，为了清晰地表达内部结构，采用剖视的方法。

图 5-7　座体轴测图

图 5-8 是座体零件图，采用了两个基本视图和一个 *K* 向局部视图。主视图采用全剖视，重点表达左右阶梯通孔的内部结构；左视图内外兼顾，采用局部剖视表达了阶梯通孔、下方支承肋板和底板上安装孔的结构；而 *K* 向局部视图（俯视图的局部）表达了底板的形状和安装孔的

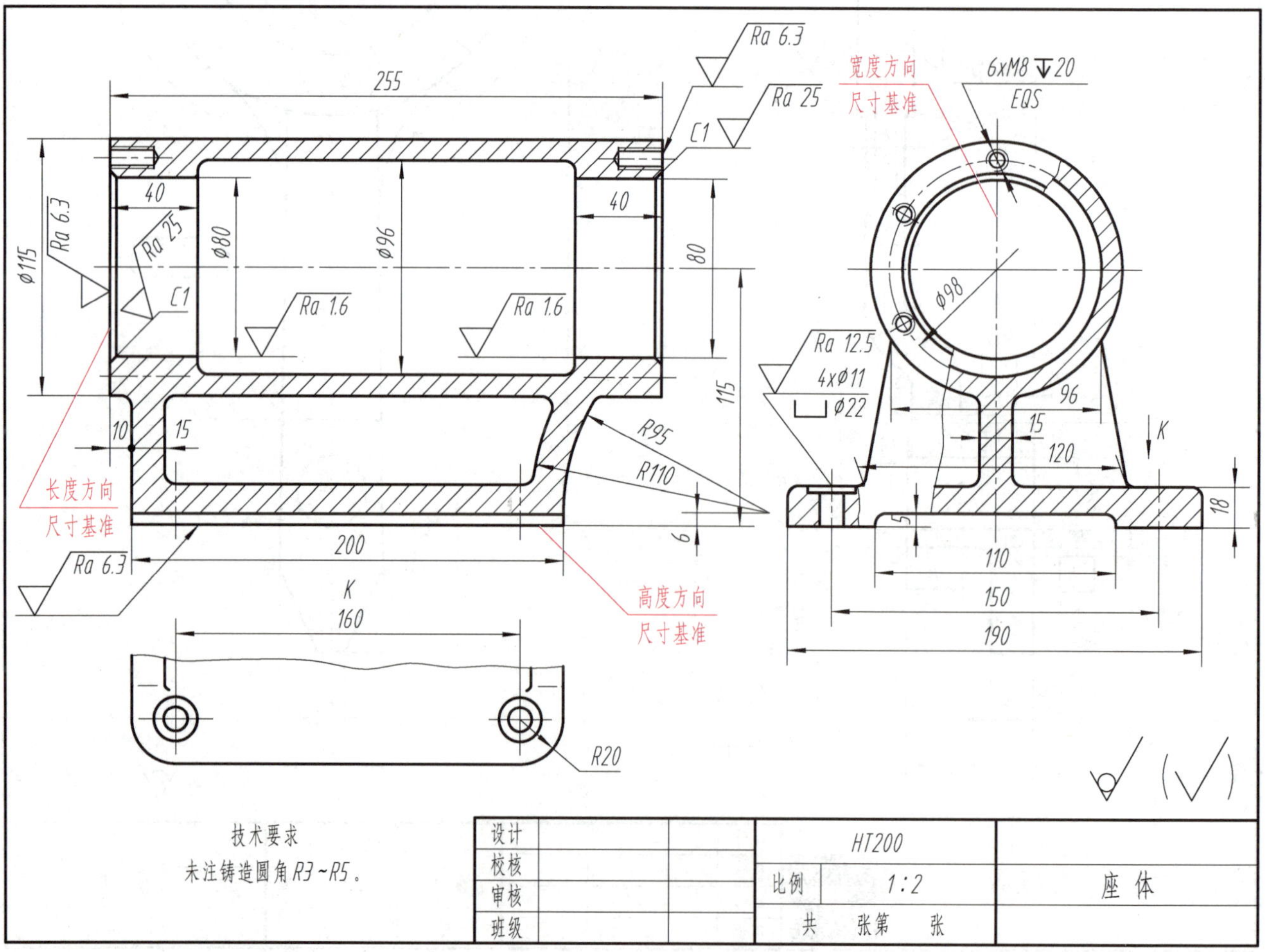

图 5-8　座体零件图

尺寸，比画出俯视图的表达效果要好。

第二节　零件图的尺寸标注

零件图中的尺寸是制造、检验零件的重要依据，生产中要求零件图中的尺寸不允许有任何差错。在零件图上标注尺寸，除要求正确、完整和清晰外，还应考虑合理性，既要满足设计要求，又要便于加工、测量。

一、正确选择尺寸基准

标注零件图尺寸时，必须首先选择尺寸基准。而尺寸基准的选择应符合零件的设计要求并便于加工和测量。

1．设计基准和工艺基准

根据零件的结构和设计要求而确定的基准为设计基准；根据零件加工、测量的要求而确定的基准为工艺基准。

如图 5-9 所示的阶梯轴，以轴线作为径向尺寸的基准，以 $\phi20$ 右轴肩为轴向尺寸的基准，即设计基准；而以右端面作为轴向尺寸的基准，即工艺基准。因为在车床上加工时，每次车削的最终位置，都是从右端面为起点来测量的，以右端面为基准便于加工时测量。

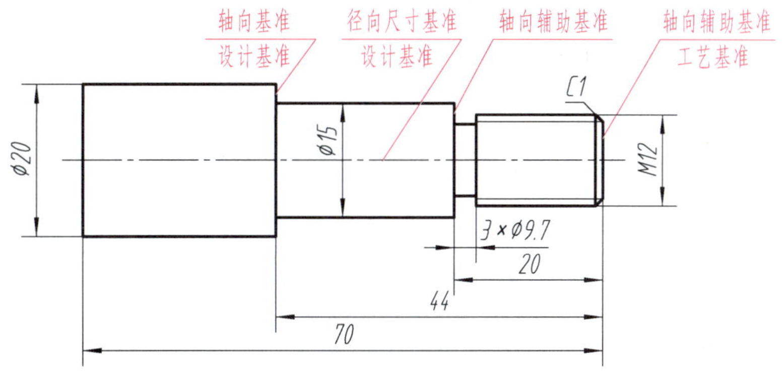

图 5-9　阶梯轴的尺寸基准

2．主要基准的确定

标注零件图尺寸时，首先应确定零件每一方向的主要基准，即决定零件主要尺寸的基准。确定主要基准时，应尽量使设计基准和工艺基准重合。以确定零件在机器（或部件）中的位置，且首先加工或画线确定的对称面、装配面（底面、端面），以及回转体轴线等为主要基准。

如图 5-10 所示的轴承座，其底面决定着轴承孔的中心高，而中心高是影响工作性能的主要尺寸。由于轴一般是由两个轴承座来支承，为使轴线水平，两个轴承座的支承孔必须等高。同时轴承座底面是首先加工出来的，因此在标注轴承座的尺寸时，高度方向应以底面作为主要基准，长度方向以对称面为基准，以保证结构的对称性。

3．辅助基准

有时并非所有的定位尺寸都从主要基准出发标注，如轴承座上部螺孔的深度是以上端面为

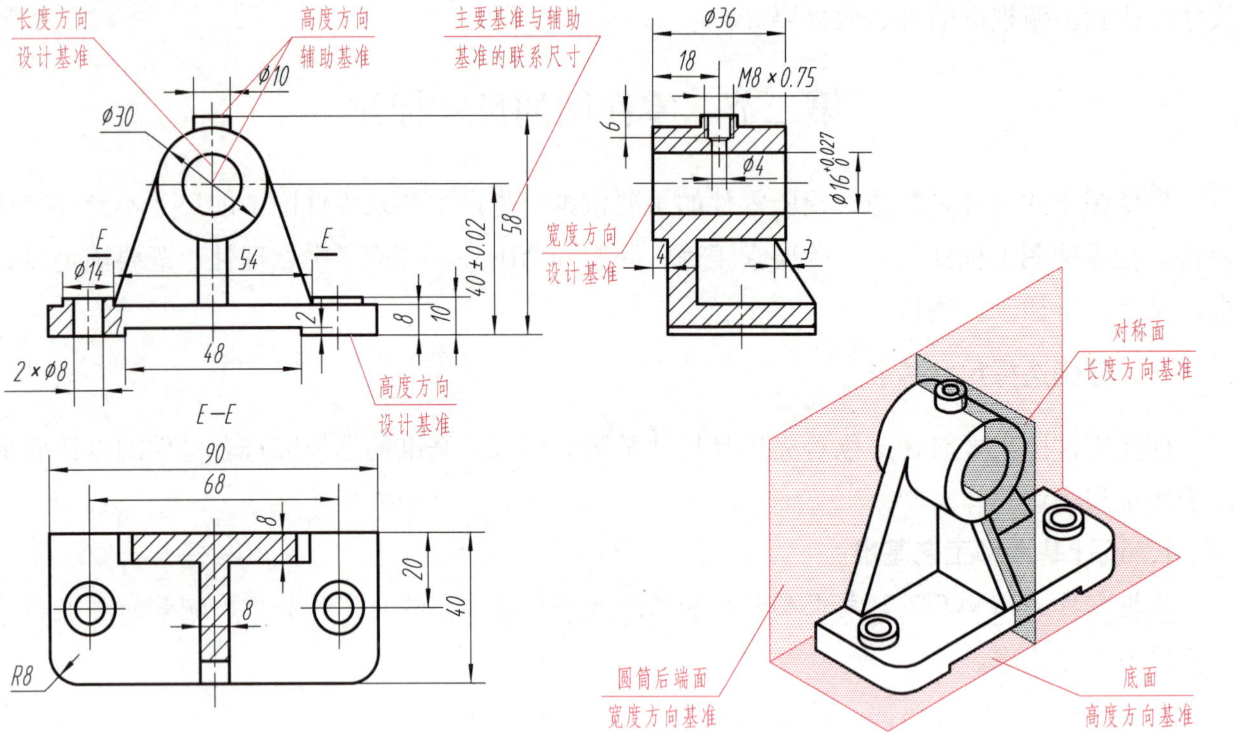

（a）　　　　（b）

图 5-10　尺寸基准的确定

基准标注的。这样标注便于加工时的测量，因此是工艺基准。在同一方向上，除主要基准外另选的基准，称为该方向的辅助基准。

如图 5-9 所示阶梯轴中的退刀槽宽度，也不是从右端面直接标注的，而是以轴肩为辅助基准，便于加工和测量。

在确定辅助基准时，辅助基准和主要基准之间要有一个联系尺寸，如图 5-9 中的尺寸 44。

二、标注尺寸的注意事项

在零件图上合理地标注尺寸，除了根据设计要求和工艺要求合理选择尺寸基准外，还应做到以下几点。

1. 主要尺寸应直接注出

图 5-11（a）中轴承孔的高度 25 是影响轴承座工作性能的主要尺寸，加工时必须保证其加工精度，所以应直接以底面为基准标注出来，而不能将其代之为图 5-11（b）中的 11 和 14。因为在加工零件过程中，尺寸总会有误差，如果注写 11 和 14，由于每个尺寸都会有误差，两个尺寸加在一起就会有积累误差，不能保证设计要求的 25。同理，轴承座底板上二螺栓孔的中心距 80 应直接注出，而不应标注两个 12。

2. 避免出现封闭的尺寸链

图 5-12（a）中的阶梯轴，其长度方向的尺寸 24、9、38、71 首尾相接，构成一个封闭的尺寸链，这种情况应避免。因为封闭尺寸链中每一尺寸的尺寸精度，都将受链中其他各尺寸的误

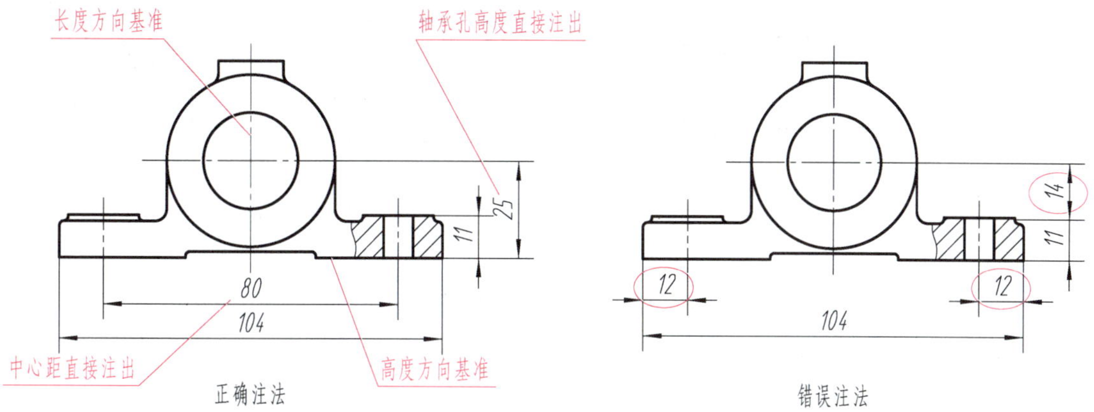

（a）　　（b）

图 5-11　主要尺寸应直接注出

差的影响，这样在加工时就很难保证总长尺寸 71 的尺寸精度。

在这种情况下，应当挑选一个最不重要的尺寸空出不注，以使所有的尺寸误差都积累在此处，阶梯轴凸肩宽度尺寸 9 属于非主要尺寸，故断开不注，如图 5-12（b）所示。

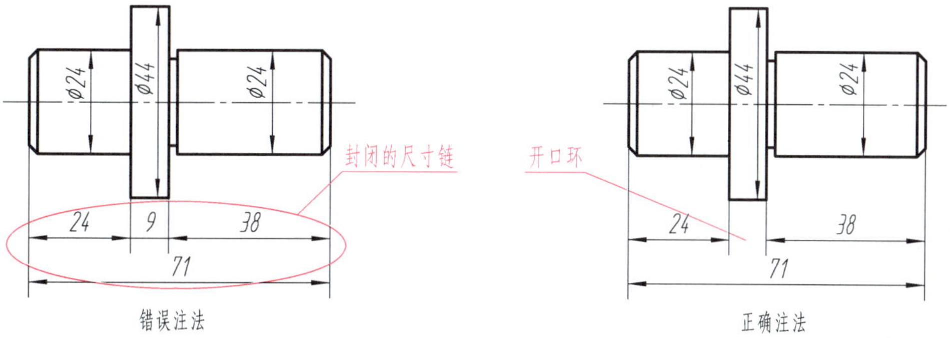

（a）　　（b）

图 5-12　避免封闭的尺寸链

3．考虑加工方法，符合加工顺序

图 5-9 所示的阶梯轴，其加工方法主要是在车床上车外圆，加工顺序如图 5-13 所示，标注尺寸时应尽量符合其加工工艺要求。

4．考虑测量方便

图 5-14（b）所示套筒中，尺寸 28 无法测量，应改注图 5-14（a）中的尺寸 10 和 14，才可以测量。又如图 5-14（d）中所示轴上键槽，为表示其深度，标注 11 则无法测量，若改注图 5-14

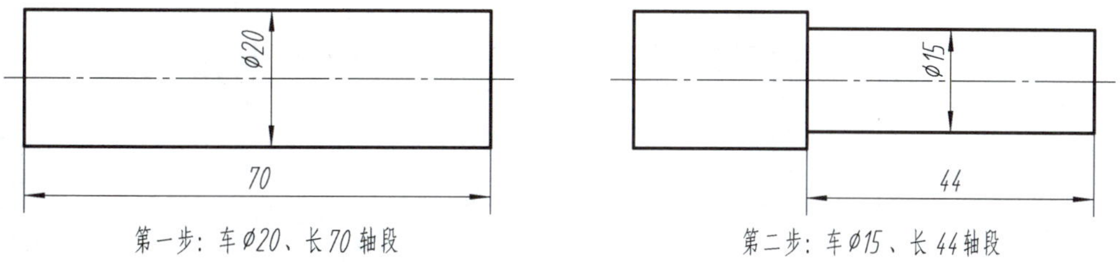

（a）　　（b）

图 5-13

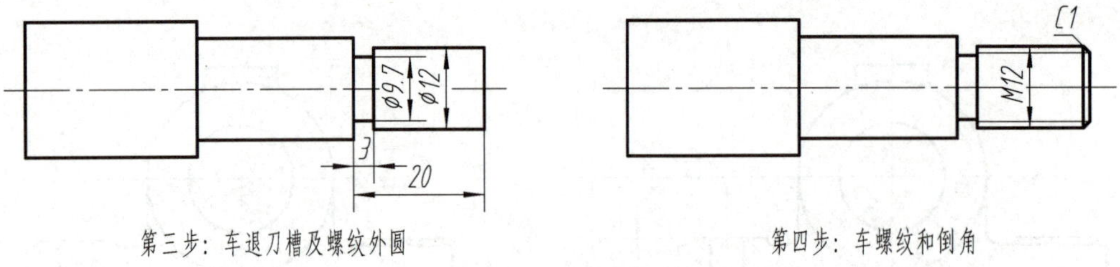

（c）（d）

图 5-13　阶梯轴的加工顺序

（c）中的尺寸 29，则可以测量。

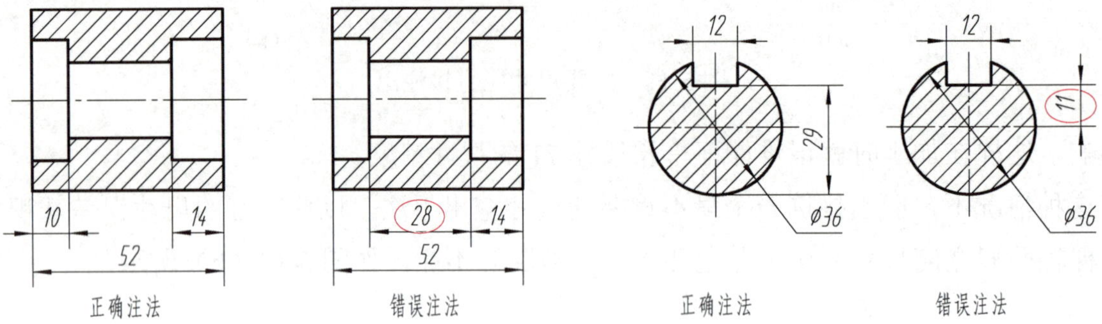

（a）（b）（c）（d）

图 5-14　标注尺寸应便于测量

三、零件上的常见结构及其尺寸标注

1．起模斜度和铸造圆角

在铸造零件毛坯时，为了便于在砂型中取出木模，一般沿着起模方向设计出起模斜度（通常为 1∶20，约 3°），如图 5-15（a）、（b）所示。铸造零件的起模斜度在图中可不画出、不标注。必要时，可在技术要求中用文字说明，如图 5-15（c）所示。

为便于铸件造型时起模，防止铁液冲坏转角处，冷却时产生缩孔和裂缝，将铸件的转角处制成圆角，此种圆角称为铸造圆角，如图 5-15（b）、（d）所示。圆角尺寸通常较小，一般为 *R*2～*R*5，在零件图上可省略不画。圆角尺寸常在技术要求中统一说明，如“全部圆角 *R*3”或“未注圆角 *R*4”等，而不必一一在图样中注出，如图 5-15（c）所示。

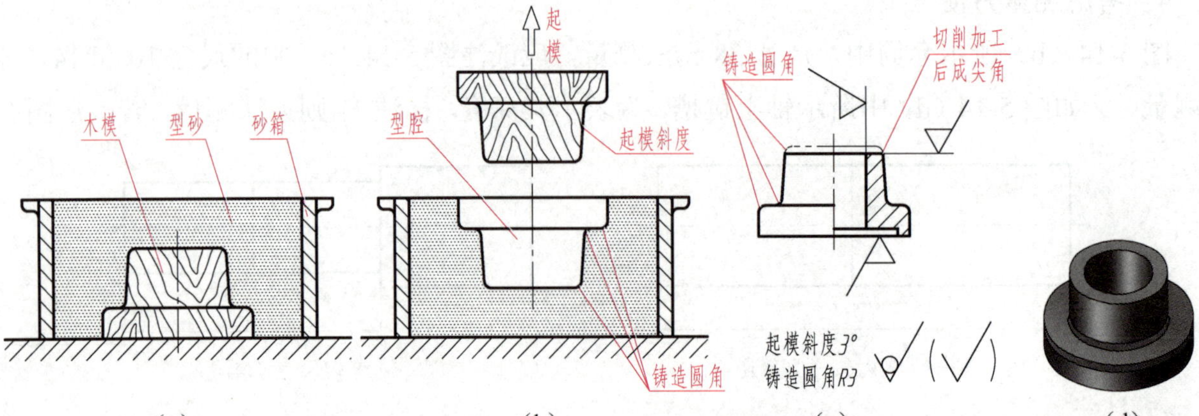

（a）（b）（c）（d）

图 5-15　铸造圆角和起模斜度

2. 过渡线

由于铸件表面的转角处有圆角，因此其表面产生的交线不清晰。为了看图时便于区分不同的表面，在图中仍然画出理论上的交线，但两端不与轮廓线接触，此线称为过渡线。图 5-16 所示为两圆柱面相交的过渡线画法。

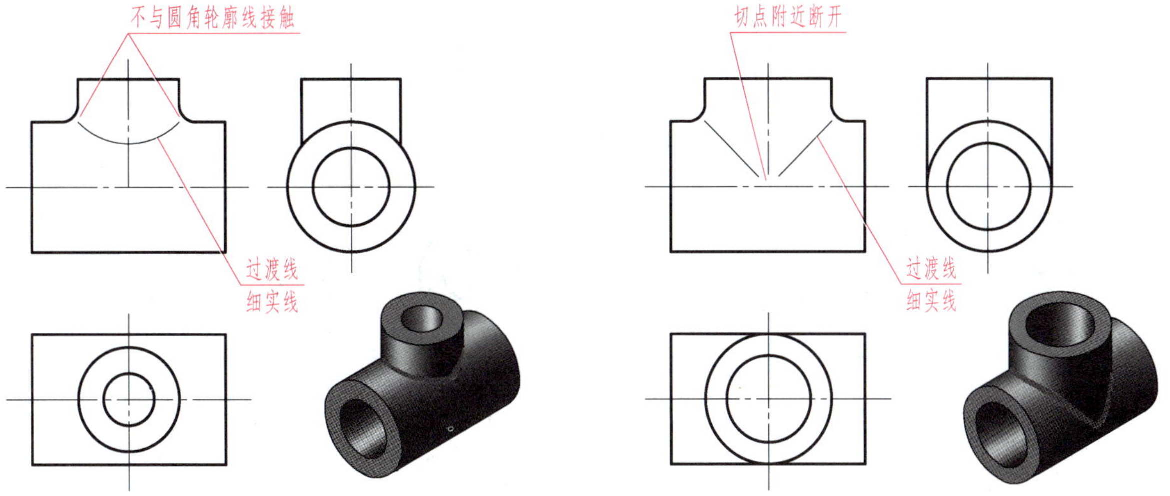

（a）　　（b）

图 5-16　过渡线

> 提示：过渡线用细实线绘制。

3. 倒角和退刀槽

为便于安装和安全，在轴或孔的端部，一般都加工成倒角，倒角的标注如图 5-17（a）、（b）所示。

在车削内、外螺纹时，为便于退出车削刀具，常在待加工面的末端预先制出退刀槽，如图 5-17（c）、（d）所示。退刀槽的尺寸可按“槽宽×槽深”或“槽宽×直径”的形式标注。

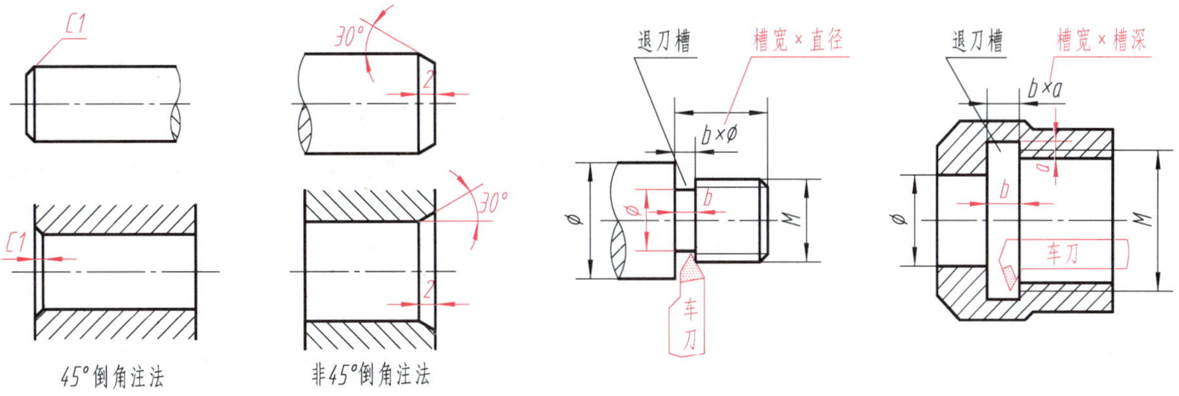

（a）　　（b）　　（c）　　（d）

图 5-17　倒角与退刀槽

4. 光孔、沉孔和螺孔

光孔、锪孔、沉孔和螺纹孔是零件上的常见结构，它们的尺寸标注分为普通注法和旁注法两种。孔深、沉孔、锪平孔及埋头孔可用规定的符号来表示，详见表 5-1。

表 5-1　零件上常见孔的简化注法

类型	普通注法	旁注法（简化后）		说　明
光孔	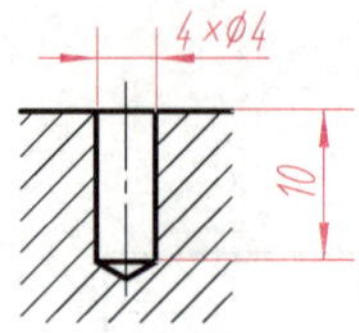	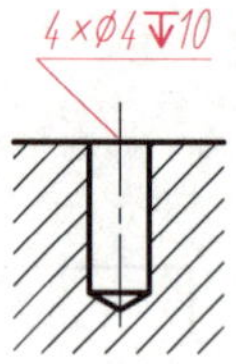	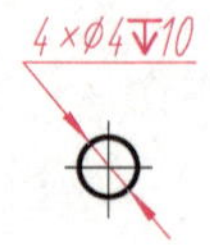	“↧”为深度符号 四个相同的孔，直径 ϕ4mm，孔深 10mm
锪孔	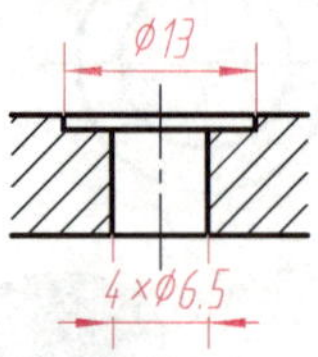	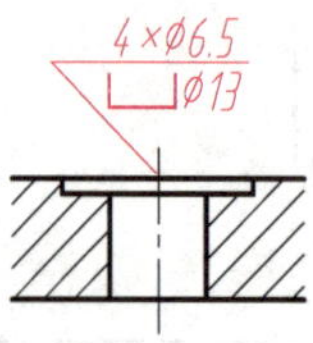		“⌴”为锪平符号。锪孔通常只需锪出圆平面即可，故锪平深度一般不注 四个相同的孔，直径 ϕ6.6mm，锪平直径 ϕ13mm
沉孔	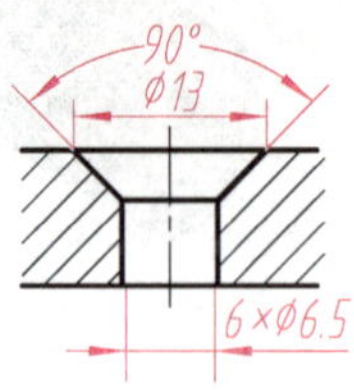	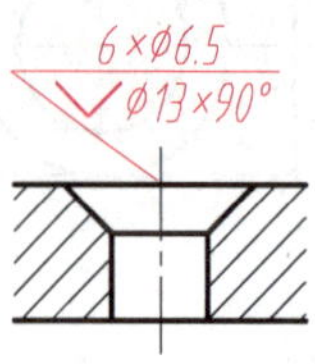		“⌵”为埋头孔符号。该孔为安装开槽沉头螺钉所用 六个相同的孔，直径 ϕ6.6mm，沉孔锥顶角 90°，大口直径 ϕ13mm
螺纹孔	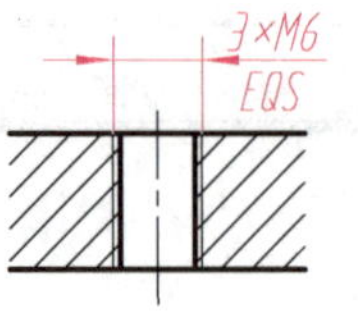	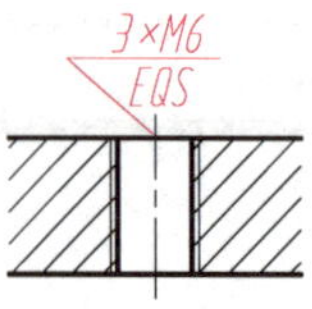		“EQS”为均布孔的缩写词 三个相同的螺纹通孔均匀分布，公称直径 D=M6，螺纹公差为 6H（省略未注）

四、标注零件图尺寸的方法和步骤

标注零件图尺寸时，首先要分析清楚零件的结构和形状，并了解零件在机器设备（或部件）中的装配情况及其他设计要求，了解零件的加工方法，然后按以下步骤标注尺寸。

① 根据设计要求和工艺要求选择长、宽、高三个方向上的尺寸基准。

② 运用形体分析法，逐一注出每一结构的定形尺寸和定位尺寸。要做到注法正确、尺寸完整、布置清晰，并尽可能符合设计要求和工艺要求（参见图 3-18、图 5-10）。

③ 检查，补漏、改错及调整。配合尺寸及其他重要尺寸，要加注公差带代号或极限偏差数值。

第三节　零件图上技术要求的注写

零件图中除了图形和尺寸外，还应具备加工和检验零件的技术要求。技术要求主要是指几何精度方面的要求，如表面粗糙度、尺寸公差、零件的几何公差、材料的热处理和表面处理，以及对指定加工方法和检验的说明等。

一、表面结构的表示法

表面结构是表面粗糙度、表面波纹度、表面缺陷、表面纹理和表面几何形状的总称。表面结构的各项要求在图样上的表示法在 GB/T 131—2006 中均有具体规定。这里简要介绍常用的表面粗糙度的表示法。

1．表面粗糙度基本概念

零件在机械加工过程中，由于机床、刀具的振动，以及材料在切削时产生塑性变形、刀痕等原因，经放大后可见其加工表面是高低不平的，如图 5-18 所示。零件加工表面上具有较小间距与峰谷所组成的微观几何形状特性，称为表面粗糙度（可简单理解为表面的光滑程度）。表面粗糙度与加工方法、刀具形状及进给量等各种因素都有密切关系。

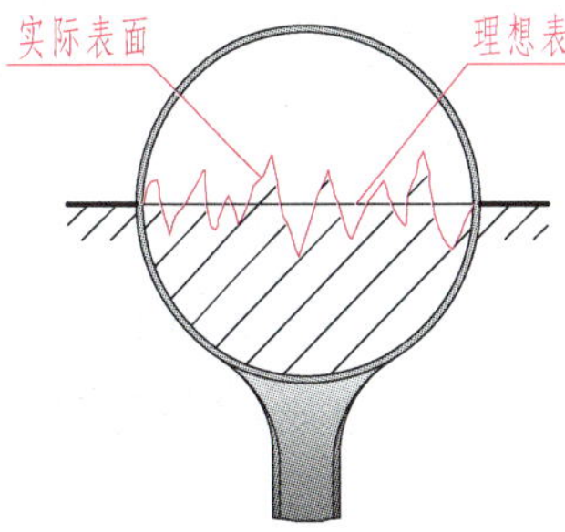

图 5-18　零件的真实表面

表面粗糙度是评定零件表面质量的一项重要技术指标，对于零件的配合、耐磨性、抗腐蚀性以及密封性等都有显著影响，是零件图中必不可少的一项技术要求。零件表面粗糙度的选用，应该既满足零件表面的功用要求，又要考虑经济合理。一般情况下，凡是零件上有配合要求或有相对运动的表面，表面粗糙度参数值要小。表面粗糙度参数值越小，表面质量越高，加工成本也越高。因此，在满足使用要求的前提下，应尽量选用较大的参数值，以降低成本。

国家标准规定评定粗糙度轮廓中的两个高度参数，即算术平均偏差 *Ra* 和轮廓最大高度 *Rz*，是机械图样中最常用的评定参数。

2．表面粗糙度的图形符号

标注表面粗糙度时的图形符号的种类、名称、尺寸及含义见表 5-2。

表 5-2　图形符号的含义

符号名称	符　　号	含　　义
基本图形符号（简称基本符号）	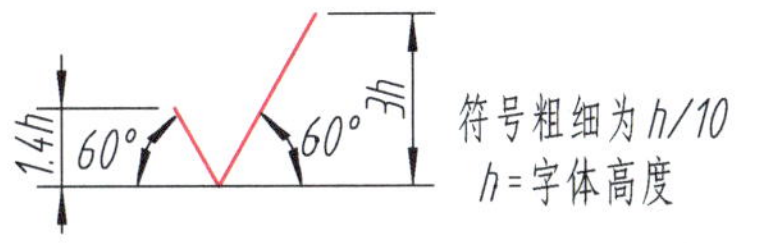	对表面结构有要求的图形符号 仅用于简化代号标注，没有补充说明时不能单独使用
扩展图形符号（简称扩展符号）	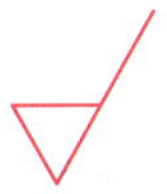	对表面结构有指定要求（去除材料）的图形符号 在基本图形符号上加一短横，表示指定表面是用去除材料的方法获得，如通过机械加工获得的表面；仅当其含义是“被加工表面”时可单独使用
		对表面结构有指定要求（不去除材料）的图形符号 在基本图形符号上加一圆圈，表示指定表面是不用去除材料的方法获得
完整图形符号（简称完整符号）		对基本图形符号或扩展图形符号扩充后的图形符号 当要求标注表面结构特征的补充信息时，在基本图形符号或扩展图形符号的长边上加一横线

3．表面粗糙度在图样中的注法

在图样中，零件表面粗糙度是用代号标注的。表面粗糙度符号中注写了具体参数代号及数值等要求后，即称为表面粗糙度代号。

① 表面粗糙度对每一表面一般只注一次，并尽可能注在相应的尺寸及其公差的同一视图上，除非另有说明，所标注的表面粗糙度是对完工零件表面的要求。

② 表面粗糙度的注写和读取方向与尺寸的注写和读取方向一致，如图 5-1、图 5-4、图 5-6、图 5-8 所示。

③ 表面粗糙度可标注在轮廓线上，其符号应从材料外指向并接触表面，如图 5-19、图 5-20 所示。必要时，表面粗糙度也可用带箭头或黑点的指引线引出标注，如图 5-21 所示。

④ 在不致引起误解时，表面粗糙度可以标注在给定的尺寸线上，如图 5-22 所示。

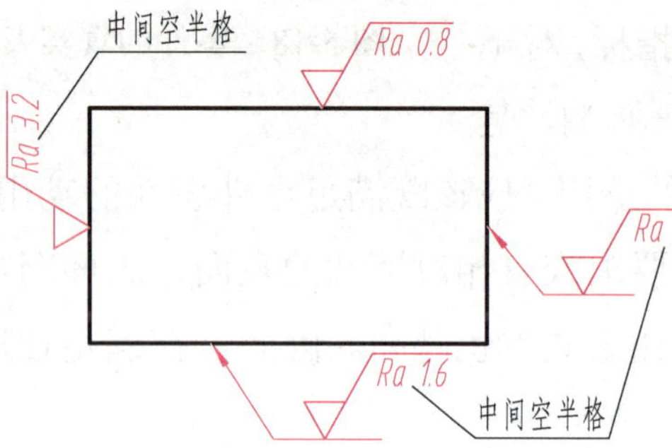

图 5-19　表面粗糙度的注写方向

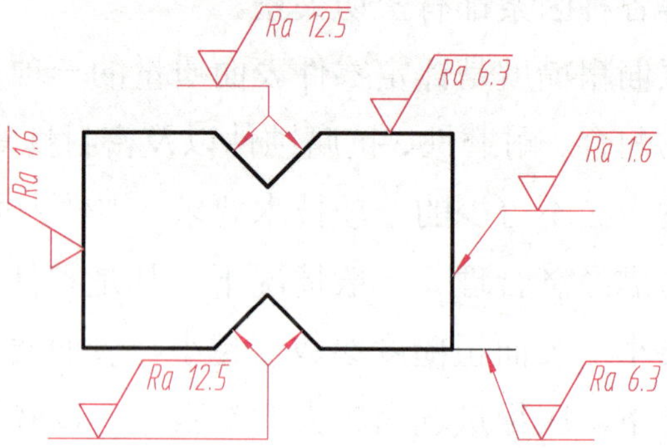

图 5-20　表面粗糙度在轮廓线上的标注

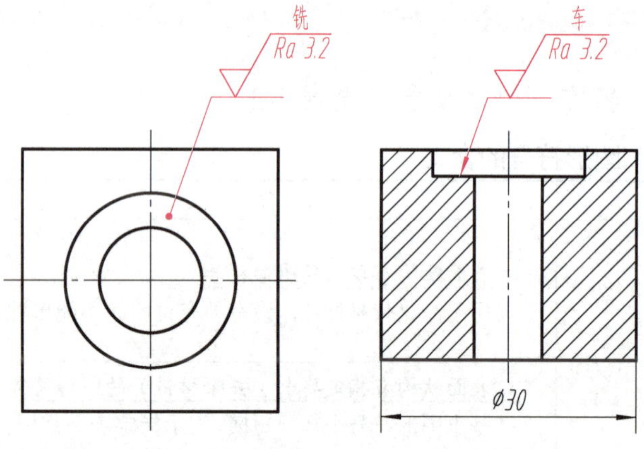

图 5-21　用指引线引出标注表面粗糙度

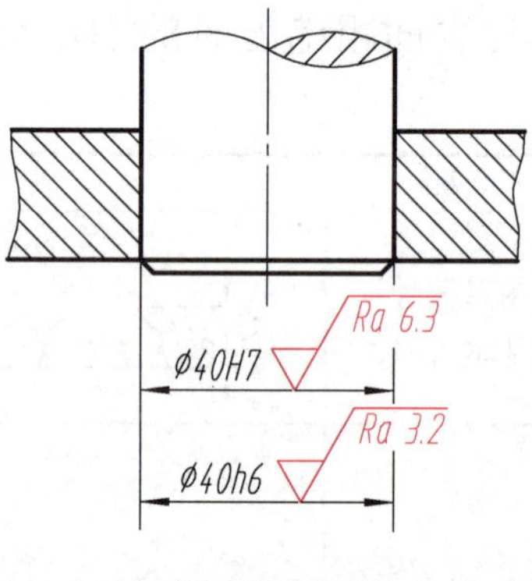

图 5-22　表面粗糙度标注在尺寸线上

⑤ 圆柱表面的表面粗糙度只标注一次，如图 5-23 所示。

⑥ 表面粗糙度可以直接标注在延长线上，或用带箭头的指引线引出标注，如图 5-23、图 5-24 所示。

4．表面粗糙度的简化注法

① 有相同表面粗糙度的简化注法。如果在工件的多数（包括全部）表面有相同的表面粗糙度时，则其表面粗糙度可统一标注在图样的标题栏附近。此时，在表面粗糙度符号的后面画出圆括号，圆括号内给出无任何其他标注的基本符号，将不同的表面粗糙度直接标注在图形中，如图 5-24 所示。

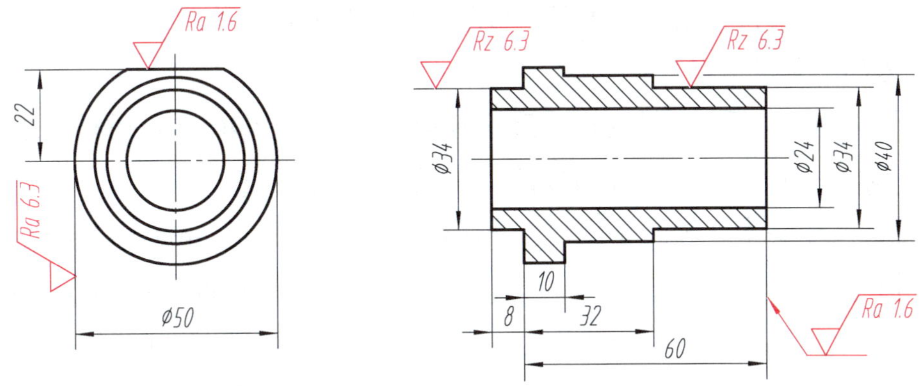

图 5-23　表面粗糙度标注在圆柱特征的延长线上

② 只用表面粗糙度的简化注法。如图 5-25 所示，用表面粗糙度符号，以等式的形式给出对多个表面共同的表面粗糙度。

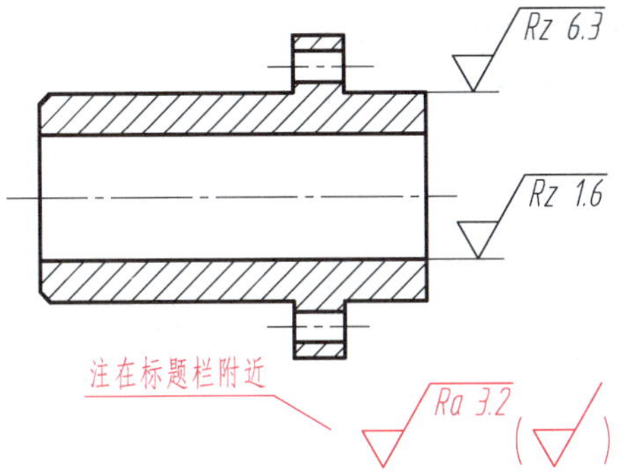

图 5-24　多数表面有相同表面粗糙度的简化注法

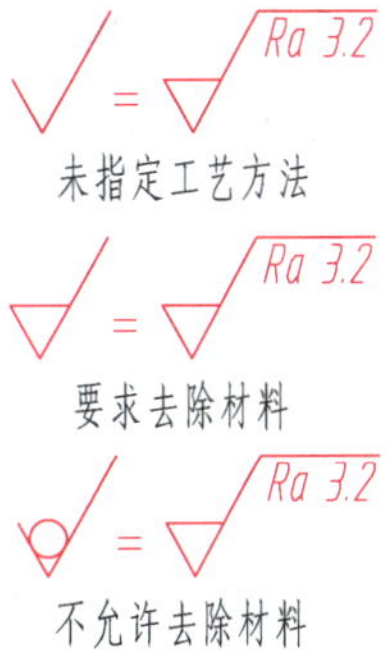

图 5-25　只用表面粗糙度符号的简化注法

5．表面粗糙度代号的识读

在图样中，零件表面粗糙度是用代（符）号标注的，它由规定的符号和有关参数组成。表面粗糙度代号一般按下列方式识读：

① 

，读作“表面粗糙度 *Ra* 的上限值为 3.2μm（微米）”；

② 

，读作“表面粗糙度的最大高度 *Rz* 为 6.3μm（微米）”。

二、极限与配合

在一批相同的零件中任取一个，不需修配便可安装到机器上并能满足使用要求的性质，称为互换性。

为使零件具有互换性，必须保证零件的尺寸、表面粗糙度、几何形状及零件上有关要素的相互位置等技术要求的一致性。就尺寸而言，互换性要求尺寸的一致性，并不是要求零件都准确地制成一个指定的尺寸，而只是限定其在一个合理的范围内变动。对于相互配合的零件，这个范围一是要求在使用和制造上是合理、经济的；二是要求保证相互配合的尺寸之间形成一定的配合关系，以满足不同的使用要求。前者要以“公差”的标准化——极限制来解决，后者要以“配合”的标准化来解决，由此产生了“极限与配合”制度。

1．尺寸公差与公差带

如图 5-26（a）、（b）所示，轴的直径尺寸 $\phi40^{+0.050}_{+0.034}$ 中，$\phi40$ 是由图样规范定义的理想形状要素的尺寸，称为公称尺寸。$\phi40$ 后面的 $^{+0.050}_{+0.034}$ 的含义分别是：

上极限尺寸：尺寸要素（轴的直径）允许的最大尺寸，即 40mm+0.050mm=40.050mm。

下极限尺寸：尺寸要素（轴的直径）允许的最小尺寸，即 40mm+0.034mm=40.034mm。

上极限偏差：上极限尺寸减其公称尺寸所得的代数差，即 40.050mm−40mm =0.050mm。

下极限偏差：下极限尺寸减其公称尺寸所得的代数差，即 40.034mm−40mm =0.034mm。

公差：上极限尺寸与下极限尺寸之差；也可以是上极限偏差与下极限偏差之差。即

公差=上极限尺寸−下极限尺寸，即 40.050mm−40.034mm=0.016mm；

或公差=上极限偏差−下极限偏差，即 0.050mm−0.034mm=0.016mm。

也就是说，轴的直径最粗（上极限尺寸）为 ϕ40.050mm、最细（下极限尺寸）为 ϕ40.034mm。轴径的实际尺寸只要在 ϕ40.034mm~ ϕ40.050mm 的范围内，就是合格的。

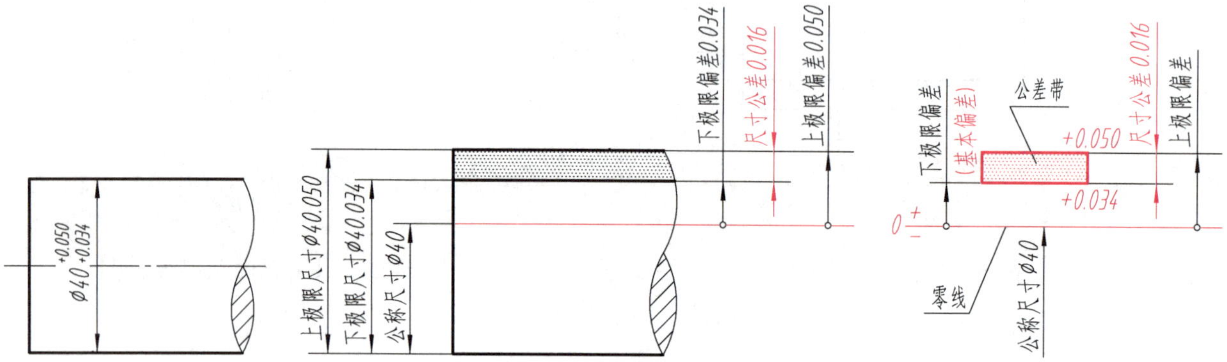

轴的尺寸
（a）

基本术语示意图
（b）

公差带图
（c）

图 5-26　基本术语和公差带示意图

极限偏差是一个带符号的值，可以是正值、负值或零。公差是一个没有符号的绝对值，恒为正值，不能是零或负值。

在机械加工过程中，不可能将零件的尺寸加工得绝对准确，而是允许零件的实际尺寸在合理的范围内变动。公差越小，零件的精度越高，实际尺寸的允许变动量也越小；反之，公差越大，尺寸的精度越低。

在公差分析中，常把公称尺寸、极限偏差及尺寸公差之间的关系简化成公差带图，如图 5-26（c）所示。

在公差带图解中，由代表上、下极限偏差的两条直线所限定的一个区域，称为公差带。在极限与配合图解中，表示公称尺寸的一条直线称为零线，以其为基准确定极限偏差和尺寸公差。

2．标准公差与基本偏差

公差带由公差带大小和公差带位置两个要素来确定。

（1）标准公差 线性尺寸公差ISO代号体系中的任一公差，称为标准公差。缩略语字母“IT”代表“国际公差”，标准公差等级用字符IT和等级数字表示，如IT7。标准公差分为20个等级，即IT01、IT0、IT1、IT2、…、IT18。IT01公差值最小，精度最高。IT18公差值最大，精度最低。标准公差数值可在附表7中查得。公差带大小由标准公差来确定。

（2）基本偏差 确定公差带相对公称尺寸位置的那个极限偏差，称为基本偏差。基本偏差是指最接近公称尺寸的那个极限偏差，它可以是上极限偏差或下极限偏差。当公差带在零线上方时，基本偏差为下极限偏差（*EI*，*ei*）；当公差带在零线下方时，基本偏差为上极限偏差（*ES*，*es*），如图 5-27 所示。公差带相对零线的位置由基本偏差来确定。

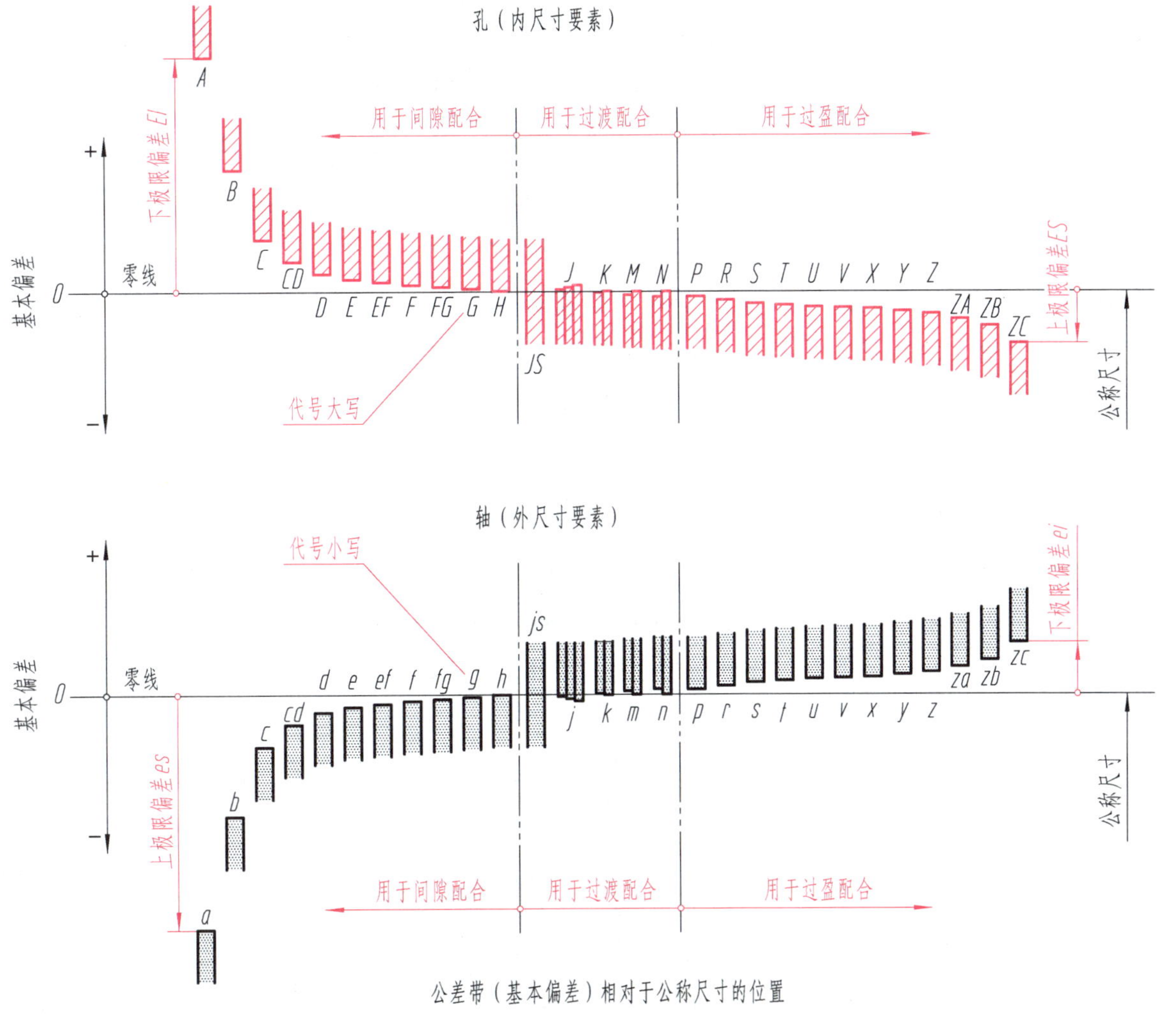

图 5-27 公差带（基本偏差）相对于公称尺寸的位置示意图

GB/T 1800.1—2020《产品几何技术规范（GPS） 线性尺寸公差 ISO 代号体系 第 1 部分：公差、偏差和配合的基础》对孔和轴各规定了 28 个不同的基本偏差。基本偏差代号用拉丁字母表示。其中，用一个字母表示的有 21 个，用两个字母表示的有 7 个。从 26 个拉丁字母中去掉了易与其他含义相混淆的 I、L、O、Q、W（i、l、o、q、w）5 个字母。大写字母表示孔，小写字母表示轴。轴和孔的基本偏差代号与数值可在附表 8、附表 9 中查得。

如果基本偏差和标准公差确定了，那么，孔和轴的公差带大小和位置就确定了。

提示：如图 5-27 所示，图中各公差带只表示了公差带位置，即基本偏差，另一端开口，由相应的标准公差确定。

【例 5-1】 查表确定公称尺寸为 $\phi35$、公差等级为 IT8 的标准公差数值。

解 查附表 7（标准公差数值），找到竖列 IT8→横排“大于 30 至 50”的交点，得到其标准公差数值为 39μm（0.039mm）。

【例 5-2】 查表确定公称尺寸为 $\phi80$、公差等级为 IT5 的标准公差数值。

解 查附表 7（标准公差数值），找到竖列 IT5→横排有“大于 50 至 80”和“大于 80 至 120”两处，此时横排选择“大于 50 至 80”，得到其标准公差数值为 13μm（0.013mm）。

【例 5-3】 查表确定公称尺寸为 $\phi30$、基本偏差代号为 f 和 p 的基本偏差数值。

解 查附表 8（轴的基本偏差数值），找到竖列 f→横排“大于 24 至 30”的交点，得到 f 的基本偏差为“+20μm”（+0.02mm），说明公差带在零线下方，基本偏差为上极限偏差。

由横排继续向右找到与竖列 p 的交点，得到 p 的基本偏差为“+22μm”（+0.022mm），说明公差带在零线上方，基本偏差为下极限偏差。

【例 5-4】 查表确定公称尺寸为 $\phi40$、基本偏差代号为 h 和 H 的基本偏差数值。

解 查附表 8（轴的基本偏差数值），找到竖列 h→横排“大于 30 至 40”的交点，得到 h 的基本偏差（整列）为“0”，说明轴的上极限偏差与零线重合（参见图 5-27）。

查附表 9（孔的基本偏差数值），找到竖列 H→横排“大于 30 至 40”的交点，得到 H 的基本偏差（整列）为“0”，说明孔的下极限偏差与零线重合（参见图 5-27）。

提示：机械图样中的尺寸以毫米为单位。比毫米还小的单位有哪些？仔细看一下表 5-3 就知道了。

表 5-3 （长度）法定计量单位与常用非法定计量单位的对照和换算表

法定计量单位		常用非法定计量单位		换算关系
名称	符号	名称	符号	
米	m	公尺	M	
分米	dm	公寸	—	1dm（分米）$=10^{-1}$m=10cm（厘米）
厘米	cm	公分	—	1cm（厘米）$=10^{-2}$m=10mm（毫米）
毫米	mm	公厘	MM	1mm（毫米）$=10^{-3}$m=10dmm（忽米）
—	—	忽米	dmm	1dmm（忽米）$=10^{-4}$m=10cmm（丝米）
—	—	丝米	cmm	1cmm（丝米）$=10^{-5}$m=10μm（微米）
微米	μm	公微	μM	1μm（微米）$=10^{-6}$m=1000nm（纳米）
纳米	nm	毫微米	mμm	1nm（纳米）$=10^{-9}$m =1mμm（毫微米）

3．配合

类型相同且待装配的外尺寸要素（轴）和内尺寸要素（孔）之间的关系，称为配合。根据使用要求的不同，配合有松有紧。

（1）间隙配合　孔和轴装配时总是存在间隙的配合。此时，孔的下极限尺寸大于或在极端情况下等于轴的上极限尺寸。也就是说孔的最小尺寸大于或等于轴的最大尺寸，如图 5-28 所示。

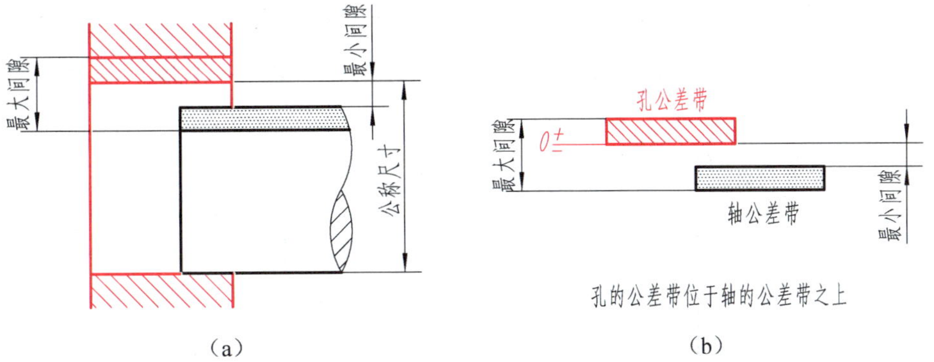

图 5-28 间隙配合

（2）过盈配合 孔和轴装配时总是存在过盈的配合。此时，孔的上极限尺寸小于或在极端情况下等于轴的下极限尺寸。也就是说轴的最小尺寸大于或等于孔的最大尺寸，如图 5-29 所示。

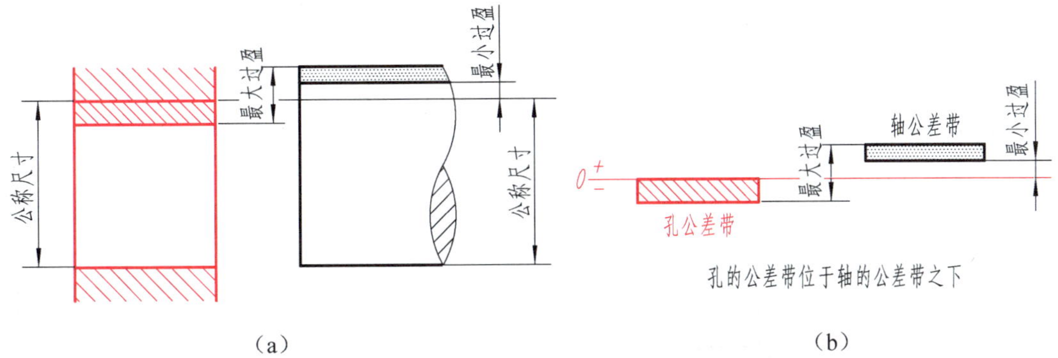

图 5-29 过盈配合

（3）过渡配合 孔和轴装配时可能具有间隙或过盈的配合。孔和轴的公差带或完全重叠或与部分重叠，因此，是否形成间隙配合或过盈配合取决于孔和轴的实际尺寸。也就是说轴与孔配合时，有可能产生间隙，也可能产生过盈，产生的间隙或过盈都比较小，如图 5-30 所示。

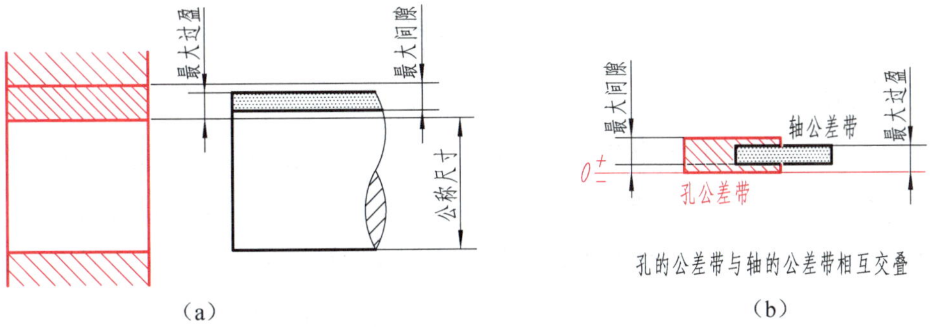

图 5-30 过渡配合

4. 配合制

在加工制造相互配合的零件时，采取其中一个零件作为基准件，使其基本偏差不变，通过改变另一零件的基本偏差以达到不同的配合要求，即为配合制。国家标准规定了两种配合制。

（1）基孔制配合 孔的基本偏差为零的配合，即其下极限偏差等于零。基孔制配合是孔的下极限尺寸与公称尺寸相同的配合制。所要求的间隙或过盈，由不同公差带代号的轴与一基本偏差为零的基准孔相配合得到，如图 5-31 所示。在基孔制配合中选作基准的孔，称为基准孔（其特点是：基本偏差为 H，下极限偏差为 0）。由于轴比孔易于加工，所以应优先选用基孔制配合。

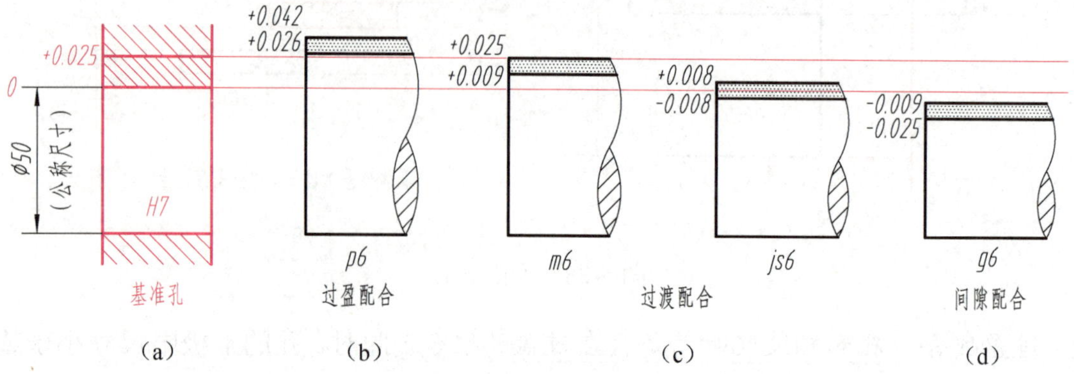

图 5-31　基孔制配合

（2）基轴制配合　轴的基本偏差为零的配合，即其上极限偏差等于零。基轴制配合是轴的上极限尺寸与公称尺寸相同的配合制。所要求的间隙或过盈，由不同公差带代号的孔与一基本偏差为零的基准轴相配合得到，如图 5-32 所示。在基轴制配合中选作基准的轴，称为基准轴（其特点是：基本偏差为 h，上极限偏差为 0）。

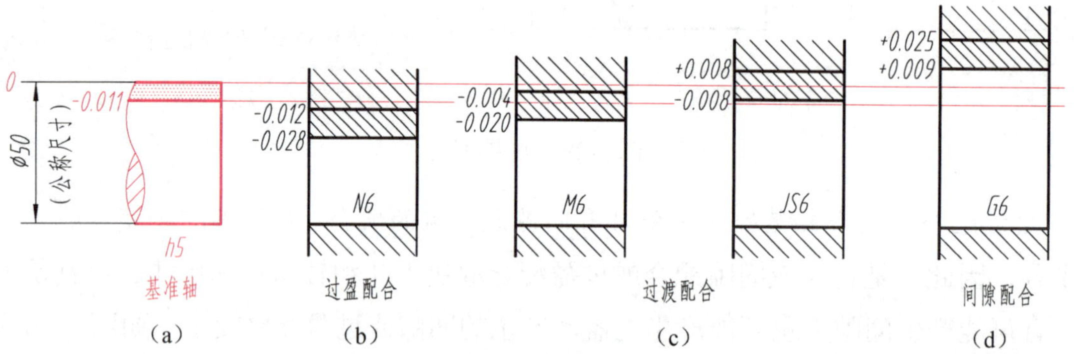

图 5-32　基轴制配合

5．极限与配合的标注

（1）装配图中的注法　在装配图中，极限与配合一般采用代号的形式标注。分子表示孔的公差带代号（大写），分母表示轴的公差带代号（小写），如图 5-33（a）所示。

（2）零件图中的注法　在零件图中，与其他零件有配合关系的尺寸可采用三种形式进行标注。一般采用在公称尺寸后面标注极限偏差的形式；也可以采用在公称尺寸后面标注公差带代号的形式；或采用两者同时注出的形式，如图 5-33（b）所示。

（3）极限偏差数值的写法　标注极限偏差数值时，极限偏差数值的数字比公称尺寸数字小一号，下极限偏差与公称尺寸注在同一底线上，且上、下极限偏差的小数点必须对齐，如图 5-33（b）所示。同时，还应注意以下几点：

① 上、下极限偏差符号相反，绝对值相同时，在公称尺寸右边注“±”号，且只写出一个

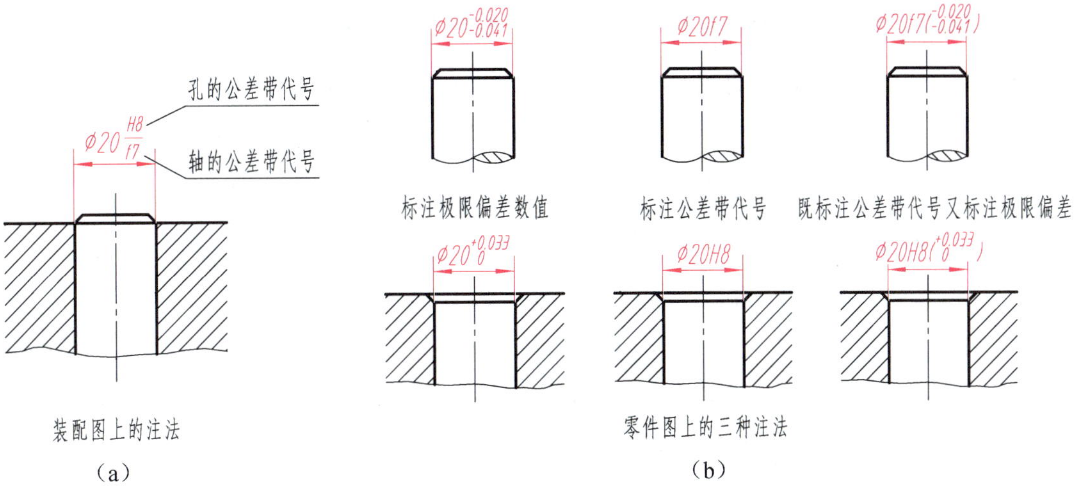

图 5-33　极限与配合的标注

极限偏差数值，其字体大小与公称尺寸相同，如图 5-34（a）所示。

② 当某一极限偏差（上极限偏差或下极限偏差）为“0”时，必须标注“0”。数字“0”应与另一极限偏差的个位数对齐注出，如图 5-34（b）所示。

③ 上、下极限偏差中的某一项末端数字为“0”时，为了使上、下极限偏差的位数相同，用“0”补齐，如图 5-34（c）所示。

④ 当上、下极限偏差中小数点后末端数字均为“0”时，上、下极限偏差中小数点后末位的“0”一般不需注出，如图 5-34（d）所示。

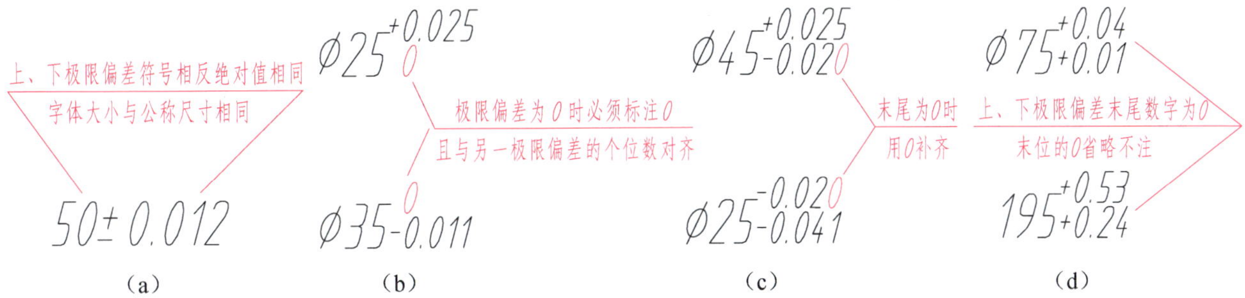

图 5-34　极限偏差数值的写法

6. 极限与配合应用举例

由图 5-33 中可以看出，极限与配合代号一般用基本偏差代号（拉丁字母）和标准公差等级（阿拉伯数字）组合来表示。通过查阅国家标准（附表 7～附表 11）可获得极限偏差的数值。

查表时，首先要查阅“优先选用的轴（孔）的公差带”（附表 10、附表 11），直接获得极限偏差数值。若表中没有，再通过查阅“标准公差数值”（附表 7）和“轴（孔）的基本偏差数值”（附表 8、附表 9）两个表，通过计算获得。

通过以下例题中“含义”的解释，可了解极限与配合代号的识读方法。

【例 5-5】 试解释 ϕ35H7 的含义，直接查表确定其极限偏差数值。

解　① 其公差代号的含义为：公称尺寸为 ϕ35、公差等级为 IT7 的基准孔。

② 查附表 11（优先选用的孔的公差带）：查竖列 H→7、横排 30 至 40 的交点，得到其下

极限偏差为 0（基准孔的下极限偏差为 0）、上极限偏差为+25μm（+0.025mm）。写作 $\phi 35^{+0.025}_{0}$ 。

【例 5-6】 试解释 ϕ50f7 的含义，直接查表确定其极限偏差数值。

解 ① 公差代号的含义为：公称尺寸为 ϕ50、基本偏差为 f、公差等级为 IT7 的轴。

② 查附表 10（优先选用的轴的公差带）：查竖列 f→7、横排 40 至 50 的交点，得到其上极限偏差为−25μm，下极限偏差为−50μm（−0.050mm）。写作 $\phi 50^{-0.025}_{-0.050}$ 。

【例 5-7】 试解释 ϕ30g7 的含义，查表并计算其极限偏差数值。

解 ① 公差代号的含义为：公称尺寸为 ϕ30、基本偏差为 g、公差等级为 IT7 的轴。

② 查附表 7：查竖列 IT7、横排 18 至 30 的交点，得到其标准公差为+21μm（+0.021mm）。

③ 查附表 8：查竖列“上极限偏差”→g、横排 24 至 30 的交点，得到上极限偏差为−7μm（−0.007mm）（因为 g 位于零线下方，所以其上、下极限偏差均为负值）。

④ 计算其下极限偏差。因为上极限偏差−下极限偏差=公差，所以下极限偏差=上极限偏差−公差，即下极限偏差=（−0.007）mm−（+0.021）mm=−0.028mm。写作 $\phi 30^{-0.007}_{-0.028}$。

【例 5-8】 试解释 ϕ55E8 含义，查表并计算其极限偏差数值。

解 ① 公差代号的含义为：公称尺寸为 ϕ55、基本偏差为 E、公差等级为 IT8 的孔。

② 查附表 7：查竖列 IT9、横排 50～80 的交点，得到标准公差+46μm（+0.046mm）。

③ 查附表 9：查竖列“下极限偏差”→E、横排 50～65 的交点，得到下极限偏差为+0.060mm（因为 E 位于零线上方，所以其上、下极限偏差均为正值）。

④ 计算其上极限偏差。因为上极限偏差−下极限偏差=公差，所以上极限偏差=公差+下极限偏差，即上极限偏差=+0.060mm+0.046mm=0.106mm。写作 $\phi 55^{+0.106}_{+0.060}$ 。

【例 5-9】 试写出孔 ϕ25H7 与轴 ϕ25n6 的配合代号，并说明其含义。

解 ① 配合代号写作：$\phi 25\ \frac{H7}{n6}$ 。

② 配合代号的含义为：公称尺寸为 ϕ25、公差等级为 IT7 的基准孔，与相同公称尺寸、基本偏差为 n、公差等级为 IT6 的轴，所组成的基孔制、过渡配合。

【例 5-10】 试写出孔 ϕ40G6 与轴 ϕ40h5 的配合代号，并说明其含义。

解 ① 配合代号写作：$\phi 40\ \frac{G6}{h5}$ 。

② 其配合代号的含义为：公称尺寸为 ϕ40、公差等级为 IT5 的基准轴，与相同公称尺寸、基本偏差为 G、公差等级为 IT6 的孔，所组成的基轴制、间隙配合。

> 提示：① 上述题解中“…的含义为：”后边的话是极限与配合代号的正确读法，应熟记在心。
> ② 在查表、分析过程中，要经常借助图 5-27 帮助判断。

第四节 读零件图

在生产实践中经常需要读零件图。读零件图，一方面要看懂视图，想象出零件的结构形状；另一方面还要读懂尺寸和技术要求等内容，以便在制造零件时能正确地采用相应的加工方法，达到图样上的设计要求。下面以图 5-35 所示零件图为例，说明读图的一般方法和步骤。

一、概括了解

读零件图时，首先从标题栏了解零件的名称、材料、质量、比例等，并粗看视图，大致了解零件的结构特点和大小。图 5-34 所示零件的名称为支架，是用来支承滚动轴承和轴的，材料为铸铁，绘图比例为 1∶2。

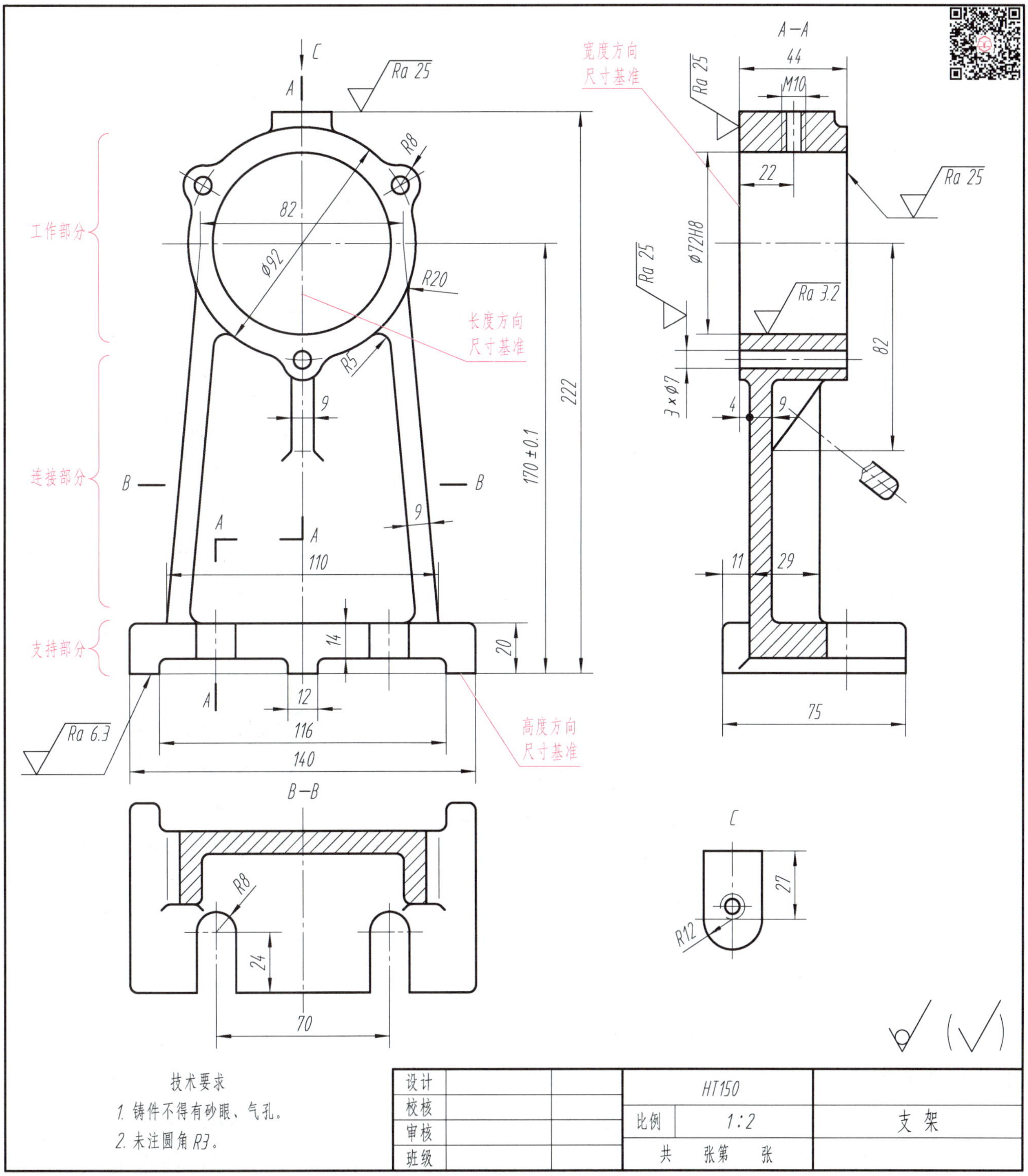

图 5-35　支架零件图

二、分析表达方案，搞清视图间的关系

要读懂零件图，想出零件形状，必须把表达零件的一组视图看懂。这包括：一组视图中选用了几个视图？哪个是主视图？哪些是基本视图？哪些不是基本视图？各视图之间的投影关系如何？对于常采用的局部视图、斜视图、断面及局部放大图等非基本视图，要根据其标注找出它们的表达部位和投射方向。各视图采用了哪些表达方法？对于剖视图要搞清楚其剖切位置、剖切面形式和剖开后的投射方向。

支架采用了三个基本视图。主视图表达了支架的主要外形结构；左视图采用几个平行平面剖切的全剖视，以反映支架圆筒部分和底板上开口槽的内部结构，同时采用移出断面，表达三角肋板的断面形状；俯视图表达了底板形状，为了同时反映出支承肋板的断面形状，采用了 *B*—*B* 剖视。除基本视图外，还选用了 *C* 向局部视图表达顶部凸台的形状。

三、分析形体，想象零件形状

在看懂视图关系的基础上，运用形体分析法分析零件的结构形状。

通过对支架的形体分析，可把它分为工作部分（上部圆筒）、支持部分（下部底板）、连接部分（中间支承肋板）三部分。对这三部分的具体形状和相对位置进行深入分析，最后可想象出支架的立体形状，如图 5-36 所示。

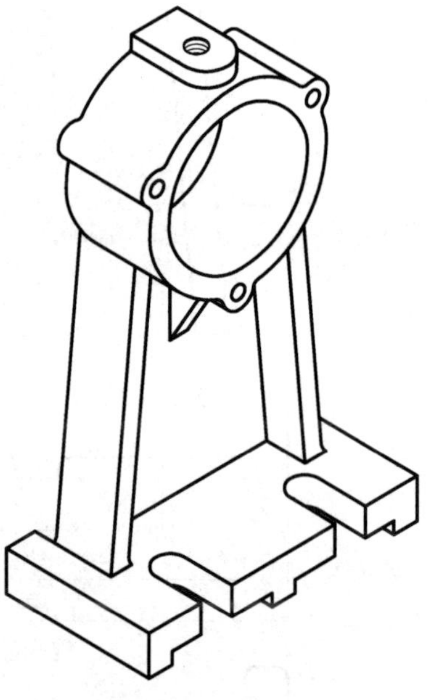

图 5-36　支架的轴测图

四、分析尺寸和技术要求

分析尺寸时，先分析零件长、宽、高三个方向上尺寸的主要基准，然后从基准出发，找出各组成部分的定位尺寸和定形尺寸，搞清哪些是主要尺寸。

从图中可以看出，其长度方向以对称面为基准，宽度方向以圆筒后端面为基准，高度方向以底板底面为主要基准。而中间的三角形肋板，高度方向的定位尺寸是从轴承孔轴线出发标注的，所以轴承孔轴线是高度方向上的辅助基准。支架的中心高 170±0.1 是影响工作性能的定位尺寸，轴承孔径 ϕ72H8 是配合尺寸，它们是支架的主要尺寸。各组成部分的定形、定位尺寸可自行分析。

对零件图上标注的各项技术要求，如表面粗糙度、极限偏差、热处理等要逐项识读。例如支架的轴承孔径 ϕ72H8 和中心高 170±0.1 注出了极限偏差。从所注表面粗糙度看出，轴承孔和底面要求较高，属重要配合面、装配面，其表面粗糙度 *Ra* 的上限值分别为 3.2μm 和 6.3μm；而前、后端面，顶部凸台面及 3× ϕ7 孔为一般加工面，其表面粗糙度 *Ra* 的上限值为 25μm；其余表面由于不与其他零件表面接触，属于自由表面，所以保持铸造毛坯面，未进行切削加工。

五、归纳总结

在以上分析的基础上，对零件的形状、大小和加工要求进行综合归纳，形成一个清晰的认识。有条件时还应参考有关资料和图样，如产品说明书、装配图和相关零件图等，以对零件的作用、工作情况及加工工艺做进一步了解。

素养提升

第五章是前四章内容的综合应用。在这里我们发现，零件图中的尺寸是制造、检验零件的重要依据，不允许有任何差错。在零件图上标注尺寸不能出错，加工零件时，读取图中的尺寸更不允许出错！这是为什么呢？因为一旦出错，就会产生废品，造成不可挽回的经济损失，严重时甚至给生命安全带来威胁。

正因为如此，全社会都倡导学习工匠精神。工匠精神的核心是精益求精，就是已经做得很好了，但还要通过不懈努力和严格要求，做到更好！作为职业学校的学生，我们要时刻学习这种精神，将其贯彻到各个方面。尤其在学习机械制图的过程中，要勤于动脑、乐于动手，不厌其烦，反复练习、不断琢磨，做到熟能生巧，这样才能取得良好的学习效果。这要求我们除了在课堂上要认真听讲外，课下还必须勤动手，反复操练。只有完成一定量的练习，才能掌握画图和看图的技巧，才能达到从量变到质变的飞跃，也才有可能精益求精。在做练习时，切忌马马虎虎、应付差事，要逐步养成认真负责的工作态度和一丝不苟的工作作风，担当起传承工匠精神的神圣职责。

第六章　化工设备图

化工设备是用于化工产品生产过程中的合成、分离、结晶、过滤、吸收等生产单元的装置和设备。化工设备的设计和施工图样的绘制，都是根据化工工艺的要求进行的。首先由化工工艺技术人员根据工艺要求和计算，确定所需要的化工单元操作类型和所需的设备，提出“设备设计条件单”，对设备的大致结构、规格、尺寸、材料、管口数量与方位、技术特性和使用环境等列出具体要求；然后由设备设计人员据此进行设备的结构设计和强度计算，根据相关的技术标准，确定设备的结构尺寸、加工制造的技术要求和检验要求；最后绘制出化工设备装配图。

第一节　化工设备图概述

表示化工设备的结构、形状、大小、性能和制造安装等技术要求的图样，称为化工设备装配图，简称化工设备图。化工设备和机械设备相比较，无论从结构特征，还是从工作原理、使用环境和加工制造等方面，都有较大的差别。化工设备图的绘制除了执行技术制图和机械制图国家标准外，还要执行一系列的化工行业标准和相关规定，与一般机械设备的表示方法有较大的区别。

一、化工设备的种类

1．塔器

塔器是一种直立式的设备，是石油化工企业生产中不可缺少的设备，如图 6-1 所示。

图 6-1　炼油装置

塔器的结构特征是直立式圆柱形设备，塔器的高度和直径尺寸相差较大（高、径比一般都在 8 以上）。塔器主要用于精馏、吸收、萃取和干燥等化工分离类单元操作，如精馏塔、吸收塔、萃取塔和干燥塔等；也可用于反应过程，如合成塔、裂解塔等。

2．换热器

换热器主要用于两种不同温度的物料进行热量交换，以达到加热或冷却的目的，其结构形状通常以圆柱形为主。换热器有列管式换热器、套管式换热器和盘管式换热器等多种类型，按其工作位置又可分成立式与卧式。应用较广的是列管式换热器，如图 6-2 所示。

（a）

（b）

图 6-2　列管式换热器

3．反应器

反应器主要用于化工反应过程，生成新的物质；也可用于沉降、混合、浸取与间歇式分级萃取等单元操作，其外形通常为圆柱形，并带有搅拌和加热装置。反应器的型式很多，塔式、釜式和管式均有，以釜式居多，如图 6-3（a）所示。在染料、制药等行业，又称为反应罐或反应锅。

（a）

（b）

图 6-3　釜式反应器

4．容器

容器通常也称为储槽或储罐，如图 6-4（a）所示，主要用来储存原料、中间产品和成品。其结构特征有圆柱形、球形、矩形等，以圆柱形容器应用最广。

（a）

（b）

图 6-4　储罐

二、化工设备的结构特点

化工设备的结构、形状、大小虽各不相同，但其结构具有以下一些特点。

1．壳体以回转体为主

化工设备多为壳体容器，一般由钢板弯卷制成。设备的主体和零部件的结构形状，大部分以回转体（即圆柱形、球形、椭圆形和圆锥形）为主。

2．尺寸大小相差悬殊

化工设备的结构尺寸相差较悬殊，如设备的总高（长）与直径、设备的总体尺寸与壳体壁厚或其他细部结构尺寸大小相差悬殊。如图 6-5 中储罐的总长为 2807mm、直径为 ϕ1400mm 与壁厚尺寸 6mm 相差悬殊。

3．有较多的开孔和管口

根据工艺的需要，在设备壳体的轴向和周向位置上，有较多的开孔和管口，用以安装各种零部件和连接管路。如一般设备均有进料口、出料口、排污口，以及测温管、测压管、液位计接管和人（手）孔等。

4．大量采用焊接结构

焊接结构多是化工设备一个突出的特点。在化工设备的结构设计和制造工艺中均大量采用焊接结构。焊接结构不仅强度高、密封性能好，能适应化工生产过程的各种环境，而且成本低廉。在化工设备的制造过程中，焊接工艺大量应用于各部分结构的连接、零部件的安装。不仅设备壳体由钢板卷焊而成，其他结构（如筒体与封头、管口、支座、人孔的连接）也都采用焊接的方法。

5．广泛采用标准零部件

化工设备上一些常用的零部件，大多已实现了标准化、系列化和通用化，如封头、支座、设备法兰、管法兰、人（手）孔、补强圈、视镜、液面计等。一些典型设备中，部分常用零部件（如填料箱、搅拌器、膨胀节、浮阀等）也有相应的标准。因此在设计中多采用标准零部件和通用零部件。

6．防泄漏结构要求高

在处理有毒、易燃、易爆的介质时，要求密封结构好，安全装置可靠，以免发生事故。因

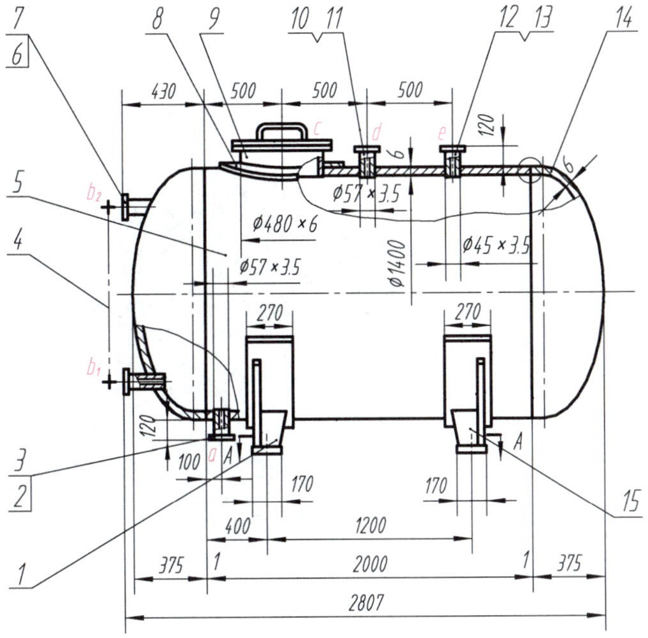

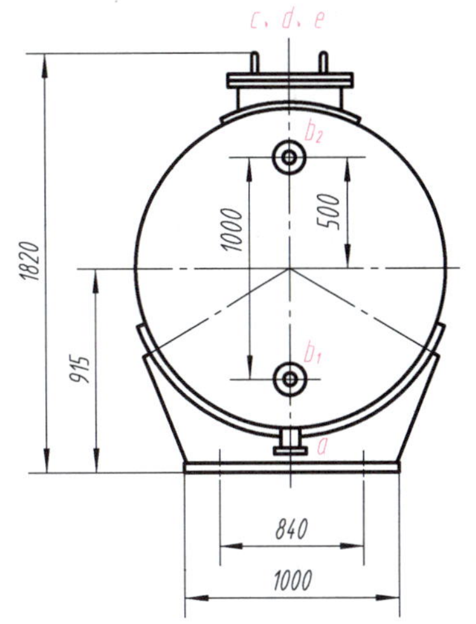

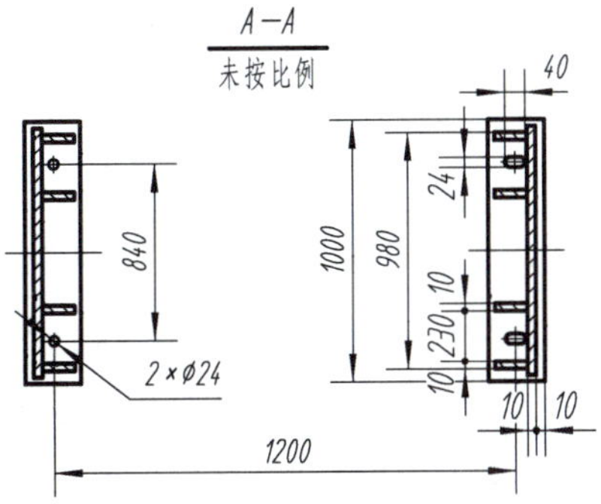

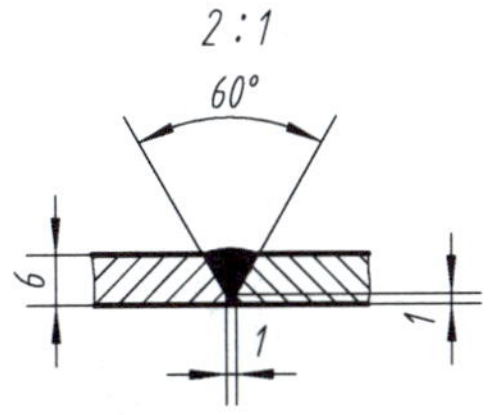

技术特性表

工作压力/MPa	常压	工作温度/℃	20~60
设计压力/MPa		设计温度/℃	
物料名称			
焊缝系数φ		腐蚀裕度/mm	0.5
容器类别		容　积/m³	3.9

管口表

符号	公称尺寸	连接尺寸，标准	连接面形式	用途或名称
a	50	HG/T 20593—2014	平面	出料口
$b_{1\text{-}2}$	50	HG/T 20593—2014	平面	液面计接口
c	450	HG/T 21515—2014		人孔
d	50	HG/T 20593—2014	平面	进料口
e	40	HG/T 20593—2014	平面	排气口

技 术 要 求

1. 本设备按 GB 150.4—2011《压力容器 第4部分：制造、检验和验收》和 HG/T 20584—2011《钢制化工容器制造技术要求》进行制造、试验和验收。

2. 本设备全部采用焊条电弧焊，焊条型号为E4303，焊接接头的型式，按 GB/T 985.1—2008《气焊、焊条电弧焊、气体保护焊和高能束焊的推荐坡口》规定，法兰焊接按相应标准。

3. 设备制成后，作0.15MPa的水压试验。

4. 表面涂铁红色酚醛底漆。

序号	代　号	名　称	数量	材　料	备　注
15	JB/T 4712.1—2007	鞍座 B I 1400—S	1	Q235A·F	
14	JB/T 4746—2002	封头 EHA DN1400×6	2	Q235A·F	
13		接管 Φ45×3.5	1	10	l=130
12	HG/T 20592—2009	法兰 PL40—2.5 RF	1	Q235A	
11		接管 Φ57×3.5	1	10	l=130
10	HG/T 20592—2009	法兰 PL50—2.5 RF	1	Q235A	
9	HG/T 21515—2014	人孔 I b (A-XB350) 450	1	Q235A·F	
8	JB/T 4736—2002	补强圈 d_N450×6—A	1	Q235B	
7		接管 Φ18×3	2	10	
6	HG/T 20592—2009	法兰 PL15—1.6 RF	2	10	
5	GB/T 9019—2015	筒体 DN1400×6	1	Q235A	H=2000
4	HG/T 21592—1995	液面计 AG2.5—I—1000	1		l=1000
3		接管 Φ57×3.5	1	10	l=125
2	HG/T 20592—2009	法兰 PL50—2.5 RF	1	Q235A	
1	JB/T 4712.1—2007	鞍座 B I 1400—F	1	Q235A·F	

设计					
校核			比例	1:5	储　罐　Φ1400　V_N=3.9m³
审核					
班级			共　张第　张		

图 6-5　储罐装配图

此，除对焊缝进行严格的检验外，对各连接面的密封结构也提出了较高要求。

三、化工设备图的内容

图 6-5 为常见的化工设备——储罐的装配图，图 6-6 为储罐的轴测示意图。从图 6-5 中可以看出，化工设备图包括以下几方面内容。

1. 一组视图

用以表达设备的结构、形状和零部件之间的装配连接关系。

2. 必要的尺寸

用以表达设备的大小、规格（性能）、装配和安装等尺寸数据。

3. 管口符号和管口表

对设备上所有的管口用小写拉丁字母顺序编号，并在管口表中列出各管口有关数据和用途等内容。

图 6-6　储罐的轴测示意图

4. 技术特性表和技术要求

用表格形式列出设备的主要工艺特性，如操作压力、温度、物料名称、设备容积等；用文字说明设备在制造、检验、安装等方面的要求。

5. 明细栏及标题栏

对设备上的所有零部件进行编号，并在明细栏中填写每一零部件的名称、规格、材料、数量及有关标准号或图号等内容。标题栏用以填写设备名称、主要规格、绘图比例、设计单位、图号及责任者等内容。

第二节　化工设备常用的标准零部件

各种化工设备虽然工艺要求不同，结构形状也各有差异，但是往往都有一些作用相同的零部件。例如图 6-7 所示的容器，它由筒体、封头、人孔、管法兰、支座、液面计、补强圈等零部件组成。这些零部件都有相应的标准，并在各种化工设备上通用。

一、筒体（GB/T 9019—2015）

筒体是化工设备的主体部分，以圆柱形筒体应用最广。筒体一般由钢板卷焊成形。筒体的主要尺寸是公称直径、高度（或长度）和壁厚。当直径小于 500mm 时，可用无缝钢管作筒体。直径和高度（或长度）根据工艺要求确定，壁厚由强度计算决定，筒体直径应在国家标准 GB/T

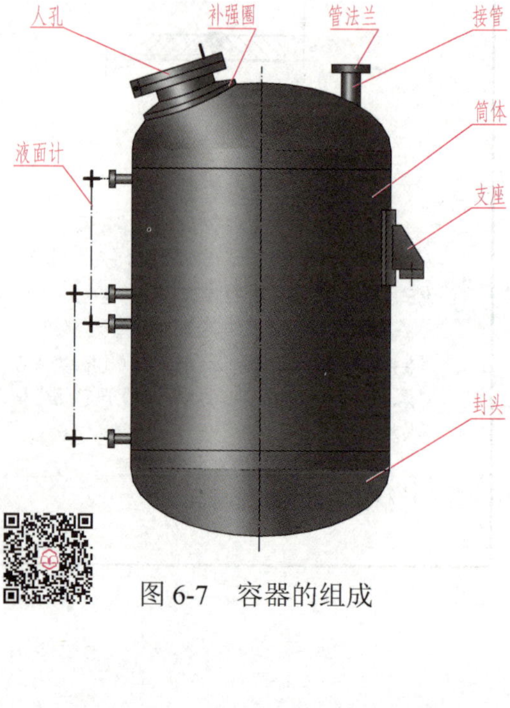

图 6-7　容器的组成

9019—2015《压力容器公称直径》所规定的尺寸系列中选取，见表 6-1。

表 6-1　压力容器公称直径（摘自 GB/T 9019—2015）　　（mm）

<table>
<tr><td colspan="13">内　径　为　基　准</td></tr>
<tr><td>300</td><td>350</td><td>400</td><td>450</td><td>500</td><td>550</td><td>600</td><td>650</td><td>700</td><td>750</td><td>800</td><td>850</td><td>900</td></tr>
<tr><td>950</td><td>1000</td><td>1100</td><td>1200</td><td>1300</td><td>1400</td><td>1500</td><td>1600</td><td>1700</td><td>1800</td><td>1900</td><td>2000</td><td>2100</td></tr>
<tr><td>2200</td><td>2300</td><td>2400</td><td>2500</td><td>2600</td><td>2700</td><td>2800</td><td>2900</td><td>3000</td><td>3100</td><td>3200</td><td>3300</td><td>3400</td></tr>
<tr><td>3500</td><td>3600</td><td>3700</td><td>3800</td><td>3900</td><td>4000</td><td>4100</td><td>4200</td><td>4300</td><td>4400</td><td>4500</td><td>4600</td><td>4700</td></tr>
<tr><td>4800</td><td>4900</td><td>5000</td><td>5100</td><td>5200</td><td>5300</td><td>5400</td><td>5500</td><td>5600</td><td>5700</td><td>5800</td><td>5900</td><td>6000</td></tr>
<tr><td colspan="13">外　径　为　基　准</td></tr>
<tr><td colspan="2">公称直径</td><td colspan="2">150</td><td colspan="2">200</td><td colspan="2">250</td><td colspan="2">300</td><td colspan="2">350</td><td>400</td></tr>
<tr><td colspan="2">外　径</td><td colspan="2">168</td><td colspan="2">219</td><td colspan="2">273</td><td colspan="2">325</td><td colspan="2">356</td><td>406</td></tr>
</table>

筒体的标记格式如下：

公称直径　DN××　　标准编号

【例 6-1】　圆筒内径为 2800mm 的压力容器公称直径，试写出其规定标记。

解　其规定标记为

公称直径　DN2800　GB/T 9019—2015

【例 6-2】　公称直径为 250mm、外径为 273mm 的管子做筒体的压力容器公称直径，试写出其规定标记。

解　其规定标记为

公称直径　DN250　GB/T 9019—2015

> 提示：筒体在明细栏的“名称”栏中填写“筒体　公称直径×壁厚”，在“备注”栏中填写“H（L）=筒体高（长）”，如图 6-5 中的明细栏所示。壁厚尺寸由设计确定。

二、封头（GB/T 25198—2023）

封头是设备的重要组成部分，它与筒体一起构成设备的壳体。封头形式有椭圆形封头、碟形封头、折边锥形封头、球冠形封头等，最常见的是椭圆形封头，如图 6-8（a）所示。

椭圆形封头的公称直径与筒体相同，因此，在设备图中封头的尺寸一般不单独标注。当筒体由钢板卷制时，椭圆形封头的内径 D_i 为公称直径 D，如图 6-8（b）所示；由无缝钢管作筒体时，椭圆形封头的外径 D_o 为公称直径 D，如图 6-8（c）所示。椭圆形封头的规格和尺寸系列，见附表 12。

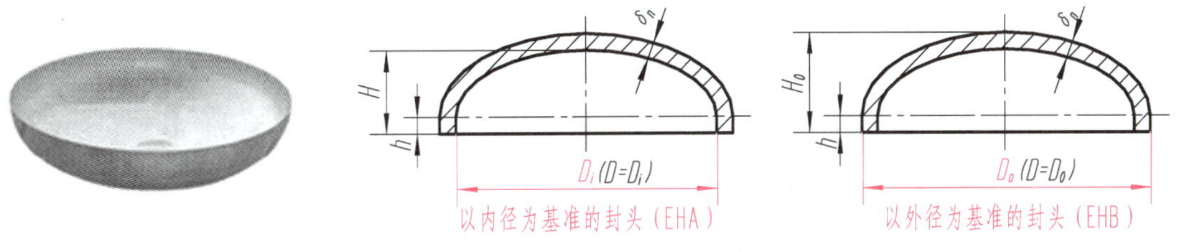

（a）　（b）　（c）

图 6-8　椭圆形封头

封头的标记格式如下：

封头类型代号 封头直径×封头名义厚度（封头最小成形厚度）-材料牌号 标准号

标记的注写规则：

类型代号 以内径为基准的椭圆形封头，其类型代号为EHA；以外径为基准的椭圆形封头，其类型代号为EHB。

封头最小成形厚度 即成品封头实测厚度最小值（学习期间无法获得可省略标注）。

标准号 现行的标准号为GB/T 25198—2023。

【例6-3】 公称直径1600mm、名义厚度12mm、材质16MnR、以内径为基准的椭圆形封头，试写出其规定标记。

解 其规定标记为

EHA 1600×12-16MnR GB/T 25198—2023

【例6-4】 公称直径325mm，封头名义厚度12mm，封头最小成品厚度11.2mm，材质为Q345R，以外径为基准的椭圆形封头，试写出其规定标记。

解 其规定标记为

EHB 325×12（11.2）-Q345R GB/T 25198—2023

提示：椭圆形封头在明细栏的“名称”栏中填写“封头EHA 1600×12”。

三、法兰与接管

由于法兰连接有较好的强度和密封性，而且拆卸方便，因此在化工设备中应用较普遍。法兰连接由一对法兰、密封垫片和螺栓、螺母和接管等零件所组成，如图6-9所示。

(a)

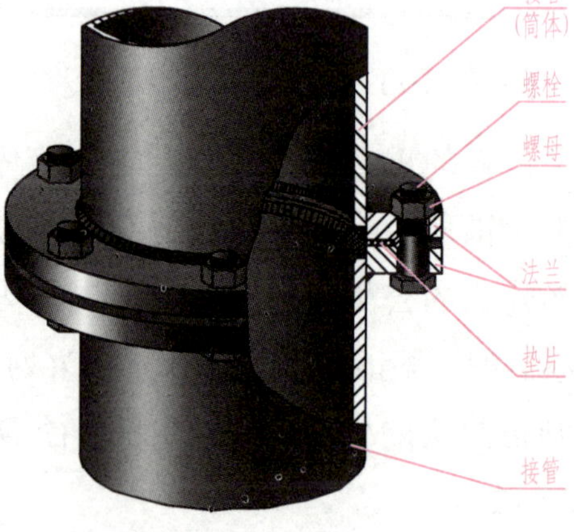

(b)

图6-9 法兰连接

化工设备用的标准法兰有管法兰和压力容器法兰（又称设备法兰）两类。标准法兰的主要参数是公称直径（*DN*）和公称压力（*PN*）。

1. **管法兰**（HG/T 20592—2009）

（1）管法兰的标识 管法兰用于管路与管路或设备上的接管与管路的连接。管法兰属于管路系统中的一种标准元件，它的公称直径并不等同于钢管或管法兰中的某个具体尺寸。在 GB/T 1047—2005《管道元件 *DN*（公称尺寸）的定义和选用》中，管法兰的 *DN* 定义为：用于管道系统元件的字母和数字组合的尺寸标识。它由字母 *DN* 和后跟无因次的整数数字组成。这个数字与配用的钢管外径有固定的对应关系，见表 6-2。

表 6-2 管法兰配用钢管的公称尺寸和钢管外径（摘自 HG/T 20592—2009） （mm）

公称尺寸 *DN*		10	15	20	25	32	40	50	65
钢管外径	A（英制）	17.2	21.3	26.9	33.7	42.4	48.3	60.3	76.1
	B（公制）	14	18	25	32	38	45	57	76
公称尺寸 *DN*		80	100	125	150	200	250	300	350
钢管外径	A（英制）	88.9	114.3	139.7	168.3	219.1	273	323.9	355.6
	B（公制）	89	108	133	159	219	273	325	377
公称尺寸 *DN*		400	450	500	600	700	800	900	1000
钢管外径	A（英制）	406.4	457	508	610	711	813	914	1016
	B（公制）	426	480	530	630	720	820	950	1020

注：钢管外径包括 A、B 两个系列。A 系列为国际通用系列（俗称英制管），B 系列为国内沿用系列（俗称公制管）。

HG/T 20592－2009《钢制管法兰（*PN* 系列）》规定了 9 个压力级别，即 2.5、6、10、16、25、40、63、100 和 160，单位为 bar[1]（巴）。当采用这些不同级别的压力值，作为给定条件下确定管法兰（强度）尺寸的设计压力时，据此所确定的各种 *DN* 的管法兰尺寸，就有了另一个与承压能力有关的标识——公称压力 *PN*，用 *PN*2.5、*PN*6～*PN*160 表示。

（2）*管法兰的结构* 化工行业管法兰标准共规定了八种不同类型的管法兰和两种法兰盖，最常用的是：板式平焊法兰、带颈平焊法兰、带颈对焊法兰和法兰盖，其结构如图 6-10 所示，管法兰和法兰盖类型代号及应用范围，见表 6-3。板式平焊钢制管法兰和钢制管法兰盖的规格、结构尺寸等，见附表 13。

（3）*管法兰的密封面* 管法兰密封面有全平面、突面、凹凸面、榫槽面和环连接面五种型式。全平面、突面的结构如图 6-11（a）所示；凹凸形的密封面由一凸面和一凹面配对，凹面内放置垫片，密封效果较好，如图 6-11（b）所示；榫槽的密封面由一榫形面和一槽形面配对，垫片放置在榫槽中，密封效果最好，如图 6-11（c）所示。

每种型式的管法兰和法兰盖，在一定公称压力 *PN* 范围内有哪几种密封面形式，可从表 6-3 中查得。

（4）*管法兰及法兰盖的标记* 管法兰及法兰盖的标记格式如下：

HG/T 20592 法兰（或法兰盖） [b] [c]-[d] [e] [f] [g] [h]

b——法兰类型代号，按表 6-3 中的规定。

c——法兰公称尺寸 *DN* 并注明所用的钢管外径系列（A 或 B）。如果所用的钢管外径系列为 A 系列，则钢管外径系列标记可以省略，只标记 *DN* 即可。只有所用的钢管外径系列为 B 系列时，才需标记“*DN*××（B）”。

[1] 1bar=10^5Pa。

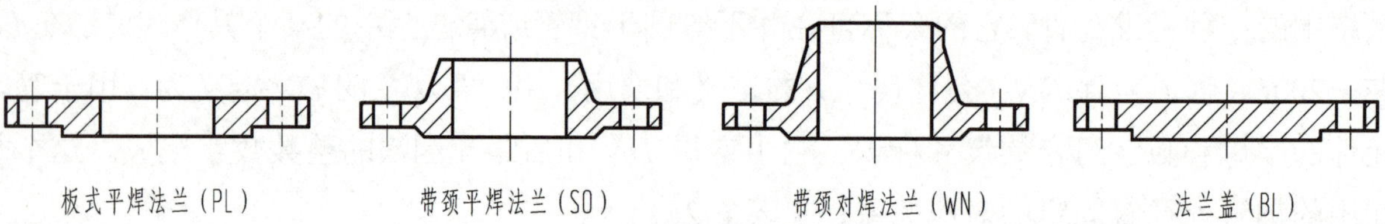

（a）　（b）　（c）　（d）

图 6-10　管法兰的结构型式

表 6-3　管法兰类型、密封面形式及其适用范围（摘自 HG/T 20592—2009）

法兰类型（代号）	密封面形式（代号）	公称压力 PN /bar							
		2.5	6	10	16	25	40	63	100
板式平焊法兰（PL）	突面（RF）	DN10～DN2000	DN10～DN600					—	
	全平面（FF）	DN10～DN2000	DN10～DN 600			—			
带颈平焊法兰（SO）	突面（RF）	—	DN10～DN300	DN10～DN600				—	
	凹面（FM）凸面（M）	—		DN10～DN600				—	
	榫面（T）槽面（G）	—		DN10～DN600				—	
	全平面（FF）	—	DN10～DN300	DN10～DN600		—			
带颈对焊法兰（WN）	突面（RF）	—		DN10～DN2000		DN10～DN600		DN10～DN400	DN10～DN350
	凹面（FM）凸面（M）	—		DN10～DN600				DN10～DN400	DN10～DN350
	榫面（T）槽面（G）	—		DN10～DN600				DN10～DN400	DN10～DN350
	全平面（FF）	—		DN10～DN2000		—			
	环连接面（RJ）	—						DN15～DN400	
法兰盖（BL）	突面（RF）	DN10～DN2000		DN10～DN1200		DN10～DN600		DN10～DN400	
	凹面（FM）凸面（M）	—		DN10～DN600				DN10～DN400	
	榫面（T）槽面（G）	—		DN10～DN600				DN10～DN400	
	全平面（FF）	DN10～DN2000		DN10～DN1200		—			
	环连接面（RJ）	—						DN15～DN400	
公称尺寸系列		10，15，20，25，32，40，50，65，80，100，125，150，200，250，300，350，400，450，500，600，700，800，900，1000							

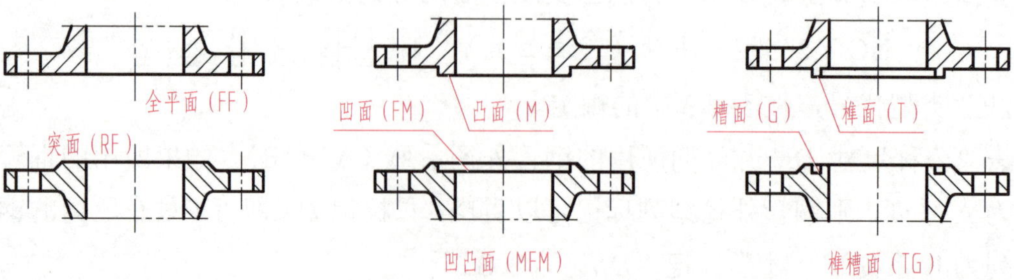

（a）　（b）　（c）

图 6-11　管法兰密封面型式

d——法兰公称压力等级 *PN*，bar。

e——密封面型式代号，按表 6-3 规定。

f——钢管壁厚，应该由用户提供。

g——法兰材料牌号。

h——表示其他附加的要求，如密封表面的粗糙度等。

【例 6-5】 公称尺寸 *DN*1200，公称压力 *PN*6，配用公制管的突面板式平焊钢制管法兰，材料为 Q235A，试写出其规定标记。

解 其规定标记为

HG/T 20592 法兰 PL 1200（B）-6 RF Q235A

【例 6-6】 公称尺寸 *DN*100，公称压力 *PN*100，配用公制管的凹面带颈对焊钢制法兰，材料为 16Mn，钢管壁厚为 8mm，试写出其规定标记。

解 其规定标记为

HG/T 20592 法兰 WN 100（B）-100 FM S=8mm 16Mn

【例 6-7】 公称尺寸 *DN*300，公称压力 *PN*25，配用英制管的凸面带颈对焊钢制管法兰，材料为 20 钢，试写出其规定标记。

解 其规定标记为

HG/T 20592 法兰 SO 300-25 M 20

> 提示：管法兰在明细栏的“名称”栏中填写“法兰 PL 1200（B）-6 RF”。

（5）管法兰用密封垫片 管法兰连接的主要失效形式是泄漏。泄漏与密封结构型式、被连接件的刚度、密封件的性能、操作和配合等许多因素有关。垫片作为法兰连接的主要元件，对密封起着重要作用。

非金属垫片的“平”指的是垫片的截面形状是简单的矩形，其形式有三种，根据所配用的法兰密封面型式来划分、命名。用于全平面密封面的称为 FF 型；用于突面、凹凸面、榫槽面密封面的，分别称为 RF 型、MFM 型、TG 型；在垫片内孔处有用不锈钢将垫片包起来的，称为带内包边型，用于突面密封面，代号是 RF-E。非金属平垫片的使用条件，见表 6-4。管法兰用非金属平垫片的尺寸等，见附表 14。

管法兰用垫片的标记格式如下：

HG/T 20606 垫片 b c-d e

b——垫片的型号代号，见表 6-4 之前的文字。

c——配用法兰的公称尺寸 *DN*。

d——配用法兰的公称压力 *PN*，bar；

e——垫片材料代号。

表 6-4　非金属平垫片的使用条件（摘自 HG/T 20606—2009）

类　别	名　称	代　号	适用范围		最大（$p\times T$）/（MPa・℃）
			公称压力 PN /bar	工作温度 /℃	
橡　胶	天然橡胶	NR	≤16	-50～+80	60
	氯丁橡胶	CR	≤16	-20～+100	60
	丁腈橡胶	NBR	≤16	-20～+110	60
	丁苯橡胶	SBR	≤16	-20～+90	60
	三元乙丙橡胶	EPDM	≤16	-30～+140	90
	氟橡胶	FKM	≤16	-20～+200	90
石棉橡胶	石棉橡胶板	XB350	≤25	-40～+300	650
		XB450			
	耐油石棉橡胶板	XB400			
非石棉纤维橡胶	非石棉纤维的橡胶压制板　无机纤维	NAS	≤40	-40～+290	960
	非石棉纤维的橡胶压制板　有机纤维			-40～+200	
聚四氟乙烯	聚四氟乙烯板	PTFE	≤16	-50～+100	—
	膨胀聚四氟乙烯板或带	ePTFE	≤40	-200～+200	
	填充改性聚四氟乙烯板	RPTFE			

【例 6-8】　公称尺寸 $DN200$，公称压力 $PN10$ 的全平面法兰，选用厚度为 1.5mm 的丁苯橡胶垫片，试写出其规定标记。

解　其规定标记为

HG/T 20606　垫片　FF　200-10　SBR

【例 6-9】　公称尺寸 $DN100$，公称压力 $PN25$ 的突面法兰，选用厚度为 1.5mm 的 0Cr18Ni9（304）不锈钢包边的 XB450 石棉橡胶垫片，试写出其规定标记。

解　其规定标记为

HG/T 20606　垫片　RF-E　100-25　XB450/304

> 提示：垫片在明细栏的“名称”栏中填写“垫片　FF　200-10”。

（6）钢制管法兰紧固件　管法兰连接使用的紧固件分成商品级和专用级两类。商品级六角螺栓应在 PN≤16bar、配用非金属软垫片、非剧烈循环场合、介质为非易燃易爆及毒性程度不属极度和高度危害的条件下使用。商品级双头螺柱及螺母在 PN≤40bar、配用非金属软垫片、非剧烈循环场合下使用。管法兰用紧固件的规格、尺寸等，见附表 15。

管法兰用紧固件的标记格式如下：

[名称]　[标准编号]　[螺纹规格]×[公称长度]

【例 6-10】　螺纹规格为 M16、公称长度 l=100mm、性能等级为 8.8 级、表面不经处理、产品等级为 A 级的六角头螺栓，试写出其规定标记。

解　其规定标记为

螺栓　GB/T 5782　M16×100

> 提示：六角头螺栓在明细栏的“名称”栏中填写“螺栓　M16×100”。

2. 压力容器法兰（NB/T 47020—2012）

（1）压力容器法兰的结构与类型 压力容器法兰用于设备筒体与封头的连接。根据法兰的承载能力，压力容器法兰分成三种型式，即甲型平焊法兰、乙型平焊法兰和长颈对焊法兰，如图 6-12 所示。

甲型平焊法兰直接与筒体或封头焊接，如图 6-12（a）所示。在上紧法兰和工作时，法兰会作用给容器器壁一定的附加弯矩。由于法兰盘的自身刚度较小，甲型平焊法兰适用于压力等级较低、筒体直径较小的场合。

乙型平焊法兰与甲型相比，法兰盘外增加了一个厚度常常是大于筒体壁厚的短节，如图 6-12（b）所示。有了这个短节，既可增加整个法兰的刚度，又可使容器器壁避免承受附加弯矩。因此这种法兰适用于筒体直径较大、压力较高的场合。

长颈对焊法兰是用根部增厚的颈，取代了乙型平焊法兰中的短节，如图 6-12（c）所示。有效地增大了法兰的整体刚度，消除了可能发生的焊接变形及可能存在的焊接残余应力。

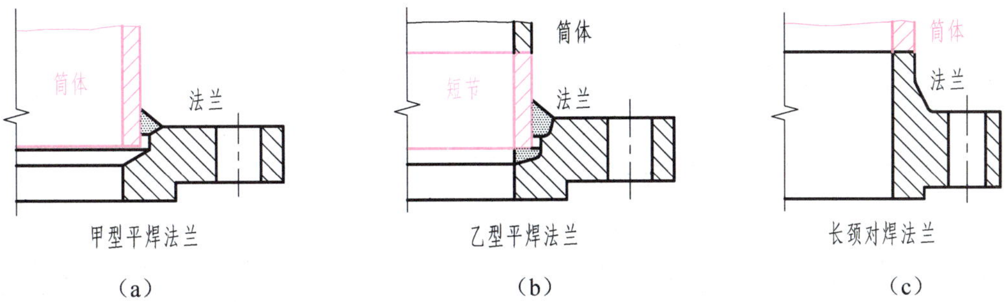

图 6-12 压力容器法兰的结构型式

（2）压力容器法兰的密封面 压力容器法兰的密封面有平面密封面、凹凸密封面和榫槽密封面三种型式，如图 6-13 所示。

平面密封面的密封表面是一个突出的光滑平面，如图 6-13（a）所示。这种密封面结构简单，加工方便，便于进行防腐处理。但螺栓拧紧后，垫片材料容易往外伸展，不易压紧，用于所需压紧力不高，且介质无毒的场合。

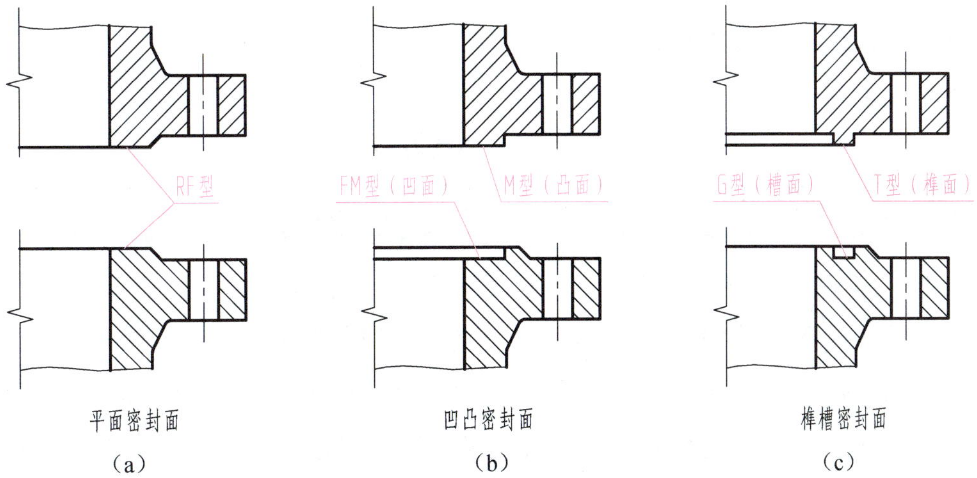

图 6-13 压力容器法兰的密封面型式

凹凸密封面是由一个凸面和一个凹面所组成，在凹面上放置垫片，如图 6-13（b）所示。压紧时，由于凹面的外侧有挡台，垫片不会被挤出来。

榫槽密封面是由一个榫和一个槽所组成，垫片放在槽内，如图 6-13（c）所示。这种密封面规定不用非金属垫片，可采用缠绕式或金属包垫片，容易获得良好的密封效果。

甲型平焊法兰和乙型平焊法兰的规格、结构尺寸，见附表 16、附表 17。

> 提示：在上述三种密封面中，甲型平焊法兰只有平面型和凹凸型，乙型平焊法兰和长颈对焊法兰则三种密封面形式均有。

（3）压力容器法兰标记　压力容器法兰的标记格式如下：

a-b　c-d/e-f　g

a——法兰名称及代号，见表 6-5；

b——密封面型式及代号，见表 6-5；

c——公称直径 *DN*，mm；

d——公称压力 *PN*，MPa；

e——法兰厚度，mm（采用标准值时，省略）；

f——法兰总高度，mm（采用标准值时，省略）；

g——标准编号。

表 6-5　压力容器法兰名称、密封面型式代号及标准号（摘自 NB/T 47020—2012）

密封面型式及代号			法兰类型	名称及代号
平面密封面	平密封面	RF	一般法兰	法兰
凹凸密封面	凹密封面	FM	环衬法兰	法兰 C
	凸密封面	M	法兰标准号	
榫槽密封面	榫密封面	T	甲型平焊法兰　NB/T 47021—2012 乙型平焊法兰　NB/T 47022—2012 长颈对焊法兰　NB/T 47023—2012	
	槽密封面	G		

【例 6-11】　压力容器用甲型平焊凹凸密封面法兰，公称压力 1.6MPa，公称直径 500mm，密封面为凹密封面，试写出其规定标记。

解　其规定标记为

法兰-FM　500-1.6　NB/T 47021—2012

> 提示：压力容器法兰在明细栏的“名称”栏中填写“法兰-FM　500-1.6”。

（4）压力容器法兰用密封垫片　压力容器法兰用密封垫片有非金属垫片（NB/T 47024—2012）、缠绕式垫片（NB/T 47025—2012）和金属包垫片（NB/T 47026—2012）三种。

非金属垫片指的是耐油石棉橡胶板（GB/T 539－2008）和石棉橡胶板（GB/T 3985—2008），它们在三种类型的法兰上均可使用。但是如果是榫槽密封面，垫片挤在槽中，更换困难，不宜使用。压力容器法兰用非金属软垫片的规格尺寸，见附表 18。

非金属垫片的标记格式如下：

垫片 公称直径 - 公称压力 NB/T 47024—2012

【例 6-12】 公称直径 *DN*1000mm，公称压力 *PN*2.5MPa 法兰用非金属垫片，试写出其规定标记。

解 其规定标记为

垫片 1000-2.5 NB/T 47024—2012

提示：非金属垫片在明细栏的“名称”栏中填写“垫片 1000-2.5”。

（5）压力容器法兰用等长双头螺柱 压力容器法兰用的双头螺柱有 A 型和 B 型两种，见附表 16。在法兰连接中，法兰和壳体是焊在一起的。安装时，法兰与螺柱的温度相同。工作时，法兰随壳体温度有所升高，法兰沿其厚度方向的热变形大于螺柱的热伸长量，使螺柱产生一定量的弹性变形。A 型螺柱危险截面上的附加热应力大于 B 型螺柱。所以，法兰与螺柱在工作状态下温差较大时，应选用 B 型螺柱。容器法兰用等长双头螺柱的规格尺寸，见附表 19。

双头螺柱的标记格式如下：

螺柱 螺柱公称直径 × 公称长度 - 型号 NB/T 47027—2012

【例 6-13】 公称直径为 M20、长度 L=160mm、$d_2<d$ 的等长双头螺柱，试写出其规定标记。

解 其规定标记为

螺柱 M20×160-B NB/T 47027—2012

提示：双头螺柱在明细栏的“名称”栏中填写“螺柱 M20×160-B”。

3. 接管

在钢管使用时往往需要和法兰、管件或各类阀门相连接，这时涉及管子与法兰、管子与管件、管子与阀门之间的连接问题。

人们约定：凡是能够实现连接的管子与法兰、管子与管件或管子与阀门，就规定这两个连接件具有相同的公称直径。例如，与外径为 219mm 的管子连接的法兰，其内孔直径应为 222mm（参见附表 13 图例）。虽然这两个零件的具体尺寸没有任何一个尺寸是一样的，但是为使它们能够实现连接，就规定这两个零件有相同的公称直径，即规定它们的公称直径 *DN* 都等于 200mm。显然这个“200”并不是管子或法兰上的某一个具体尺寸，但是只要是 *DN* 等于 200mm 的管子，那么管子的外径就一定是 219mm；只要是 *DN* 等于 200mm 的平焊管法兰，那么这个法兰的内孔直径就一定是 222mm。由此可见，不管是钢管的公称直径，或者是法兰的公称直径，或者是阀门、管件的公称直径，它们都不代表该零件的某个具体尺寸，但是却可以依靠它来寻找可以连接相配的另一个标准件。

在压力容器与化工设备图样上，对所有接口管的尺寸都要标注清楚。为此将管法兰配用钢管的公称尺寸和钢管外径列于表 6-6。

表 6-6　管法兰配用钢管的公称尺寸和钢管外径　mm

公称尺寸 DN	10	15	20	25	32	40	50	65
钢管外径 d_0	14	18	25	32	38	45	57	76
公称尺寸 DN	80	100	125	150	200	250	300	350
钢管外径 d_0	89	108	133	159	219	273	325	377
公称尺寸 DN	400	450	500	600	700	800	900	100
钢管外径 d_0	426	480	530	630	720	820	920	1020

四、人孔与手孔（HG/T 21515、21528—2014）

为了便于安装、拆卸、检修或清洗设备内部的装置，需要在设备上开设人孔或手孔。人孔与手孔的基本结构类同，即在容器上焊接一法兰短管，盖一盲板构成，如图 6-14 所示。人孔或手孔都是组合件，包括筒节、法兰、盖、密封垫片和紧固件等，详见表 6-7。

（a）

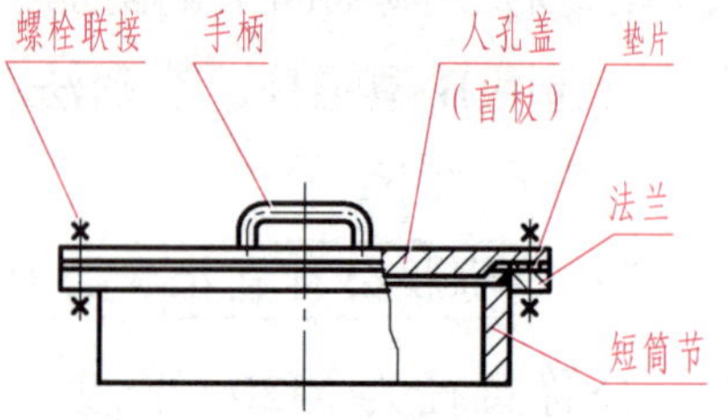

（b）

图 6-14　人孔与手孔的基本结构

当设备的直径超过 900mm 时，应开设人孔。人孔的大小，既要考虑人的安全进出，又要尽量减少因开孔过大而过多削弱壳体强度。圆形人孔的最小直径为 400mm，最大为 600mm。压力较高的设备，一般选用直径为 400mm 的人孔；压力不高的设备，可选用直径为 450mm 的人孔；严寒地区的室外设备或有较大内件要从人孔取出的设备，可选用直径为 500mm 或 600mm 的人孔。

手孔的直径，应使操作人员戴手套并握有工具的手能顺利通过。手孔的标准直径有 DN150 和 DN250 两种。

常压人孔和手孔的规格和结构尺寸，见附表 20。

常压人孔和手孔的标记格式如下：

名称　材料类别及代号　紧固螺栓（柱）代号　（垫片代号）　公称直径　标准编号

名称仅填简称“手孔”或“人孔”；

紧固螺栓（柱）代号：8.8 级六角头螺栓填写“b”；

材料类别及代号按表 6-7 中填写；

常压人孔标准编号为 HG/T 21515—2014，常压手孔标准编号为 HG/T 21528—2014，省略标准编号中的年号。

【例 6-14】 公称直径 DN450、H_1=160、Ⅰ类材料、采用石棉橡胶板垫片的常压人孔，试

表 6-7　常压人孔和手孔的组合件明细（摘自 HG/T 21514、21515、21528—2014）

件号	标准编号	名　称	数　量	材料类别及代号	材质代号	垫片代号	备 注
1		筒节	1	Q235B 或不锈钢（Ⅰ）			手孔为 20（钢管）
2		法兰	1	Q235B 或不锈钢（Ⅰ）			手孔为 20（锻件）
3		垫片 δ=3	1	石棉橡胶板	XB350	A-XB350	
				耐油石棉橡胶板	NY250	A-NY250	
					NY400	A-NY400	
4		盖	1	Q235B 或不锈钢（Ⅰ）			
5	GB/T 5782	螺栓	见附表 12	8.8 级（Ⅰ）			杆身全螺纹
6	GB/T 6170	螺母	见附表 12	8 级（Ⅰ）			
7		把手	2	Q235B 或不锈钢			手孔为 1

写出其规定标记。

解　其规定标记为

人孔　Ⅰ　b（A-XB350）　450　HG/T 21515

【例 6-15】 公称直径 DN250、H_1=120、采用耐油石棉橡胶板（NY250）垫片的常压手孔，试写出其规定标记。

解　其规定标记为

手孔　Ⅰ　b（A-NY250）　250　HG/T 21528

> 提示：常压人孔（手孔）在明细栏的“名称”栏中填写“人孔（A-XB350）450”。

五、补强圈（JB/T 4736—2002）

补强圈是用来弥补设备壳体因开孔过大而造成的强度损失，如图 6-15（a）所示。补强圈形状应与被补强部分相符，使之与设备壳体紧密贴合，焊接后能与壳体同时受力。补强圈上有一螺纹孔，焊后通入压缩空气，以检查焊缝的气密性，其结构如图 6-15（b）所示。

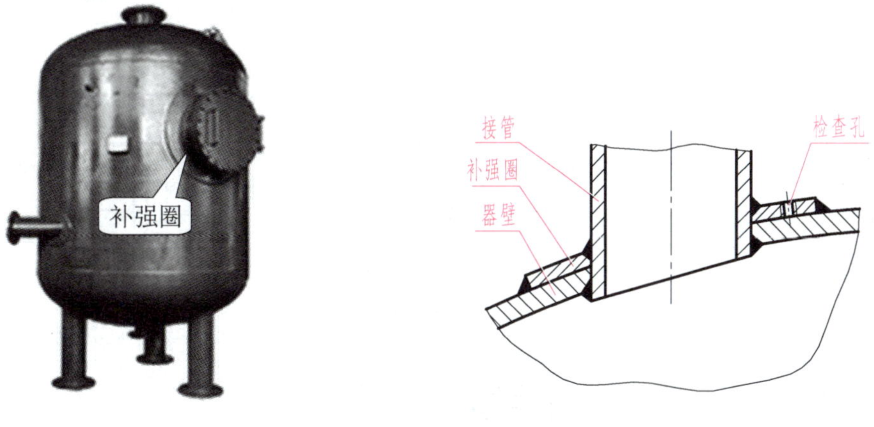

（a）　　（b）

图 6-15　补强圈结构

一般要求补强圈的厚度和材料与设备壳体相同。补强圈的坡口类型及结构尺寸，见附表 21。补强圈的标记格式如下：

接管公称直径×补强圈厚度-坡口型式-材质　标准编号

接管公称直径用 d_N 表示，mm。

省略标准编号中的年号。

【例 6-16】　接管公称直径 d_N 为 450mm、补强圈厚度为 10mm、坡口型式为 D 型（用于内坡口全焊透结构）、材料为 Q235B 的补强圈，试写出其规定标记。

解　其规定标记为

d_N450×10-D-Q235B　JB/T 4736

> 提示：补强圈在明细栏的“名称”栏中填写“补强圈　d_N450×10-D”。

六、支座

支座用来支承设备的质量和固定设备的位置。根据所支承设备的不同，支座分为立式设备支座、卧式设备支座和球形容器支座三大类。根据支座的结构形状、安放位置、载荷等不同情况，支座又分为鞍式支座、耳式支座、腿式支座和支承式支座四种形式，并已形成标准系列。

1．**鞍式支座**（JB/T 4712.1—2007）

鞍式支座（简称鞍座）是卧式容器使用的一种支座，如图 6-16（a）所示。它主要由一块腹板支承着一块圆弧形垫板（与设备外形相贴合），腹板焊在底板上，中间焊接若干肋板，组成鞍式支座，如图 6-16（b）所示。

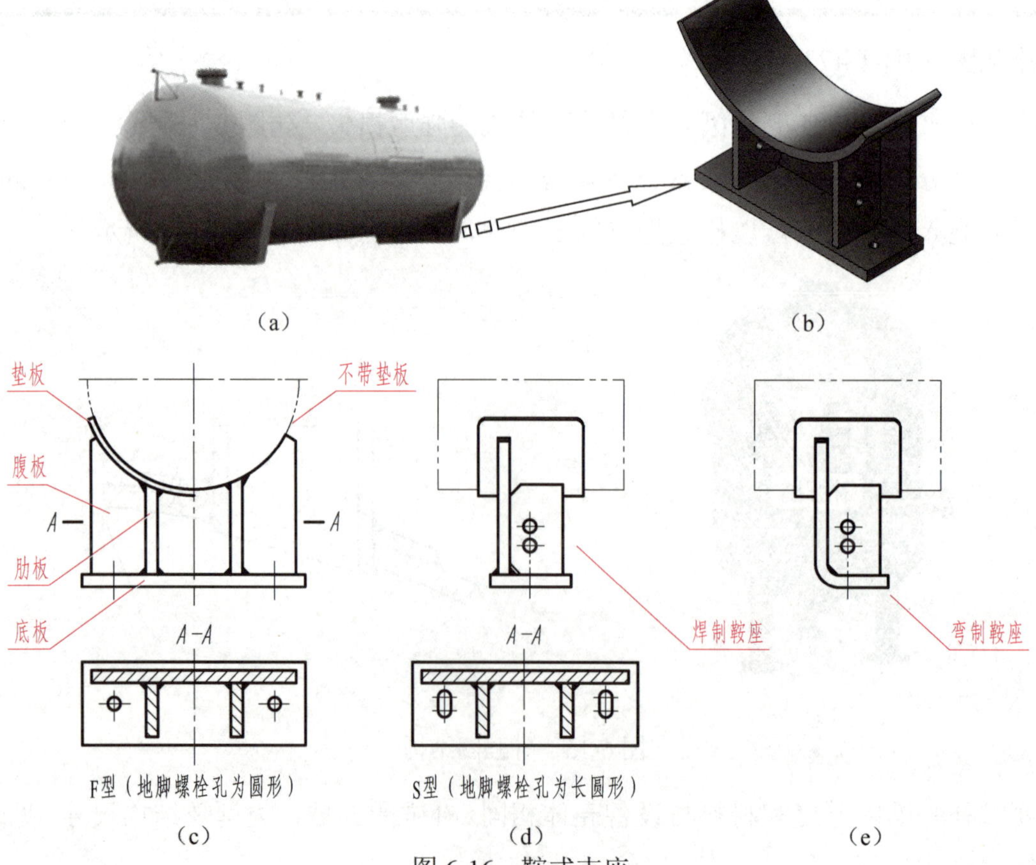

图 6-16　鞍式支座

① 鞍式支座有焊制与弯制之分。如图 6-16（c）、（d）所示，焊制鞍座由底板、腹板、肋板和垫板四种板组焊而成。弯制鞍座与焊制鞍座的区别仅仅是腹板与底板是由一块钢板弯出来的，这两板之间没有焊缝，如图 6-16（e）所示。只有 *DN*≤900mm 的鞍座才有弯制鞍座。

② 由于同一直径的容器长度有长有短，介质有轻有重，因而同一公称直径的鞍座有轻型（代号为 A 型）和重型（代号为 B 型）之分。对于 *DN*≤900mm 的鞍座，只有重型，没有轻型。鞍座的型式见表 6-8。

表 6-8　鞍座的型式特征（摘自 JB/T 4712.1—2007）

型式及代号			包角	垫板	肋板数	适用公称直径（*DN*/mm）
轻　型	焊制	A	120°	有	4～6	1000～4000
重　型	焊制	BⅠ	120°	有	1～6	159～4000
		BⅡ	150°	有	4～6	1000～4000
		BⅢ	120°	无	1～2	159～900
	弯制	BⅣ	120°	有	1～2	159～900
		BⅤ	120°	无	1～2	159～900

③ 鞍座大都带有垫板，但是对于 *DN*≤900mm 的鞍座也有不带有垫板的。如图 6-16（c）中的主视图所示，对称中心线两侧分别画出带垫板和不带垫板的两种鞍座结构。

④ 为了使容器的壁温发生变化时能够沿轴线方向自由伸缩，鞍座的底板有两种，一种底板上的地脚螺栓孔是圆形的（代号为 F 型），另一种底板上的地脚螺栓孔是长圆形的（代号为 S 型），如图 6-16（c）中的 *A*—*A* 所示。F 型与 S 型配对使用。安装时，F 型鞍座是被底板上的地脚螺栓固定在基础上成为固定鞍座；S 型鞍座地脚螺栓上则使用两个螺母，先拧上去的螺母拧到底后倒退一圈，再用第二个螺母锁紧。当容器出现热变形时，S 型鞍座可随容器一起做轴向移动，所以 S 型鞍座属于活动鞍座。

鞍式支座的结构尺寸，见附表 22。鞍式支座的标记格式如下：

JB/T 4712.1－2007　鞍座　[型号]　[公称直径]-[安装形式]

型号——A，BⅠ，BⅡ，BⅢ，BⅣ，BⅤ；

公称直径——mm；

安装形式——固定鞍座 F，滑动鞍座 S。

【例 6-17】 容器的公称直径为 800mm、支座包角为 120°，重型，带垫板，标准高度的固定式焊制鞍座，试写出其规定标记。

解　其规定标记为

JB/T 4712.1—2007　鞍座　BⅠ　800-F

提示：鞍座在明细栏的“名称”栏中填写“鞍座　BⅠ　800-F”。

2．耳式支座（JB/T 4712.3—2007）

耳式支座简称耳座，亦称悬挂式支座，广泛用于立式设备。它的结构是由肋板、底板和垫板焊接而成，然后焊接在设备的筒体上，如图 6-17 所示。支座的底板放在楼板或钢梁的基础上，用螺栓固定。在设备周围，一般均匀分布四个耳座，安装后使设备成悬挂状。小型设备也可用三个或两个耳座。

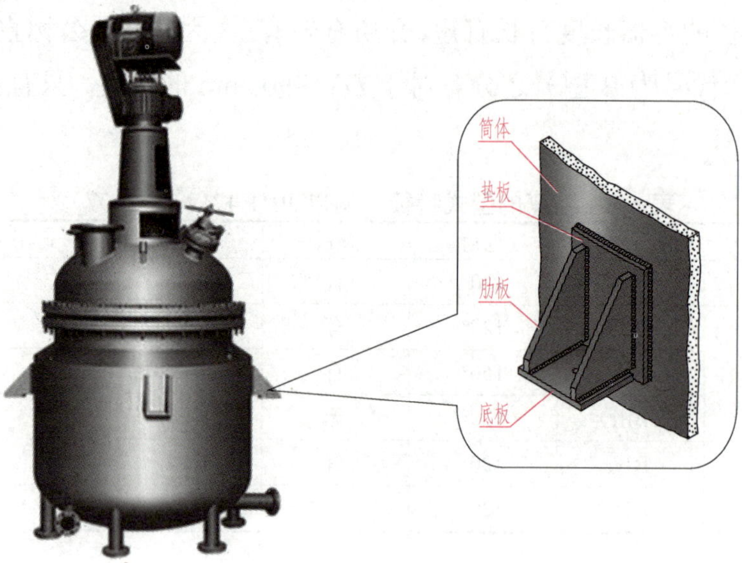

（a）　　（b）

图 6-17　耳式支座

耳式支座有短臂（A 型）、长臂（B 型）和加长臂（C 型）三种型式，其结构有带盖板和不带盖板之分，如图 6-18 所示。当 A、B 型支座肋板的间距 $b_2 \geqslant 230$mm 时，在肋板的上方增加盖板结构。C 型支座则全部带盖板。耳式支座的型式特征见表 6-9。

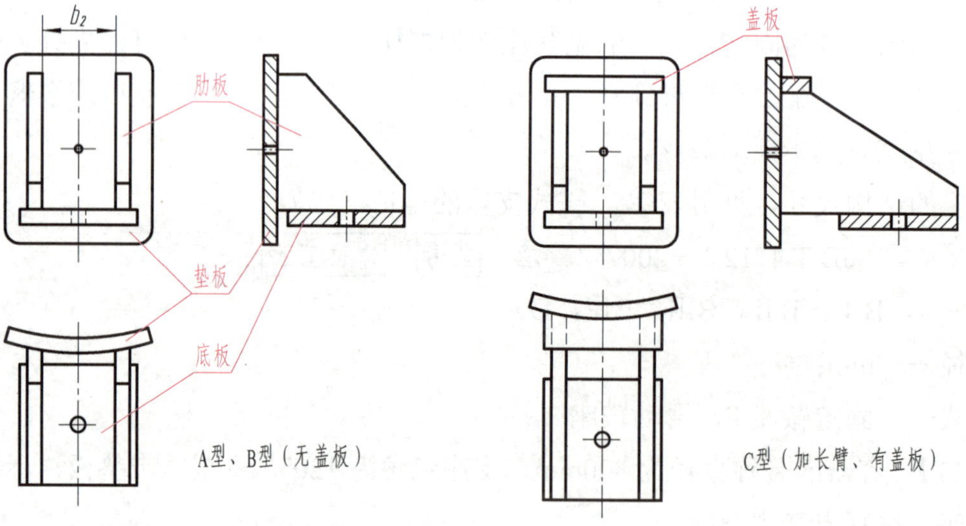

（a）　　（b）

图 6-18　耳式支座的结构形式

耳式支座的垫板厚度一般与筒体壁厚相同，垫板材料一般应与筒体材料相同。支座的垫板和底板材料分为四种，详见附表 23。

A 型和 B 型适用于一般立式设备，C 型有较宽的安装尺寸，适用于带保温层的立式设备。可根据载荷的大小，从标准中选择耳式支座。耳式支座的结构尺寸，见附表 23。

耳式支座的标记格式如下：

JB/T 4712.3—2007 耳式支座 [型号] [支座号]-[材料代号]

型号——A，B，C。

支座号——1～8。

材料代号——Ⅰ，Ⅱ，Ⅲ，Ⅳ（附表 23）。

表 6-9 耳式支座的型式特征（摘自 JB/T 4712.3—2007）

型式	型号	支座号	垫板	盖板	适用公称直径 *DN*/mm	备注
短臂	A 型	1～5	有	无	300～2600	耳式支座的结构尺寸，见附表 23
		6～8		有	1500～4000	
长臂	B 型	1～5	有	无	300～2600	
		6～8		有	1500～4000	
加长臂	C 型	1～3	有	有	300～1400	
		4～8			1000～4000	

【例 6-18】 A 型、3 号耳式支座、支座材料为 Q235A、垫板材料为 Q235A，试写出其规定标记。

解 其规定标记为

JB/T 4712.3—2007 耳式支座 A3-Ⅱ

> 提示：耳式支座在明细栏的“名称”栏中填写“耳式支座 A3-Ⅱ”。

七、视镜与液面计

1. 视镜（NB/T 47017—2011）

视镜是用来观察设备内部反应情况的装置。供观察用的视镜玻璃，夹紧在接缘和压紧环之间，用双头螺柱联接，构成视镜装置，如图 6-19（a）所示。

视镜接缘可直接焊在设备的封头或筒体上，也可接一短管，然后焊在设备上，这种结构称为带颈视镜，如图 6-19（b）所示。

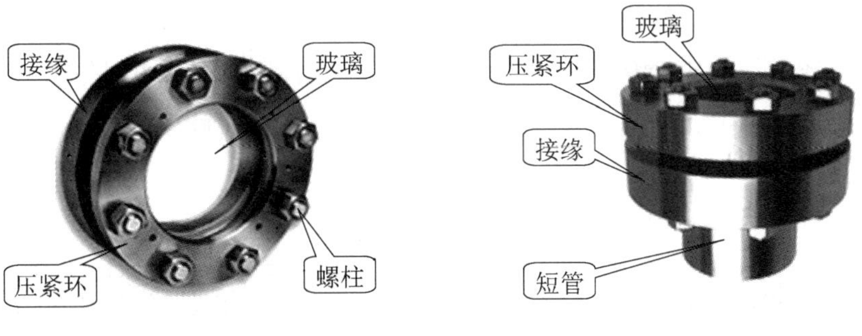

（a） （b）

图 6-19 视镜装置

视镜和带颈视镜是外购的标准件（按标准图制造），在化工设备图中采用简化画法。视镜的压力系列分为四挡，公称直径系列则有六挡，详见表 6-10。

表 6-10　视镜的规格、系列

公称直径 DN/mm	公称压力 PN/MPa				射灯组合形式	冲洗装置
	0.6	1.0	1.6	2.5		
50	—	√	√	√	不带射灯结构 非防爆型射灯结构	不带冲洗装置
80	—	√	√	√		
100	—	√	√	√	不带射灯结构	带冲洗装置
125	√	√	√	—	非防爆型射灯结构	
150	√	√	√	—	防爆型射灯结构	
200	√	√	—	—		

视镜的标记格式如下：

视镜 [视镜公称压力] [视镜公称直径] [视镜材料代号]-[射灯代号]-[冲洗代号]

视镜公称压力：*PN*，MPa；

视镜公称直径：*DN*，mm；

视镜材料代号：Ⅰ——碳钢；Ⅱ——不锈钢；

射灯代号：SB——非防爆型；SF1——防爆型（EExdⅡCT3）；SF2 防爆型（EExdⅡCT4）；

冲洗代号：W——带冲洗装置。

【例 6-19】 公称压力 *PN*2.5MPa、公称直径 *DN*50mm、材料为不锈钢、不带射灯、带冲洗装置的视镜，试写出其规定标记。

解 其规定标记为

视镜　Ⅱ*PN*2.5　*DN*50　Ⅱ-W

【例 6-20】 公称压力 *PN*1.6MPa、公称直径 *DN*80mm、材料为不锈钢、带非防爆型射灯组合、不带冲洗装置的视镜，试写出其规定标记。

解 其规定标记为

视镜 *PN*1.6　*DN*80　Ⅱ-SB

提示：视镜在明细栏的“名称”栏中按上述规定标记填写。

2．玻璃管液面计（HG/T 21592—1995）

液面计是用来观察设备内部液面位置的装置。液面计结构有多种型式，常见的有玻璃板液面计和玻璃管液面计，如图 6-20 所示。液面计也是外购的标准件，在化工设备图中同样采用简化画法。

液面计的标记格式如下：

液面计 [法兰型式] [型号] [公称压力]-[材料代号] [结构形式]-[公称长度]

法兰型式：A 型（突面法兰 RF）、B 型（凸面法兰 M）、C 型（突面法兰 RF）；

型　　号：T 型（透光式玻璃板液面计）、R 型（反射式玻璃板液面计）、S 型（视镜式玻璃板液面计）、G 型（玻璃管液面计）。

公称压力：*PN*，MPa；

材料代号：Ⅰ——碳钢（锻钢16Mn）、Ⅱ——不锈钢（0Gr18Ni9）；

结构形式：普通型（不标注代号）、保温型（W）；

公称长度：玻璃管液面计有500、600、800、1000、1200、1400六种，mm。

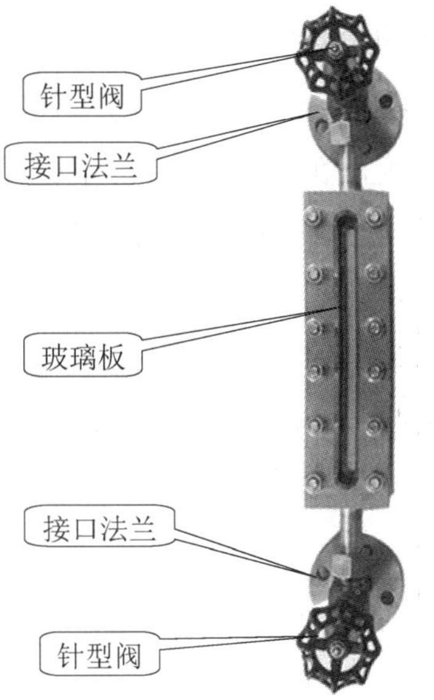

玻璃板液面计

（a）

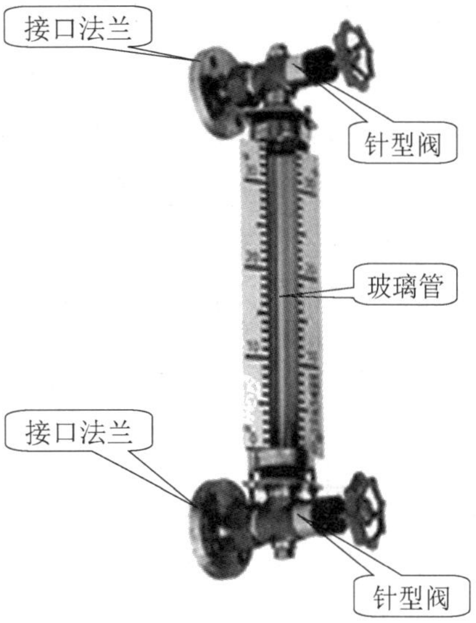

玻璃管液面计

（b）

图6-20　液面计

【例6-21】　公称压力1.6MPa、碳钢材料、保温型、突面密封连接面、公称长度L=500mm的玻璃管液面计，试写出其规定标记。

解　其规定标记为

液面计　AG1.6-ⅠW-500

【例6-22】　公称压力1.6MPa、不锈钢材料、普通型、凸面法兰、公称长度1400mm的玻璃管液面计，试写出其规定标记。

解　其规定标记为

液面计　BG1.6-Ⅱ-1400

提示：液面计在明细栏的“名称”栏中按上述标记示例填写。

第三节　焊接的表示法

焊接是采用加热或加压，或两者并用，用或不用填充金属，使分离的两工件材质间达到原子间永久结合的一种加工方法。用来表达金属焊接件的工程图样，称为金属焊接图，简称焊接图。焊接是一种不可拆卸的连接形式，由于它施工简便、连接可靠，在工程中被广泛采用。国家标准GB/T 324—2008《焊缝符号表示法》规定，推荐用焊缝符号表示焊缝或接头，也可以采用一般的技术制图方法表示。

一、焊缝的规定画法

1．焊接接头形式

两焊接件用焊接的方法连接后，其熔接处的接缝称焊缝，在焊接处形成焊接接头。由于两焊接件间相对位置不同，焊接接头有对接、角接、搭接和T形接头等基本形式，如图6-21（a）所示。对接接头在化工设备中应用最多，如筒体本体、筒体与封头均采用对接焊接；角接接头用于接管（或容器法兰）与封头（或筒体）的焊接；搭接接头在化工设备中应用很少，通常只见于补强圈或垫板与筒体（或封头）的焊接；T形接头则用于鞍式支座的焊接。

2．可见焊缝的画法

用视图表示焊缝时，当施焊面（或带坡口的一面）处于可见时，焊缝用栅线（一系列细实线）表示。此时表示两个被焊接件相接的轮廓线应保留，如图6-21（c）右视图中的第一个图例所示。

3．不可见焊缝的画法

当施焊面（或带坡口的一面）处于不可见时，表示焊缝的栅线省略不画，如图6-21（c）左视图中的第一个图例所示。

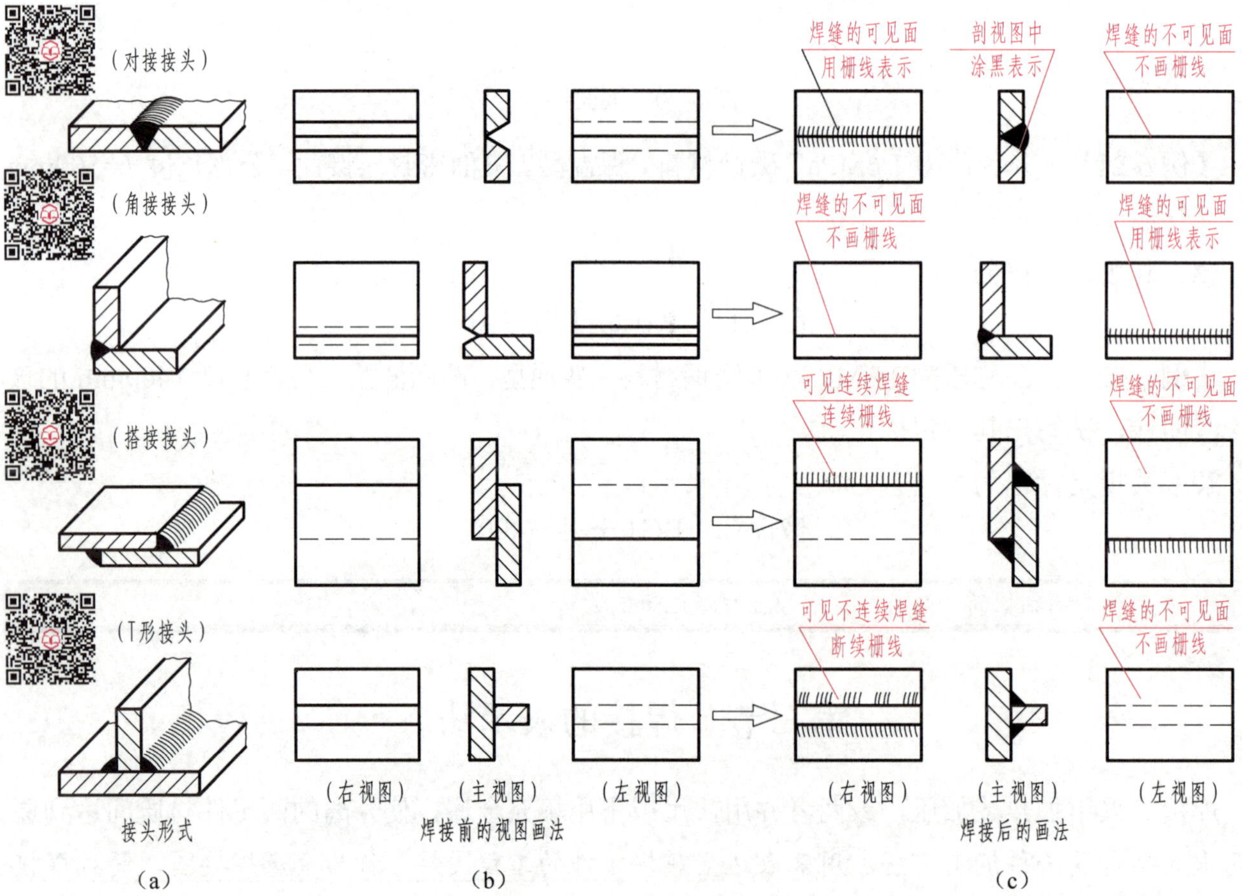

图6-21　焊缝的规定画法

4．剖视图中焊缝的画法

用剖视图或断面图表示焊缝接头或坡口的形状时，焊缝的金属熔焊区通常应涂黑表示，如

图 6-21（c）中的主视图所示。

对于常压、低压设备，在剖视图上的焊缝，按焊接接头的型式画出焊缝的剖面，剖面符号用涂黑表示；视图中的焊缝，可省略不画，如图 6-22 所示。

对于中压、高压设备或设备上某些重要的焊缝，则需用局部放大图（亦称节点图），详细地表示出焊缝结构的形状和有关尺寸，如图 6-23 所示。

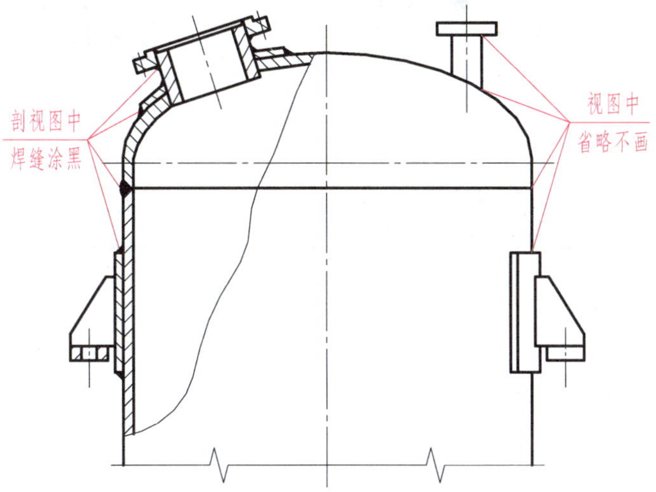

图 6-22　化工设备图中焊缝的画法

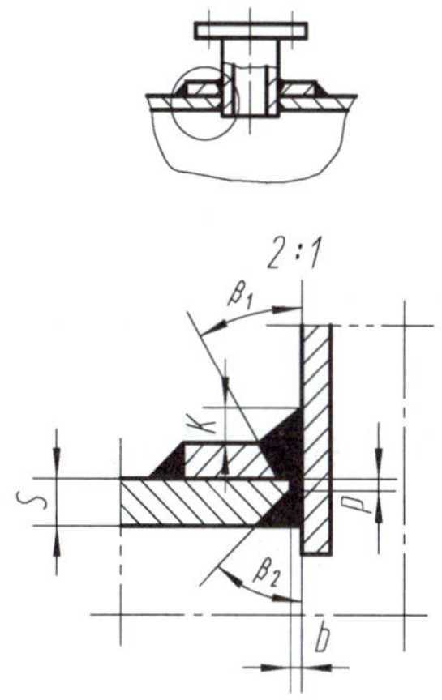

图 6-23　焊缝的局部放大图

二、焊缝符号表示法

根据国家标准 GB/T 324－2008《焊缝符号表示法》的规定，焊缝符号一般由基本符号与指引线组成。必要时还可以加上辅助符号、补充符号和焊缝尺寸符号。

1. 焊缝的基本符号

焊缝的基本符号表示焊缝横截面的形式或特征，常见焊缝的基本符号见表6-11。

表 6-11　**常见焊缝的基本符号**（摘自 GB/T 324－2008）

名　称	图形符号	示　意　图	标注示例
I 形焊缝	‖		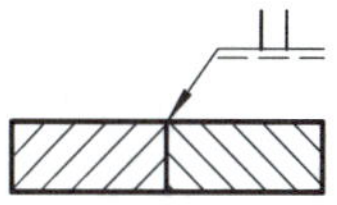
V 形焊缝	V	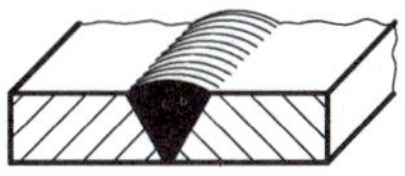	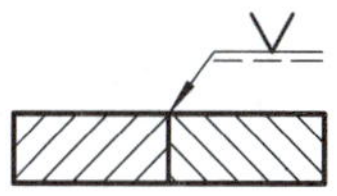
单边 V 形焊缝	V	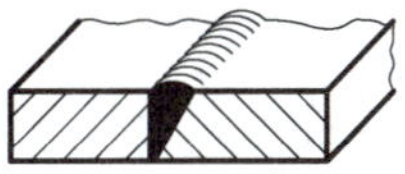	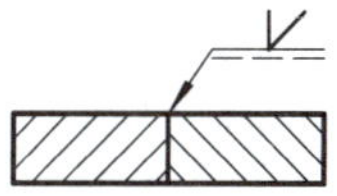
带钝边 V 形焊缝	Y	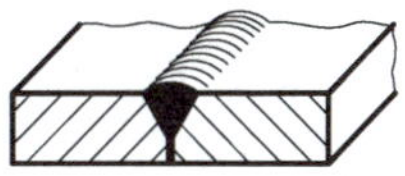	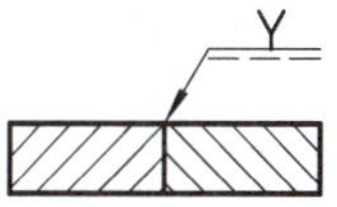
带钝边单边 V 形焊缝	Y		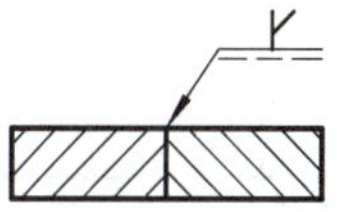

续表

名　称	图形符号	示　意　图	标注示例
带钝边 U 形焊缝			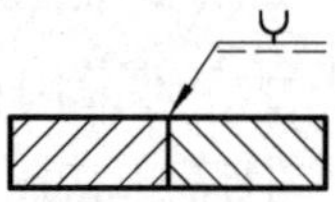
带钝边 J 形焊缝			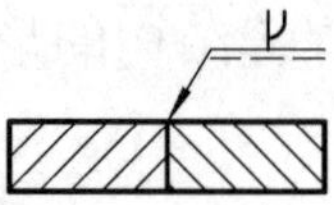
角焊缝	◺	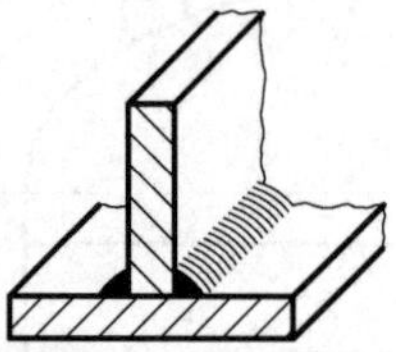	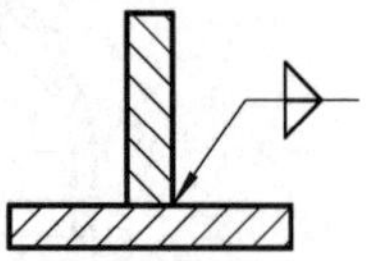

注：焊缝基本符号的线宽与图中数字的高度 h 成一定比例，即基本符号线宽=h/10。

2．焊缝的补充符号

焊缝的补充符号是补充说明有关焊缝或接头的某些特征，如表面形状、衬垫、分布、施焊地点等，见表6-12。

表 6-12　焊缝的补充符号（摘自 GB/T 324－2008）

名　称	图形符号	示　意　图	标注示例	说　　明
平面	—		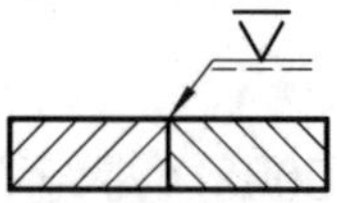	平齐的 V 形焊缝，焊缝表面经过加工后平整
凹面	◡	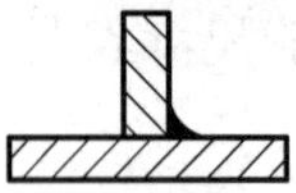	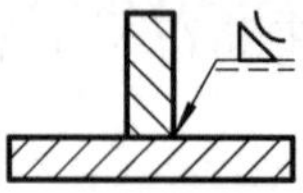	角焊缝表面凹陷
凸面	◠		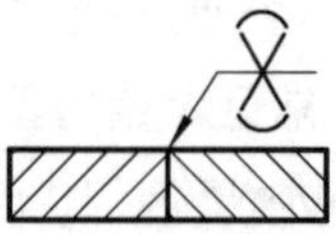	双面 V 形焊缝，焊缝表面凸起
圆滑过渡		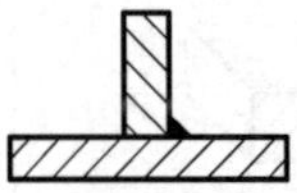	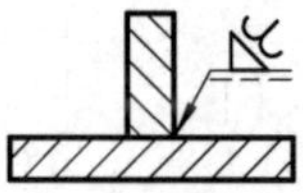	表面过渡平滑的角焊缝
三面焊缝	⊏	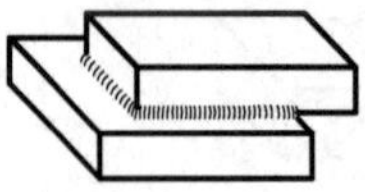	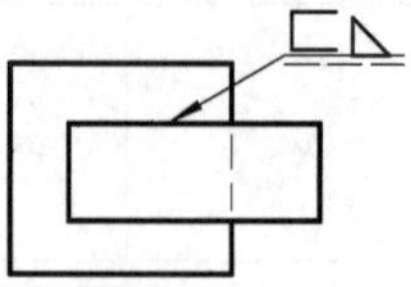	三面带有（角）焊缝，符号开口方向与实际方向一致
周围焊缝	○	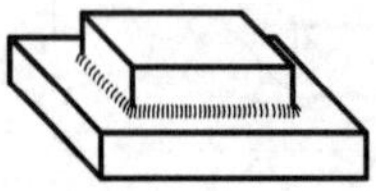	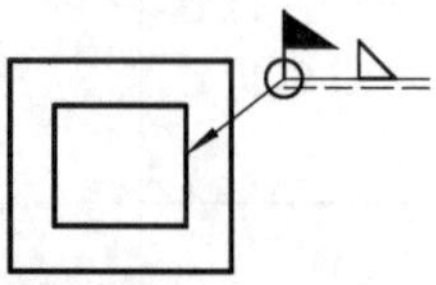	沿着工件周边施焊的焊缝，周围焊缝符号标注在基准线与箭头线的交点处
现场焊缝				在现场焊接的焊缝
尾部	＜	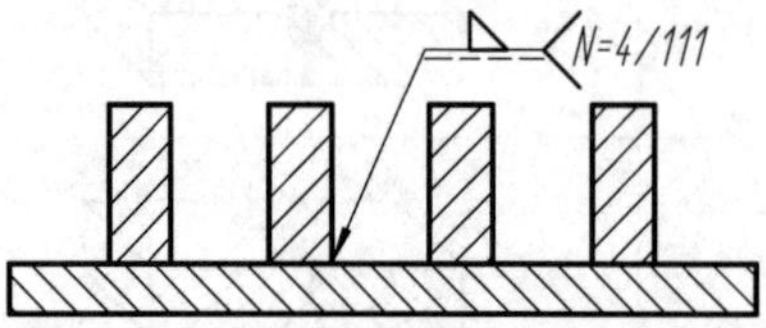 		有 4 条相同的角焊缝，采用焊条电弧焊

注：焊缝补充符号的线宽与图中数字的高度 h 成一定比例，即补充符号线宽=h/10。

3. 焊缝的尺寸符号

焊缝的尺寸符号是用字母代表对焊缝的尺寸要求，当需要注明焊缝尺寸时才标注。焊缝尺寸符号的含义见表 6-13。

表 6-13　焊缝尺寸符号的含义（摘自 GB/T 324—2008）

名称	符号	符　号　含　义
工件厚度	δ	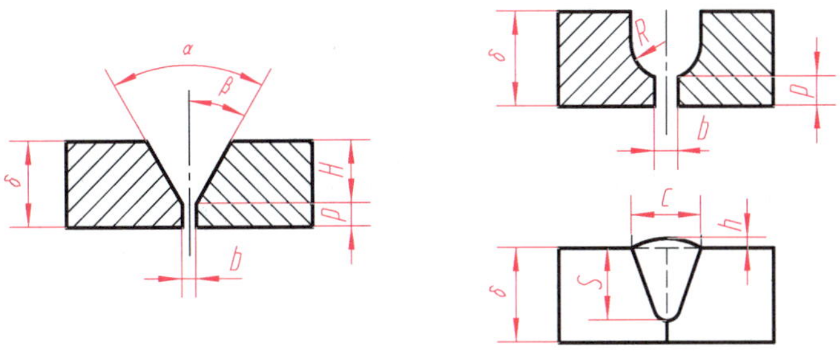
坡口角度	α	
坡口面角度	β	
根部间隙	b	
钝　边	p	
坡口深度	H	
焊缝宽度	c	
余　高	h	
焊缝有效厚度	S	
根部半径	R	
焊脚尺寸	K	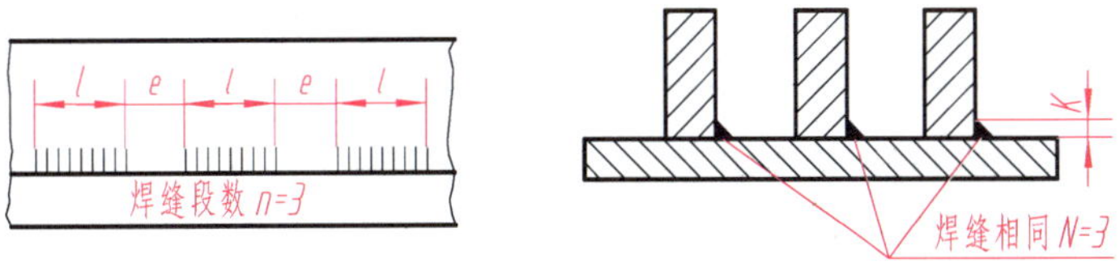
焊缝长度	l	
焊缝间距	e	
焊缝段数	n	
相同焊缝数量	N	

4. 焊缝指引线

焊缝符号的基准线由两条相互平行的细实线和细虚线组成（图 6-24）。焊缝符号的指引线箭头直接指向的接头侧为“接头的箭头侧”，与之相对的则为“接头的非箭头侧”。

必要时，可以在焊缝符号中标注表 6-13 中的焊缝尺寸，焊缝尺寸在焊接符号中的标注位置如图 6-24 所示。其标注规则如下：

——焊缝的横向尺寸标注在基本符号的左侧。

——焊缝的纵向尺寸标注在基本符号的右侧。

——焊缝的坡口角度、坡口面角度、根部间隙尺寸标注在基本符号的上侧或下侧。

——相同焊缝数量及焊接方法代号等可以标在尾部。

——当尺寸较多不易分辨时，可在尺寸数值前标注相应的尺寸符号。

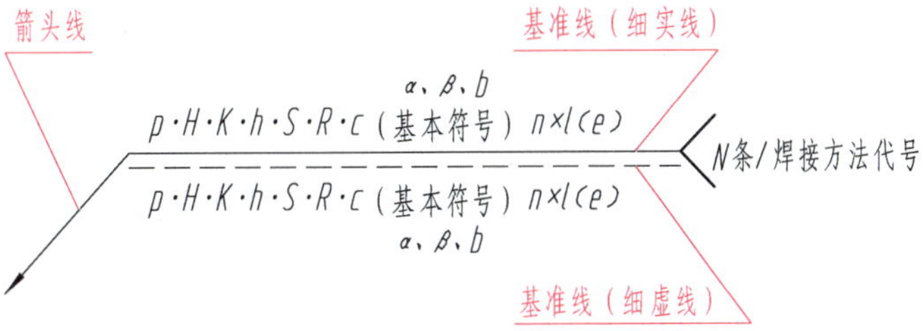

图 6-24　焊缝标注指引线

提示：基准线与主标题栏平行。指引线有箭头的一端指向有关焊缝，细虚线表示焊缝在接头的非箭头侧。

5. 焊接工艺方法代号

随着焊接技术的发展，焊接工艺方法有近百种之多。国家标准 GB/T 5185－2005《焊接及相关工艺方法代号》规定，用阿拉伯数字代号表示各种焊接工艺方法，并可在图样中标出。焊接工艺方法一般采用三位数字表示：

——一位数代号表示工艺方法大类；

——二位数代号表示工艺方法分类；

——三位数代号表示某种工艺方法。

常用的焊接工艺方法代号见表 6-14。

表 6-14　常用的焊接工艺方法代号（摘自 GB/T 5185－2005）

代号	工艺方法	代号	工艺方法	代号	工艺方法	代号	工艺方法
1	电弧焊	2	电阻焊	3	气焊	74	感应焊
11	无气体保护电弧焊	21	点焊	311	氧乙炔焊	82	电弧切割
111	焊条电弧焊	211	单面点焊	312	氧丙烷焊	84	激光切割
12	埋弧焊	212	双面点焊	41	超生波焊	91	硬钎焊
15	等离子弧焊	22	缝焊	52	激光焊	94	软钎焊

三、常见焊缝的标注方法

箭头线相对焊缝的位置一般没有特殊要求，箭头线可以标在有焊缝一侧，也可以标在没有焊缝一侧。

1. 基本符号相对基准线的位置

如图 6-25（a）所示，某焊缝的坡口朝右时，如果箭头线位于焊缝一侧，则将基本符号标在基准线的细实线上，如图 6-25（b）所示；如果箭头线位于非焊缝一侧，则将基本符号标在基准线的细虚线上，如图 6-25（c）所示。

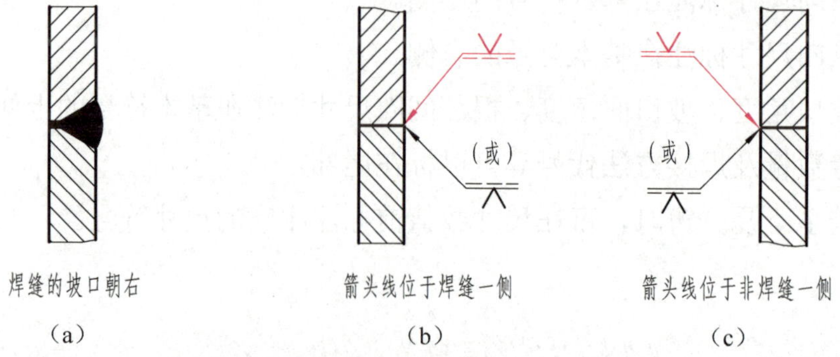

图 6-25　基本符号相对基准线的位置

2. 双面焊缝的标注

图6-26（a）所示为双面V形焊缝，可以省略基准线的细虚线，如图6-26（b）所示。图6-26（c）所示为双面焊缝（左侧为角焊缝，右侧为I形焊缝），也可以省略基准线的细虚线，如图6-26（d）所示。

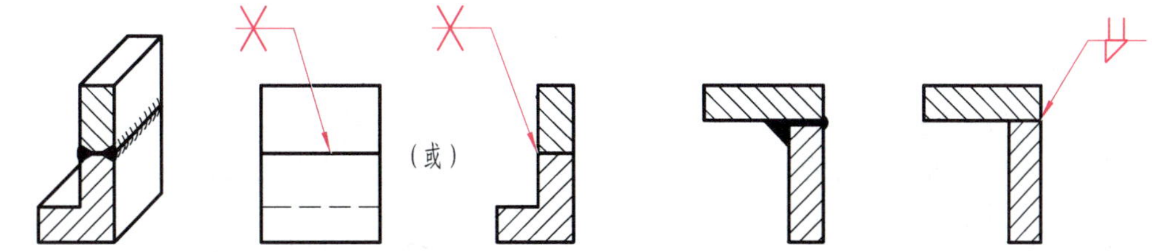

双面V形焊缝示意图　双面V形焊缝的标注　双面焊缝示意图　双面焊缝的标注

（a）　（b）　（c）　（d）

图 6-26　双面焊缝的注法

3．对称焊缝的标注

有对称板的焊缝在两面焊接时，称为对称焊缝。标注对称焊缝时，要注意“对称板”的选择，如图6-27（a）所示。对称焊缝的正确注法，如图6-27（b）所示。图6-27（c）所示的注法是错误的。

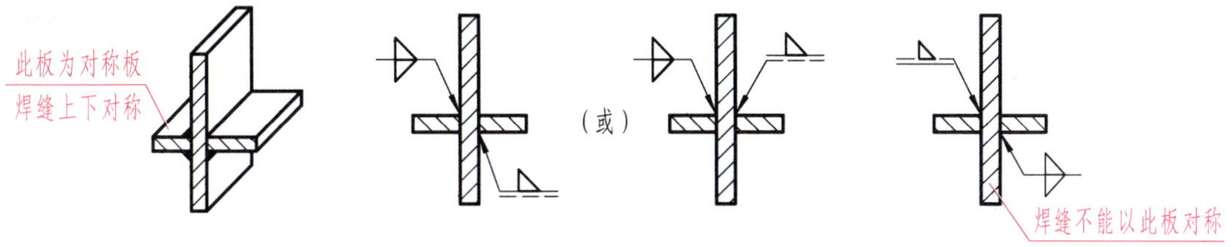

对称焊缝示意图　正确注法　错误注法

（a）　（b）　（c）

图 6-27　对称焊缝的注法

4．省略标注

焊条电弧焊（焊接工艺代号为 111）或没有特殊要求的焊缝，可省略尾部符号和标注。常见焊缝的标注方法如下。

【例 6-23】　一对对接接头，焊缝形式及尺寸如图 6-28（a）所示。其接头板厚为 10mm，根部间隙为 2mm，钝边为 3mm，坡口角度为 60°。共有 4 条焊缝，每条焊缝长 100mm，采用埋弧焊进行焊接。试用焊缝符号表示法，将其标注出来。

解　标注结果如图 6-28（b）所示。

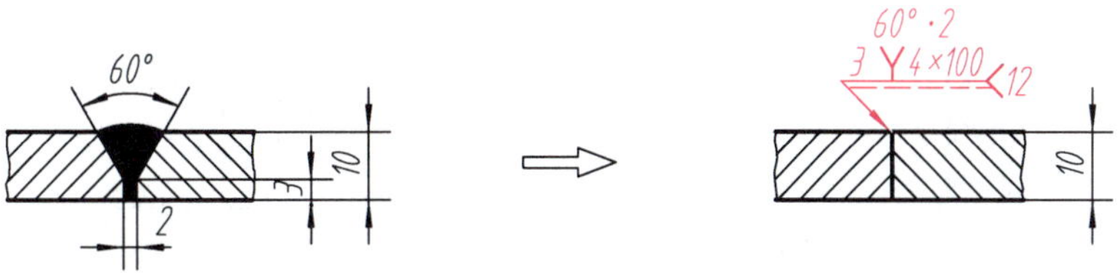

焊缝形式及尺寸　标注方法

（a）　（b）

图 6-28　对接接头的标注方法

【例 6-24】　一对角接接头，焊缝形式及尺寸如图 6-29（a）所示。该焊缝为双面焊缝，上面为带钝边单边 V 形焊缝，下面为角焊缝。钝边为 3mm，坡口面角度为 50°，根部间隙为 2mm，焊脚尺寸为 6mm。试用焊缝符号表示法，将其标注出来。

解　标注结果如图 6-29（b）所示。

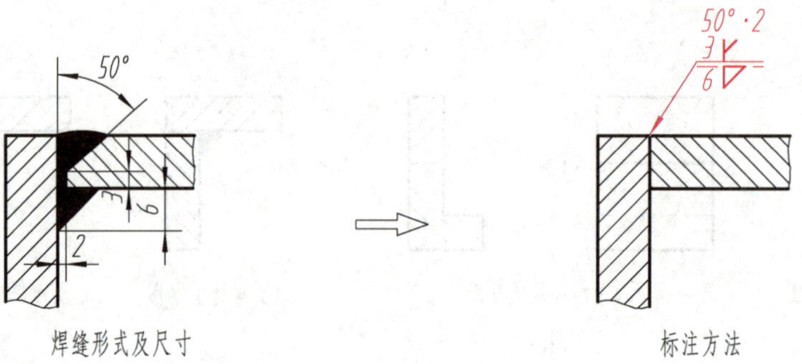

（a）　　　　　　　　　　（b）

图 6-29　角接接头的标注方法

> 提示：① 当同一图样上全部焊缝所采用的焊接方法完全相同时，焊缝符号尾部表示焊接方法的代号可省略不注，但必须在技术要求或其他技术文件中注明“全部焊缝均采用……焊”等字样。② 当大部分焊接方法相同时，也可在技术要求或其他技术文件中注明“除图样中注明的焊接方法外，其余焊缝均采用……焊”等字样。

【例 6-25】　一对搭接接头，焊缝形式及焊缝符号标注如图 6-30 所示。试解释焊缝符号的含义。

解　“⊏”表示三面焊缝，“◺”表示单面角焊缝，“*K*”表示焊脚尺寸。

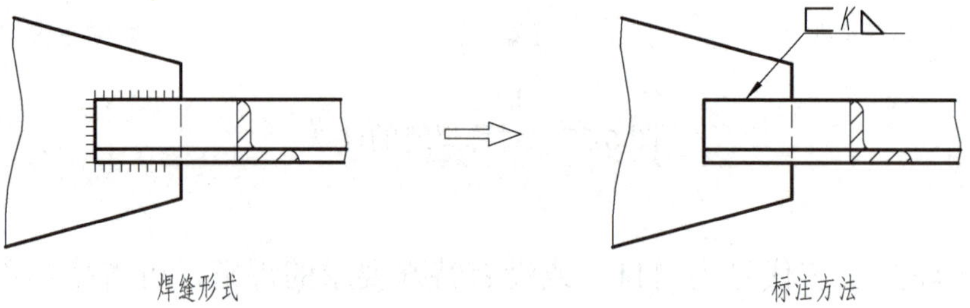

（a）　　　　　　　　　　（b）

图 6-30　解释焊缝符号的含义

【例 6-26】　一对 T 形接头，焊缝形式及尺寸如图 6-31（a）所示。该焊缝为对称角焊缝，焊脚尺寸为 4 mm，在现场装配时进行焊接。试用焊缝符号表示法，将其标注出来。

解　标注结果如图 6-31（b）所示。

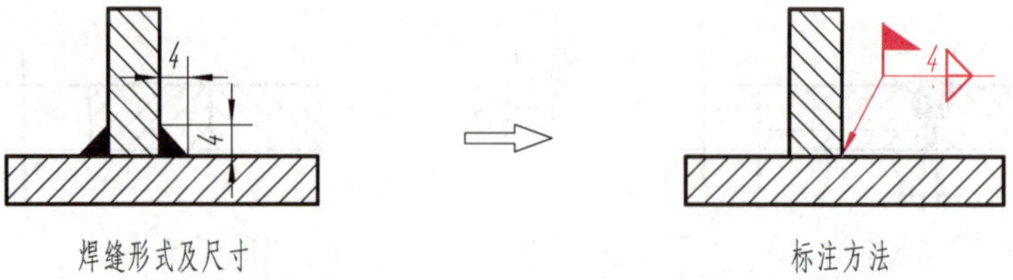

（a）　　　　　　　　　　（b）

图 6-31　T 形接头的标注方法（一）

【例 6-27】　一对 T 形接头，焊缝形式及尺寸如图 6-32（a）所示。该焊缝为双面、断续、角焊缝（交错），断续焊缝共有 12 条，每段焊缝长度为 60mm，焊缝间隙为 65mm，焊脚尺寸为 4mm。试用焊缝符号表示法，将其标注出来。

解　标注结果如图 6-32（b）所示。

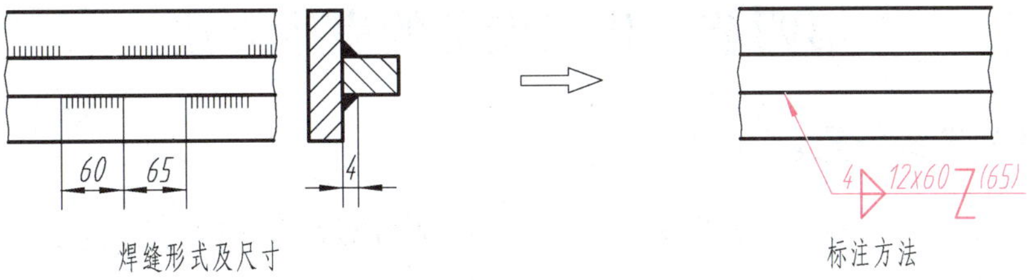

（a）　　　　　　　　　　（b）

图 6-32　T 形接头的标注方法（二）

【例 6-28】 图 6-33 为某化工设备的支座焊接图。试解释图中三种不同焊缝符号所表示的含义。

解 ① 件 1（垫板）与设备吻合，与设备之间吊装现场焊接，四周全部采用角焊缝焊接，焊脚尺寸为 8mm。

② 件 2（支承板）与件 1（垫板）之间采用四周全部角焊缝焊接，焊脚尺寸为 8mm。

③ 件 3（底板）与件 2（支承板）之间采用双面角焊缝焊接，焊脚尺寸为 6mm。

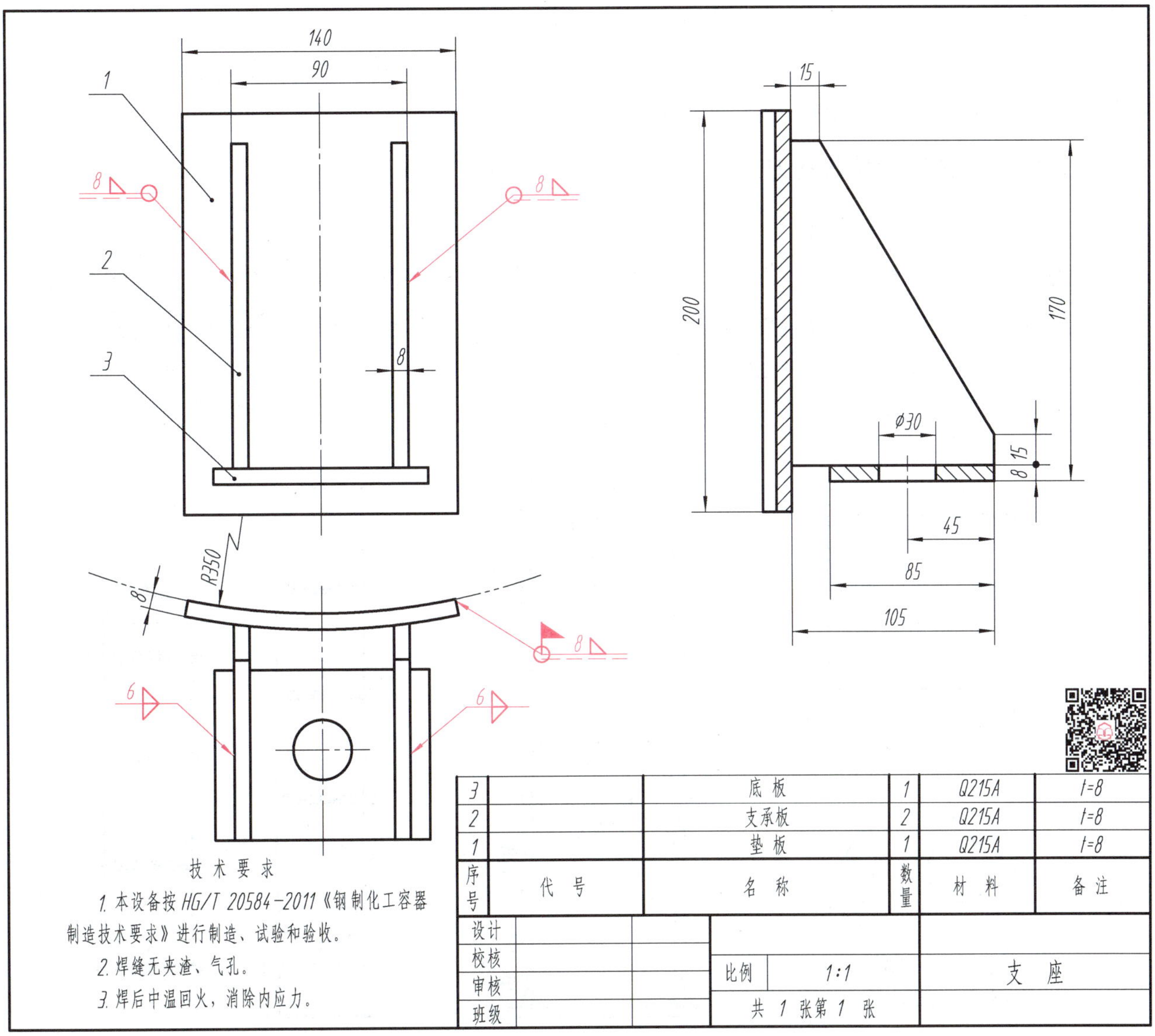

图 6-33　支座焊接图

第四节　化工设备的表达方法

一、基本视图的选择与配置

由于化工设备的主体结构多为回转体，其基本视图通常采用两个视图。立式设备通常采用主、俯两个基本视图；卧式设备通常采用主、左两个基本视图，如图 6-5 所示。主视图一般应按设备的工作位置选择，并采用剖视的表达方法，使主视图能充分表达其工作原理、主要装配关系及主要零部件的结构形状。

对于形体狭长的设备，当主、俯（或主、左）视图难于安排在基本视图位置时，可以将俯（左）视图配置在图样的其他位置，在俯（左）视图的上方标注“×”（×为大写拉丁字母），在主视图附近用箭头指明投射方向，并标注相同的字母。某些结构形状简单，在装配图上易于表达清楚的零部件，其零件图可与装配图画在同一张图样上。

化工设备是由各种零部件组成的，因而物体的各种表达方法，如视图、剖视图、断面图及其他简化画法，同样适用于化工设备图。

由于化工设备图所表达的重点是化工设备的总体情况，要想正确识读化工设备图，还必须了解化工设备的特殊表达方法和简化画法。

二、化工设备的特殊表达方法

1. 多次旋转的表达方法

设备壳体周围分布着众多的管口及其他附件，为了在主视图上清楚地表达它们的结构形状及位置高度，主视图可采用多次旋转的表达方法。即假想将设备周向分布的接管及其他附件，分别旋转到与主视图所在的投影面相平行的位置，然后进行投射，得到视图或剖视图。如图 6-34

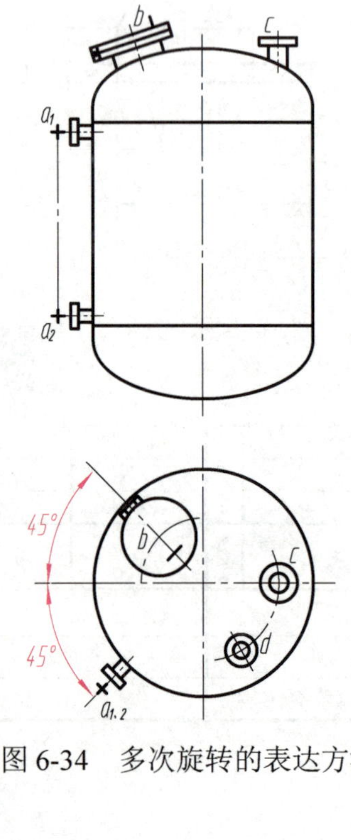

图 6-34　多次旋转的表达方法

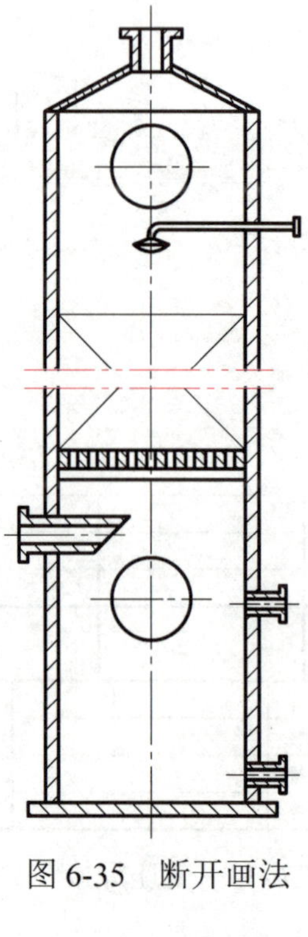

图 6-35　断开画法

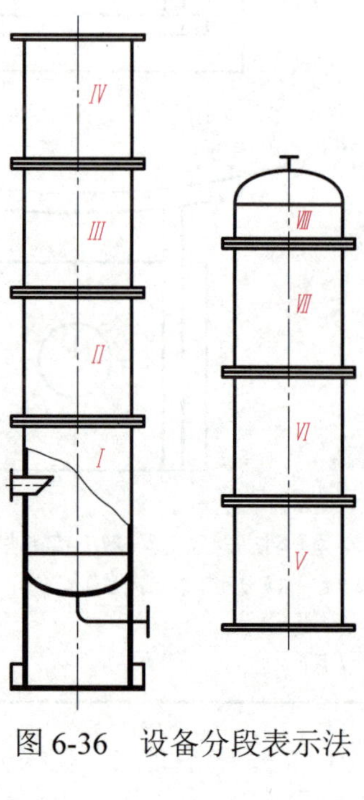

图 6-36　设备分段表示法

所示，图中人孔 b 是按逆时针方向旋转 45°、液面计（a_1、a_2）是按顺时针方向旋转 45°之后，在主视图中画出的。

> 提示：在应用多次旋转的画法时，不能使视图上出现图形重叠的现象。如图 6-34 中的管口 d 就无法再用多次旋转的方法同时在主视图上表达出来。因为它无论向左或向右旋转，在主视图上都会和管口 b 或管口 c 重叠。在这种情况下，管口 d 则需用其他的剖视方法来表达。

2. 局部结构的表达方法

对于化工设备的壁厚、垫片、挡板、折流板及管壁厚等，在绘图比例缩小较多时，其厚度一般无法画出，对此必须采用夸大画法，即不按比例，适当夸大地画出它们的厚度。图 6-5 中容器的壁厚，就是未按比例夸大画出的。

3. 断开和分段（层）的表达方法

对于过高或过长的化工设备，且沿其轴线方向有相当部分的结构形状相同或按规律变化时，可以采用断开画法，即用细双点画线将设备中重复出现的结构或相同结构断开，使图形缩短，简化作图，便于选用较大的作图比例，合理地使用图纸幅面。图 6-35 所示的填料塔采用了断开画法，其断开省略部分是填料层，用简化符号（相交的细实线）表示。

对于较高的塔设备，在不适于采用断开画法时，可采用分段的表达方法，即把整个塔体分成若干段（层）画出，以利于图面布置和选择比例，如图 6-36 所示。

4. 管口方位的表达方法

化工设备壳体上众多的管口和附件方位的确定，在设备的制造、安装等方面都是至关重要的，必须在图样中表达清楚。非定型设备应绘制管口方位图，采用 A4 图幅，以简化的平面图形绘制。图 6-5 中左视图已将各管口的方位表达清楚了，可不必画出管口方位图。

如果设备上各管口或附件的结构形状已在主视图（或其他视图）上表达清楚时，则设备的俯（左）视图可简化成管口方位图的形式，如图 6-37 所示。

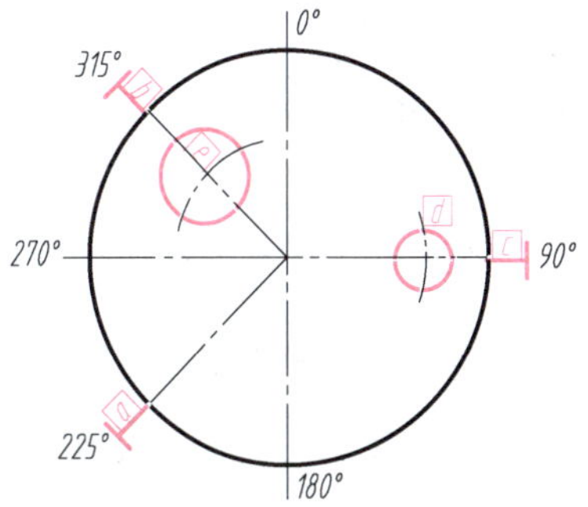

图 6-37　管口方位图

在管口方位图中，用细点画线表明管口的轴线及中心位置，用粗实线示意画出设备管口，并标注管口符号（与设备图上的管口符号一致）。管口符号用加方框（5mm×5mm）的小写拉丁字母表示。

三、简化画法

1. 标准零部件或外购零部件的简化画法

① 标准零部件已有标准图，在化工设备图中不必详细画出，可按比例画出反映其外形特征的简图，如图 6-38 所示，并在明细栏中注明其名称、规格、标准号等。

② 外购零部件在化工设备图中，只需根据主要尺寸按比例用粗实线画出其外形轮廓简图，如图 6-39 所示。同时在明细栏中注明其名称、规格、主要性能参数和“外购”字样等。

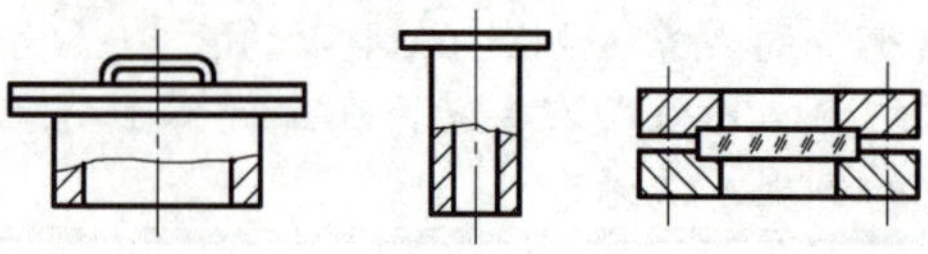

图 6-38　标准零部件的简化画法

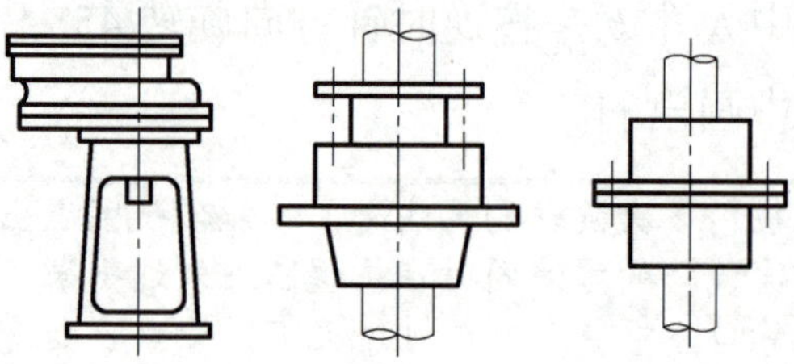

图 6-39　外购零部件的简化画法

2．重复结构的简化画法

① 螺栓孔可以省略圆孔的投影，用对称中心线和轴线表示。装配图中的螺栓联接可用符号“×”（粗实线）表示，若数量较多且均匀分布时，可以只画出几个符号表示其分布方位，如图 6-40 所示。

② 当设备中（主要是塔器）装有同种材料、同一规格的填充物时，在装配图中可用相交的细实线表示，同时注写有关的尺寸和文字说明（规格和堆放方法），如图 6-41 所示。图中“50×50×5”表示瓷环的“直径×高度×壁厚”尺寸。

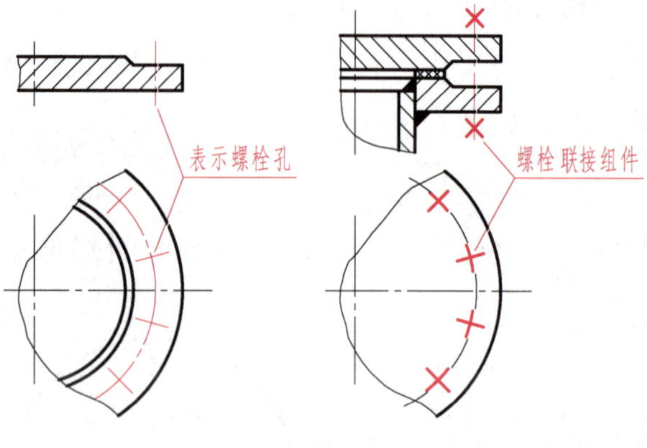

图 6-40　螺栓孔和螺栓连接的简化画法

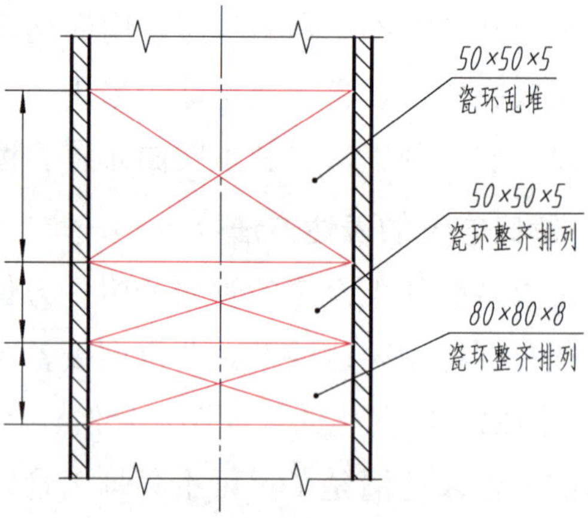

图 6-41　填充物的简化画法

③ 当设备中的管子按一定的规律排列或成管束时（如列管式换热器中的换热管），在装配图中至少画出其中一根或几根管子，其余管子均用细点画线简化表示，如图 6-42 所示。

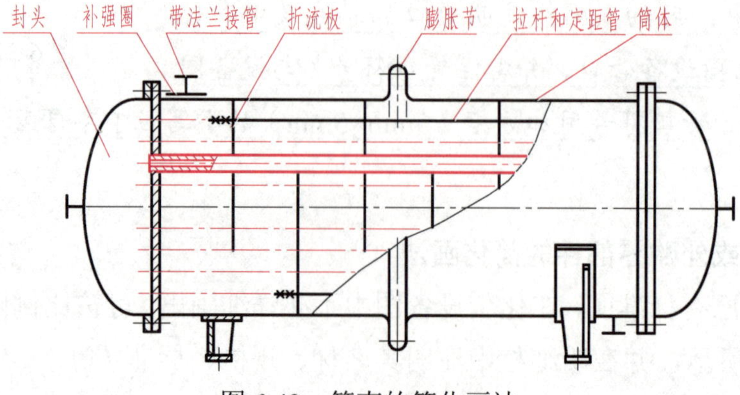

图 6-42　管束的简化画法

④ 当多孔板的孔径相同且按一定的角度规则排列时，用细实线按一定的角度交错来表示孔

的中心位置，用粗实线表示钻孔的范围，同时画出几个孔并注明孔数和孔径，如图 6-43（a）所示；若多孔板画成剖视时，则只画出孔的轴线，省略孔的投影，如图 6-43（b）所示。

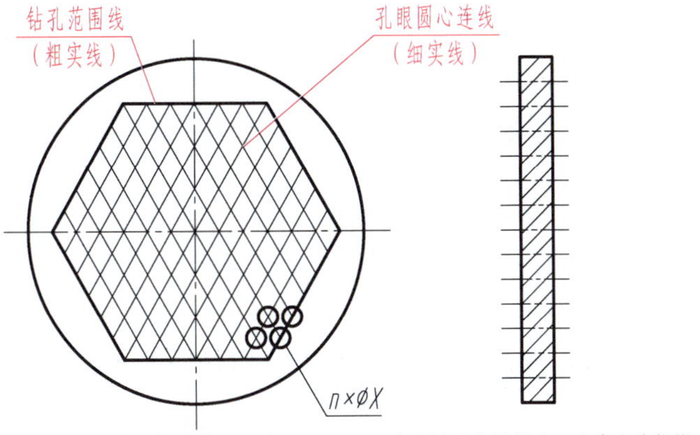

多孔板的简化画法　　多孔板画成剖视时，省略孔的投影

（a）　　（b）

图 6-43　多孔板的简化画法

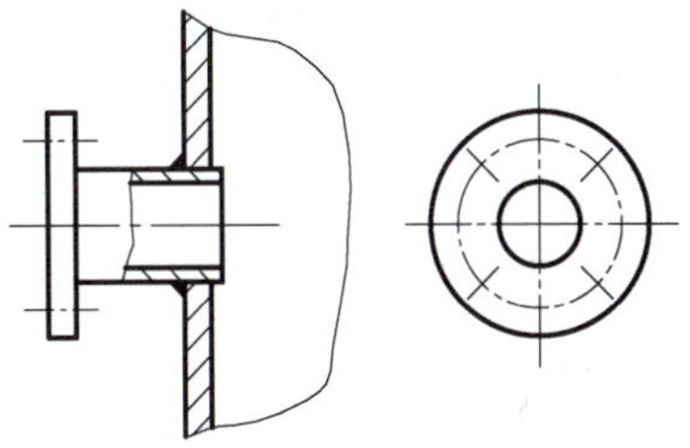

平焊法兰

图 6-44　管法兰的简化画法

3．管法兰的简化画法

在装配图中，不论管法兰的连接面是什么形式（平面、凹凸面、榫槽面），管法兰的画法均可简化，如图 6-44 所示，其连接面形状及焊接型式（平焊、对焊等），可在明细栏及管口表中注明。

4．液面计的简化画法

在装配图中，带有两个接管的玻璃管液面计，可用细点画线和符号“+”（粗实线）示意性简化表示，如图 6-45 中的 a_1、a_2 所示。在明细栏中要注明液面计的名称、规格、数量及标准号等。

5．设备结构用单线表示的简化画法

设备上的某些结构，在已有零部件图或另用剖视、断面、局部放大图等方法表达清楚时，装配图上允许用单线表示。如图 6-46 中的塔盘、设备上的悬臂吊钩，图 6-42 中的折流板、拉杆和定距管、膨胀节等。

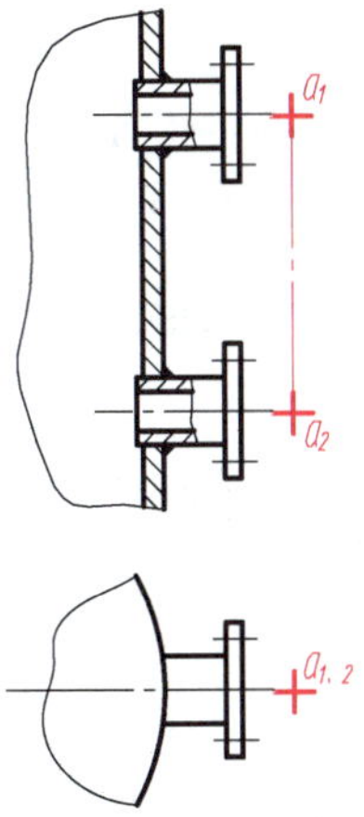

图 6-45　液面计的简化画法

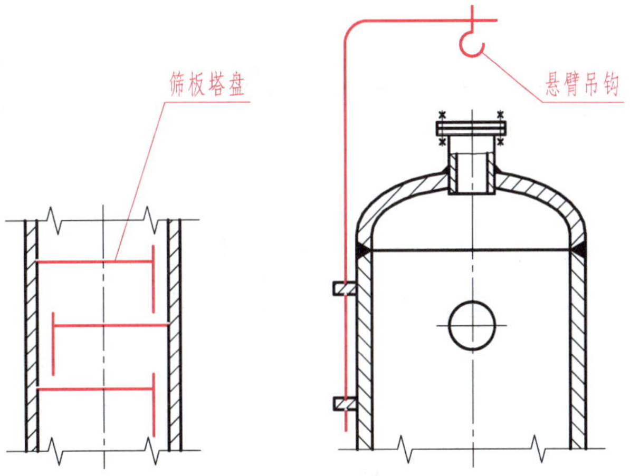

图 6-46　设备结构用单线表示

第五节　尺寸标注及其他

一、尺寸标注

化工设备装配图上的尺寸，主要反映设备的大小、规格、零部件之间的装配关系及设备的安装定位。化工设备装配图的尺寸数量比较多，有的尺寸较大，尺寸精度要求不是很高，并允许注成封闭的尺寸链。

1．尺寸种类

化工设备装配图一般包括以下几类尺寸（图 6-5）。

（1）规格性能尺寸　反映化工设备的规格、性能、特征及生产能力的尺寸。如容器内径 ϕ1400、筒体长度 2000 等。

（2）装配尺寸　反映零部件之间的相对位置尺寸，它们是制造化工设备时的重要依据。如接管间的定位尺寸（430、500）、接管的伸出长度（120）、支座的定位尺寸（1200）等。

（3）外形（总体）尺寸　表示设备总长、总高、总宽（或外径）的尺寸。这类尺寸对于设备的包装、运输、安装及厂房设计等，是十分必要的。如容器的总长 2807、总高 1820、总宽为筒体外径 ϕ1412（通过计算筒体内径加壁厚得出）。

（4）安装尺寸　化工设备安装在基础或其他构件上所需要的尺寸。如支座上地脚螺栓孔的相对位置尺寸 840、1200 等。

（5）其他尺寸　设备零部件的规格尺寸、设计计算确定的尺寸（如筒体壁厚 6）、焊缝的结构型式尺寸等。

2．尺寸基准

化工设备图中标注的尺寸，既要保证设备在制造和安装时达到设计要求，又要便于测量和检验。常用的尺寸基准有：设备筒体和封头的轴线、设备筒体和封头焊接时的环焊缝、设备容器法兰的端面、设备支座的底面等。卧式化工设备的尺寸基准，如图 6-47（a）所示；立式化工设备的尺寸基准，如图 6-47（b）所示。

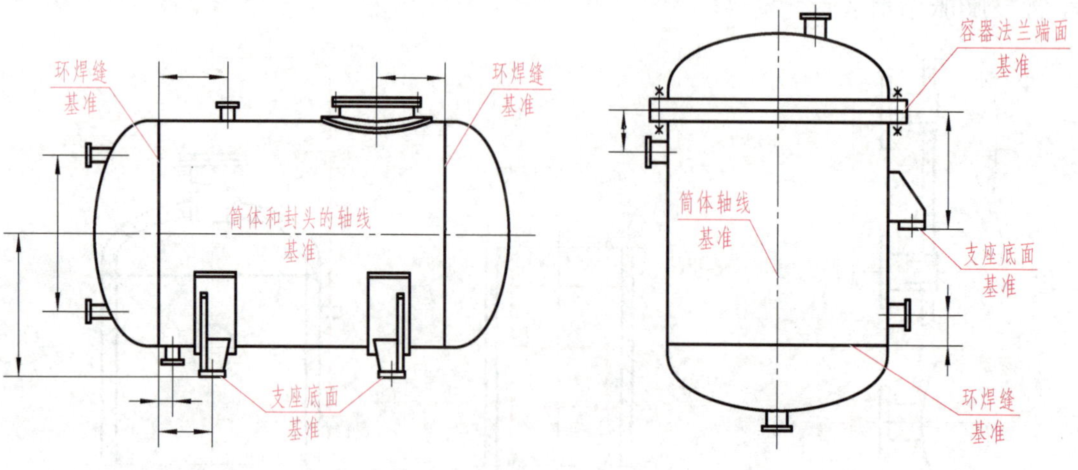

图 6-47　化工设备的尺寸基准

二、管口表

管口表是说明设备上所有管口的用途、规格、连接面形式等内容的一种表格，供备料、制造、检验、使用时参阅。管口表的格式如图 6-48 所示。填写管口表时应注意以下几点。

① 在主视图中，管口符号一律注写在各管口的投影旁边，其编排顺序应从主视图的左下方开始，按顺时针方向依次编写。其他视图上的管口符号，则应根据主视图中对应的符号进行注写。

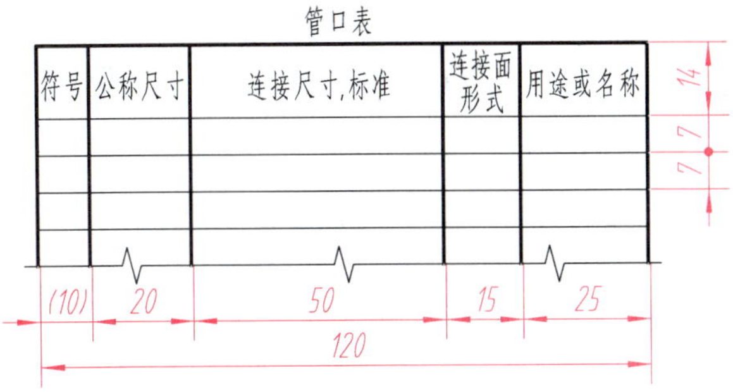

图 6-48 管口表的格式

“符号”栏中的字母符号，应和视图中各管口的符号相同，用小写拉丁字母按 *a*、*b*、*c*…的顺序，自上而下填写。当管口的规格、标准、用途完全相同时，可合并成一项，如“$b_{1\sim3}$”。

②“公称尺寸”栏按管口的公称直径填写。无公称直径的管口，则按管口实际内径填写。

③“连接尺寸，标准”栏填写对外连接管口的有关尺寸和标准。不对外连接的管口，则不予填写，用从左下至右上的细斜线表示。

④“用途或名称”栏填写管口的标准名称、习惯性名称或简明的用途术语。

三、技术特性表

技术特性表是表明该设备技术特性指标的一种表格。技术特性表的格式有两种，适用于不同类型的设备，如图 6-49 所示。对于一般化工设备用的技术特性表，可从中选择合适的一种，并根据不同类型的设备，增加相应的内容。

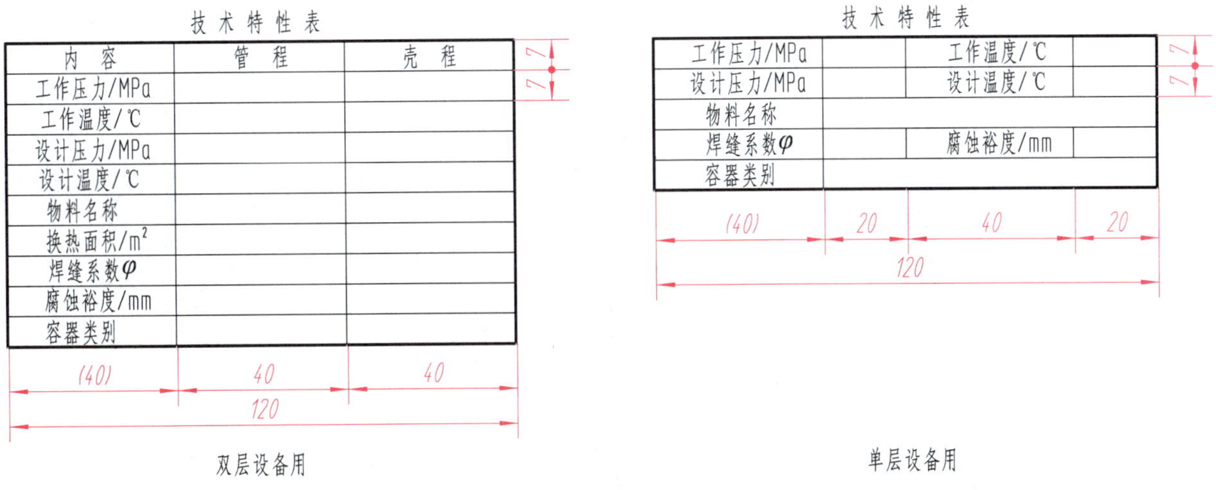

（a）　　　　（b）

图 6-49 技术特性表的格式

> 提示：一般情况下，管口表画在明细栏的上方，技术特性表放在管口表的上方，技术要求写在技术特性表的上方。若位置不够时，可将技术要求、技术特性表和管口表移到明细栏的左侧，但其上下位置保持不变，如图 6-50 所示。

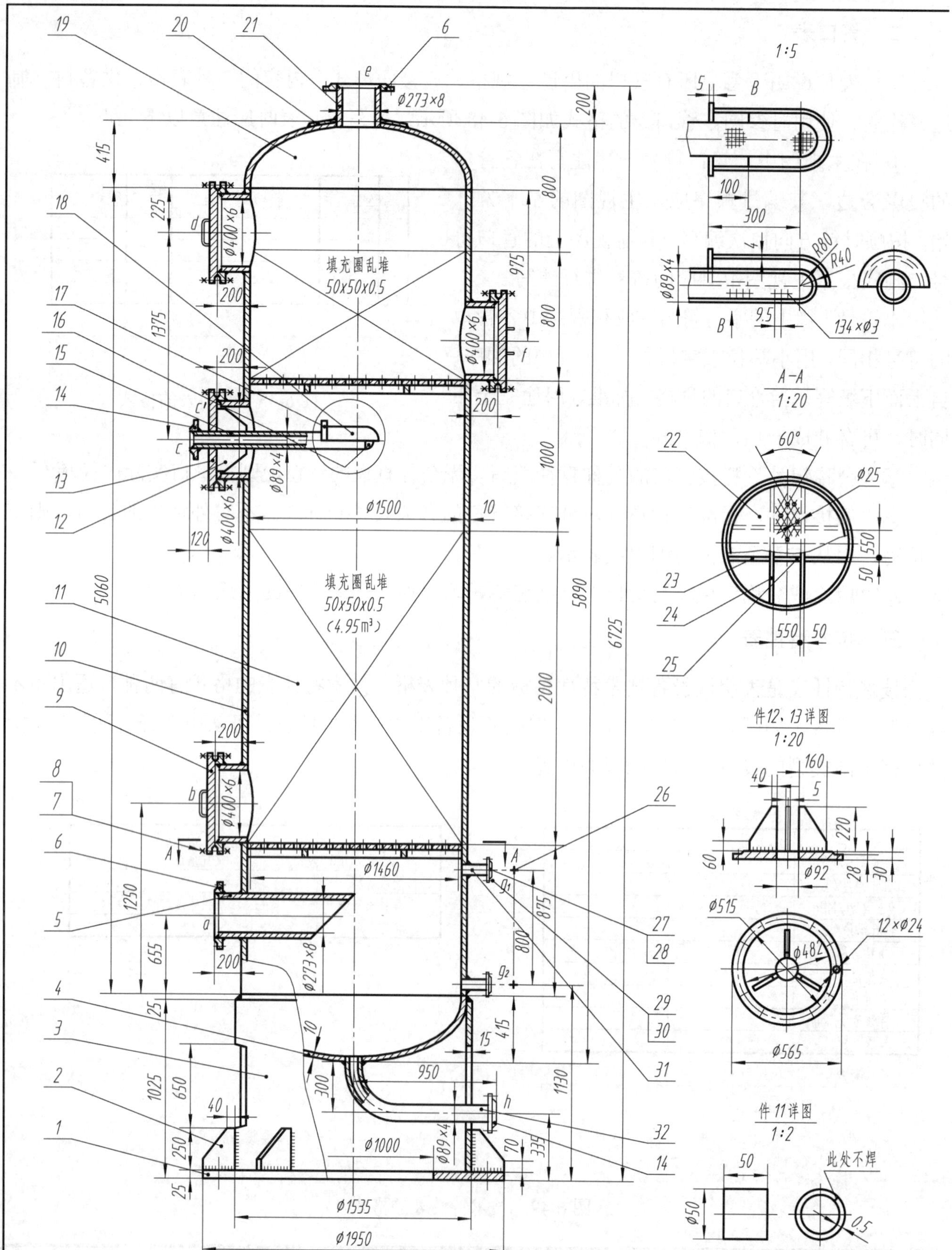
填充圈乱堆
50x50x0.5
填充圈乱堆
50x50x0.5
(4.95m³)
Ø273×8
Ø400×6
Ø89×4
Ø1500
Ø1460
Ø1000
Ø1535
Ø1950
1:5
A-A
1:20
件12、13详图
1:20
件11详图
1:2
此处不焊
134×Ø3
12×Ø24
Ø515
Ø482
Ø565
Ø92
Ø25
Ø50
60°
R80
R40
5060
5890
6725

图 6-50　洗涤

俯视图

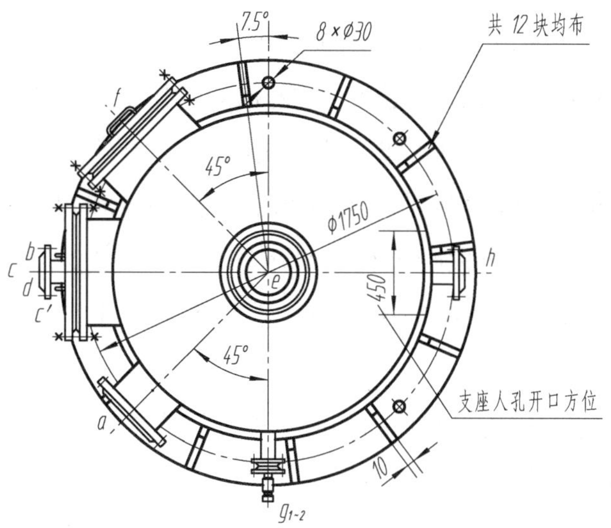

4450 kg

技术要求

1.本设备按《GB 150.4—2011 压力容器 第4部分：制造、检验和验收》和《HG/T 20584—2011 钢制化工容器制造技术要求》进行制造、试验和验收。

2.本设备全部采用焊条电弧焊，焊条型号为E4303，焊接接头的型式，按《GB/T 985.1—2008 气焊、焊条电弧焊、气体保护焊和高能束焊的推荐坡口》规定，法兰焊接按相应标准。

3.设备制成后，作0.2MPa的水压试验。

4.设备外表面涂漆。

技术特性表

工作压力/MPa	0.04	工作温度/℃	38
设计压力/MPa	0.08	设计温度/℃	50
物料名称	溶液、料气		
焊缝系数φ	0.7	腐蚀裕度/mm	3
容器类别	I		

管口表

符号	公称尺寸	连接尺寸,标准	连接面形式	用途或名称
a	250	HG/T20592—2009	平面	气体入口
b	400	HG/T20592—2009	平面	填充物取出口
c	80	HG/T20592—2009	平面	液体入口
c′		Ø400	平面	填充物入口
d	400	HG/T20592—2009	平面	填充物入口
e	250	HG/T20592—2009	平面	气体出口
f	400	HG/T20592—2009	平面	填充物取出口
g_{1-2}	20	BG1.6-I-800		液面计
h	80	HG/T20592—2009	平面	液体出口

序号	代号	名称	数量	材料	备注
32		引出管 Ø89x4	1	20	
31		管子 Ø25x3	2	20	
30	GB/T 6170—2015	螺母 M12	8		
29	GB/T 5782—2016	螺栓 M12x60	8		
28	HG/T 20606—2009	垫片 RF 20—1.6 XB350	2	石棉橡胶	
27	HG/T 20592—2009	法兰 PL20—2.5 RF	2	Q235A	
26	HG/T 21592—1995	液面计 BG1.6—I—800	1		l=800
25		板 80x10	4	Q235A	l=550
24		板 80x10	4	Q235A	l=1390
23		板 80x10	8	Q235A	l=420
22		孔板 Ø1460	1	Q235A	t=12
21		管子 Ø273x8	1	20	
20	JB/T 4736—2002	补强圈 d_N250×8—A	1	Q235B	
19	GB/T 25198—2010	封头 EHA DN1500x10	1	Q235A·F	
18		喷淋器挡板	1	Q235A	t=4
17		孔板端	1	Q235A	t=5
16		喷淋器端	1	Q235A	t=4
15		管子 Ø89x4	1	20	
14	HG/T 20592—2009	法兰 PL80—2.5 RF	2	Q235A	
13		盖板	1		
12		肋板 220x160	3	Q235A	t=8
11		填充圈 50x50x0.5		Q235A	4.95 m³
10		筒体 DN1500×10	1	Q235A	l=5060
9	HG/T 21515—2014	人孔（A-XB350）400	4	Q235A·F	
8	GB/T 6170—2015	螺母 M24	64		
7	GB/T 5782—2016	螺栓 M24x110	64		
6	HG/T 20592—2009	法兰 PL250—2.5 RF	2	Q235A	
5		管子 Ø273x8	1	20	l=1100
4	GB/T 25198—2010	封头 EHA DN1500x10	1	Q235A·F	
3		支座 Ø1535x15	1	20	h=1025
2		肋板 207x250	12	Q235A	l=10
1		基础环 Ø1950xØ1000	1	Q235A	l=25

设计				
校核			比例	1:10	洗涤塔 Ø1500x6725
审核				
班级			共　张第　张	

塔装配图

四、技术要求

技术要求是用文字说明在图中不能（或没有）表示出来的内容，包括设备在制造、试验和验收时应遵循的标准、规范或规定，以及对于材料、表面处理及涂饰、润滑、包装、运输等方面的特殊要求，作为制造、装配、验收等过程中的技术依据。技术要求通常包括以下几方面的内容。

（1）通用技术条件　通用技术条件是同类化工设备在制造（机加工和焊接）、装配、检验等诸方面的技术规范，已形成标准。在技术要求中可直接引用。

（2）焊接要求　焊接工艺在化工设备制造中应用广泛，在技术要求中，通常对焊接方法、焊条、焊剂等提出要求。

（3）设备的检验　一般对主体设备的水压和气密性进行试验，对焊缝进行探伤等，这些项目相应的规范，在技术要求中也可直接引用。

（4）其他要求　设备在机加工、装配、油漆、保温、防腐、运输、安装等方面的要求。

第六节　读化工设备图

在化工设备的设计、制造、使用和维修过程中，都要阅读化工设备图。在读化工设备图的过程中，应着重注意化工设备图的表达特点、简化表示法、管口方位、技术要求等与机械图样的区别。通过对化工设备图的阅读，应主要了解以下基本内容。

① 设备的性能、作用和工作原理；

② 各零部件之间的装配关系、装拆顺序和有关尺寸；

③ 零部件的主要结构形状、数量、材料及作用，进而了解整个设备的结构；

④ 设备的开口方位以及在制造、检验和安装等方面的技术要求。

现以图 6-50 所示洗涤塔装配图为例，说明阅读化工设备图的一般方法和步骤。

一、概括了解

该设备名称为洗涤塔，是石油化工生产中广泛采用的传质设备之一。其规格直径为 ϕ 1500mm，高度为 6725mm，壁厚为 10mm。洗涤塔由三十二种零部件组成，其中包括若干种标准件。其工作压力为 0.04MPa，工作温度为 38℃，工作介质为溶液和料气。塔器共有 8 根接管，接管用途见管口表。

二、视图分析

该设备采用主、俯两个基本视图表达主体结构，另有四个零部件详图。主视图采用大面积局部剖视的方法，表示塔器的内部结构和各管口的装配情况；用简化画法（相交的细实线）表示填料（填充圈）的堆放方式；采用一个局部放大图，表示喷淋器挡板的结构；采用 *A—A* 断面图，表示塔盘的固定结构；采用单独绘制零件图的方式，分别绘制了固定喷淋器的盖板零件图和填充圈的零件图。

洗涤塔的俯视图为外形图，主要表达各管口的周向方位及地脚螺栓孔的分布位置。

三、零部件分析

设备主体由筒体（件 10）、封头（件 4、件 19）和支座（件 3）焊接而成。由主视图和明细栏可知，喷淋器由件 15、件 16、件 17、件 18 等零件焊接而成，主视图表示其纵向结构和高度位置，俯视图则表示其管口的方位，由于该部件不另绘图样，所以在设备图中采用局部放大图，以表达其形状结构。

其他零件请读者自行分析。

四、归纳总结

塔体的主体结构为圆筒形，上、下两端各有一个椭圆形封头。四周共有十个接管口，塔的下端焊有支座，通过地脚螺栓与基础固定。

塔内有两层填料，填料圈由孔板托住。安装时，填料圈分别由人孔 *d* 和 *c*′ 装入塔内；清理时，则由出口 *f* 和 *b* 卸出。

气体由塔底接管口 *a* 进入塔内，经填料层上升，液体则由喷林器喷出后，沿填料表面下流，气液两相则得到充分接触，以达到传质目的。气体再经过高为 800mm 的填料层（称除沫层），除去气体中带有的液沫，然后由塔顶接管 *e* 引出。液沫经填料层往下流，由塔底接管 *h* 排出。

素养提升

将化工设备和机械设备相比较，无论从结构特征和加工制造等方面都有较大的差别。化工设备在制造过程中广泛采用标准零部件，其绝大多数已实现了标准化、系列化和通用化，其制造难度要比机械设备的制造难度小得多。机械制图中的一些规定、表达方法同样适用于化工设备图。从制图的角度来说，化工设备的标准零部件多采用规定画法和简化画法，只要熟悉并掌握化工行业关于制图的相关标准，其图样的表达方法也简单许多。

化工设备中的尺寸是制造、检验化工设备的重要依据，同样不允许有任何差错。在化工设备图上标注尺寸时，不能出错。制造化工设备时，读取图中的尺寸不允许出错。一旦出错，化工设备就不会满足化工生产工艺，就不会生产出合格的化工产品。因此，作为化工生产线上的操作工，我们也要培养工匠精神，逐步形成精益求精的学习态度和和一丝不苟的工作作风。

第七章　建筑施工图

建筑施工图是用以表达设计意图和指导施工的成套图样。它将房屋建筑的内外形状、大小及各部分的结构、装饰等，按国家工程建设制图标准的规定，用正投影法准确而详细地表达出来。由于建筑物的形状、大小、结构以及材料等，与机器存在很大差别，所以在表达方法上也就有所不同。

第一节　建筑施工图的表达方法

一、房屋建筑的构成

房屋分为工业建筑（如厂房、仓库等）、农业建筑（如粮站、饲养场等）和民用建筑三大类。各种房屋的功能虽然不同，但其基本组成部分和作用是相似的。图 7-1 是一幢四层实验楼的轴测剖视图，从图上可以清楚地看到房屋建筑由以下几部分组成。

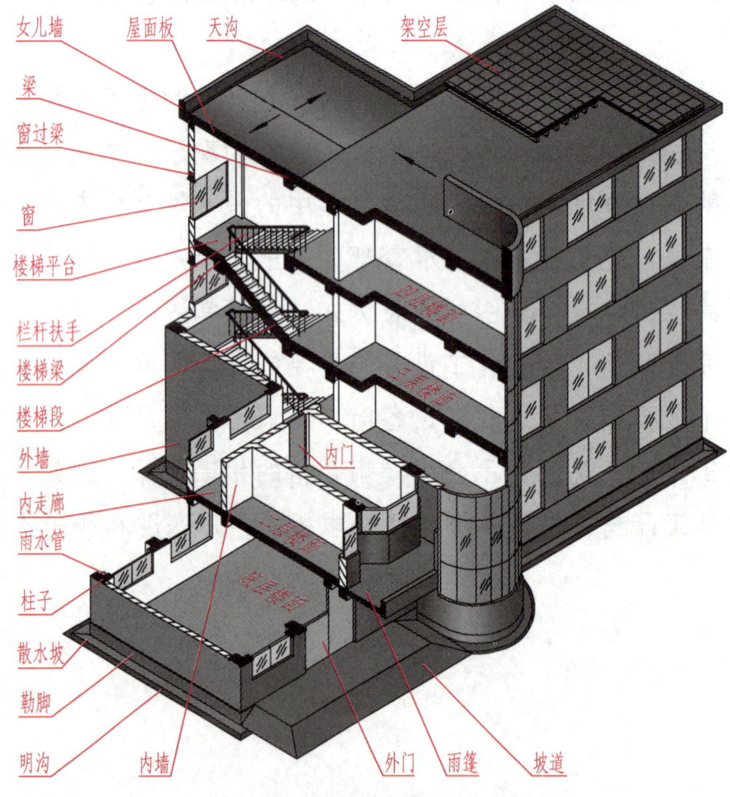

图 7-1　房屋的基本结构

（1）承重结构　如基础、柱、墙、梁、板等。

（2）围护结构　如屋面、外墙、雨篷等。

（3）交通结构　如门、走廊、楼梯、台阶等。

（4）通风、采光和隔热结构　如窗、天井、隔热层等。

（5）排水结构 如天沟、雨水管、勒脚、散水、明沟等。

（6）安全和装饰结构 如扶手、栏杆、女儿墙等。

建筑施工图简称“建施”，主要反映建筑物的整体布置、外部造型、内部布置、细部构造、内外装饰以及一些固定设备、施工要求等，是房屋施工放线、砌筑、安装门窗、室内外装修和编制工程概算及组织施工的主要依据。

二、建筑施工图样与机械图样的区别

1. 执行的标准不同

机械图样是根据技术制图和机械制图国家标准绘制的，而建筑施工图样是根据技术制图和GB/T 50001－2017《房屋建筑制图统一标准》、GB/T 50103－2010《总图制图标准》、GB/T 50104－2010《建筑制图标准》、GB/T 50105－2010《建筑结构制图标准》、GB/T 50106－2010《建筑给水排水制图标准》、GB/T 50114－2010《暖通空调制图标准》等六个国家工程建设标准绘制的。

2. 图样的名称与配置不同

① 建筑施工图样与机械图样都是按正投影法绘制的，但建筑施工图样与机械图样的图名不同，两者的区别见表 7-1。

表 7-1 建筑施工图样与机械图样的图名对照

类 别	图 名 对 照								
建筑施工图样	正立面图	平面图	左侧立面图	右侧立面图	底面图	背立面图	剖面图	断面图	建筑详图
机械图样	主视图	俯视图	左视图	右视图	仰视图	后视图	剖视图	断面图	局部放大图

② 建筑施工图的视图配置（排列），通常是将平面图画在正立面图的下方。如果需要绘制侧立面图，也常将左侧立面图画在正立面图的左方，右侧立面图画在正立面图的右方。也可将平面图、立面图分别画在不同的图纸上。

3. 线宽比不同

绘制机械图样有 9 种规格的图线，绘制建筑施工图样有 11 种规格的图线。机械图样的线宽比为“粗线：细线=2：1”，而建筑施工图样的线宽比为“粗线：中粗线：中：细=1：0.7：0.5：0.25”，见表 7-2。

表 7-2 机械图样与建筑施工图样的线宽比（摘自 GB/T 4457.4—2002、GB/T 50104—2010）

（机械图样）图线名称	线宽 d	（建筑施工图样）图线名称		线宽 b
粗实线	d	实线	粗	b
细实线	$0.5d$		中粗	$0.7b$
细虚线	$0.5d$		中	$0.5b$
细点画线	$0.5d$		细	$0.25b$
波浪线	$0.5d$	虚线	中粗	$0.7b$
双折线	$0.5d$		中	$0.5b$
粗虚线	d		细	$0.25b$

续表

（机械图样）图线名称	线宽 d	（建筑施工图样）图线名称		线宽 b
粗点画线	d	单点长画线	粗	b
细双点画线	$0.5d$		细	$0.25b$
—	—	折断线	细	$0.25b$
—	—	波浪线	细	$0.25b$

4．绘图比例不同

由于建筑物的形体庞大，所以平面图、立面图、剖面图一般都采用较小的比例绘制。建筑施工图中常用的比例，见表 7-3。

表 7-3　建筑施工图中常用的比例（摘自 GB/T 50104—2010）

图　名	比　例	图　名	比　例
建筑物或构筑物的平面图、立面图、剖面图	1∶50、1∶100、1∶150、1∶200、1∶300	配件及构造详图	1∶1、1∶2、1∶5、1∶10、1∶15、1∶20、1∶25、1∶30、1∶50
建筑物或构筑物的局部放大图	1∶10、1∶20、1∶25、1∶30、1∶50		

5．尺寸标注不同

① 建筑施工图样中的起止符号一般不用箭头，而用与尺寸界线成顺时针旋转 45°、长度为 2～3mm 的中粗斜短线表示，其标注的一般形式如图 7-2 所示。直径、半径、角度与弧长的尺寸起止符号，用箭头表示。

② 一般情况下，建筑施工图样中的尺寸要注成封闭的。

③ 建筑施工图样中的尺寸单位，除标高及总平面图以 m 为单位外，其他尺寸以 mm 为单位。

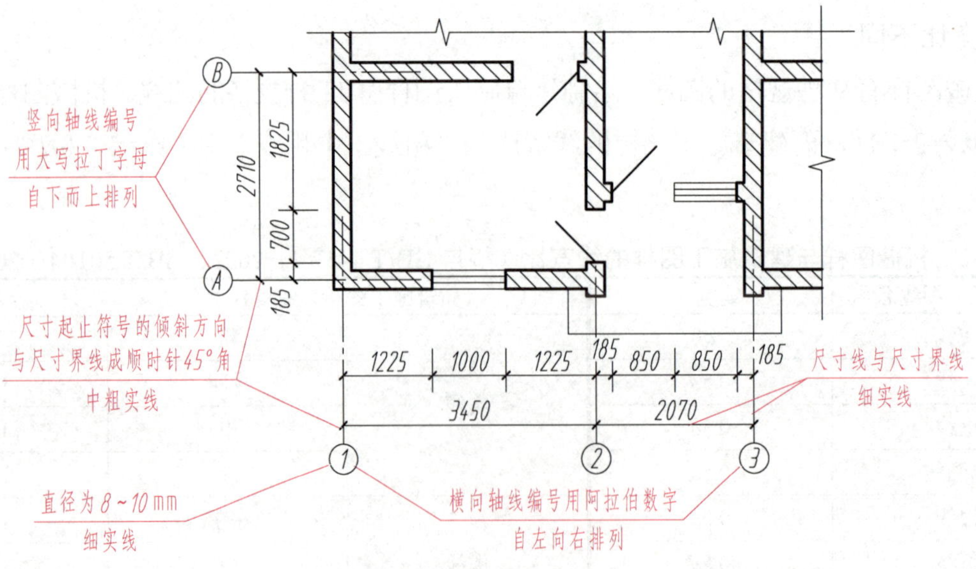

图 7-2　尺寸标注示例

三、建筑施工图的表达方法

建筑施工图是从总体上表达建筑物的内外形状和结构情况，通常要画出它的平面图、立面图和剖面图（简称“平、立、剖”），是建筑施工图中的基本图样。

1．平面图

假想用一水平的剖切平面沿门窗洞的位置将建筑物剖开，移去剖切平面以上部分，将余下部分向水平面投射所得的剖视图，称为建筑平面图，简称平面图，如图 7-3（b）所示。从图中可以看出，平面图相当于机械制图中全剖的俯视图。

平面图主要表示建筑物的平面布局，反映各个房间的分隔、大小、用途；墙（或柱）的位置；内外交通联系；门窗的类型和位置等内容。如果是楼房，还应表示楼梯的位置、形式和走向。

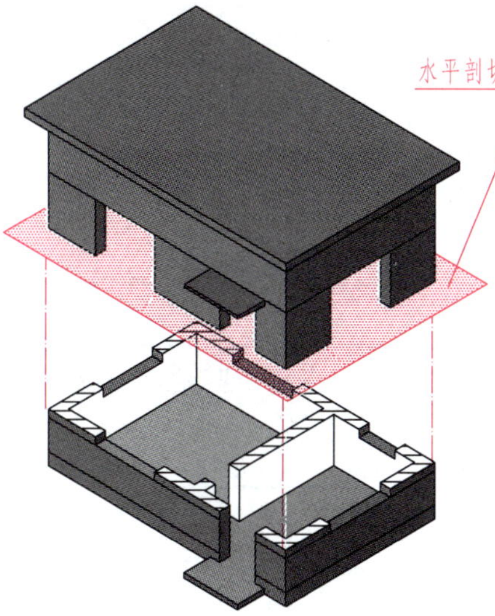

（a）

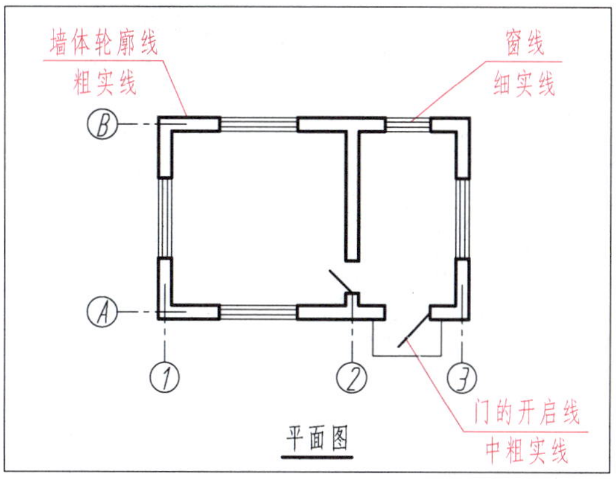

（b）

图 7-3　平面图

2．立面图

在与建筑立面平行的铅直投影面上所做的正投影图，称为建筑立面图，简称立面图，如图 7-4 所示。

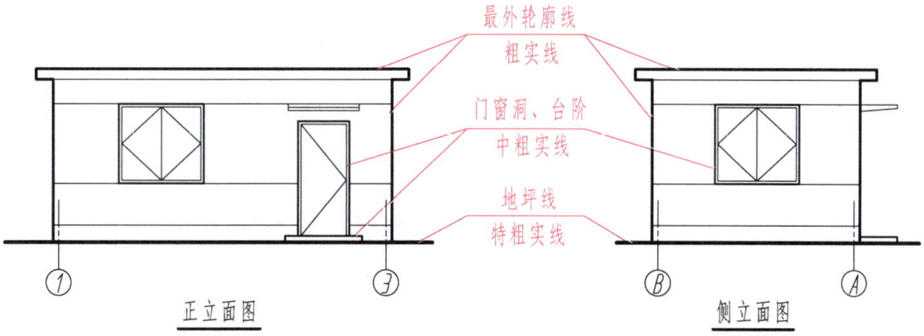

（a）　　（b）

图 7-4　立面图

立面图主要表示建筑物的外貌，反映建筑物的长度、高度和层数，门窗、雨篷、凉台等细部的形式和位置，以及墙面装饰的做法等内容。由于立面图主要表示建筑物某一立面的外貌，所以建筑物内部不可见部分省略不画。立面图采用的比例与平面图相同。立面图的名称，一般以反映主要出入口和建筑物外貌特征的那一面，称为正立面图（相当于机械制图中的主视图）；从建筑物的左侧（或右侧）由左向右（或由右向左）投射所得的立面图，称为侧立面图；而从建筑物的背面（由后向前）投射所得的立面图，则称为背立面图。

3．剖面图

假想采用一个或多个垂直于外墙的切平面将建筑物剖开，移去观察者和剖切面之间的部分，将余下部分向投影面投射所得的剖视图，称为建筑剖面图，简称剖面图，如图 7-5（b）所示。该剖面图相当于机械制图中全剖的左视图或右视图。

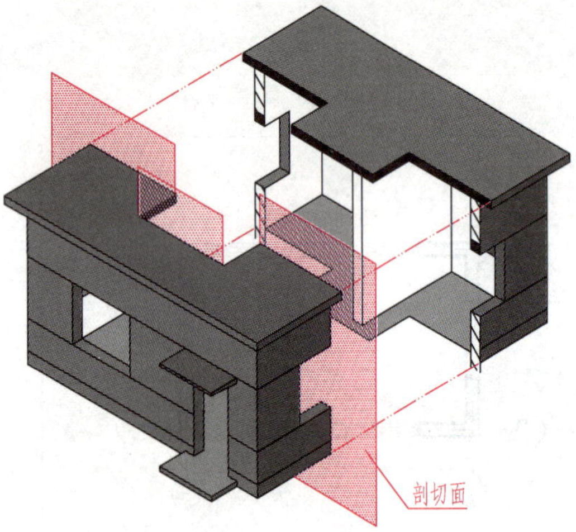

（a）

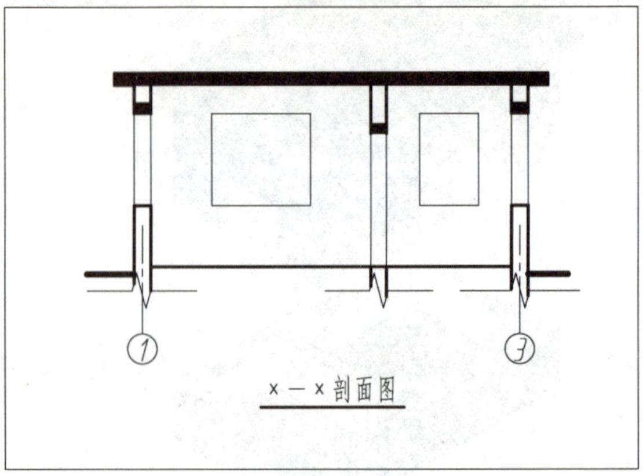

（b）

图 7-5　剖面图

剖面图主要表示建筑物内部在垂直方向上的情况。如屋面坡度、楼房的分层、楼板的厚度，以及地面、门窗、屋面的高度等。剖面图采用的比例与平面图、立面图相同。剖面图所选取的剖切位置，应该是建筑物内部有代表性或空间变化较复杂的部位，并尽可能通过门窗洞、楼梯间等部位。

四、建筑施工图常用的符号和图例

1．定位轴线

定位轴线是用来确定房屋主要承重构件位置及标注尺寸的基线。在建筑施工图中，建筑物是个整体，为了便于施工时定位放线和查阅图样，采用定位轴线表示墙、柱的位置，并对各定位轴线加以编号。

定位轴线用单点长画线表示，轴线编号注写在轴线端部的圆圈内。编号圆用细实线绘制，直径为 8～10mm。在平面图上，横向编号采用阿拉伯数字，自左向右依次编写；竖向编号用大写拉丁字母（I、O、Z 除外）自下而上顺序编写，轴线编号一般注写在平面图的下方及左侧，如图 7-2 所示。在立面图或剖面图上，一般只需画出两端的定位轴线，如图 7-4、图 7-5（b）所示。

2．标高符号

在建筑施工图中，用标高表示建筑物的地面或某一部位的高度。用绝对标高和建筑标高表示不同的相对高度。标高尺寸以 m 为单位，不需在图上标注。

建筑标高用来表示建筑物各部位的高度，用于除总平面图以外的其他施工图上。常以建筑物的首层室内地面作为零点标高（注写成±0.000）；零点标高以上为正，标高数字前不必注写“+”号；零点标高以下为负，标高数字前必须加注负号“-”；标高尺寸注写到小数点后第三位。

3．图例

由于建筑施工图是采用较小比例绘制的，有些内容不可能按实际情况画出，因此常采用各种图形符号（称为图例）来表示建筑材料和建筑配件。画图时，要按照建筑制图国家标准的规定，正确地画出这些图例。建筑施工图常用图例见表 7-4。

表 7-4　建筑施工图常用图例（摘自 GB/T 50001—2017、GB/T 50104—2010）

名称		图例	说明
建筑材料	自然土壤		包括各种自然土壤
	夯实土壤		—
	普通砖	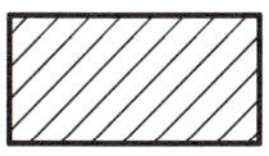	包括实心砖、多孔砖、砌块等砌体。断面较窄不易绘出图例线时，可涂红，并在图纸备注中加注说明，画出该材料图例
	混凝土	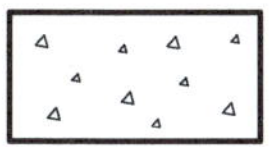	① 本图例指能承重的混凝土及钢筋混凝土 ② 包括各种强度等级、骨料、添加剂的混凝土 ③ 在剖面图上画出钢筋时，不画图例线 ④ 断面图形小，不易画出图例线时，可涂黑
	钢筋混凝土	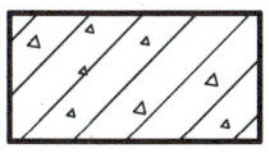	
其他	指北针	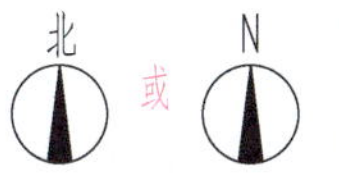	圆的直径宜为 24mm，用细实线绘制；指针尾部的宽度宜为 3mm，指针头部应注“北”或“N”字

名称		图例	说明
建筑构造及配件	单面开启单扇门（包括平开或单面弹簧）	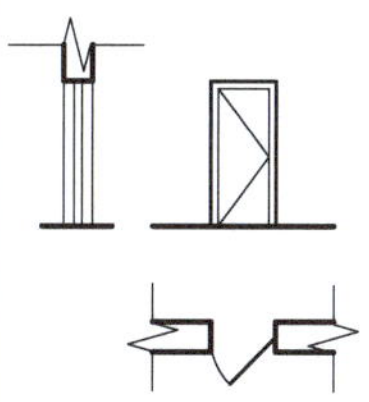	① 门的名称代号用 M 表示 ② 平面图中，下为外，上为内 ③剖面图中，左为外，右为内 ④ 立面图中，开启线实线为外开，虚线为内开。开启线交角的一侧为安装合页的一侧
	单层外开平开窗	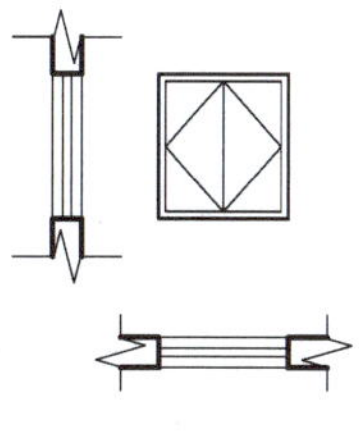	① 窗的名称代号用 C 表示 ② 平面图中，下为外，上为内 ③ 剖面图中，左为外，右为内 ④ 立面图中，开启线实线为外开，虚线为内开。开启线交角的一侧为安装合页的一侧
	孔洞		阴影部分亦可填充灰度或涂色代替
	坑槽		—

第二节　建筑施工图的识读

建筑施工图所表达内容很多，对于非建筑专业人员而言，只要知道房屋的形状就行了，不需要了解其构件的内部结构、材料性能和施工要求，所以本节只对建筑施工图的识读方法作简要介绍。

一、平面图

平面图是假想经过门窗的水平面把房屋剖开，移走上部，从上向下投射得到的水平剖视图，称为平面图，如图 7-6 中“首层平面图”所示。如果是楼房，沿底层切开的，称为底（首）层平面图，沿二层切开的称为二层平面图，依次有三层、四层……平面图。

平面图主要表示房屋的平面形状和内部房间的分隔、大小、用途、门窗的位置，以及交通联系（楼梯、走廊）等内容。

在施工过程中，放线、砌筑、安装门窗、室内装修及编制工程预算、备料等，都要用到平面图。平面图应包括如下一些基本内容。

（1）定位轴线及编号　定位轴线是施工定位、放线的重要依据。本例横向轴线为①～⑧号，竖向轴线为Ⓐ～Ⓓ号。其中(1/5)为⑤号轴线后的一条附加轴线，(1/C)为Ⓒ号轴线后的一条附加轴线。定位轴线用单点长画线绘制。

（2）图线和比例　平面图中的线型粗细要分明，凡是被水平切平面剖切到的墙、柱等截面轮廓线为粗实线；门扇的开启示意线为中粗实线；其余可见轮廓线和尺寸线等为细实线。

（3）材料图例　平面图上的断面，一般应画出材料图例，但当比例等于或小于 1∶100 时，可用简化的材料图例来表示。如砖墙断面涂红、钢筋混凝土断面涂黑等。

（4）门窗　平面图中的门窗应按标准规定的图例画出。门的代号为“M”，窗的代号为“C”，在代号后面加上编号，如 M1、M2…和 C1、C2…等。同一编号表示同一类型的门窗，如平面图中有 2 处标有 M5、有 6 处标有 C2，说明它们的构造和尺寸都一样。

（5）楼梯　平面图中的楼梯应按标准规定的图例来表示，楼梯的踏面数和平台宽应按实际画出。

（6）尺寸和标高　平面图中应标注外部尺寸和内部尺寸。

① 外部尺寸。在水平方向和竖直方向各标注三道尺寸。

——最外面一道标注外轮廓的总尺寸，表明实验楼的总长和总宽。通过其长度和宽度，即可计算建筑面积和占地面积。

——中间一道是轴线尺寸，表明房间的开间及进深。一般两相邻水平轴线间的距离称为开间，两相邻竖直轴线间的距离称为进深。

——最里一道表示外墙各细部的位置及大小，如门窗洞口、墙垛的宽度和位置等。

② 内部尺寸。应标出内墙的厚度、内墙上门窗洞的宽度尺寸和定位尺寸等。

③ 标高。平面图中应注明地面的相对标高。规定底层地面为标高零点（写成±0.000），其余各处地面的标高值即相对于底层地面的相对高度，如底层厕所地面标高为-0.060，即表示该处地面比底层地面低 60 mm。

（7）指北针 在平面图旁的明显位置上画出指北针，指北针所指的方向应与总平面图一致。从图中可以看出，该实验楼坐北朝南。

（8）其他 底层平面图画出大门口处的坡道和右侧的台阶、室外散水、明沟，并标明剖面图的剖切位置、投射方向和编号。

二、立面图

从正面观察房屋的视图，称为正立面图；从侧面观察房屋所得的视图，称为侧立面图；从背面观察房屋所得的视图，称为背立面图。立面图也可以按房屋的朝向分别称为东立面图、西立面图、南立面图、北立面图，如图 7-6 中正立面图为南立面图。

立面图表示房屋的外貌，反映房屋的高度，门窗的形式、大小和位置，屋面的形式和墙面的做法等内容，一般包括下列基本内容。

（1）内容 本例的立面图采用建筑物的朝向来命名，图 7-6 中给出了南立面图（即正立面图）和东立面图（即侧立面图）。立面图的比例，一般与平面图一致，以便对照阅读。从南立面图可看到大门上方的折角雨篷，及折角墙面上的折角窗、中间的半圆弧窗和右边墙上各层窗户的分布情况。从东立面图可看到半圆弧窗的右侧面、东侧外门、台阶和雨篷。各立面图上均统一画上了墙面分隔线。

（2）图线 为了使立面图轮廓清晰、层次分明，增强立面效果，通常用粗实线画出立面的最外轮廓线。地坪线用特粗实线（粗实线的 1.4 倍）画出。立面上自成一体的形体轮廓线用中粗实线画出，门、窗、雨篷、台阶、墙面分隔线、勒脚、雨水管等用细实线画出。

（3）标注 在立面图中，一般只注写相对标高而不注写大小尺寸。用标高表示建筑物的总高度，标注室外地坪、顶面、门窗洞上下口、雨篷、屋檐下口、屋面等处的标高，标高注在图形外，各标高符号大小一致，并对齐排在同一铅直线上；标注立面两端墙的定位轴线及编号，图 7-6 中正立面图（南立面图）标注①、⑧轴线，侧立面图（东立面图）标注Ⓐ、Ⓓ轴线，并在图的下方注写图名、比例；用文字来说明立面上的装修做法，如外墙为“白水泥水刷石”。

三、剖面图

假想用正平面或侧平面沿铅垂方向把房屋剖开（如果剖切平面不能同时剖开外墙上的门或窗时，可将剖切平面转折一次），将处于观察者和剖切平面之间的部分移去，而将其余部分向投影面投射所得的图形，称为剖面图，如图 7-6 中的“1—1 剖面”所示。

剖面图主要用来表示房屋内部的结构形式、分层情况、主要构件的相互关系以及从屋面到地面各层的高度等内容，剖面图一般包括下列基本内容。

（1）图名与轴线编号 将图名与轴线编号、平面图上的剖切位置和轴线编号相对照，可知“1—1 剖面图”是一个纵向剖面图，剖面图的比例与平、立面图一致。

（2）图线 剖面图的线型与平面图一样，即凡剖切到的墙、板、梁构件的断面轮廓线为粗实线，剖切面后面的可见轮廓线为细实线。

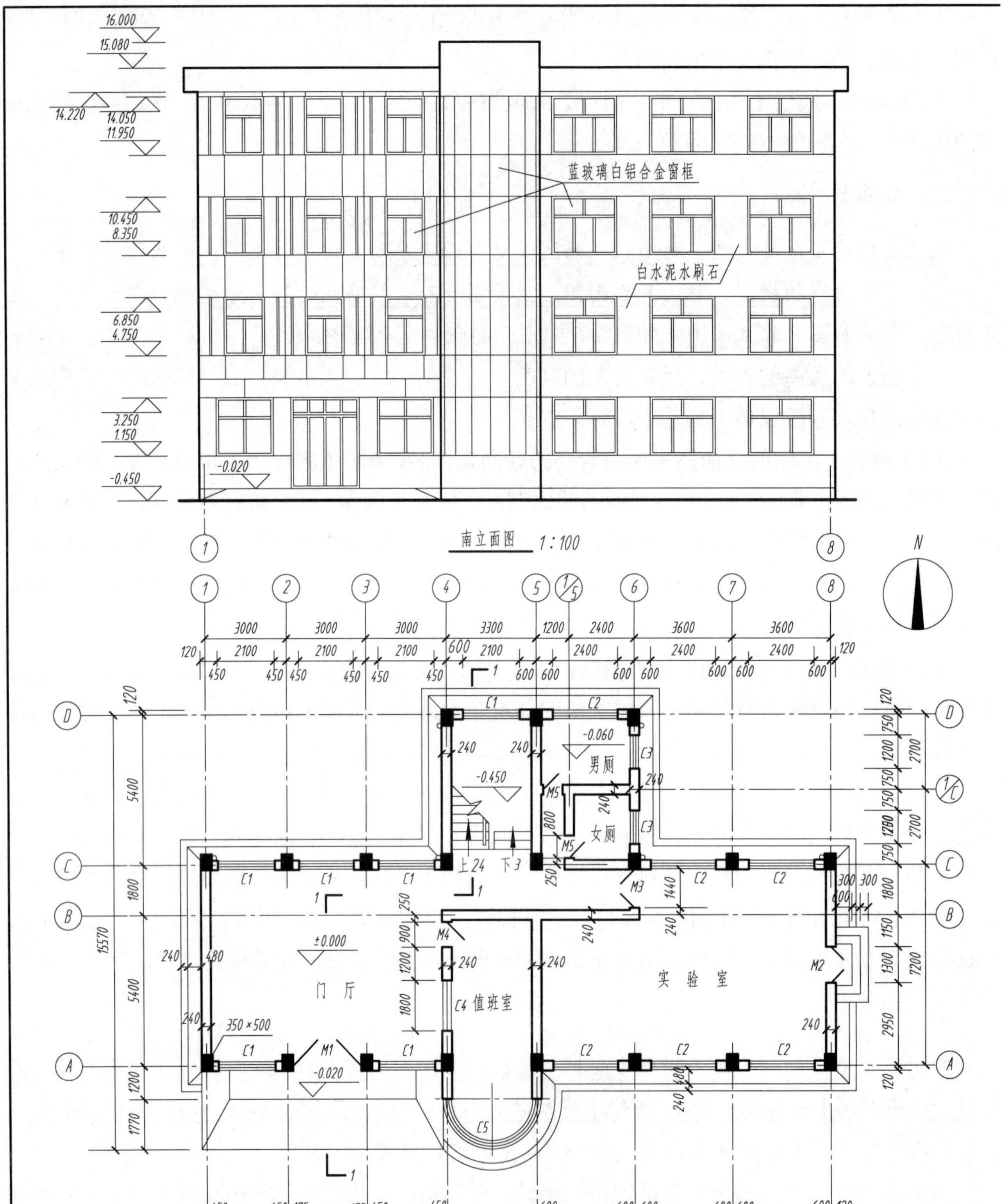

图 7-6　某实验楼

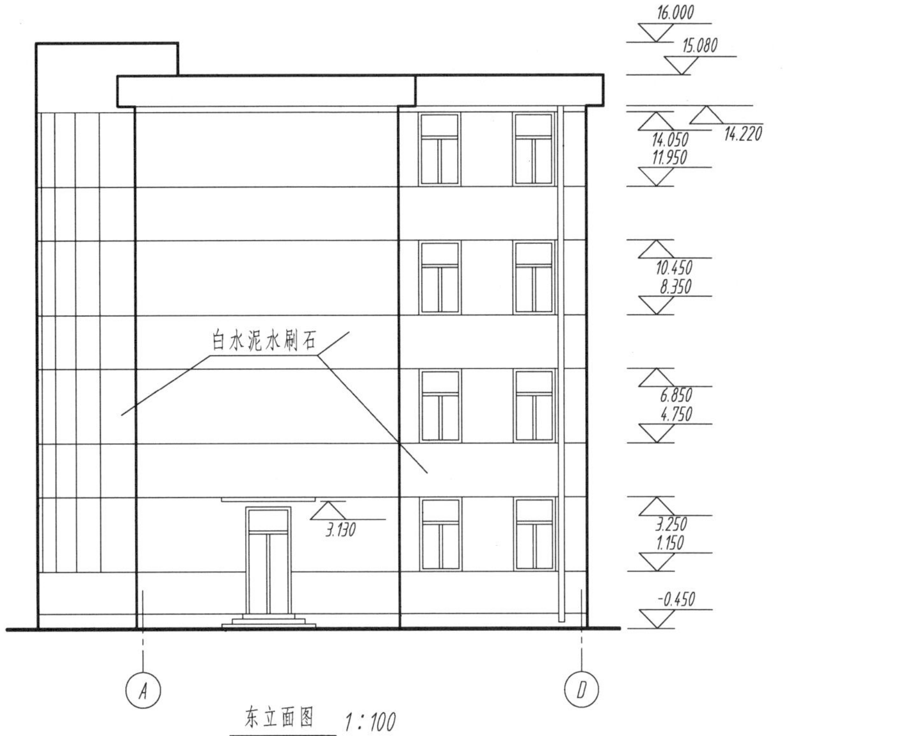

东立面图 1:100

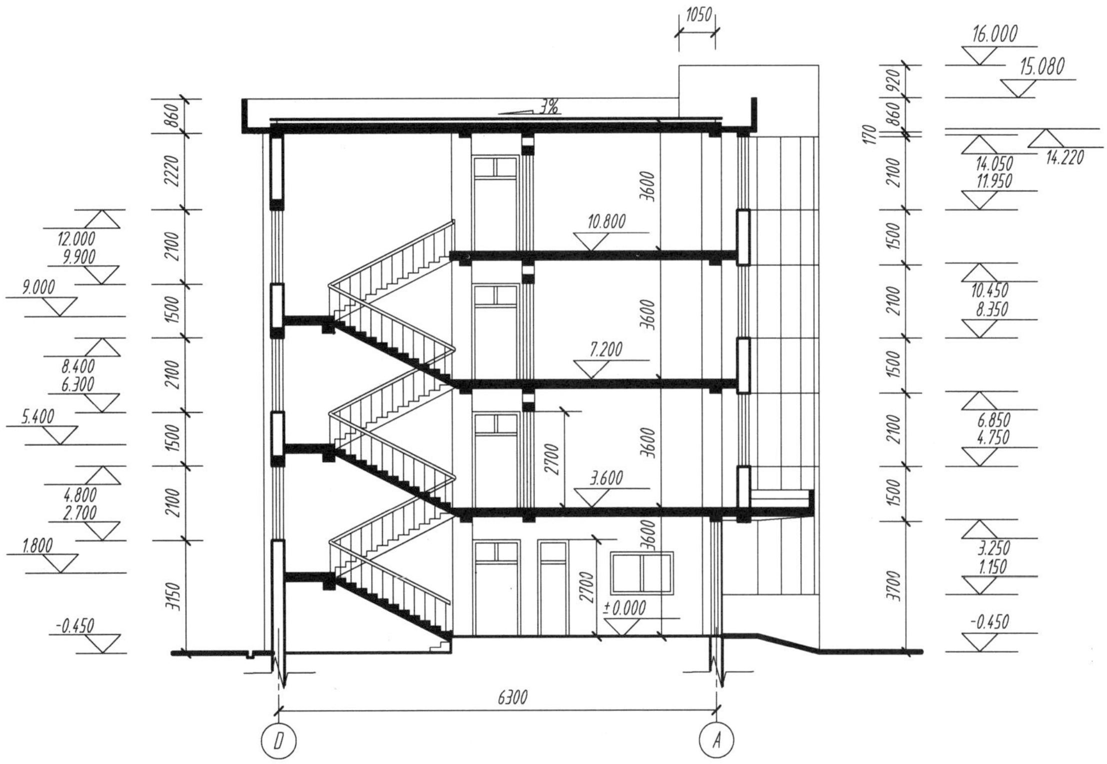

1-1 剖面图 1:100

建筑施工图（部分）

（3）标注　标注室内外地坪、楼地面、楼梯平台、门窗、檐口、屋顶等处的标高；标注两端外墙的竖直连续线性尺寸和内部可见的建筑构造、构配件的高度尺寸和层高尺寸；标注两端被剖切的外墙的定位轴线（本例标注了Ⓐ、Ⓓ号轴线），并标出两轴线间的尺寸。

第八章　化工工艺图

在炼油、化工、化纤、合成塑料、合成橡胶、化肥等石油化工产品的生产过程中，有着相同的基本操作单元，如蒸发、冷凝、精馏、吸收、干燥、混合、反应等等。化工工艺流程图是用来表达化工生产过程与联系的图样，如物料的流程顺序和操作顺序。它不但是化工工艺人员进行工艺设计的主要内容，也是进行工艺安装和指导生产的技术文件。

第一节　化工工艺流程图

一、首页图

在工艺设计施工图中，将所采用的部分规定以图表形式绘制成首页图，以便于识图和更好地使用设计文件。首页图如图 8-1 所示，它包括如下内容。

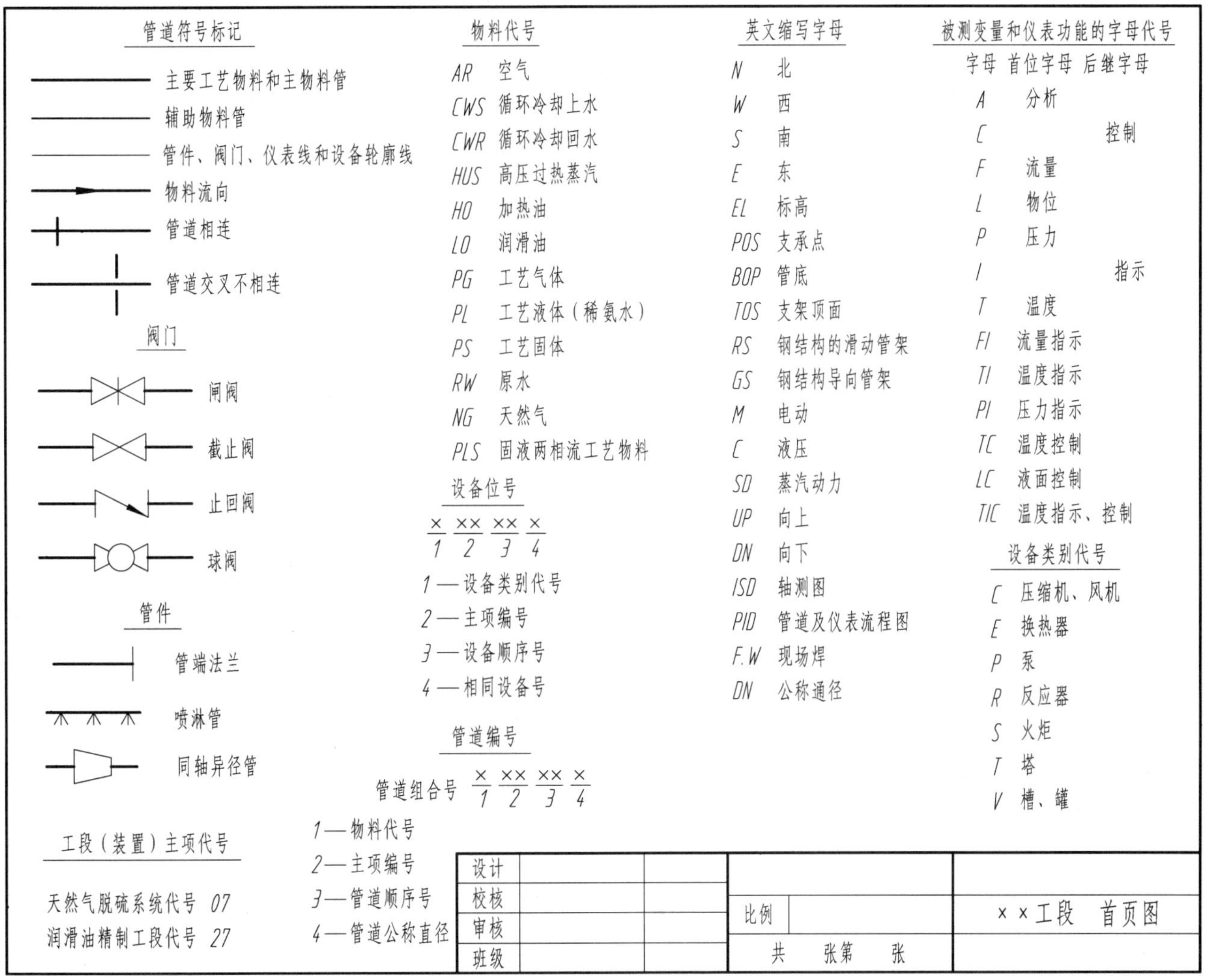

图 8-1　首页图

① 管道及仪表流程图中所采用的图例、符号、设备位号、物料代号和管道编号等。

② 装置及主项的代号和编号。

③ 自控（仪表）专业在工艺过程中所采用的检测和控制系统的图例、符号、代号等。

④ 其他有关需要说明的事项。

二、工艺方案流程图

工艺方案流程图亦称原理流程图或物料流程图。工艺方案流程图是视工艺复杂程度、以工艺装置的主项（工段或工序、车间或装置）为单元绘制的。工艺方案流程图按照工艺流程的顺序，将设备和工艺流程线从左向右展开画在同一平面上，并附以必要标注和说明的一种示意性展开图。工艺方案流程图是设计设备的依据，也可作为生产操作的参考。

图 8-2 为脱硫系统工艺方案流程图。从图中可知：天然气来自配气站，进入罗茨鼓风机（C0701）加压后，送入脱硫塔（T0701）；与此同时，来自氨水储罐（V0701）的稀氨水，经氨水泵（P0701A）打入脱硫塔（T0701）中，在塔中气液两相逆流接触，天然气中有害物质硫化氢被氨水吸收脱除。

脱硫后的天然气进入除尘塔（T0703），在塔内经水洗除尘后，去造气工段。从脱硫塔（T0701）出来的废氨水，经过氨水泵（P0701B）打入再生塔（T0702），与空气鼓风机（C0702）送入再生塔的新鲜空气逆向接触，空气吸收废氨水中的硫化氢后，余下的酸性气体去硫黄回收工段；由再生塔出来的再生氨水，经氨水泵（P0701A）打入脱硫塔（T0701）循环使用。

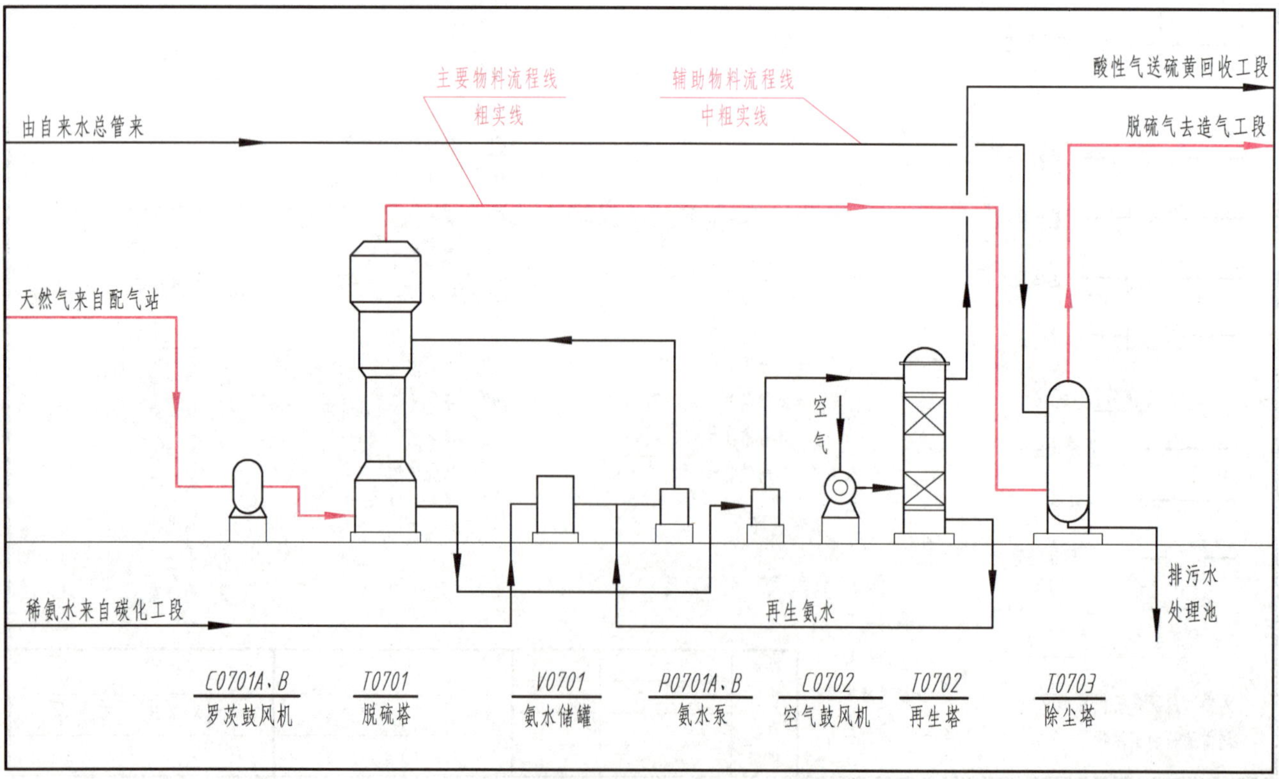

图 8-2　脱硫系统工艺方案流程图

1．设备的画法

① 用细实线从左至右、按流程顺序依次画出能反映设备大致轮廓的示意图。一般不按比例，但要保持它们的相对大小及位置高低。常用设备的画法，参阅附表 25。

② 设备上重要接管口的位置，应大致符合实际情况。各设备之间应保留适当距离，以便布置流程线。两个或两个以上的相同设备，可以只画一套，备用设备可以省略不画。

2．流程线的画法

① 用粗实线画出各设备之间的主要物料流程，用中粗实线画出其他辅助物料的流程线。流程线一般画成水平线和垂直线（不用斜线），转弯一律画成直角。

② 在两设备之间的流程线上，至少应有一个流向箭头。当流程线发生交错时，应将其中一线断开或绕弯通过。同一物料线交错，按流程顺序“先不断、后断”；不同物料线交错时，主物料线不断，辅助物料线断，即“主不断、辅断”。

3．标注

① 将设备的名称和位号，在流程图上方或下方靠近设备示意图的位置排成一行，如图 8-2 所示。在水平线（粗实线）的上方注写设备位号，下方注写设备名称，如图 8-3 所示。

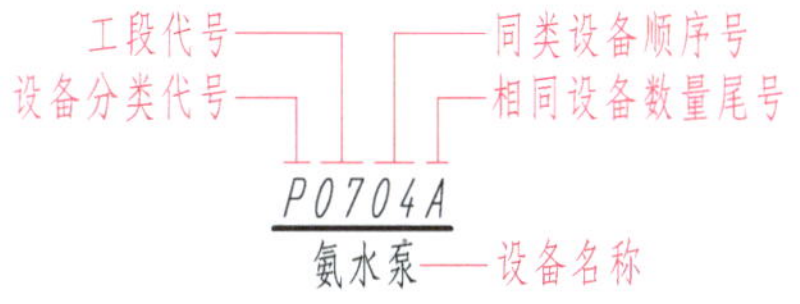

图 8-3　设备位号的标注

② 设备位号由设备分类代号、工段代号（两位数字）、同类设备顺序号（两位数字）和相同设备数量尾号（大写拉丁字母）四部分组成，如图 8-3 所示。设备分类代号见表 8-1。

③ 在流程线开始和终止的上方，用文字说明介质的名称、来源和去向，如图 8-2 所示。

表 8-1　设备分类代号（摘自 HG/T 20519.2—2009）

序号	类别	代号	应　　用	序号	类别	代号	应　　用
1	塔	T	各种填料塔、板式塔、喷淋塔、湍球塔和萃取塔	7	火炬、烟囱	S	各种工业火炬与烟囱
2	泵	P	离心泵、齿轮泵、往复泵、喷射泵、液下泵、螺杆泵等	8	容器（槽、罐）	V	储槽、储罐、气柜、气液分离器、旋风分离器、除尘器等
3	压缩机风机	C	各类压缩机、鼓风机	9	起重运输设备	L	各种起重机械、葫芦、提升机、输送机、运输车等
4	换热器	E	列管式、套管式、螺旋板式、蛇管式、蒸发器等各种换热设备	10	计量设备	W	各种定量给料秤、地磅、电子秤等
5	反应器	R	固定床、硫化床、反应釜、反应罐（塔）、转化器、氧化炉等	11	其他机械	M	电动机、内燃机、汽轮机、离心透平机等其他动力机
6	工业炉	F	裂解炉、加热炉、锅炉、转化炉、电石炉等	12	其他设备	X	各种压滤机、过滤机、离心机、挤压机、揉和机、混合机等

三、工艺管道及仪表流程图

工艺管道及仪表流程图亦称为 PID，或施工流程图，或生产控制流程图。工艺管道及仪表流程图，是在工艺方案流程图基础上绘制的，是内容更为详细的工艺流程图。工艺管道及仪表流程图要绘出所有生产设备和管道，以及各种仪表控制点和管件、阀门等有关图形符号。它是经物料平衡、热平衡、设备工艺计算后绘制的，是设备布置、管道布置的原始依据，也是施工的参考资料和生产操作的指导性技术文件。

1．画法

① 设备与管道的画法与方案流程图的规定相同。管道上所有的阀门和管件，用细实线按标准规定的图形符号（表 8-2）在管道的相应处画出。仪表流程图中的设备、机器图例的画法见附表 25。

表 8-2　管道系统常用阀门图形符号（摘自 HG/T 20519.2—2009）

名 称	符　　号	名 称	符　　号
截止阀		旋塞阀	
闸　阀		球　阀	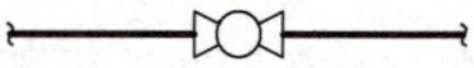
蝶　阀	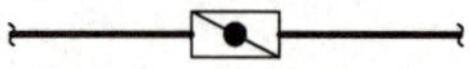	隔膜阀	
止回阀		减压阀	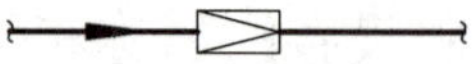

注：1．阀门图例尺寸一般为长 4 mm、宽 2 mm，或长 6 mm、宽 3 mm。

2．图例中圆黑点直径为 2mm，圆直径为 4mm。

② 仪表控制点用细实线在相应的管道或设备上用符号画出。符号包括图形符号和字母代号。它们组合起来表达工业仪表所处理的被测变量和功能，或表示仪表、设备、元件、管线的名称。仪表图形符号是一个直径为 10mm 的细实线圆圈，如图 8-4（a）所示，用细实线连到设备轮廓线或管道的测量点上，如图 8-4（b）所示。

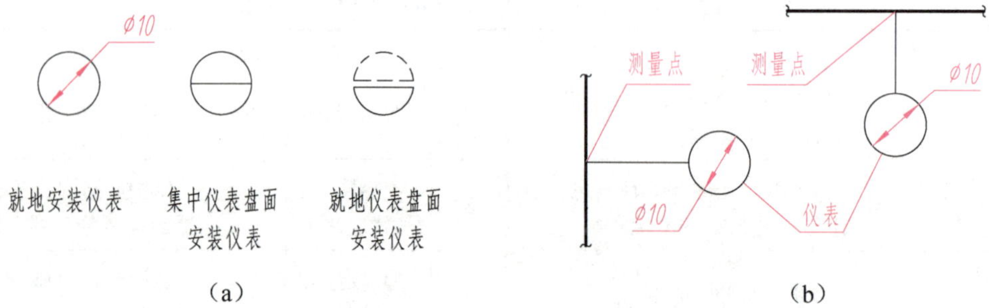

图 8-4　仪表的图形符号

2．标注

（1）设备的标注　设备的标注与方案流程图的规定相同。

（2）管道流程线的标注　管道流程线上除应画出介质流向箭头并用文字标明介质的来源或去向外，还应对每条管道标注以下四部分内容。

——管道号（或称管段号），由三个单元组成，即物料代号、工段号、管道顺序号；

——管道公称通径；

——管道压力等级代号；

——隔热（或隔声）代号。

上述四项总称为管道组合号。前面一组由管道号和管道公称通径组成，两者之间用一短线隔开；后面一组由管道等级和隔热（或隔声）代号组成，两者之间用一短线隔开，如图 8-5（a）所示。

管道组合号一般标注在管道的上方，如图 8-5（a）所示；必要时也可将前、后两组分别标注在管道的上方和下方，如图 8-5（b）所示；垂直管道标注在管道的左方（字头向左），如图 8-5（c）所示。

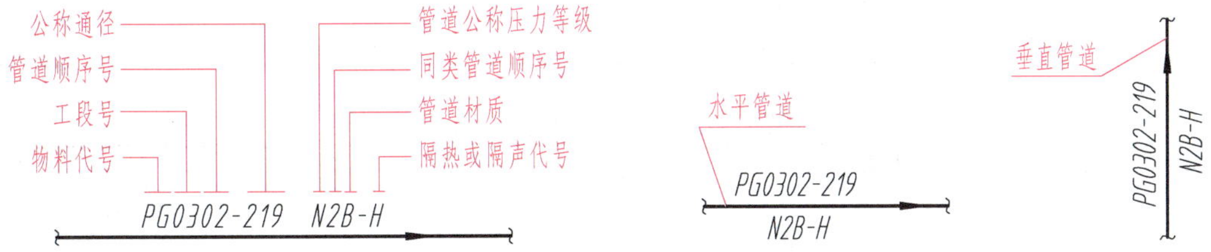

（a）　（b）　（c）

图 8-5　管道的标注

对于工艺流程简单，管道规格不多的情况，管道组合号中的管道等级和隔热（或隔声）代号可省略。

物料代号　物料代号以英文名称的第一个字母（大写）来表示，化工行业的主管部门根据化工行业特点，作出了具体规定，详见表 8-3。

表 8-3　物料名称及代号（摘自 HG/T 20519.2—2009）

类别	物料名称	代号	类别	物料名称	代号	类别	物料名称	代号
工艺物料代号	工业空气	PA	水	锅炉给水	BW	制冷剂	气氨	AG
	工艺气体	PG		化学污水	CSW		液氨	AL
	气液两相流工艺物料	PGL		循环冷却水回水	CWR		气体乙烯或乙烷	ERG
	气固两相流工艺物料	PGS		循环冷却水上水	CWS		液体乙烯或乙烷	ERL
	工艺液体	PL		脱盐水	DNW		氟里昂气体	FRG
	液固两相流工艺物料	PLS		饮用水、生活用水	DW		气体丙烯或丙烷	PRG
	工艺固体	PS		消防水	FW		液体丙烯或丙烷	PRL
	工艺水	PW		热水回水	HWR		冷冻盐水回水	RWR
空气	空气	AR		热水上水	HWS		冷冻盐水上水	RWS
	压缩空气	CA		原水、新鲜水	RW	燃料	燃料气	FG
	仪表用空气	IA		软水	SW		液体燃料	FL
蒸汽及冷凝水	高压蒸汽	HS		生产废水	WW		液化石油气	LPG
	低压蒸汽	LS	其他物料	氢	H		固体燃料	FS
	伴热蒸汽	MS		氮	N		天然气	NG
	中压蒸汽	LS		氧	O		液化天然气	LNG
	蒸汽冷凝水	SC		火炬排放气	FV	增补代号	气氨	AG
油	污油	DO		惰性气	IG		液氨	AL
	燃料油	FO		泥浆	SL		氨水	AW
	填料油	GO		真空排放气	VE		转化气	CG
	润滑油	LO		放空	VT		合成气	SG
	原油	RO		废气	WG		尾气	TG

管道公称压力等级代号 管道公称压力等级代号见表 8-4。

管道材质代号 管道材质代号见表 8-5。

绝热及隔声代号 绝热及隔声代号见表 8-6。

表 8-4 管道公称压力等级代号（摘自 HG/T 20519.6—2009）

公称压力/MPa	代号	公称压力/MPa	代号	公称压力/MPa	代号	公称压力/MPa	代号
0.25	H	1.6	M	6.4	Q	20.0	T
0.6	K	2.5	N	10.0	R	22.0	U
1.0	L	4.0	P	16.0	S	25.0	V

表 8-5 管道材质代号（摘自 HG/T 20519.6—2009）

材料类别	代号	材料类别	代号	材料类别	代号	材料类别	代号
铸 铁	A	普通低合金钢	C	不锈钢	E	非金属	G
碳 钢	B	合金钢	D	有色金属	F	衬里及内防腐	H

表 8-6 绝热及隔声代号（摘自 HG/T 20519.2—2009）

功能类别	代号	备 注	功能类别	代号	备 注
保温	H	采用保温材料	蒸汽伴热	S	采用蒸汽伴管和保温材料
保冷	C	采用保冷材料	热水伴热	W	采用热水伴管和保温材料
人身防护	P	采用保温材料	热油伴热	O	采用热油伴管和保温材料
防结露	D	采用保冷材料	夹套伴热	J	采用夹套管和保温材料
电伴热	E	采用电热带和保温材料	隔声	N	采用隔声材料

（3）仪表及仪表位号的标注 在工艺管道及仪表流程图中，仪表位号中的字母代号填写在圆圈的上半圆中，数字编号填写在圆圈的下半圆中，如图 8-6 所示。在检测控制系统中构成一个回路的每个仪表（或元件），都应有自己的仪表位号。仪表位号由字母代号组合与阿拉伯数字编号组成。第一位字母表示被测变量，后继字母表示仪表的功能。可一个或多个组合，最多不超过五个，字母的组合示例见表 8-7。

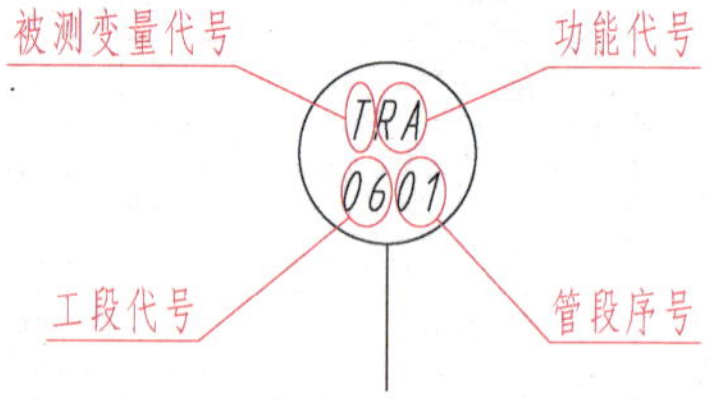

图 8-6 仪表位号的标注

表 8-7 被测变量及仪表功能字母组合示例

仪表功能	被测变量								
	温度（T）	温差（TD）	压力（P）	压差（PD）	流量（F）	物位（L）	分析（A）	密度（D）	未分类的量（X）
指示（I）	TI	TDI	PI	PDI	FI	LI	AI	DI	XI
记录（R）	TR	TDR	PR	PDR	FR	LR	AR	DR	XR
控制（C）	TC	TDC	PC	PDC	FC	LC	AC	DC	XC
变送（T）	TT	TDT	PT	PDT	FT	LT	AT	DT	XT
报警（A）	TA	TDA	PA	PDA	FA	LA	AA	DA	XA
开关（S）	TS	TDS	PS	PDS	FS	LS	AS	DS	XS
指示、控制	TIC	TDIC	PIC	PDIC	FIC	LIC	AIC	DIC	XIC
指示、开关	TIS	TDIS	PIS	PDIS	FIS	LIS	AIS	DIS	XIS
记录、报警	TRA	TDRA	PRA	PDRA	FRA	LRA	ARA	DRA	XRA
控制、变送	TCT	TDCT	PCT	PDCT	FCT	LCT	ACT	DCT	XCT

3. 阅读工艺管道及仪表流程图

阅读工艺管道及仪表流程图的目的是为选用、设计、制造各种设备提供工艺条件，为管道安装提供方便。对照工艺管道及仪表流程图，可以摸清并熟悉现场流程，掌握开停工顺序，维护正常生产操作。还可根据工艺管道及仪表流程图，判断流程控制操作的合理性，进行工艺改革和设备改造及挖潜。通过工艺管道及仪表流程图，还能进行事故设想，提高操作水平和预防、处理事故的能力。

现以图 8-7 所示天然气脱硫系统工艺管道及仪表流程图为例，说明读图的方法和步骤。

（1）掌握设备的数量、名称和位号　天然气脱硫系统的工艺设备共有 9 台。其中有相同型号的罗茨鼓风机二台（C0701A、B），一座脱硫塔（T0701），一台氨水储罐（V0701），两台相同型号的氨水泵（P0701A、B），一台空气鼓风机（C0702），一座再生塔（T0702），一个除尘塔（T0703）。

（2）了解主要物料的工艺流程　从天然气配气站来的原料（天然气），经罗茨鼓风机（C0701A、B）从脱硫塔底部进入，在塔内与氨水气液两相逆流接触，其天然气中的有害物质硫化氢，经过化学吸收过程，被氨水吸收脱除。然后进入除尘塔（T0703），在塔中经水洗除尘后，由塔顶馏出，脱硫气送造气工段使用。

（3）了解动力或其他物料的工艺流程　由碳化工段来的稀氨水进入氨水储罐（V0701），由氨水泵（P0701A）抽出后，从脱硫塔（T0701）上部打入。从脱硫塔底部出来的废氨水，经氨水泵（P0701B）抽出，打入再生塔（T0702），在塔中与新鲜空气逆流接触，空气吸收废氨水中的硫化氢后，余下的酸性气去硫黄回收工段。从再生塔底部出来的再生氨水，由氨水泵（P0701A、B）打入脱硫塔，循环使用。

罗茨鼓风机为两台并联（工作时一台备用），它是整个系统流动介质的动力。空气鼓风机的作用是从再生塔下部送入新鲜空气，将稀氨水里的含硫气体除去，通过管道将酸性气体送到硫黄回收工段。由自来水总管提供除尘水源，从除尘塔上部进入塔中。

（4）了解阀门及仪表控制点的情况　在两台罗茨鼓风机的出口、两台氨水泵的出口和除尘塔下部物料入口处，共有 5 块就地安装的压力指示仪表。在天然气原料线、再生塔底出口和除尘塔料气入口处，共有 3 个取样分析点。

脱硫系统整个管段上均装有阀门，对物料进行控制。有 7 个截止阀、9 个闸阀、2 个止回阀。止回方向是由氨水泵打出，不可逆向回流，以保证安全生产。

四、化工工艺图的图线用法

化工工艺图包括化工工艺流程图、设备布置图、管道布置图、管道轴测图、管件图和设备安装图等。化工工艺图虽然与机械图有着紧密的联系，但却有十分明显的行业特征，同时也有自己相对独立的制图规范。

化工工艺图的图线用法与机械制图的图线用法，有明显的区别。机械制图的图线宽度分为两种，见

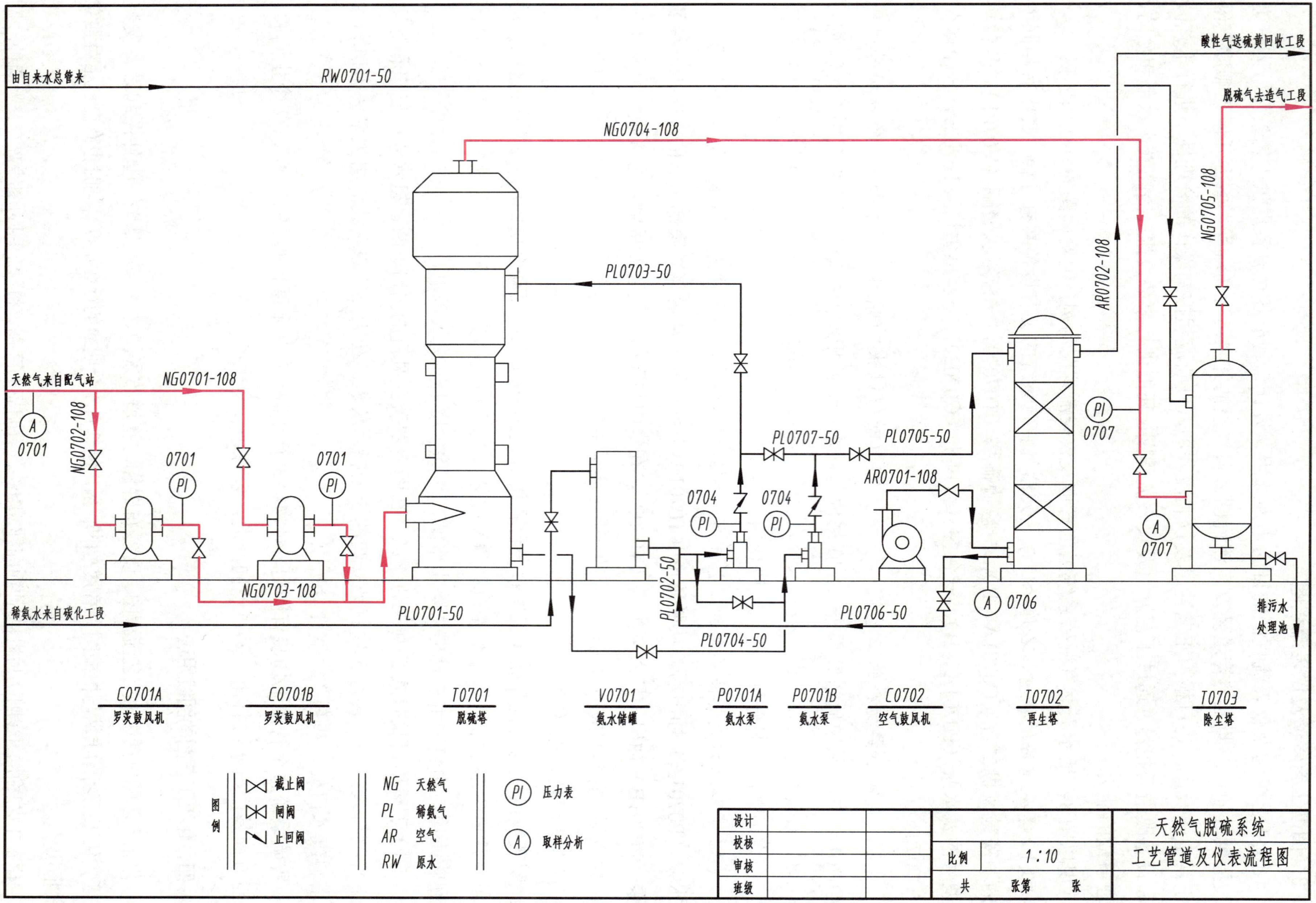

图 8-7　天然气脱硫系统工艺管道及仪表流程图

表 1-4。化工行业标准 HG/T 20519.1—2009《化工工艺设计施工图内容和深度统一规定 第 1 部分：一般要求》中规定，化工工艺图的图线宽度分为三种：粗线 0.6～0.9mm；中粗线 0.3～0.5mm；细线 0.15～0.25mm。图线用法的一般规定见表 8-8。

表 8-8 化工工艺图图线用法的一般规定（摘自 HG/T 20519.1—2009）

<table>
<tr><th colspan="2" rowspan="2">类别</th><th colspan="3">图线宽度/mm</th><th rowspan="2">备注</th></tr>
<tr><th>粗线（0.6～0.9）</th><th>中粗线（0.3～0.5）</th><th>细线（0.15～0.25）</th></tr>
<tr><td colspan="2">工艺管道及仪表流程图</td><td>主物料管道</td><td>其他物料管道</td><td>其他</td><td>机器、设备轮廓线 0.25mm</td></tr>
<tr><td colspan="2">辅助管道及仪表流程图
公用系统管道及仪表流程图</td><td>辅助管道总管
公用系统管道总管</td><td>支管</td><td>其他</td><td>—</td></tr>
<tr><td colspan="2">设备布置图</td><td>设备轮廓</td><td>设备支架、设备基础</td><td>其他</td><td>动设备若只绘出设备基础，图线宽为 0.6～0.9mm</td></tr>
<tr><td colspan="2">设备管口方位图</td><td>管口</td><td>设备轮廓、设备支架、设备基础</td><td>其他</td><td>—</td></tr>
<tr><td rowspan="2">管道布置图</td><td>单线
（实线或虚线）</td><td>管道</td><td>—</td><td rowspan="2">法兰、阀门及其他</td><td rowspan="2">—</td></tr>
<tr><td>双线
（实线或虚线）</td><td>—</td><td>管道</td></tr>
<tr><td colspan="2">管道轴测图</td><td>管道</td><td>法兰、阀门、承插焊、螺纹联接等管件的表示线</td><td>其他</td><td>—</td></tr>
<tr><td colspan="2">设备支架图、管道支架图</td><td>设备支架及管架</td><td>虚线部分</td><td>其他</td><td>—</td></tr>
<tr><td colspan="2">特殊管件图</td><td>管件</td><td>虚线部分</td><td>其他</td><td>—</td></tr>
</table>

第二节 设备布置图

工艺流程设计所确定的全部设备，必须根据生产工艺的要求和具体情况，在厂房内外合理布置，以满足生产的需要。这种用来表示设备与建筑物、设备与设备之间的相对位置，能直接指导设备安装的图样称为设备布置图。设备布置图是进行管道布置设计、绘制管道布置图的依据。

一、设备布置图的内容

设备布置图采用正投影的方法绘制，是在简化了的厂房建筑图上，增加了设备布置的内容。图 8-8 为天然气脱硫系统设备布置图，从中可以看出设备布置图一般包括以下几方面内容。

（1）一组视图 包括平面图和剖面图，表示厂房建筑的基本结构，以及设备在厂房内外的布置情况。

平面图是用来表达某层厂房设备布置情况的水平剖视图。当厂房为多层建筑时，各层平面图是以上一层楼板底面水平剖切的俯视图。平面图主要表示厂房建筑的方位、占地大小、内部分隔情况；设备安装定位有关的、建筑物的结构形状；设备在厂房内外的布置情况及设备的相

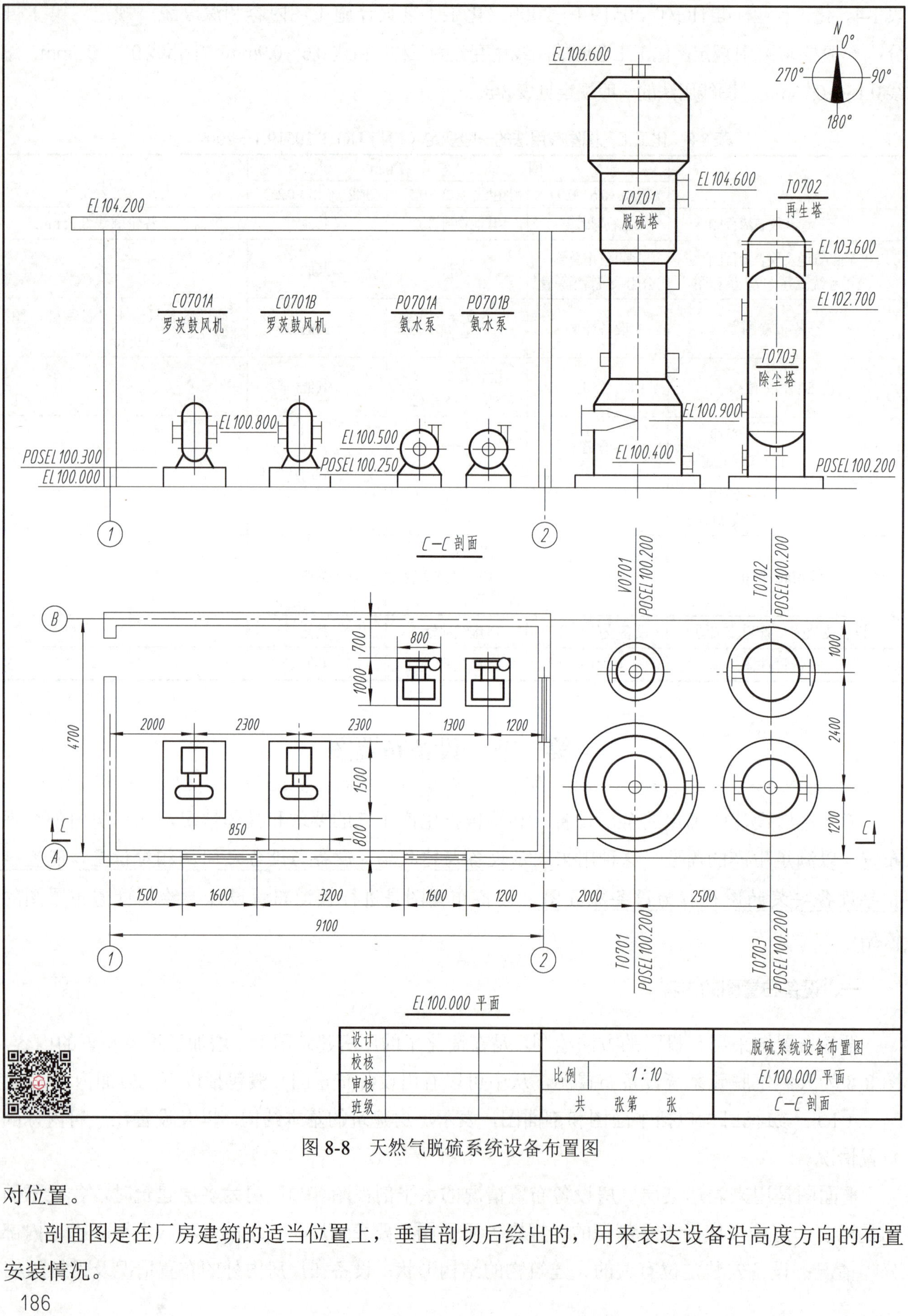

图 8-8 天然气脱硫系统设备布置图

对位置。

剖面图是在厂房建筑的适当位置上，垂直剖切后绘出的，用来表达设备沿高度方向的布置安装情况。

（2）尺寸及标注　设备布置图中一般要标注与设备有关的建筑物的尺寸，建筑物与设备之间、设备与设备之间的定位尺寸（不标注设备的定形尺寸）。同时还要标注厂房建筑定位轴线的编号、设备的名称和位号，以及注写必要的说明等。

（3）安装方位标　安装方位标也叫设计北向标志，是确定设备安装方位的基准，一般将其画在图样的右上角。

（4）标题栏　注写图名、图号、比例、设计者等。

二、设备布置图的规定画法和标注

1．厂房的画法和标注

① 厂房的平面图和剖面图用细实线绘制。用细实线表示厂房的墙、柱、门、窗、楼梯等，与设备安装定位关系不大的门窗等构件，以及表示墙体材料的图例，在剖面图上则一概不予表示。用单点长画线画出建筑物的定位轴线。

② 标注厂房定位轴线间的尺寸；标注设备基础的定形和定位尺寸；注出设备位号和名称（应与工艺流程图一致）；标注厂房室内外地面标高（一般以底层室内地面为基准，作为零点进行标注）；标注厂房各层标高；标注设备基础标高。

2．设备的画法

① 在厂房平面图中，用粗实线画出设备轮廓，用中粗实线画出设备支架、基础、操作平台等基本轮廓，用单点长画线画出设备的中心线。若有多台规格相同的设备，可只画出一台，其余则用粗实线，简化画出其基础的轮廓投影。

② 在厂房剖面图中，用粗实线画出设备的立面图（被遮挡的设备轮廓一般不予画出）。

3．设备标高的标注方法

标高的英文缩写词为“EL”。基准地面的设计标高为 EL100.000（单位为 m，小数点后取三位数），高于基准地面往上加，低于基准地面往下减。例如：EL112.500，即比基准地面高 12.5m；EL99.000，即比基准地面低 1m。标注设备标高的规定如下。

① 标注设备标高时，在设备中心线的上方标注与流程图一致的设备位号，下方标注设备的标高。

② 卧式换热器、槽、罐等，以中心线标高表示，即

℄EL×××.×××

③ 反应器、立式换热器、板式换热器和立式槽、罐等，以支承点标高表示，即

POS　EL×××.×××

④ 泵和压缩机等动设备，以主轴中心线标高表示，即

℄EL×××.×××

或以底盘底面（即基础顶面）标高表示，即

POS　EL×××.×××

⑤ 管廊和管架，以架顶标高表示，即

TOS　EL×××.×××

提示：℄是中心线符号，是由英文 Centreline 中 C、L 两字组合而成。

4．安装方位标的绘制

安装方位标由直径为 20mm 的圆圈及水平、垂直的两轴线构成，并分别在水平、垂直等方位上注以 0°、90°、180°、270°等字样，如图 8-8 中右上角所示。一般采用建筑北向（以“N”表示）作为零度方位基准。该方位一经确定，凡必须表示方位的图样，如管口方位图、管段图等均应统一。

三、阅读设备布置图

阅读设备布置图的目的，是了解设备在工段（装置）的具体布置情况，指导设备的安装施工，以及开工后的操作、维修或改造，并为管道布置建立基础。现以图 8-8 所示天然气脱硫系统设备布置图为例，介绍设备布置图的读图方法和步骤。

1．了解概况

由标题栏可知，该设备布置图有两个视图，一个为“EL100.000 平面图”，另一个为“*C*—*C* 剖面图”。图中共绘制了 8 台设备，分别布置在厂房内外。厂房外露天布置了 4 台静设备，有脱硫塔（T0701）、除尘塔（T0703）、氨水储罐（V0701）和再生塔（T0702）。厂房内安装了 4 台转动设备，有 2 台罗茨鼓风机（C0701A、B）和 2 台氨水泵（P0701A、B）。

2．了解建筑物尺寸及定位

图中只画出了厂房建筑的定位轴线①、②和Ⓐ、Ⓑ。其横向轴线间距为 9.0m，纵向轴线间距为 4.7m。厂房地面标高为 EL100.000m，房顶标高为 EL104.200m（即厂房房顶高为 4.2m）。

3．掌握设备布置情况

从图中可知，罗茨鼓风机的主轴线标高为 EL100.800m，横向定位为 2.0m，相同设备间距为 2.3m，基础尺寸为 1.5m×0.85m，支承点标高是 POS　EL100.300m。

脱硫塔横向定位是 2.0m，纵向定位是 1.2m，支承点标高为 POS　EL100.200m，塔顶标高为 EL106.600m，料气入口的管口标高为 EL100.900m，稀氨水入口的管口标高为 EL104.600m，废氨水出口的管口标高为 EL100.400m。

氨水储罐（VO701）的支承点标高为 POS　EL100.200m，横向定位是 2.0m，纵向定位是 1.0m。图中右上角的安装方位标（北向标志），指明了设备的安装方位。

第三节　管道布置图

管道布置图又称配管图，主要表达管道及其附件在厂房建筑物内外的空间位置、尺寸和规格，以及与有关机器、设备的连接关系。配管图是管道安装施工的重要技术文件。

一、管道及附件的图示方法

1. 管道的表示法

在管道布置图中，公称通径 *DN* 小于和等于 350mm 或 14in（英寸）的管道，用单线（粗实线）表示，如图 8-9（a）所示；大于和等于 400mm 或 16in 的管道，用双线表示，如图 8-9（b）所示。

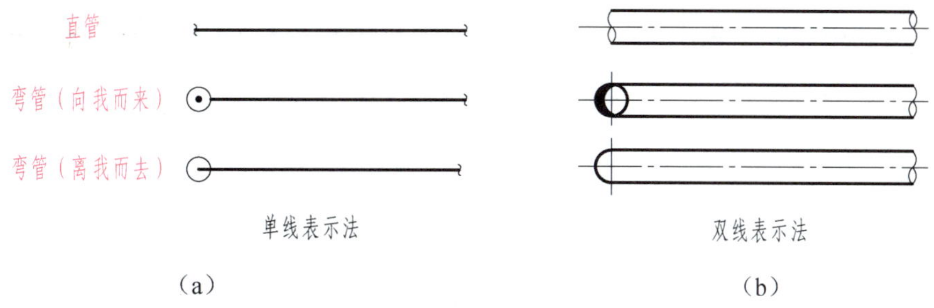

图 8-9 管道的表示法

如果在管道布置图中，大口径的管道不多时，则公称通径大于和等于 250mm 或 10in 的管道用双线表示，小于和等于 200 mm 或 8in 的管道用单线（粗实线）表示。

2. 管道弯折的表示法

管道弯折的画法，如图 8-10 所示。在管道布置图中，公称通径小于和等于 50mm 的弯头，一律用直角表示。

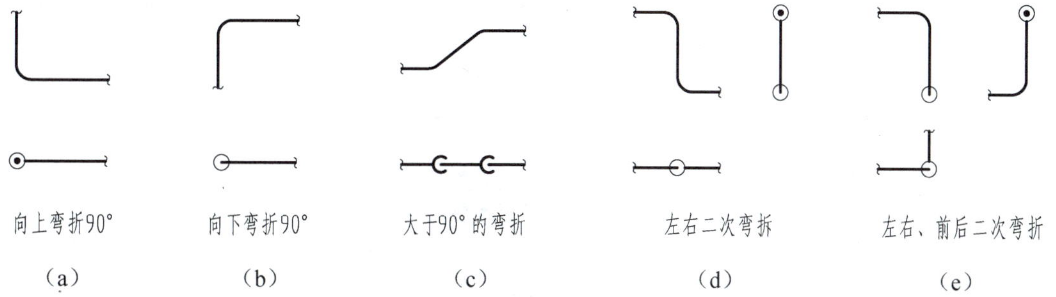

图 8-10 管道弯折的表示法

3. 管道交叉的表示法

管道交叉的表示法，如图 8-11 所示。

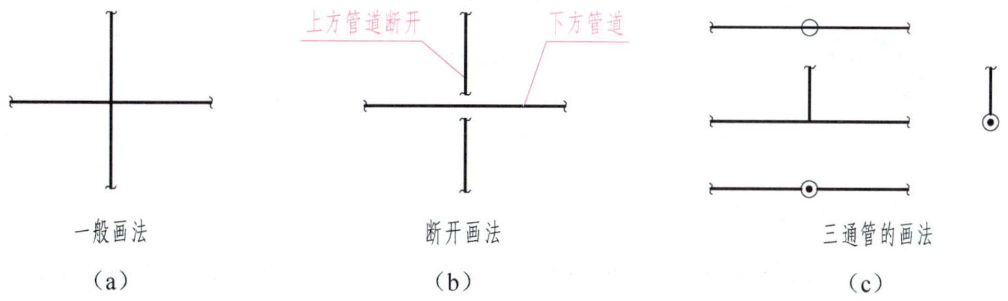

图 8-11 管道交叉的表示法

4．管道重叠的表示法

当管道的投影重合时，将可见管道的投影断裂表示，如图 8-12（a）所示；当多条管道的投影重合时，最上一条画双重断裂符号，如图 8-12（b）所示；也可在管道投影断裂处，注上 *a*、*a* 和 *b*、*b* 等小写字母加以区分，如图 8-12（c）所示；当管道转折后的投影重合时，则后面的管道画至重影处，并稍留间隙，如图 8-12（d）所示。

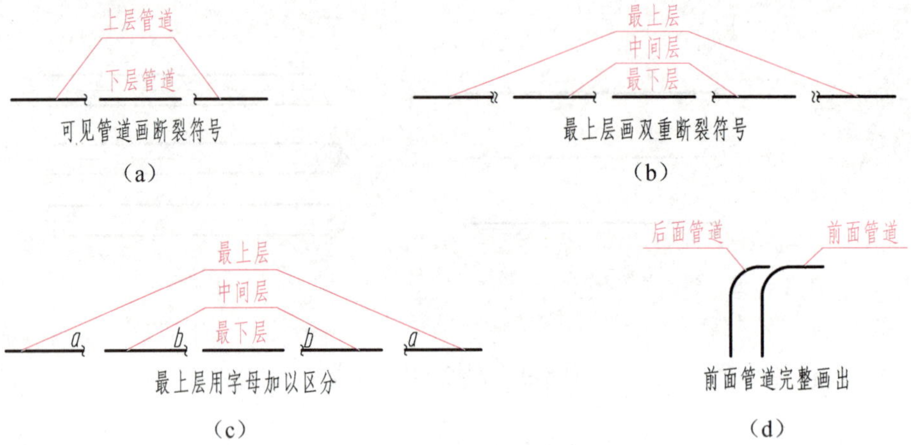

图 8-12　管道重叠的表示法

5．管道连接的表示法

当两段直管相连时，根据连接的形式不同，其画法也不同。常见的管道连接形式及画法见表 8-9。

表 8-9　常见的管道连接方式及画法

连接方式	轴　测　图	装　配　图	规　定　画　法
法兰连接		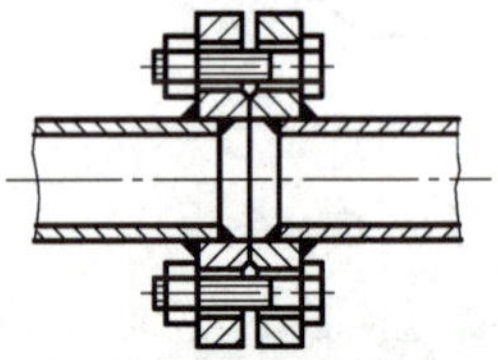	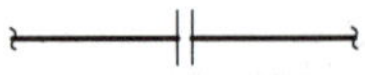
螺纹联接		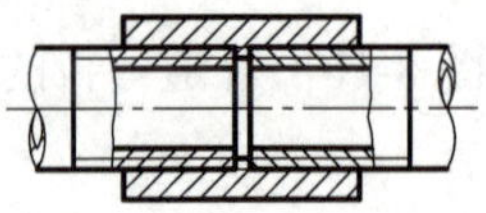	
焊接		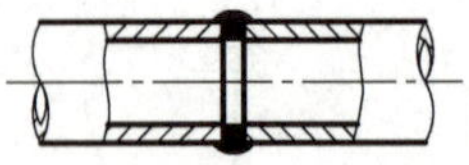	

6．阀门及控制元件的表示法

控制元件通过阀门来调节流量，切断或切换管道，对管道起安全、控制作用。阀门和控制元件图形符号的一般组合方式，如图 8-13 所示。阀门与管道的连接画法，如图 8-14 所示。

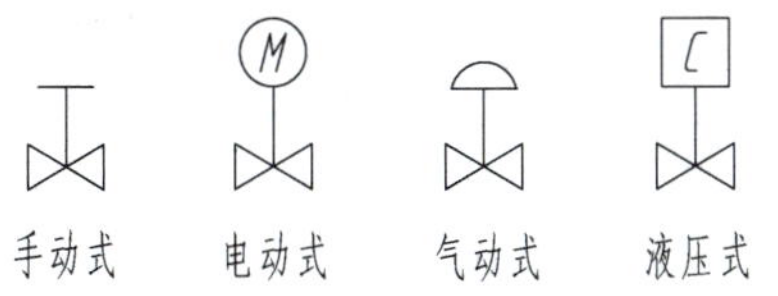

图 8-13　阀门和控制元件的组合方式

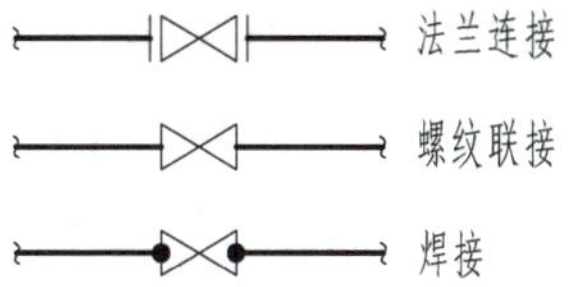

图 8-14　阀门与管道的连接画法

常用阀门在管道中的安装方位，一般应在管道中用细实线画出，其三视图和轴测图画法如图 8-15 所示。管子、管件及管道特殊件的画法见附表 24。

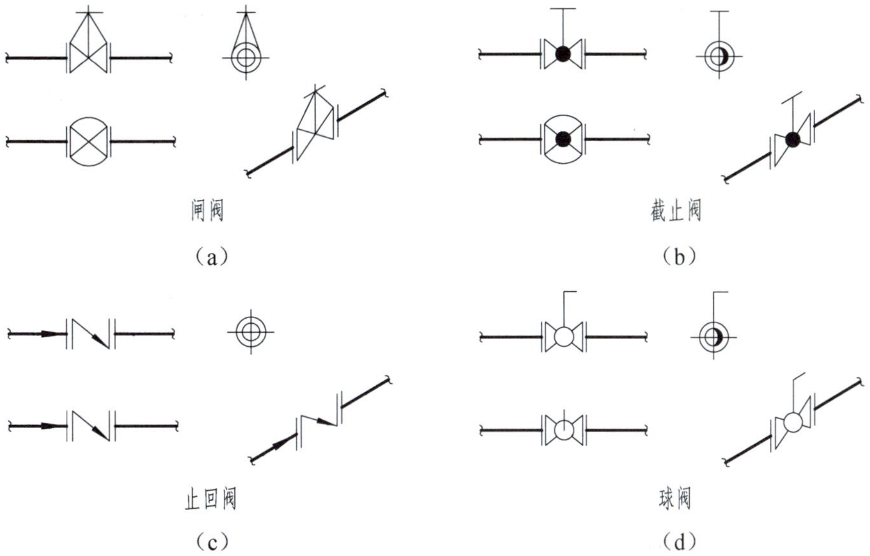

图 8-15　阀门在管道中的三视图和轴测图画法

7. 管件与管道连接的表示法

管道与管件连接的表示法，如附表 24 所示，其中连接符号之间的是管件。

【例 8-1】 已知一段管道的轴测图，试画出其主、俯、左、右的四面投影。

从图 8-16（a）中可知该管道的走向为：自左向右→拐弯向上→再拐弯向前→再拐弯向上→最后拐弯向右。

根据管道弯折的规定画法，画出该管道的四面投影，如图 8-16（b）所示。

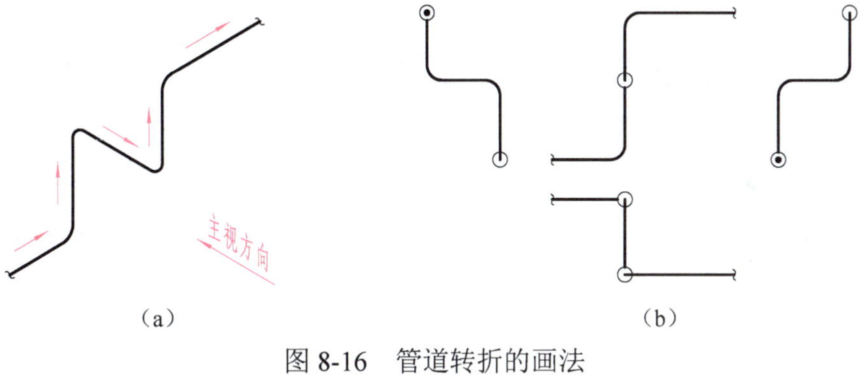

图 8-16　管道转折的画法

【例 8-2】 已知一段（装有阀门）管道的轴测图，试画出其平面图和立面图。

从图 8-17（a）中可看出，该段管道分为两部分：一部分自下而上向后拐弯→向左拐弯→向上拐弯→向后拐弯；另一段是向右的支管。该段管道共三个闸阀（阀门与管道的连接是螺纹连接），其手轮一个向上、一个向左、一个向前。

据此画出该段管道的平面图和立面图，如图 8-17（b）所示。

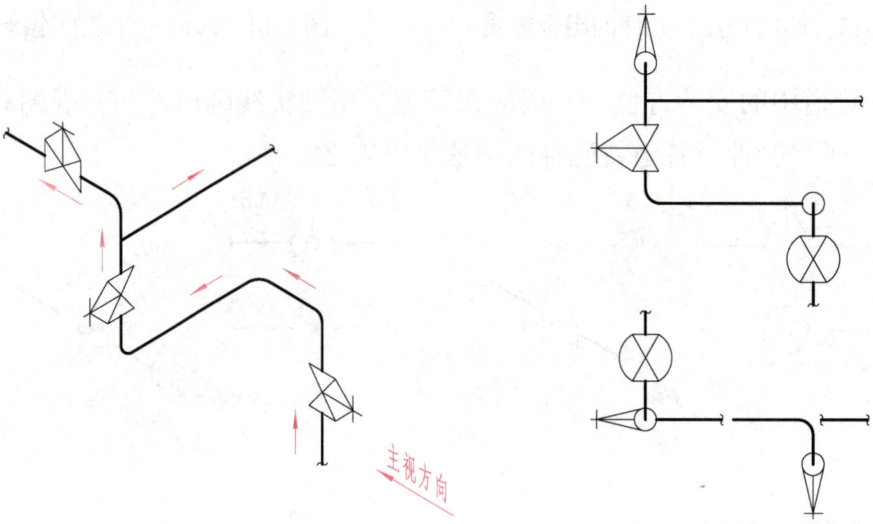

（a）　　（b）

图 8-17　管道与阀门连接的画法

8．管架的表示法

管道是利用各种形式的管架固定在建筑物或基础之上的。管架的形式和位置，在管道平面图上用符号表示，如图 8-18（a）所示。管架的编号由五部分内容组成，标注的格式如图 8-18（b）所示。管架类别和管架生根部位的结构，用大写英文字母表示，详见表 8-10。

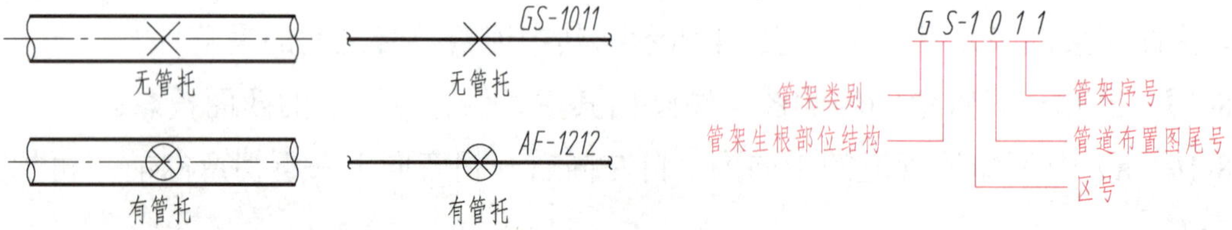

（a）　　（b）

图 8-18　管架的表示法及编号方法

表 8-10　管架类别和管架生根部位的结构（摘自 HG/T 20519.4—2009）

管架类别					
代号	类别	代号	类别	代号	类别
A	固定架	H	吊架	E	特殊架
G	导向架	S	弹性吊架	T	轴向限位架（停止架）
R	滑动架	P	弹簧支座	—	—
管架生根部位的结构					
代号	结构	代号	结构	代号	结构
C	混凝土结构	S	钢结构	W	墙
F	地面基础	V	设备	—	—

二、管道标高的标注方法

管道布置图中标注的标高以 m 为单位，小数点后取三位数。管子的公称通径及其他尺寸一律以 mm 为单位，只注数字，不注单位。在管道布置图上标注标高的规定如下。

① 用单线表示的管道，在其上方（用双线表示的管道在中心线上方）标注与流程图一致的管道代号，在下方标注管道标高。

② 当标高以管道中心线为基准时，只需标注数字，即

EL×××.×××

③ 当标高以管底为基准时，在数字前加注管底代号，即

BOP EL×××.×××

④ 在管道布置图中标注设备标高时，在设备中心线的上方标注与流程图一致的设备位号，下方标注支承点的标高，即

POS EL×××.×××

或标注设备主轴中心线的标高，即

℄EL×××.×××

具体的标注方法，参见图 8-19。

三、阅读管道布置图

阅读管道布置图的目的，是了解管道、管件、阀门、仪表控制点等在车间（装置）中的具体布置情况，主要解决如何把管道和设备连接起来的问题。由于管道布置设计是在工艺管道及仪表流程图和设备布置图的基础上进行的，因此，在读图前，应该尽量找出相关的工艺管道及仪表流程图和设备布置图，了解生产工艺过程和设备配置情况，进而搞清管道的布置情况。

阅读管道布置图时，应以平面图为主，配合剖面图，逐一搞清楚管道的空间走向；再看有无管段图及设计模型，有无管件图、管架图，或蒸汽伴热图等辅助图样，这些图都可以帮助阅读管道布置图。

现以图 8-19 为例，说明阅读管道布置图的步骤。

1. 概括了解

图 8-19 是某工段的局部管道布置图。图中表示了物料经离心泵到冷却器的一段管道布置情况，图中画了两个视图，一个是 EL100.000 平面图，一个是 *A*—*A* 剖面图。

2. 了解厂房尺寸及设备布置情况

图中厂房横向定位轴线①、②、③，其间距为 4.5m，纵向定位轴线Ⓑ，离心泵基础标高 POS EL100.250m，冷却器中心线标高 ℄EL101.200m。

3. 分析管道走向

参考工艺管道及仪表流程图和设备布置图，找到起点设备和终点设备，以设备管口为主，按管道编号，逐条明确走向。遇到管道转弯和分支情况，对照平面图和剖面图将其投影关系

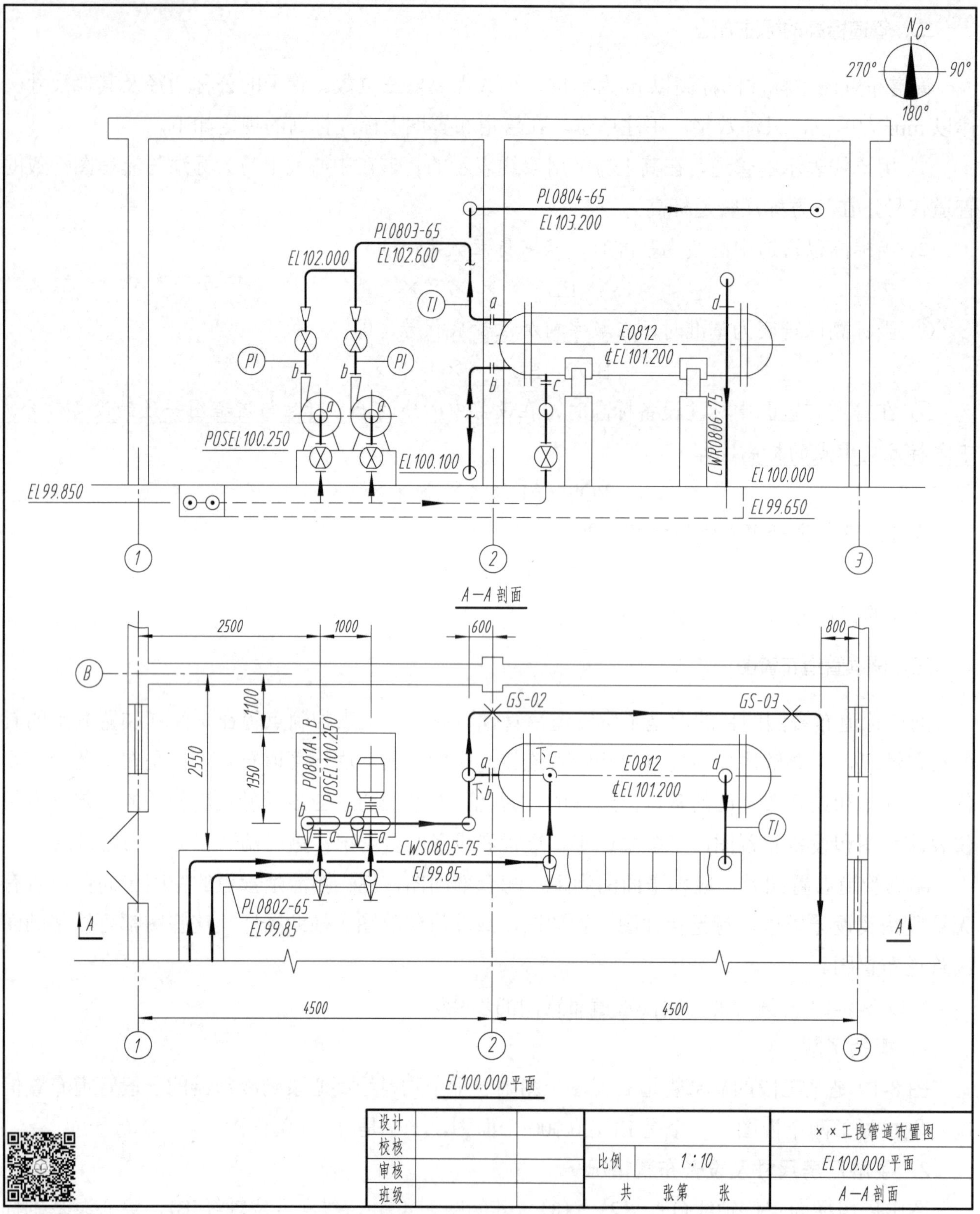

图 8-19 管道布置图

搞清。

图中离心泵有进、出两部分管道。一条是原料从地沟中出来，分别进入两台离心泵；另一条是从泵出口出来后汇集在一起，从冷凝器左端下部进入管程。冷凝器有四部分管道，左端下部是原料入口（由离心泵来），左端上部是原料出口，向上位置最高，在冷凝器上方转弯后离去。冷凝器底部是来自地沟的冷却上水管道，右上方是循环水出口，出来后又进入地沟。

4．详细查明管道编号和安装尺寸

泵（P0801A）出口管道向上、向右与泵（P0801B）管道汇合为 PL0803－65 的管道后，向上、向右拐，再下至地面，再向后、向上，最后向右进入冷凝器左端入口。

冷凝器左端出口编号为 PL0804－65 的管道，由冷凝器左端上部出来后，向上在标高为 EL103.200 m 处向后拐，再向右至冷凝器右上方，最后向前离去。

编号为 CWS0805－75 的循环上水管道，从地沟出来向后，再向上进入冷凝器底部入口。

编号为 CWR0806－75 的循环回水管道，从冷凝器上部出来向前，再向下进入地沟。

编号为 PL0802－65 的原料管道，从地沟出来向后，进入离心泵入口。

5．了解管道上的阀门、管件、管架安装情况

两离心泵入、出口，分别安装有 4 个阀门，在泵出口阀门后的管道上，还有同心异径管接头。在冷凝器上水入口处，装有 1 个阀门。在冷凝器物料出口编号为 PL0804－65 的管道两端，有编号为 GS－02、GS－03 的通用型托架。

6．了解仪表、采样口、分析点的安装情况

在离心泵出口处，装有压力指示仪表。在冷凝器物料出口及循环回水出口处，分别装有温度指示仪表。

7．检查总结

将所有管道分析完后，结合管口表、综合材料表等，明确各管道、管件、阀门、仪表的连接方式，并检查有无错漏等问题。

四、管道轴测图

管道轴测图亦称管段图或空视图。管道轴测图是用来表达一个设备至另一设备、或某区间一段管道的空间走向，以及管道上所附管件、阀门、仪表控制点等安装布置的图样，如图 8-20 所示。

由于管道轴测图能全面、清晰地反映管道布置的设计和施工细节，便于识读，还可以发现在设计中可能出现的误差，避免发生在图样上不易发现的管道碰撞等情况，有利于管道的预制和加快安装施工进度。绘制区域较大的管段图，还可以代替模型设计。管道轴测图是设备和管道布置设计的重要方式，也是管道布置设计发展的趋势。

1．画法

① 管段图反映的是个别局部管道，原则上一个管段号画一张管段图。对于复杂的管段，或长而多次改变方向的管段，可利用法兰或焊接点作为自然点断开，分别绘制几张管段图，但需用一个图号注明页数。对比较简单，物料、材质均相同的几个管段，也可画在一张图样上，并分别注出管段号。

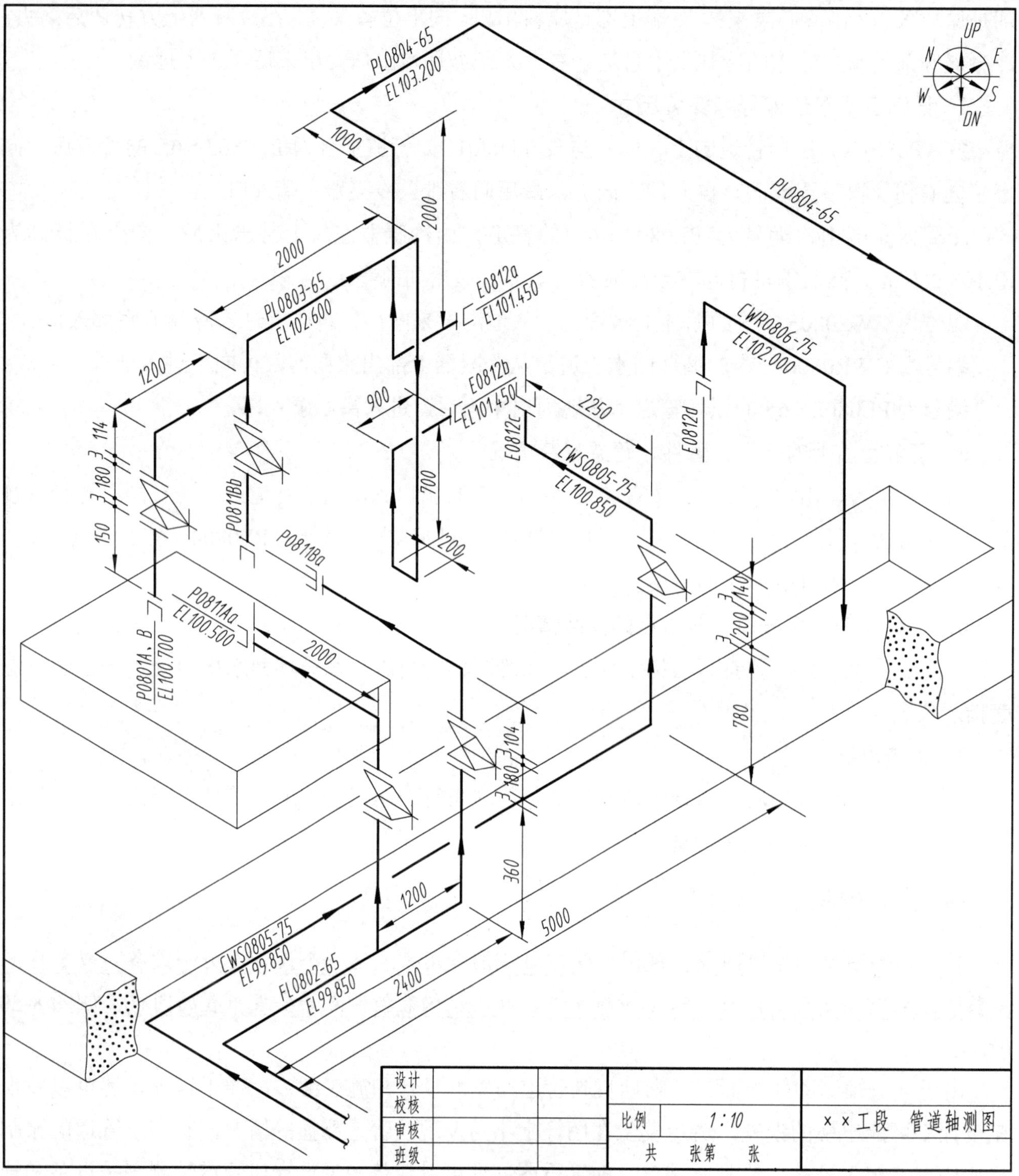

图 8-20 管道轴测图

② 管段图一般按正等测绘制。在画图之前，首先定向，要求与管道布置图标向一致，如图 8-21 所示。

③ 管道一律用粗实线单线绘制，管件（弯头、三通除外）、阀门、控制点等用细实线按规定的图形符号绘制，相接的设备可用细双点画线绘制，弯头可以不画成圆弧。管道与管件的连接画法，参见附表 24。

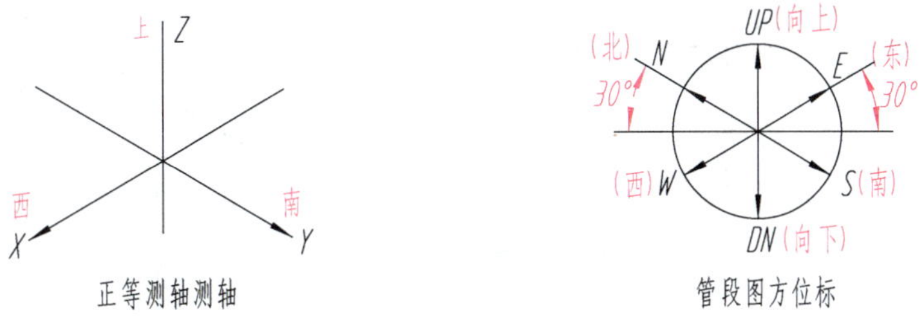

（a）　　（b）

图 8-21　管段图方位标

④ 管道与管件、阀门连接时，注意保持线向的一致，如图 8-22 所示。

⑤ 为便于安装维修和操作管理，并保证劳动场所整齐美观，一般都力求工艺管道布置平直，使管道走向同三轴测轴方向一致。但有时为了避让，或由于工艺、施工的特殊要求，必须将管道倾斜布置，此时称为偏置管（也称斜管）。

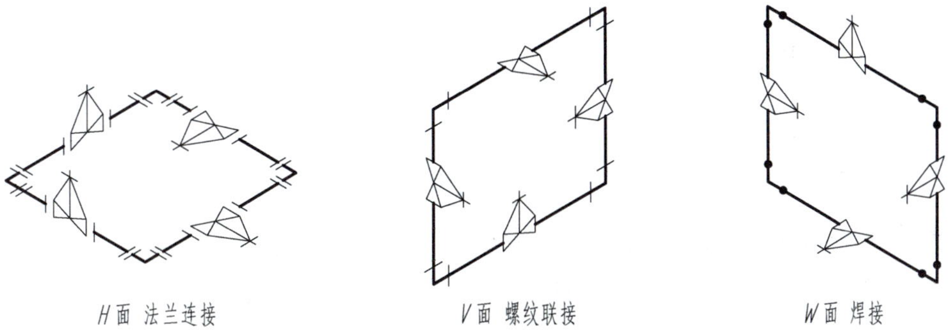

（a）　　（b）　　（c）

图 8-22　空间管道连接（线向）

在平面内的偏置管，用对角平面表示，如图 8-23（a）所示；对于立体偏置管，可将偏置管画在由三个坐标组成的六面体内，如图 8-23（b）所示。

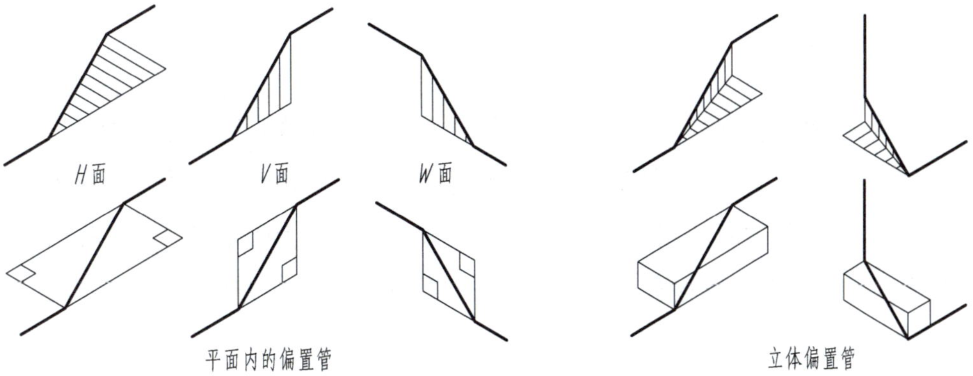

（a）　　（b）

图 8-23　空间偏置管表示法

【例 8-3】 根据图 8-24（a）所示一段包含偏置管的平、立面图，绘制其管段图。

作图

作图步骤如图 8-24（b）所示。

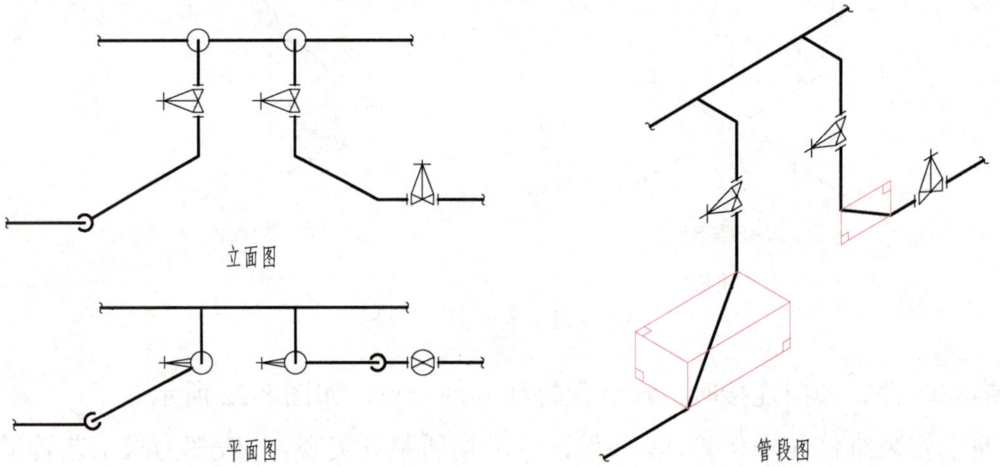

（a） （b）

图 8-24 绘制偏置管管段图

2．标注

① 注出管子、管件、阀门等为加工预制及安装所需的全部尺寸，如阀门长度、垫片厚度等细节尺寸，以免影响安装的准确性。

② 尺寸界线从管件中心线或法兰面引出，尺寸线与管道平行。

③ 垂直管道可不注高度尺寸，以水平标高“EL×××.×××”表示。

④ 对于不能准确计算，或有待施工时实测修正的尺寸，加注符号“～”作为参考尺寸。现场焊接要注明“F.W”。

⑤ 每级管道至少有一个表示流向的箭头，尽可能在流向箭头附近标注管段编号。

⑥ 注出管道所连接的设备位号及管口序号。

⑦ 列出材料表，说明管段所需的材料、尺寸、规定、数量等。

根据以上介绍，可对照阅读图 8-20，以加深对管段图的了解。

素养提升

同学们，你们都是朝气蓬勃的年轻人，青年兴则国家兴，青年强则国家强。青年一代有理想、有本领、有担当，国家就有前途，民族就有希望。书山有路勤为径，学海无涯苦作舟。希望你们不忘初心、牢记使命，注重品德与技能、知识与能力、综合素质与综合职业能力的培养。希望你们熟练掌握化工制图课所学重点内容，注重细节，精益求精，执着专注，努力掌握一手过硬的制图基本功，为中国制造的强国梦做出应有的贡献。

附　　录

一、螺纹

附表 1　普通螺纹直径、螺距与公差带（摘自 GB/T 193—2003、GB/T 197—2018）　　mm

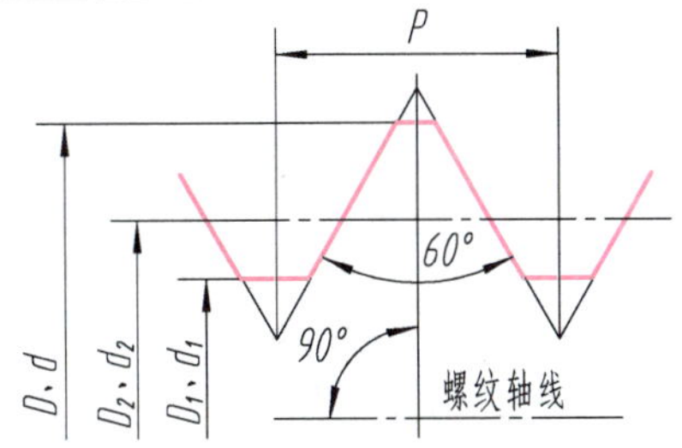

D——内螺纹大径（公称直径）
d——外螺纹大径（公称直径）
D_2——内螺纹中径
d_2——外螺纹中径
D_1——内螺纹小径
d_1——外螺纹小径
P——螺距

标记示例：

M16-6e（粗牙普通外螺纹、公称直径 d=16mm、螺距 P=2mm、中径及大径公差带均为 6e、中等旋合长度、右旋）

M20×2-6G-LH（细牙普通内螺纹、公称直径 D=20mm、螺距 P=2mm、中径及小径公差带均为 6G、中等旋合长度、左旋）

公称直径（D、d）			螺　　距（P）	
第一系列	第二系列	第三系列	粗　牙	细　牙
4	—	—	0.7	0.5
5	—	—	0.8	
6	—	—	1	0.75
—	7	—		
8	—	—	1.25	1、0.75
10	—	—	1.5	1.25、1、0.75
12	—	—	1.75	1.25、1
—	14	—	2	1.5、1.25、1
—	—	15	—	1.5、1
16	—	—	2	
—	18	—	2.5	2、1.5、1
20	—	—		
—	22	—		
24	—	—	3	
—	—	25	—	
—	27	—	3	
30	—	—	3.5	(3)、2、1.5、1
—	33	—		(3)、2、1.5
—	—	35	—	1.5
36	—	—	4	3、2、1.5
—	39	—		

螺纹种类	精度	外螺纹的推荐公差带			内螺纹的推荐公差带		
		S	N	L	S	N	L
普通螺纹	精密	(3h4h)	(4g) *4h	(5g4g) (5h4h)	4H	5H	6H
	中等	(5g6g) (5h6h)	*6e、*6f *6g、6h	(7e6e) (7g6g) (7h6h)	(5G) *5H	*6G *6H	(7G) *7H

注：1. 优先选用第一系列直径，其次选择第二系列直径，最后选择第三系列直径。尽可能地避免选用括号内的螺距。

2. 公差带优先选用顺序为：带*的公差带、一般字体公差带、括号内公差带。紧固件螺纹采用方框内的公差带。

3. 精度选用原则：精密——用于精密螺纹，中等——用于一般用途螺纹。

附表 2　管螺纹

55° 密封管螺纹（摘自 GB/T 7306.1、7306.2—2000）

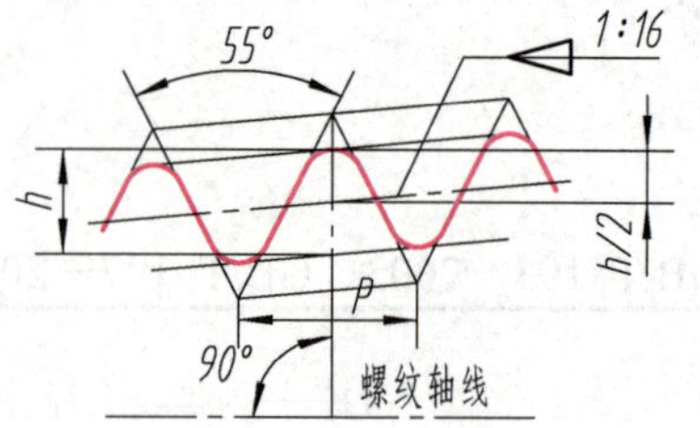

标记示例：

R₁1/2（尺寸代号 1/2，与圆柱内螺纹相配合的右旋圆锥外螺纹）

Rc1/2LH（尺寸代号 1/2，左旋圆锥内螺纹）

55° 非密封管螺纹（摘自 GB/T 7307—2001）

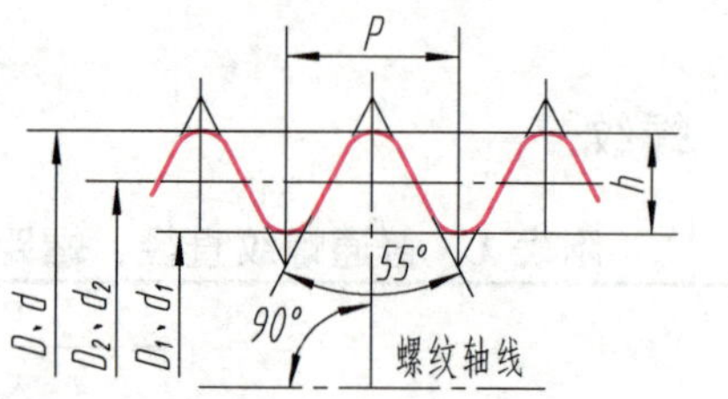

标记示例：

G1/2LH（尺寸代号 1/2，左旋内螺纹）

G1/2A（尺寸代号 1/2，A 级右旋外螺纹）

尺寸代号	大径 d、D /mm	中径 d_2、D_2 /mm	小径 d_1、D_1 /mm	螺距 P /mm	牙高 h /mm	每 25.4 mm 内的牙数 n
1/4	13.157	12.301	11.445	1.337	0.856	19
3/8	16.662	15.806	14.950			
1/2	20.955	19.793	18.631	1.814	1.162	14
3/4	26.441	25.279	24.117			
1	33.249	31.770	30.291	2.309	1.479	11
1¼	41.910	40.431	38.952			
1½	47.803	46.324	44.845			
2	59.614	58.135	56.656			
2½	75.184	73.705	72.226			
3	87.884	86.405	84.926			

二、常用的螺纹紧固件

附表 3　六角头螺栓

mm

六角头螺栓　C 级（摘自 GB/T 5780—2016）

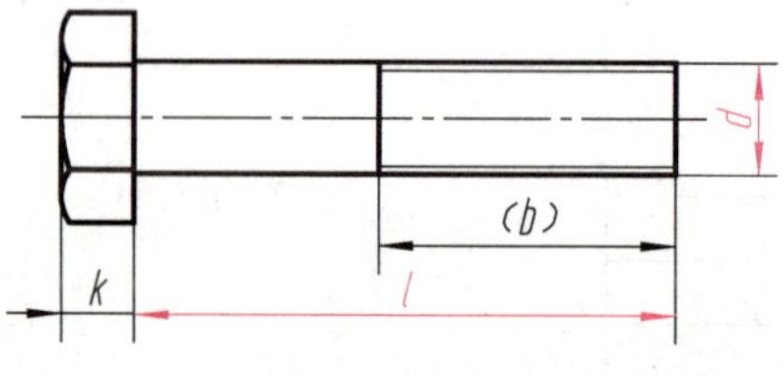

六角头螺栓　全螺纹　C 级（摘自 GB/T 5781—2016）

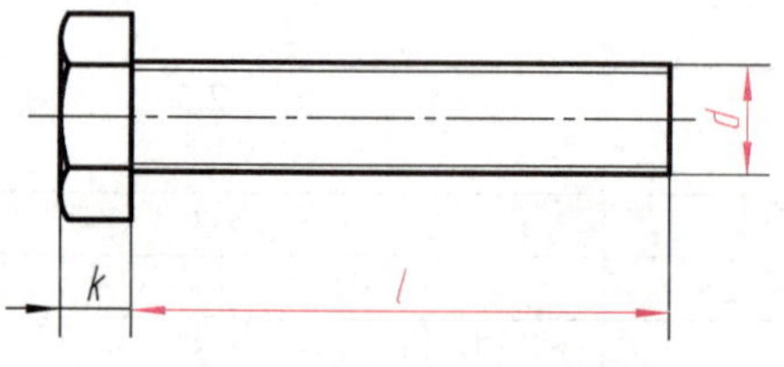

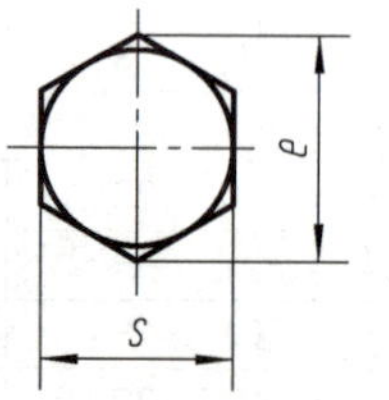

标记示例：

螺栓　GB/T 5780　M20×100（螺纹规格为 M20、公称长度 l=100mm、性能等级为 4.8 级、表面不经处理、产品等级为 C 级的六角头螺栓）

螺纹规格 d		M5	M6	M8	M10	M12	M16	M20	M24	M30	M36	M42
$b_{参考}$	$l_{公称}$≤125	16	18	22	26	30	38	46	54	66	—	—
	125<$l_{公称}$≤200	22	24	28	32	36	44	52	60	72	84	96
	$l_{公称}$>200	35	37	41	45	49	57	65	73	85	97	109
$k_{公称}$		3.5	4.0	5.3	6.4	7.5	10	12.5	15	18.7	22.5	26
s_{max}		8	10	13	16	18	24	30	36	46	55	65
e_{min}		8.63	10.89	14.2	17.59	19.85	26.17	32.95	39.55	50.85	60.79	71.3
$l_{范围}$	GB/T 5780	25～50	30～60	40～80	45～100	55～120	65～160	80～200	100～240	120～300	140～360	180～420
	GB/T 5781	10～50	12～60	16～80	20～100	25～120	30～160	40～200	50～240	60～300	70～360	80～420
$l_{公称}$		10、12、16、20～65（5 进位）、70～160（10 进位）、180、200、220～420（20 进位）										

附表 4 双头螺柱

mm

b_m=1*d*（GB/T 897—1988） b_m=1.25*d*（GB/T 898—1988） b_m=1.5*d*（GB/T 899—1988） b_m=2*d*（GB/T 900—1988）

A 型

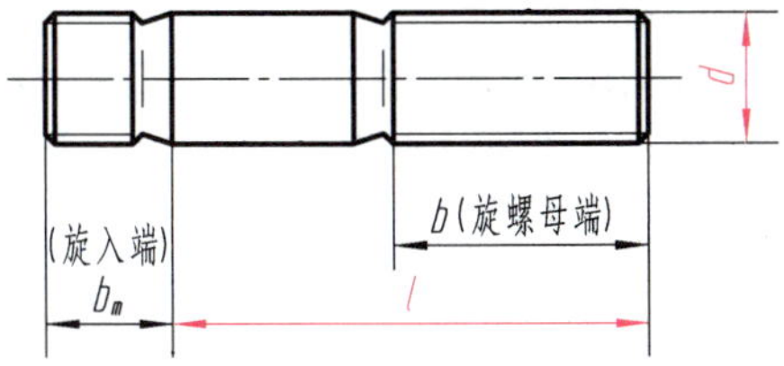

B 型

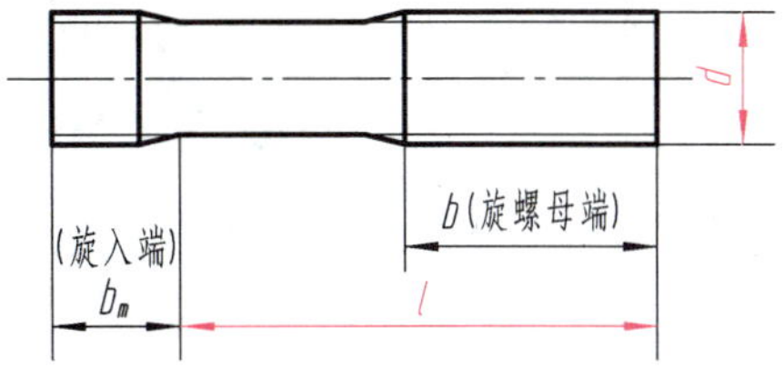

标记示例：

螺柱 GB/T 900 M10×50（两端均为粗牙普通螺纹、*d*=M10、*l*=50mm、性能等级为 4.8 级、不经表面处理、B 型、b_m=2*d* 的双头螺柱）

螺柱 GB/T 900 AM10-10×1×50（旋入机体一端为粗牙普通螺纹、旋螺母一端为螺距 *P*=1mm 的细牙普通螺纹、*d*=M10、*l*=50mm、性能等级为 4.8 级、不经表面处理、A 型、b_m=2*d* 的双头螺柱）

螺纹规格 *d*	旋入端长度 b_m				螺柱长度 *l* / 旋螺母端长度 *b*
	GB/T 897	GB/T 898	GB/T 899	GB/T 900	
M4	—	—	6	8	（16～22）/8、（25～40）/14
M5	5	6	8	10	（16～22）/10、（25～50）/16
M6	6	8	10	12	（20～22）/10、（25～30）/14、（32～75）/18
M8	8	10	12	16	（20～22）/12、（25～30）/16、（32～90）/22
M10	10	12	15	20	（25～28）/14、（30～38）/16、（40～120）/26、130/32
M12	12	15	18	24	（25～30）/16、（32～40）/20、（45～120）/30、（130～180）/36
M16	16	20	24	32	（30～38）/20、（40～55）/30、（60～120）/38、（130～200）/44
M20	20	25	30	40	（35～40）/25、（45～65）/35、（70～120）/46、（130～200）/52
（M24）	24	30	36	48	（45～50）/30、（55～75）/45、（80～120）/54、（130～200）/60
（M30）	30	38	45	60	（60～65）/40、（70～90）/50、（95～120）/66、（130～200）/72、（210～250）/85
M36	36	45	54	72	（65～75）/45、（80～110）/60、120/78、（130～200）/84、（210～300）/97
M42	42	52	63	84	（70～80）/50、（85～110）/70、120/90、（130～200）/96、（210～300）/109
$l_{公称}$	12、（14）、16、（18）、20、（22）、25、（28）、30、（32）、35、（38）、40、45、50、55、60、（65）、70、75、80、（85）、90、（95）、100～260（10 进位）、280、300				

注：1. 尽可能不采用括号内的规格。末端按 GB/T 2—2016 规定。

2. b_m=*d*，一般用于钢对钢；b_m=（1.25～1.5）*d*，一般用于钢对铸铁；b_m=2*d*，一般用于钢对铝合金。

附表 5　1 型六角螺母　C 级（摘自 GB/T 41—2016）

mm

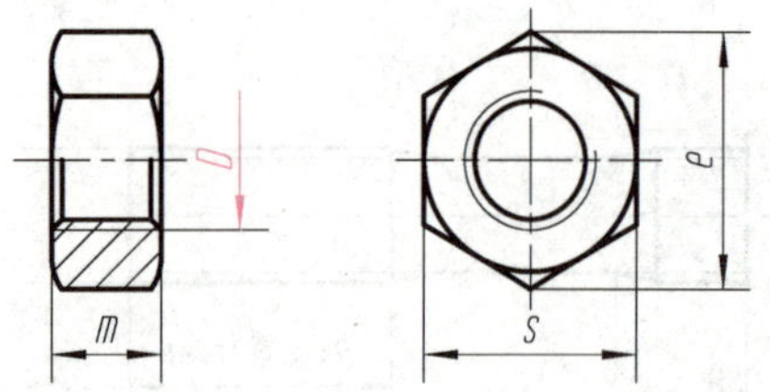

标记示例：

螺母　GB/T 41　M10

（螺纹规格为 M10、性能等级为 5 级、表面不经处理、产品等级为 C 级的 1 型六角螺母）

螺纹规格 D	M5	M6	M8	M10	M12	M16	M20	M24	M30	M36	M42	M48	M56
s_{max}	8	10	13	16	18	24	30	36	46	55	65	75	85
e_{min}	8.63	10.89	14.20	17.59	19.85	26.17	32.95	39.55	50.85	60.79	71.3	82.6	93.56
m_{max}	5.6	6.4	7.9	9.5	12.2	15.9	19	22.3	26.4	31.9	34.9	38.9	45.9

附表 6　垫圈

mm

平垫圈　A 级（摘自 GB/T 97.1—2002）

平垫圈　倒角型　A 级（摘自 GB/T 97.2—2002）

平垫圈　C 级（摘自 GB/T 95—2002）

标准型弹簧垫圈（摘自 GB/T 93—1987）

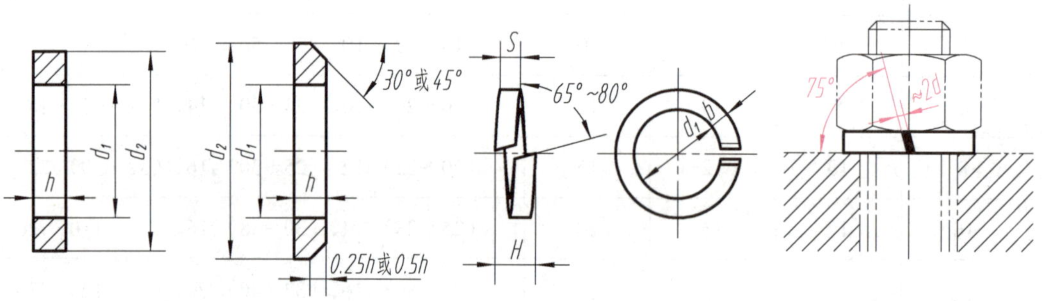

平垫圈　　倒角型平垫圈　　标准型弹簧垫圈　　弹簧垫圈开口画法

标记示例：

垫圈　GB/T 95　8（标准系列、公称规格 8mm、硬度等级为 100HV 级、不经表面处理，产品等级为 C 级的平垫圈）

垫圈　GB/T 93　10（规格 10mm、材料为 65Mn、表面氧化的标准型弹簧垫圈）

公称尺寸 d(螺纹规格)		4	5	6	8	10	12	16	20	24	30	36	42	48
GB/T 97.1—2002（A 级）	d_1	4.3	5.3	6.4	8.4	10.5	13	17	21	25	31	37	45	52
	d_2	9	10	12	16	20	24	30	37	44	56	66	78	92
	h	0.8	1	1.6	1.6	2	2.5	3	3	4	4	5	8	8
GB/T 97.2—2002（A 级）	d_1	—	5.3	6.4	8.4	10.5	13	17	21	25	31	37	45	52
	d_2	—	10	12	16	20	24	30	37	44	56	66	78	92
	h	—	1	1.6	1.6	2	2.5	3	3	4	4	5	8	8
GB/T 95—2002（C 级）	d_1	4.5	5.5	6.6	9	11	13.5	17.5	22	26	33	39	45	52
	d_2	9	10	12	16	20	24	30	37	44	56	66	78	92
	h	0.8	1	1.6	1.6	2	2.5	3	3	4	4	5	8	8
GB/T 93—1987	d_{1min}	4.1	5.1	6.1	8.1	10.2	12.2	16.2	20.2	24.5	30.5	36.5	42.5	48.5
	$S=b$	1.1	1.3	1.6	2.1	2.6	3.1	4.1	5	6	7.5	9	10.5	12
	H_{max}	2.75	3.25	4	5.25	6.5	7.75	10.25	12.5	15	18.75	22.5	26.25	30

注：1. A 级适用于精装配系列，C 级适用于中等精度装配系列。

2. C 级垫圈没有 Ra3.2μm 和去毛刺的要求。

三、极限与配合

附表 7　标准公差数值（摘自 GB/T 1800.1—2020）

公称尺寸/mm		标准公差等级																	
		IT1	IT2	IT3	IT4	IT5	IT6	IT7	IT8	IT9	IT10	IT11	IT12	IT13	IT14	IT15	IT16	IT17	IT18
大于	至	标准公差数值																	
		μm											mm						
—	3	0.8	1.2	2	3	4	6	10	14	25	40	60	0.1	0.14	0.25	0.4	0.6	1	1.4
3	6	1	1.5	2.5	4	5	8	12	18	30	48	75	0.12	0.18	0.3	0.48	0.75	1.2	1.8
6	10	1	1.5	2.5	4	6	9	15	22	36	58	90	0.15	0.22	0.36	0.58	0.9	1.5	2.2
10	18	1.2	2	3	5	8	11	18	27	43	70	110	0.18	0.27	0.43	0.7	1.1	1.8	2.7
18	30	1.5	2.5	4	6	9	13	21	33	52	84	130	0.21	0.33	0.52	0.84	1.3	2.1	3.3
30	50	1.5	2.5	4	7	11	16	25	39	62	100	160	0.25	0.39	0.62	1	1.6	2.5	3.9
50	80	2	3	5	8	13	19	30	46	74	120	190	0.3	0.46	0.74	1.2	1.9	3	4.6
80	120	2.5	4	6	10	15	22	35	54	87	140	220	0.35	0.54	0.87	1.4	2.2	3.5	5.4
120	180	3.5	5	8	12	18	25	40	63	100	160	250	0.4	0.63	1	1.6	2.5	4	6.3
180	250	4.5	7	10	14	20	29	46	72	115	185	290	0.46	0.72	1.15	1.85	2.9	4.6	7.2
250	315	6	8	12	16	23	32	52	81	130	210	320	0.52	0.81	1.3	2.1	3.2	5.2	8.1
315	400	7	9	13	18	25	36	57	89	140	230	360	0.57	0.89	1.4	2.3	3.6	5.7	8.9
400	500	8	10	15	20	27	40	63	97	155	250	400	0.63	0.97	1.55	2.5	4	6.3	9.7
500	630	9	11	16	22	32	44	70	110	175	280	440	0.7	1.1	1.75	2.8	4.4	7	11
630	800	10	13	18	25	36	50	80	125	200	320	500	0.8	1.25	2	3.2	5	8	12.5
800	1000	11	15	21	28	40	56	90	140	230	360	560	0.9	1.4	2.3	3.6	5.6	9	14
1000	1250	13	18	24	33	47	66	105	165	260	420	660	1.05	1.65	2.6	4.2	6.6	10.5	16.5
1250	1600	15	21	29	39	55	78	125	195	310	500	780	1.25	1.95	3.1	5	7.8	12.5	19.5
1600	2000	18	25	35	46	65	92	150	230	370	600	920	1.5	2.3	3.7	6	9.2	15	23
2000	2500	22	30	41	55	78	110	175	280	440	700	1100	1.75	2.8	4.4	7	11	17.5	28
2500	3150	26	36	50	68	96	135	210	330	540	860	1350	2.1	3.3	5.4	8.6	13.5	21	33

附表 8　轴的基本偏差

公称尺寸/mm		基本偏差														
		上极限偏差（*es*）														
		所有标准公差等级												IT5和IT6	IT7	IT8
大于	至	a①	b①	c	cd	d	e	ef	f	fg	g	h	js	j		
—	3	-270	-140	-60	-34	-20	-14	-10	-6	-4	-2	0	偏差=±IT*n*/2，式中，*n*是标准公差等级数	-2	-4	-6
3	6	-270	-140	-70	-46	-30	-20	-14	-10	-6	-4	0		-2	-4	
6	10	-280	-150	-80	-56	-40	-25	-18	-13	-8	-5	0		-2	-5	
10	14	-290	-150	-95	-70	-50	-32	-23	-16	-10	-6	0		-3	-6	
14	18															
18	24	-300	-160	-110	-85	-65	-40	-25	-20	-12	-7	0		-4	-8	
24	30															
30	40	-310	-170	-120	-100	-80	-50	-35	-25	-15	-9	0		-5	-10	
40	50	-320	-180	-130												
50	65	-340	-190	-140		-100	-60		-30		-10	0		-7	-12	
65	80	-360	-200	-150												
80	100	-380	-220	-170		-120	-72		-36		-12	0		-9	-15	
100	120	-410	-240	-180												
120	140	-460	-260	-200		-145	-85		-43		-14	0		-11	-18	
140	160	-520	-280	-210												
160	180	-580	-310	-230												
180	200	-660	-340	-240		-170	-100		-50		-15	0		-13	-21	
200	225	-740	-380	-260												
225	250	-820	-420	-280												
250	280	-920	-480	-300		-190	-110		-56		-17	0		-16	-26	
280	315	-1050	-540	-330												
315	355	-1200	-600	-360		-210	-125		-62		-18	0		-18	-28	
355	400	-1350	-680	-400												
400	450	-1500	-760	-440		-230	-135		-68		-20	0		-20	-32	
450	500	-1650	-840	-480												

① 公称尺寸≤1mm 时，不使用基本偏差 a 和 b。

数值（摘自 GB/T 1800.1—2020） μm

差数值															
下极限偏差（*ei*）															
IT4 至 IT7	≤IT3 >IT7	所有标准公差等级													
k		m	n	p	r	s	t	u	v	x	y	z	za	zb	zc
0	0	+2	+4	+6	+10	+14		+18		+20		+26	+32	+40	+60
+1	0	+4	+8	+12	+15	+19		+23		+28		+35	+42	+50	+80
+1	0	+6	+10	+15	+19	+23		+28		+34		+42	+52	+67	+97
+1	0	+7	+12	+18	+23	+28		+33		+40		+50	+64	+90	+130
									+39	+45		+60	+77	+108	+150
+2	0	+8	+15	+22	+28	+35		+41	+47	+54	+63	+73	+98	+136	+188
							+41	+48	+55	+64	+75	+88	+118	+160	+218
+2	0	+9	+17	+26	+34	+43	+48	+60	+68	+80	+94	+112	+148	+200	+274
							+54	+70	+81	+97	+114	+136	+180	+242	+325
+2	0	+11	+20	+32	+41	+53	+66	+87	+102	+122	+144	+172	+226	+300	+405
					+43	+59	+75	+102	+120	+146	+174	+210	+274	+360	+480
+3	0	+13	+23	+37	+51	+71	+91	+124	+146	+178	+214	+258	+335	+445	+585
					+54	+79	+104	+144	+172	+210	+254	+310	+400	+525	+690
+3	0	+15	+27	+43	+63	+92	+122	+170	+202	+248	+300	+365	+470	+620	+800
					+65	+100	+134	+190	+228	+280	+340	+415	+535	+700	+900
					+68	+108	+146	+210	+252	+310	+380	+465	+600	+780	+1000
+4	0	+17	+31	+50	+77	+122	+166	+236	+284	+350	+425	+520	+670	+880	+1150
					+80	+130	+180	+258	+310	+385	+470	+575	+740	+960	+1250
					+84	+140	+196	+284	+340	+425	+520	+640	+820	+1050	+1350
+4	0	+20	+34	+56	+94	+158	+218	+315	+385	+475	+580	+710	+920	+1200	+1550
					+98	+170	+240	+350	+425	+525	+650	+790	+1000	+1300	+1700
+4	0	+21	+37	+62	+108	+190	+268	+390	+475	+590	+730	+900	+1150	+1500	+1900
					+114	+208	+294	+435	+530	+660	+820	+1000	+1300	+1650	+2100
+5	0	+23	+40	+68	+126	+232	+330	+490	+595	+740	+920	+1100	+1450	+1850	+2400
					+132	+252	+360	+540	+660	+820	+1000	+1250	+1600	+2100	+2600

附表 9　孔的基本偏差

公称尺寸/mm		基本偏差																		
		下极限偏差（*EI*）																		
		所有标准公差等级												IT6	IT7	IT8	≤IT8	>IT8	≤IT8	>IT8
大于	至	A①	B①	C	CD	D	E	EF	F	FG	G	H	JS	J			K③④		M②③④	
—	3	+270	+140	+60	+34	+20	+14	+10	+6	+4	+2	0	偏差=±IT*n*/2，式中*n*为标准公差等级数	+2	+4	+6	0	0	−2	−2
3	6	+270	+140	+70	+46	+30	+20	+14	+10	+6	+4	0		+5	+6	+10	−1+Δ		−4+Δ	−4
6	10	+280	+150	+80	+56	+40	+25	+18	+13	+8	+5	0		+5	+8	+12	−1+Δ		−6+Δ	−6
10	14	+290	+150	+95	+70	+50	+32	+23	+16	+10	+6	0		+6	+10	+15	−1+Δ		−7+Δ	−7
14	18																			
18	24	+300	+160	+110	+85	+65	+40	+28	+20	+12	+7	0		+8	+12	+20	−2+Δ		−8+Δ	−8
24	30																			
30	40	+310	+170	+120	+100	+80	+50	+35	+25	+15	+9	0		+10	+14	+24	−2+Δ		−9+Δ	−9
40	50	+320	+180	+130																
50	65	+340	+190	+140		+100	+60		+30		+10	0		+13	+18	+28	−2+Δ		−11+Δ	−11
65	80	+360	+200	+150																
80	100	+380	+220	+170		+120	+72		+36		+12	0		+16	+22	+34	−3+Δ		−13+Δ	−13
100	120	+410	+240	+180																
120	140	+460	+260	+200		+145	+85		+43		+14	0		+18	+26	+41	−3+Δ		−15+Δ	−15
140	160	+520	+280	+210																
160	180	+580	+310	+230																
180	200	+660	+340	+240		+170	+100		+50		+15	0		+22	+30	+47	−4+Δ		−17+Δ	−17
200	225	+740	+380	+260																
225	250	+820	+420	+280																
250	280	+920	+480	+300		+190	+110		+56		+17	0		+25	+36	+55	−4+Δ		−20+Δ	−20
280	315	+1050	+540	+330																
315	355	+1200	+600	+360		+210	+125		+62		+18	0		+29	+39	+60	−4+Δ		−21+Δ	−21
355	400	+1350	+680	+400																
400	450	+1500	+760	+440		+230	+135		+68		+20	0		+33	+43	+66	−5+Δ		−23+Δ	−23
450	500	+1650	+840	+480																

① 公称尺寸≤1mm 时，不适用基本偏差 A 和 B，不适用标准公差等级大于 IT8 的基本偏差 N。

② 特例：对于公称尺寸大于 250～315mm 的公差带代号 M6，*ES*=−9μm（计算结果不是−11μm）。

③ 为确定 K 和 M 的值，见 GB/T 1800.1—2020 中的 4.3.2.5。

④ 对于 Δ 值，见本表右边的最后六列。

数值（摘自 GB/T 1800.1—2020） μm

差数值															Δ值					
上极限偏差（*ES*）																				
≤IT8	>IT8	≤IT7	>IT7 的标准公差等级												标准公差等级					
N[①,③]		P 至 ZC[③]	P	R	S	T	U	V	X	Y	Z	ZA	ZB	ZC	IT3	IT4	IT5	IT6	IT7	IT8
−4	−4	在>IT7 的标准公差等级的基本偏差数值上增加一个Δ值	−6	−10	−14		−18		−20		−26	−32	−40	−60	0	0	0	0	0	0
−8+Δ	0		−12	−15	−19		−23		−28		−35	−42	−50	−80	1	1.5	1	3	4	6
−10+Δ	0		−15	−19	−23		−28		−34		−42	−52	−67	−97	1	1.5	2	3	6	7
−12+Δ	0		−18	−23	−28		−33		−40		−50	−64	−90	−130	1	2	3	3	7	9
								−39	−45		−60	−77	−108	−150						
−15+Δ	0		−22	−28	−35		−41	−47	−54	−63	−73	−98	−136	−188	1.5	2	3	4	8	12
						−41	−48	−55	−64	−75	−88	−118	−160	−218						
−17+Δ	0		−26	−34	−43	−48	−60	−68	−80	−94	−112	−148	−200	−274	1.5	3	4	5	9	14
						−54	−70	−81	−97	−114	−136	−180	−242	−325						
−20+Δ	0		−32	−41	−53	−66	−87	−102	−122	−144	−172	−226	−300	−405	2	3	5	6	11	16
				−43	−59	−75	−102	−120	−146	−174	−210	−274	−360	−480						
−23+Δ	0		−37	−51	−71	−91	−124	−146	−178	−214	−258	−335	−445	−585	2	4	5	7	13	19
				−54	−79	−104	−144	−172	−210	−254	−310	−400	−525	−690						
−27+Δ	0		−43	−63	−92	−122	−170	−202	−248	−300	−365	−470	−620	−800	3	4	6	7	15	23
				−65	−100	−134	−190	−228	−280	−340	−415	−535	−700	−900						
				−68	−108	−146	−210	−252	−310	−380	−465	−600	−780	−1000						
−31+Δ	0		−50	−77	−122	−166	−236	−284	−350	−425	−520	−670	−880	−1150	3	4	6	9	17	26
				−80	−130	−180	−258	−310	−385	−470	−575	−740	−960	−1250						
				−84	−140	−196	−284	−340	−425	−520	−640	−820	−1050	−1350						
−34+Δ	0		−56	−94	−158	−218	−315	−385	−475	−580	−710	−920	−1200	−1550	4	4	7	9	20	29
				−98	−170	−240	−350	−425	−525	−650	−790	−1000	−1300	−1700						
−37+Δ	0		−62	−108	−190	−268	−390	−475	−590	−730	−900	−1150	−1500	−1900	4	5	7	11	21	32
				−114	−208	−294	−435	−530	−660	−820	−1000	−1300	−1650	−2100						
−40+Δ	0		−68	−126	−232	−330	−490	−595	−740	−920	−1100	−1450	−1850	−2400	5	5	7	13	23	34
				−132	−252	−360	−540	−660	−820	−1000	−1250	−1600	−2100	−2600						

附表 10 优先选用的轴的公差带（摘自 GB/T 1800.2—2020） μm

代号		a	b	c	d	e	f	g	h				js	k	n	p	r	s
公称尺寸/mm		公差等级																
大于	至	11	11	11	9	8	7	6	6	7	9	11	6	6	6	6	6	6
—	3	−270 −330	−140 −200	−60 −120	−20 −45	−14 −28	−6 −16	−2 −8	0 −6	0 −10	0 −25	0 −60	±3	+6 0	+10 +4	+12 +6	+16 +10	+20 +14
3	6	−270 −345	−140 −215	−70 −145	−30 −60	−20 −38	−10 −22	−4 −12	0 −8	0 −12	0 −30	0 −75	±4	+9 +1	+16 +8	+20 +12	+23 +15	+27 +19
6	10	−280 −370	−150 −240	−80 −170	−40 −76	−25 −47	−13 −28	−5 −14	0 −9	0 −15	0 −36	0 −90	±4.5	+10 +1	+19 +10	+24 +15	+28 +19	+32 +23
10	18	−290 −400	−150 −260	−95 −205	−50 −93	−32 −59	−16 −34	−6 −17	0 −11	0 −18	0 −43	0 −110	±5.5	+12 +1	+23 +12	+29 +18	+34 +23	+39 +28
18	30	−300 −430	−160 −290	−110 −240	−65 −117	−40 −73	−20 −41	−7 −20	0 −13	0 −21	0 −52	0 −130	±6.5	+15 +2	+28 +15	+35 +22	+41 +28	+48 +35
30	40	−310 −470	−170 −330	−120 −280	−80 −142	−50 −89	−25 −50	−9 −25	0 −16	0 −25	0 −62	0 −160	±8	+18 +2	+33 +17	+42 +26	+50 +34	+59 +43
40	50	−320 −480	−180 −340	−130 −290														
50	65	−340 −530	−190 −380	−140 −330	−100 −174	−60 −106	−30 −60	−10 −29	0 −19	0 −30	0 −74	0 −190	±9.5	+21 +2	+39 +20	+51 +32	+60 +41	+72 +53
65	80	−360 −550	−200 −390	−150 −340													+62 +43	+78 +59
80	100	−380 −600	−220 −440	−170 −390	−120 −207	−72 −126	−36 −71	−12 −34	0 −22	0 −35	0 −87	0 −220	±11	+25 +3	+45 +23	+59 +37	+73 +51	+93 +71
100	120	−410 −630	−240 −460	−180 −400													+76 +54	+101 +79
120	140	−460 −710	−260 −510	−200 −450	−145 −245	−85 −148	−43 −83	−14 −39	0 −25	0 −40	0 −100	0 −250	±12.5	+28 +3	+52 +27	+68 +43	+88 +63	+117 +92
140	160	−520 −770	−280 −530	−210 −460													+90 +65	+125 +100
160	180	−580 −830	−310 −560	−230 −480													+93 +68	+133 +108
180	200	−660 −950	−340 −630	−240 −530	−170 −285	−100 −172	−50 −96	−15 −44	0 −29	0 −46	0 −115	0 −290	±14.5	+33 +4	+60 +31	+79 +50	+106 +77	+151 +122
200	225	−740 −1030	−380 −670	−260 −550													+109 +80	+159 +130
225	250	−820 −1110	−420 −710	−280 −570													+113 +84	+169 +140
250	280	−920 −1240	−480 −800	−300 −620	−190 −320	−110 −191	−56 −108	−17 −49	0 −32	0 −52	0 −130	0 −320	±16	+36 +4	+66 +34	+88 +56	+126 +94	+190 +158
280	315	−1050 −1370	−540 −860	−330 −650													+130 +98	+202 +170
315	355	−1200 −1560	−600 −960	−360 −720	−210 −350	−125 −214	−62 −119	−18 −54	0 −36	0 −57	0 −140	0 −360	±18	+40 +4	+73 +37	+98 +62	+144 +108	+226 +190
355	400	−1350 −1710	−680 −1040	−400 −760													+150 +114	+244 +208
400	450	−1500 −1900	−760 −1160	−440 −840	−230 −385	−135 −232	−68 −131	−20 −60	0 −40	0 −63	0 −155	0 −400	±20	+45 +5	+80 +40	+108 +68	+166 +126	+272 +232
450	500	−1650 −2050	−840 −1240	−480 −880													+172 +132	+292 +252

附表 11 优先选用的孔的公差带（摘自 GB/T 1800.2—2020）

μm

代号		A	B	C	D	E	F	G	H				JS	K	N	P	R	S
公称尺寸 /mm		公差等级																
大于	至	11	11	11	10	9	8	7	7	8	9	11	7	7	7	7	7	7
—	3	+330 +270	+200 +140	+120 + 60	+60 +20	+39 +14	+20 +6	+12 +2	+10 0	+14 0	+25 0	+60 0	±5	0 −10	−4 −14	−6 −16	−10 −20	−14 −24
3	6	+345 +270	+215 +140	+145 +70	+78 +30	+50 +20	+28 +10	+16 +4	+12 0	+18 0	+30 0	+75 0	±6	+3 −9	−4 −16	−8 −20	−11 −23	−15 −27
6	10	+370 +280	+240 +150	+170 +80	+98 +40	+61 +25	+35 +13	+20 +5	+15 0	+22 0	+36 0	+90 0	±7.5	+5 −10	−4 −19	−9 −24	−13 −28	−17 −32
10	18	+400 +290	+260 +150	+205 +95	+120 +50	+75 +32	+43 +16	+24 +6	+18 0	+27 0	+43 0	+110 0	±9	+6 −12	−5 −23	−11 −29	−16 −34	−21 −39
18	30	+430 +300	+290 +160	+240 +110	+149 +65	+92 +40	+53 +20	+28 +7	+21 0	+33 0	+52 0	+130 0	±10.5	+6 −15	−7 −28	−14 −35	−20 −41	−27 −48
30	40	+470 +310	+330 +170	+280 +120	+180 +80	+112 +50	+64 +25	+34 +9	+25 0	+39 0	+62 0	+160 0	±12.5	+7 −18	−8 −33	−17 −42	−25 −50	−34 −59
40	50	+480 +320	+340 +180	+290 +130														
50	65	+530 +340	+380 +190	+330 +140	+220 +100	+134 +60	+76 +30	+40 +10	+30 0	+46 0	+74 0	+190 0	±15	+9 −21	−9 −39	−21 −51	−30 −60	−42 −72
65	80	+550 +360	+390 +200	+340 +150													−32 −62	−48 −78
80	100	+600 +380	+440 +220	+390 +170	+260 +120	+159 +72	+90 +36	+47 +12	+35 0	+54 0	+87 0	+220 0	±17.5	+10 −25	−10 −45	−24 −59	−38 −73	−58 −93
100	120	+630 +410	+460 +240	+400 +180													−41 −76	−66 −101
120	140	+710 +460	+510 +260	+450 +200	+305 +145	+185 +85	+106 +43	+54 +14	+40 0	+63 0	+100 0	+250 0	±20	+12 −28	−12 −52	−28 −68	−48 −88	−77 −117
140	160	+770 +520	+530 +280	+460 +210													−50 −90	−85 −125
160	180	+830 +580	+560 +310	+480 +230													−53 −93	−93 −133
180	200	+950 +660	+630 +340	+530 +240	+355 +170	+215 +100	+122 +50	+61 +15	+46 0	+72 0	+115 0	+290 0	±23	+13 −33	−14 −60	−33 −79	−60 −106	−105 −151
200	225	+1030 +740	+670 +380	+550 +260													−63 −109	−113 −159
225	250	+1110 +820	+710 +420	+570 +280													−67 −113	−123 −169
250	280	+1240 +920	+800 +480	+620 +300	+400 +190	+240 +110	+137 +56	+69 +17	+52 0	+81 0	+130 0	+320 0	±26	+16 −36	−14 −66	−36 −88	−74 −126	−138 −190
280	315	+1370 +1050	+860 +540	+650 +330													−78 −130	−150 −202
315	355	+1560 +1200	+960 +600	+720 +360	+440 +210	+265 +125	+151 +62	+75 +18	+57 0	+89 0	+140 0	+360 0	±28.5	+17 −40	−16 −73	−41 −98	−87 −144	−169 −226
355	400	+1710 +1350	+1040 +680	+760 +400													−93 −150	−187 −244
400	450	+1900 +1500	+1160 +760	+840 +440	+480 +230	+290 +135	+165 +68	+83 +20	+63 0	+97 0	+155 0	+400 0	±31.5	+18 −45	−17 −80	−45 −108	−103 −166	−209 −272
450	500	+2050 +1650	+1240 +840	+880 +480													−109 −172	−229 −292

四、化工设备常用的标准零部件

附表 12　椭圆形封头（摘自 GB/T 25198—2023）　　mm

以内径为基准的封头（EHA）

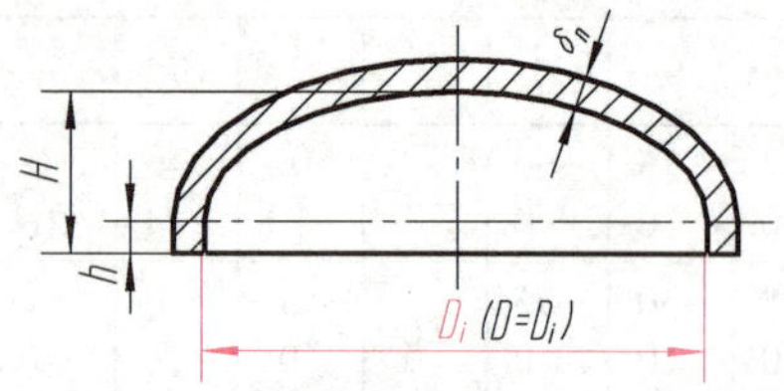

以外径为基准的封头（EHB）

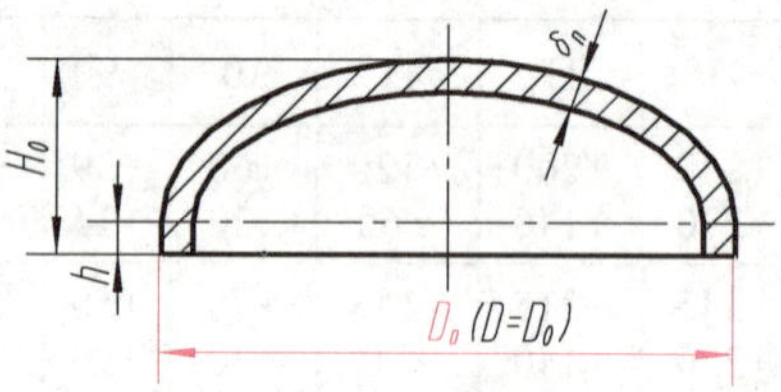

符号含义

D——椭圆形封头直径；D_i——椭圆形封头内径；D_o——椭圆形封头外径；H——以内径为基准椭圆形封头总深度；H_o——以外径为基准椭圆形封头总高度；δ_n——封头名义厚度；h——直边高度（当封头公称直径 D≤2000mm 时，h=25mm；当封头公称直径 D>2000mm 时，h=40mm）

标记示例：

EHA 2000×16-16MnR　GB/T 25198—2023

（封头直径 2000mm、名义厚度 16mm、材质 16MnR、以内径为基准的椭圆形封头）

以内径为基准的封头/EHA

封头直径 D	总深度 H	名义厚度 δ_n	封头直径 D	总深度 H	名义厚度 δ_n
300	100	2～14	1600	425	3～32
350	113	2～16	1700	450	
400	125		1800	475	
450	138		1900	500	4～32
500	150		2000	525	
550	163		2100	565	
600	175		2200	590	
650	188	2～22	2300	615	
700	200		2400	650	5～32
750	213		2500	665	
800	225	2～28	2600	690	6～32
850	238	3～28	2700	715	
900	250		2800	740	
950	263		2900	765	
1000	275	3～32	3000	790	
1100	300		3100	815	8～32
1200	325		3200	840	
1300	350		3300	865	
1400	375		3400	890	
1500	400		3500	915	

以外径为基准的封头/EHB

封头直径 D	总高度 H_O	名义厚度 δ_n	封头直径 D	总高度 H_O	名义厚度 δ_n	封头直径 D	总高度 H_O	名义厚度 δ_n
159	66.3	3～10	273	94.8	3～14	377	121.3	4～16
168	68.5		325	108.3	4～14	406	128.5	
219	81.3	3～12	356	116.0		426	133.5	
名义厚度系列	2，3，4，5，6，8，10，12，14，16，18，20，22，24，26，28，30，32							

注：D3600 至 D10000 的数据未摘引。

附表 13　板式平焊钢制管法兰和法兰盖

板式平焊钢制管法兰（HG/T 20592—2009）

全平面（FF）

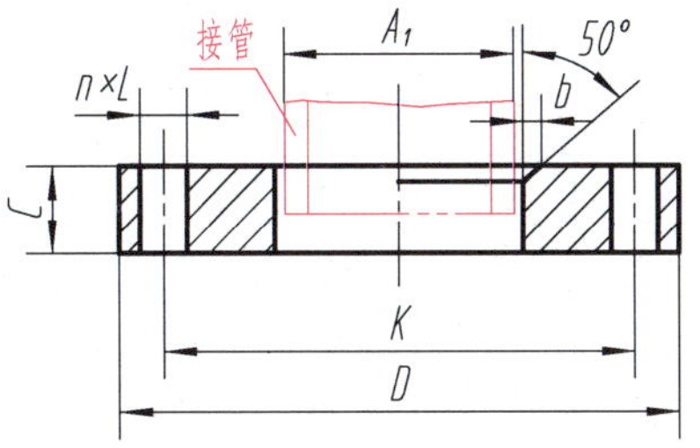

突面（RF）

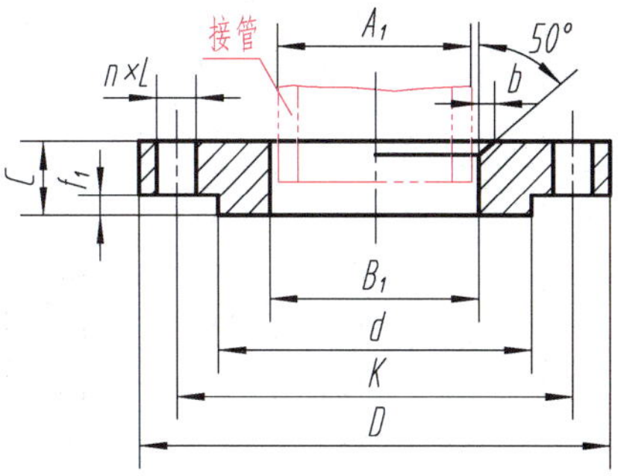

钢制管法兰盖（HG/T 20592—2009）

全平面（FF）

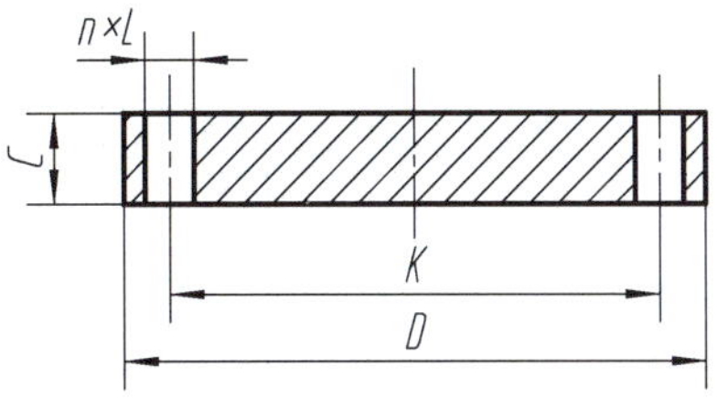

突面（RF）

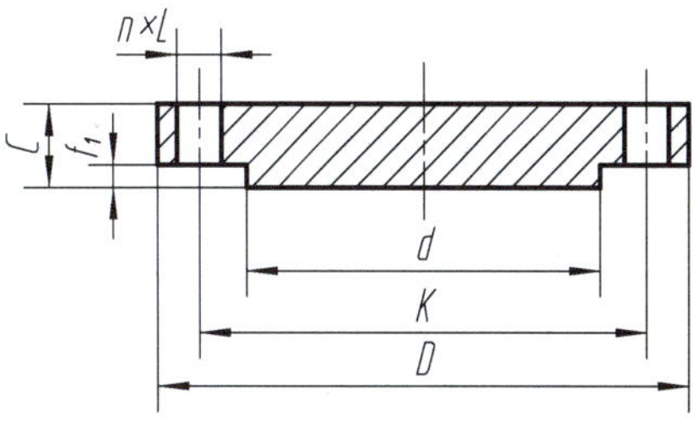

标记示例：

HG/T 20592　法兰　PL150（B）-6　RF　Q235A

（公称尺寸 *DN*150mm、公称压力 *PN*6bar、配用公制管的突面板式平焊法兰、法兰材料为 Q235A）

HG/T 20592　法兰盖　BL150（B）-10　FF　Q235A

（公称尺寸 *DN*150mm、公称压力 *PN*10bar、配用公制管的全平面法兰盖、法兰盖材料为 Q235A）

PN 6　板式平焊钢制法兰和法兰盖　mm

公称尺寸 *DN*	钢管外径 A_1		连接尺寸					法兰与法兰盖厚度 *C*	法兰内径 B_1		密封面直径 *d*	密封面厚度 f_1	坡口宽度 *b*
	A	B	法兰外径 *D*	螺栓孔中心圆直径 *K*	螺栓孔直径 *L*	螺栓孔数量 *n*/个	螺栓 Th		A	B			
10	17.2	14	75	50	11	4	M10	12	18	15	35	2	0
15	21.3	18	80	55	11	4	M10	12	22.5	19	40	2	0
20	26.9	25	90	65	11	4	M10	14	27.5	26	50	2	0
25	33.7	32	100	75	11	4	M10	14	34.5	33	60	2	0
32	42.4	38	120	90	14	4	M12	16	43.5	39	70	2	0
40	48.3	45	130	100	14	4	M12	16	49.5	46	80	2	0
50	60.3	57	140	110	14	4	M12	16	61.5	59	90	2	0
65	76.1	76	160	130	14	4	M12	16	77.5	78	110	2	0
80	88.9	89	190	150	18	4	M16	18	90.5	91	128	2	0
100	114.3	108	210	170	18	4	M16	18	116	110	148	2	0
125	139.7	133	240	200	18	8	M16	20	143.5	135	178	2	0
150	168.3	159	265	225	18	8	M16	20	170.5	161	202	2	0
200	219.1	219	320	280	18	8	M16	22	221.5	222	258	2	0
250	273	273	375	335	18	12	M16	24	276.5	276	312	2	0
300	323.9	325	440	395	22	12	M20	24	328	328	365	2	0

续表

*PN*10　板式平焊钢制法兰和法兰盖　mm

公称尺寸 *DN*	钢管外径 A_1		连接尺寸					法兰与法兰盖厚度 *C*	法兰内径 B_1		密封面直径 *d*	密封面厚度 f_1	坡口宽度 *b*
	A	B	法兰外径 *D*	螺栓孔中心圆直径 *K*	螺栓孔直径 *L*	螺栓孔数量 *n*/个	螺栓 Th		A	B			
10	17.2	14	90	60	14	4	M12	14	18	15	40	2	0
15	21.3	18	95	65	14	4	M12	14	22.5	19	45	2	0
20	26.9	25	105	75	14	4	M12	16	27.5	26	58	2	0
25	33.7	32	115	85	14	4	M12	16	34.5	33	68	2	0
32	42.4	38	140	100	18	4	M16	18	43.5	39	78	2	0
40	48.3	45	150	110	18	4	M16	18	49.5	46	88	2	0
50	60.3	57	165	125	18	4	M16	20	61.5	59	102	2	0
65	76.1	76	185	145	18	4	M16	20	77.5	78	122	2	0
80	88.9	89	200	160	18	8	M16	20	90.5	91	138	2	0
100	114.3	108	220	180	18	8	M16	22	116	110	158	2	0
125	139.7	133	250	210	18	8	M16	22	143.5	135	188	2	0
150	168.3	159	285	240	22	8	M20	24	170.5	161	212	2	0
200	219.1	219	340	295	22	8	M20	24	221.5	222	268	2	0
250	273	273	395	350	22	12	M20	26	276.5	276	320	2	0
300	323.9	325	445	400	22	12	M20	28	328	328	370	2	0

*PN*16　板式平焊钢制法兰和法兰盖　mm

公称尺寸 *DN*	钢管外径 A_1		连接尺寸					法兰与法兰盖厚度 *C*	法兰内径 B_1		密封面直径 *d*	密封面厚度 f_1	坡口宽度 *b*
	A	B	法兰外径 *D*	螺栓孔中心圆直径 *K*	螺栓孔直径 *L*	螺栓孔数量 *n*/个	螺栓 Th		A	B			
10	17.2	14	90	60	14	4	M12	14	18	15	40	2	4
15	21.3	18	95	65	14	4	M12	14	22.5	19	45	2	4
20	26.9	25	105	75	14	4	M12	16	27.5	26	58	2	4
25	33.7	32	115	85	14	4	M12	16	34.5	33	68	2	5
32	42.4	38	140	100	18	4	M16	18	43.5	39	78	2	5
40	48.3	45	150	110	18	4	M16	18	49.5	46	88	2	5
50	60.3	57	165	125	18	4	M16	19	61.5	59	102	2	5
65	76.1	76	185	145	18	8	M16	20	77.5	78	122	2	6
80	88.9	89	200	160	18	8	M16	20	90.5	91	138	2	6
100	114.3	108	220	180	18	8	M16	22	116	110	158	2	6
125	139.7	133	250	210	18	8	M16	22	143.5	135	188	2	6
150	168.3	159	285	240	22	8	M20	24	170.5	161	212	2	6
200	219.1	219	340	295	22	12	M20	26	221.5	222	268	2	8
250	273	273	405	355	26	12	M24	29	276.5	276	320	2	10
300	323.9	325	460	410	26	12	M24	32	328	328	378	2	11

*PN*25　板式平焊钢制法兰和法兰盖　mm

公称尺寸 *DN*	钢管外径 A_1		连接尺寸					法兰与法兰盖厚度 *C*	法兰内径 B_1		密封面直径 *d*	密封面厚度 f_1	坡口宽度 *b*
	A	B	法兰外径 *D*	螺栓孔中心圆直径 *K*	螺栓孔直径 *L*	螺栓孔数量 *n*/个	螺栓 Th		A	B			
10	17.2	14	90	60	14	4	M12	14	18	15	40	2	4
15	21.3	18	95	65	14	4	M12	14	22.5	19	45	2	4
20	26.9	25	105	75	14	4	M12	16	27.5	26	58	2	4

续表

PN25　板式平焊钢制法兰和法兰盖　mm

公称尺寸 DN	钢管外径 A_1		连接尺寸					法兰与法兰盖厚度 C	法兰内径 B_1		密封面直径 d	密封面厚度 f_1	坡口宽度 b
	A	B	法兰外径 D	螺栓孔中心圆直径 K	螺栓孔直径 L	螺栓孔数量 n/个	螺栓 Th		A	B			
25	33.7	32	115	85	14	4	M12	16	34.5	33	68	2	5
32	42.4	38	140	100	18	4	M16	18	43.5	39	78	2	5
40	48.3	45	150	110	18	4	M16	18	49.5	46	88	2	5
50	60.3	57	165	125	18	4	M16	20	61.5	59	102	2	5
65	76.1	76	185	145	18	8	M16	22	77.5	78	122	2	6
80	88.9	89	200	160	18	8	M16	24	90.5	91	138	2	6
100	114.3	108	235	190	22	8	M20	26	116	110	162	2	6
125	139.7	133	270	220	26	8	M24	28	143.5	135	188	2	6
150	168.3	159	300	250	26	8	M24	30	170.5	161	218	2	6
200	219.1	219	360	310	26	12	M24	32	221.5	222	278	2	8
250	273	273	425	370	30	12	M27	35	276.5	276	335	2	10
300	323.9	325	480	430	30	16	M27	38	328	328	395	2	11

附表 14　管法兰用非金属平垫片（摘自 HG/T 20606—2009）

FF 型（全平面）

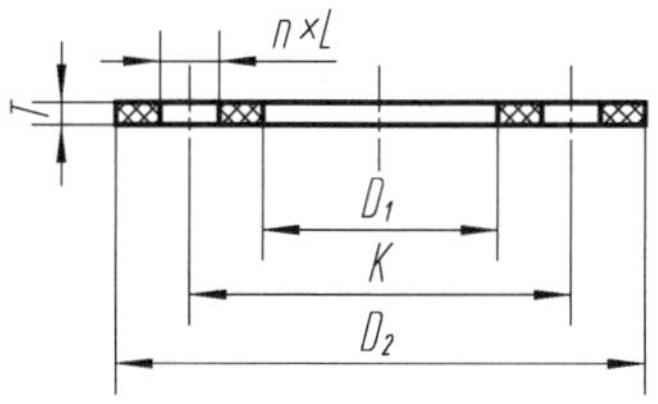

RF、MFM、TG 型（突面、凹凸面、榫槽面）

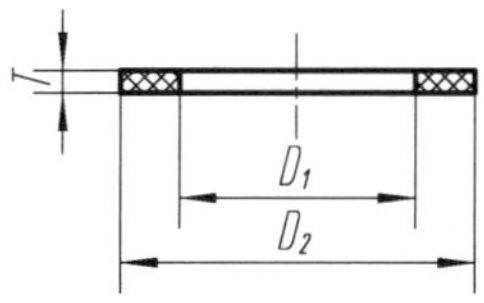

RF-E 型（突面、带内包边）

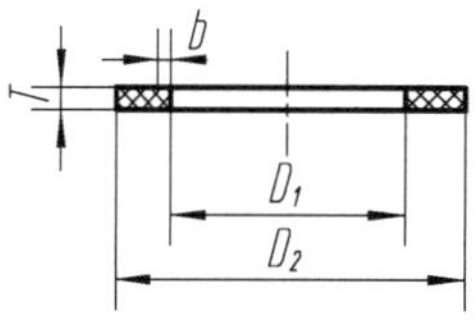

标记示例：

HG/T 20606　垫片　RF　100-25　XB400

（公称尺寸 *DN*100mm、公称压力 *PN*25bar、突面法兰用 RF 型 XB400 耐油石棉橡胶垫片）

全平面法兰用 FF 型垫片尺寸　mm

公称尺寸 DN	垫片内径 D_1	PN 2.5				PN 6				垫片厚度 T
		垫片外径 D_2	螺栓孔数量 n/个	螺栓孔直径 L	螺栓孔中心圆直径 K	垫片外径 D_2	螺栓孔数量 n/个	螺栓孔直径 L	螺栓孔中心圆直径 K	
10	18	75	4	11	50	75	4	11	50	1.5
15	22	80	4	11	55	80	4	11	55	1.5
20	27	90	4	11	65	90	4	11	65	1.5
25	34	100	4	11	75	100	4	11	75	1.5
32	43	120	4	14	90	120	4	14	90	1.5
40	49	130	4	14	100	130	4	14	100	1.5
50	61	140	4	14	110	140	4	14	110	1.5
65	77	160	4	14	130	160	4	14	130	1.5
80	89	190	4	18	150	190	4	18	150	1.5
100	115	210	4	18	170	210	4	18	170	1.5
125	141	240	8	18	200	240	8	18	200	1.5

续表

全平面法兰用 FF 型垫片尺寸 mm

公称尺寸 DN	垫片内径 D_1	PN 2.5				PN 6				垫片厚度 T
		垫片外径 D_2	螺栓孔数量 n/个	螺栓孔直径 L	螺栓孔中心圆直径 K	垫片外径 D_2	螺栓孔数量 n/个	螺栓孔直径 L	螺栓孔中心圆直径 K	
150	169	265	8	18	225	265	8	18	225	1.5
200	220	320	8	18	280	320	8	18	280	1.5
250	273	375	12	18	335	375	12	18	335	1.5
300	324	440	12	22	395	440	12	22	395	1.5

全平面法兰用 FF 型垫片尺寸 mm

公称尺寸 DN	垫片内径 D_1	PN 2.5				PN 6				垫片厚度 T
		垫片外径 D_2	螺栓孔数量 n/个	螺栓孔直径 L	螺栓孔中心圆直径 K	垫片外径 D_2	螺栓孔数量 n/个	螺栓孔直径 L	螺栓孔中心圆直径 K	
10	18	90	4	14	60	90	4	14	60	1.5
15	22	95	4	14	65	95	4	14	65	1.5
20	27	105	4	14	75	105	4	14	75	1.5
25	34	115	4	14	85	115	4	14	85	1.5
32	43	140	4	18	100	140	4	18	100	1.5
40	49	150	4	18	110	150	4	18	110	1.5
50	61	165	4	18	125	165	4	18	125	1.5
65	77	185	8	18	145	185	8	18	145	1.5
80	89	200	8	18	160	200	8	18	160	1.5
100	115	220	8	18	180	220	8	18	180	1.5
125	141	250	8	18	210	250	8	18	210	1.5
150	169	285	8	22	240	285	8	22	240	1.5
200	220	340	8	22	295	340	12	22	295	1.5
250	273	395	12	22	350	405	12	26	355	1.5
300	324	445	12	22	400	460	12	26	410	1.5

突面法兰用 RF 和 RF-E 型垫片尺寸 mm

公称尺寸 DN	垫片内径 D_1	垫片外径 D_2 公称压力 PN							垫片厚度 T	包边宽度 b
		2.5	6	10	16	25	40	63		
10	18	39	39	46	46	46	46	56	1.5	3
15	22	44	44	51	51	51	51	61	1.5	3
20	27	54	54	61	61	61	61	72	1.5	3
25	34	64	64	71	71	71	71	82	1.5	3
32	43	76	76	82	82	82	82	88	1.5	3
40	49	86	86	92	92	92	92	103	1.5	3
50	61	96	96	107	107	107	107	113	1.5	3
65	77	116	116	127	127	127	127	138	1.5	3
80	89	132	132	142	142	142	142	148	1.5	3
100	115	152	152	162	162	168	168	174	1.5	3
125	141	182	182	192	192	194	194	210	1.5	3
150	169	207	207	218	218	224	224	247	1.5	3
200	220	262	262	273	273	284	290	309	1.5	3
250	273	317	317	328	329	340	352	364	1.5	3
300	324	373	373	378	384	400	417	424	1.5	3

附表 15 管法兰用紧固件

mm

六角头螺栓（GB/T 5782—2016） 六角头螺栓 细牙（GB/T 5785—2016） 1 型六角螺母（GB/T 6170—2015）

六角头螺栓 全螺纹（GB/T 5783—2016）（注：螺杆为全螺纹，未画出；螺纹规格与 GB/T 5782 相同）

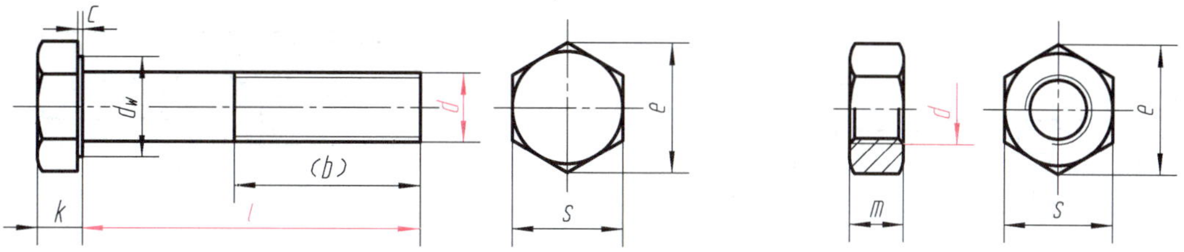

等长双头螺柱 B 级（GB/T 901—1988）

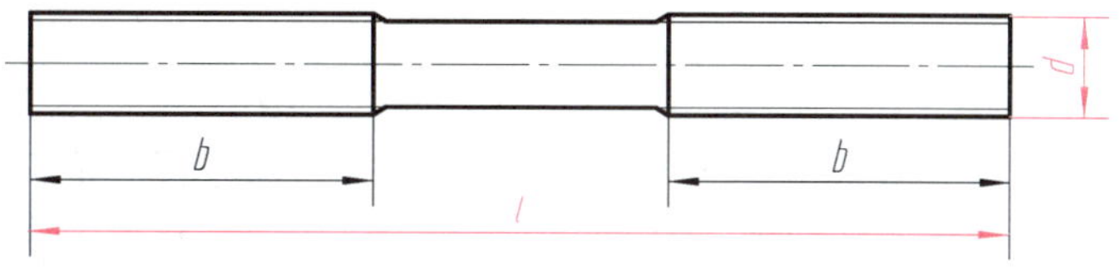

标记示例：

螺栓 GB/T 5782 M12×80

（螺纹规格为 M12、公称长度 l=80mm、性能等级为 8.8 级、表面不经处理、产品等级为 A 级的六角头螺栓）

螺柱 GB/T 901 M12×100

（螺纹规格为 M12、公称长度 l=100mm、机械性能为 4.8 级、不经表面处理的等长双头螺柱）

六角头螺栓							
螺纹规格 d	GB/T 5782-2016 GB/T 5785-2016	M10 M10×1	M12 M12×1.5	M16 M16×1.5	M20 M20×1.5	M24 M24×2	M30 M30×3
b（参考）	l（公称）≤125	26	30	38	46	54	66
	125＜l（公称）≤200	32	36	44	52	60	72
	l（公称）＞200	45	49	57	65	73	85
s（公称）		16	18	24	30	36	46
k（公称）		6.4	7.5	10	12.5	15	18.7
e（最小）	A	17.77	20.03	26.75	33.53	39.98	—
	B	17.59	19.85	26.17	32.95	39.55	50.85
d_w（最小）	A	14.63	16.63	22.49	28.19	33.61	—
	B	14.47	16.47	22	27.7	33.25	42.75
c（最大）		0.6	0.6	0.8	0.8	0.8	0.8
l（范围）	GB/T 5782-2016	45～100	50～120	65～160	80～200	90～240	110～300
	GB/T 5785-2016	45～100	50～120	65～160	80～200	100～240	120～300
	GB/T 5783-2016	20～100	25～120	30～150	40～150	50～150	60～200
l（公称）		12、16、20～70（5 进位）、80～160（10 进位）、180～500（20 进位）					
等长双头螺柱							
b		32	36	44	52	60	72
l（范围）		40～300	50～300	60～300	70～300	90～300	120～400
l（公称）		40、45、50、(55)、60、(65)、70、(75)、80、(85)、90、(95)、100、110、120、130、140、150、160、170、180、190、200、(210)、220、(230)、(240)、250、(260)、300					
1 型六角螺母							
e（最小）		17.8	20	26.8	33	39.6	50.9
s（公称）		16	18	24	30	36	46
m（最大）		8.4	10.8	14.8	18	21.5	25.6

附表 16　压力容器法兰　甲型平焊法兰（摘自 NB/T 47021—2012）

甲型平焊法兰（平面密封面）

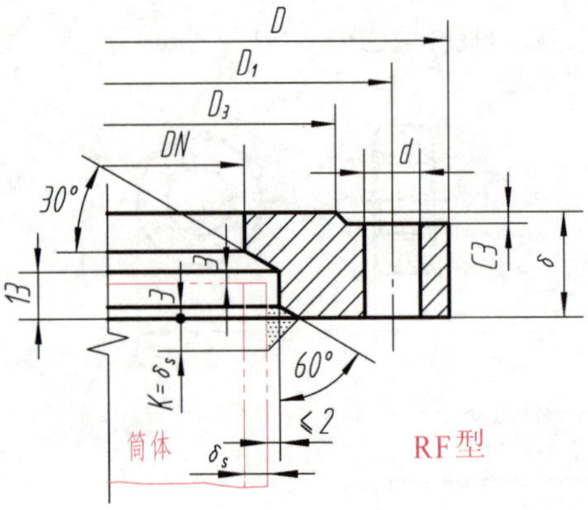

甲型平焊法兰（凹凸密封面）

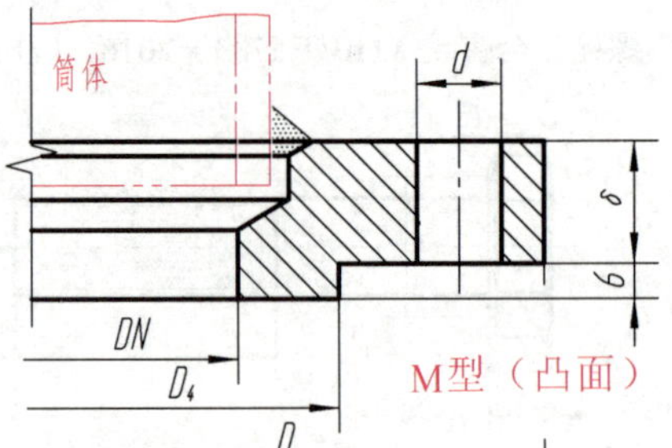

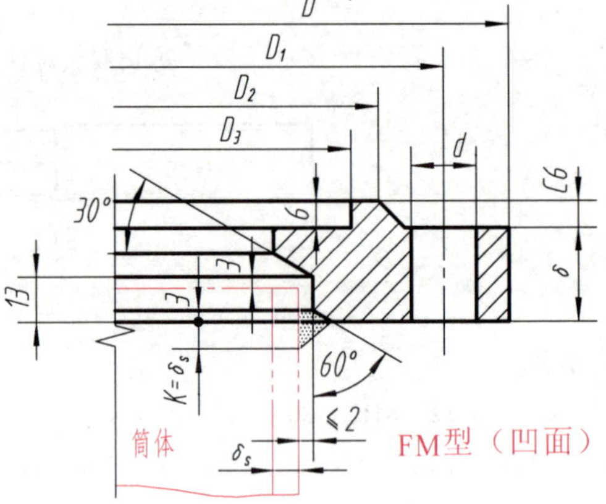

标记示例：

法兰-FM　900-0.6　NB/T 47021—2012

（公称压力为 0.6MPa、公称直径为 900mm、甲型平焊凹凸密封面法兰的凹密封面法兰）

公称直径 DN/mm	法兰/mm							螺柱	
	D	D_1	D_2	D_3	D_4	δ	d	规格	数量
				PN=0.25Mpa					
700	815	780	750	740	737	36	18	M16	28
800	915	880	850	840	837	36	18	M16	32
900	1015	980	950	940	937	40	18	M16	36
1000	1130	1090	1055	1045	1042	40	23	M20	32
1100	1230	1190	1155	1141	1138	40	23	M20	32
1200	1330	1290	1255	1241	1238	44	23	M20	36
1300	1430	1390	1355	1341	1338	46	23	M20	40
1400	1530	1490	1455	1441	1438	46	23	M20	40
1500	1630	1590	1555	1541	1538	48	23	M20	44
1600	1730	1690	1655	1641	1638	50	23	M20	48
1700	1830	1790	1755	1741	1738	52	23	M20	52
1800	1930	1890	1855	1841	1838	56	23	M20	52
1900	2030	1990	1955	1941	1938	56	23	M20	56
2000	2130	2090	2055	2041	2038	60	23	M20	60
				PN=0.6MPa					
450	565	530	500	490	487	30	18	M16	20
500	615	580	550	540	537	30	18	M16	20
550	665	630	600	590	587	32	18	M16	24
600	715	680	650	640	637	32	18	M16	24
650	765	730	700	690	687	36	18	M16	28
700	830	790	755	745	742	36	23	M20	24
800	930	890	855	845	842	40	23	M20	24
900	1030	990	955	945	942	44	23	M20	32
1000	1130	1090	1055	1045	1042	48	23	M20	36

续表

公称直径 DN/mm	法　　兰/mm							螺　柱	
	D	D_1	D_2	D_3	D_4	δ	d	规格	数量
1100	1230	1190	1155	1141	1138	55	23	M20	44
1200	1330	1290	1255	1241	1238	60	23	M20	52
PN=1.0MPa									
300	415	380	350	340	337	26	18	M16	16
350	465	430	400	390	387	26	18	M16	16
400	515	480	450	440	437	30	18	M16	20
450	565	530	500	490	487	34	18	M16	24
500	630	590	555	545	542	34	23	M20	20
550	680	640	605	595	592	38	23	M20	24
600	730	690	655	645	642	40	23	M20	24
650	780	740	705	705	692	44	23	M20	28
700	830	790	755	745	742	46	23	M20	32
800	930	890	855	845	842	54	23	M20	40
900	1030	990	955	945	942	60	23	M20	48
PN=1.6MPa									
300	430	390	355	345	342	30	23	M20	16
350	480	440	405	395	392	32	23	M20	16
400	530	490	455	445	442	36	23	M20	20
450	580	540	505	495	492	40	23	M20	24
500	630	590	555	545	542	44	23	M20	28
550	680	640	605	595	592	50	23	M20	36
600	730	690	655	645	642	54	23	M20	40
650	780	740	705	695	692	58	23	M20	44

附表 17　压力容器法兰　乙型平焊法兰（摘自 NB/T 47022—2012）

乙型平焊法兰（平面密封面）

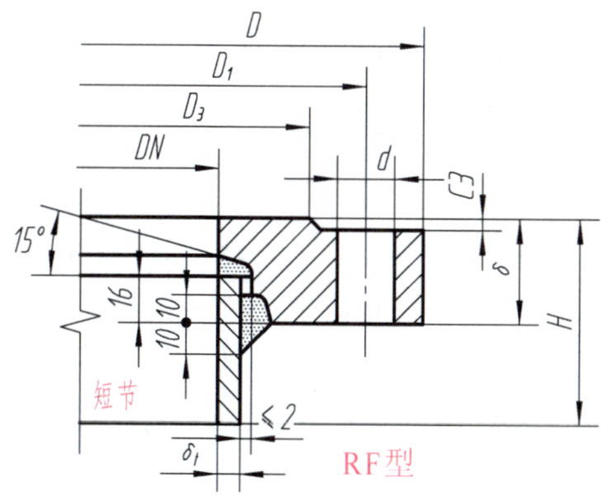

标记示例：

法兰-RF　1000-1.6　NB/T 47022—2012

（公称压力为1.6MPa、公称直径为1000mm、乙型平焊法兰的平面密封面法兰）

乙型平焊法兰（凹凸密封面）

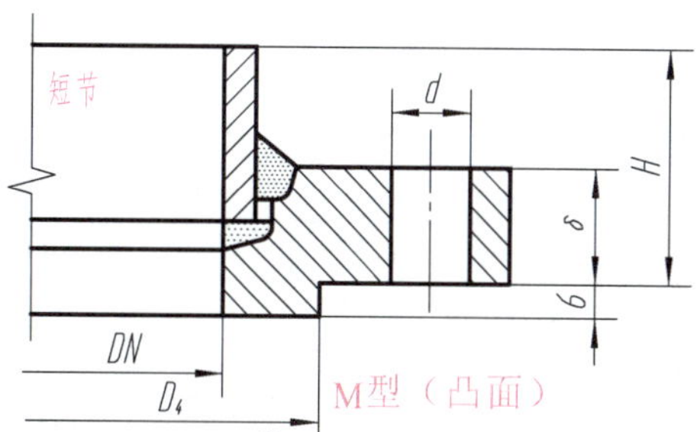

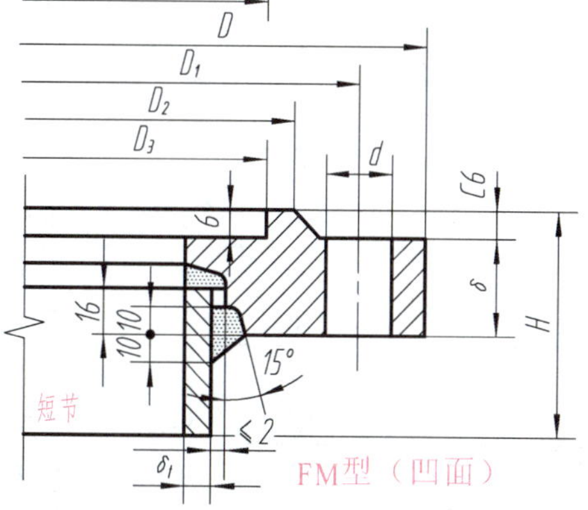

续表

公称直径 DN/mm	法兰/mm									螺柱	
	D	D_1	D_2	D_3	D_4	δ	H	δ_t	d	规格/mm	数量
PN=0.25MPa											
2600	2760	2715	2676	2656	2653	96	345	16	27	M24	72
2800	2960	2915	2876	2856	2853	102	350	16	27	M24	80
3000	3160	3115	3076	3056	3053	104	355	16	27	M24	84
PN=0.6MPa											
1300	1460	1415	1376	1356	1353	70	270	16	27	M24	36
1400	1560	1515	1476	1456	1453	72	270	16	27	M24	40
1500	1660	1615	1576	1556	1553	74	270	16	27	M24	40
1600	1760	1715	1676	1656	1653	76	275	16	27	M24	44
1700	1860	1815	1776	1756	1753	78	280	16	27	M24	48
1800	1960	1915	1876	1856	1853	80	280	16	27	M24	52
1900	2060	2015	1976	1956	1953	84	285	16	27	M24	56
2000	2160	2115	2076	2056	2053	87	285	16	27	M24	60
2200	2360	2315	2276	2256	2253	90	340	16	27	M24	64
2400	2560	2515	2476	2456	2453	92	340	16	27	M24	68
PN=1.0MPa											
1000	1140	1100	1065	1055	1052	62	260	12	23	M20	40
1100	1260	1215	1176	1156	1153	64	265	16	27	M24	32
1200	1360	1315	1276	1256	1253	66	265	16	27	M24	36
1300	1460	1415	1376	1356	1353	70	270	16	27	M24	40
1400	1560	1515	1476	1456	1453	74	270	16	27	M24	44
1500	1660	1615	1576	1556	1553	78	275	16	27	M24	48
1600	1760	1715	1676	1656	1653	82	280	16	27	M24	52
1700	1860	1815	1776	1756	1753	88	280	16	27	M24	56
1800	1960	1915	1876	1856	1853	94	290	16	27	M24	60
PN=1.6MPa											
700	860	815	776	766	763	46	200	16	27	M24	24
800	960	915	876	866	863	48	200	16	27	M24	24
900	1060	1015	976	966	963	56	205	16	27	M24	28
1000	1160	1115	1076	1066	1063	66	260	16	27	M24	32
1100	1260	1215	1176	1156	1153	76	270	16	27	M24	36
1200	1360	1315	1276	1256	1253	85	280	16	27	M24	40
1300	1460	1415	1376	1356	1353	94	290	16	27	M24	44
1400	1560	1515	1476	1456	1453	103	295	16	27	M24	52
PN=2.5MPa											
300	440	400	365	355	352	35	180	12	23	M20	16
350	490	450	415	405	402	37	185	12	23	M20	16
400	540	500	465	455	452	42	190	12	23	M20	20
450	590	550	515	505	502	43	180	12	23	M20	20
500	660	615	576	566	563	43	190	16	27	M24	20
550	710	665	626	616	613	45	195	16	27	M24	20
600	760	715	676	666	663	50	200	16	27	M24	24
650	810	765	726	716	713	60	205	16	27	M24	24

续表

公称直径 DN/mm	法兰/mm									螺柱	
	D	D_1	D_2	D_3	D_4	δ	H	δ_t	d	规格/mm	数量
700	860	815	776	766	763	66	210	16	27	M24	28
800	960	915	876	866	863	77	220	16	27	M24	32

附表 18 压力容器法兰用非金属软垫片（摘自 NB/T 47024—2012） mm

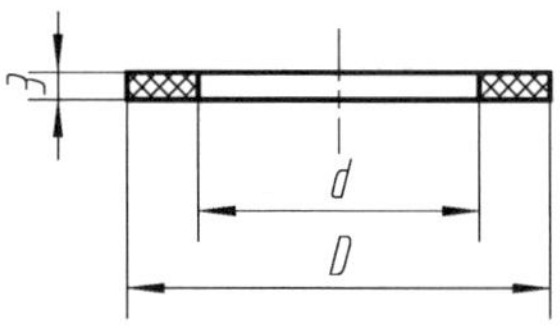

标记示例：

垫片 1000-1.6 NB/T 47024—2012

（公称直径 1000mm、公称压力 1.6MPa、压力容器法兰用非金属软垫片）

公称直径 DN/mm	公称压力 PN/MPa											
	0.25		0.6		1.0		1.6		2.5		4.0	
	D	d	D	d	D	d	D	d	D	d	D	d
300	339	303	339	303	339/354	303/310	344/354	304/310	354	310	365	315
350	389	353	389	353	389/404	353/360	394/404	354/360	404	360	415	365
400	439	403	439	403	439/454	403/410	444/454	404/410	454	410	465	415
450	489	453	489	453	489/504	453/460	494/504	454/460	504	460	515	465
500	544	504	539	503	544/554	504/510	544/554	504/510	565	515	565	515
550	594	554	589	553	594/604	554/564	594/604	554/560	615	565	615	565
600	644	604	639	603	644/654	604/610	644/654	604/610	665	615	665	615
650	694	654	689	653	694/704	654/660	694/704	654/660	715	665	737	687
700	739	703	744	704	744/754	704/710	765	715	765	715	887	737
800	839	803	844	804	844/854	804/810	865	815	865	815	787	837
900	939	903	944	904	944/954	904/910	965	915	987	937	999	939
1000	1044	1044	1044	1004	1054	1010	1065	1015	1087	1037	1099	1039
1100	1140	1100	1140	1100	1155	1105	1155	1105	1177	1127	1208	1148
1200	1240	1200	1240	1200	1255	1205	1255	1205	1277	1227	1308	1248
1300	1340	1300	1355	1305	1355	1305	1355	1305	1377	1327	1408	1348
1400	1440	1400	1455	1405	1455	1405	1455	1405	1477	1427	1508	1448
1500	1540	1500	1555	1505	1555	1505	1577	1527	1589	1529	1608	1548
1600	1640	1600	1655	1605	1655	1605	1677	1627	1689	1629	1708	1648
1700	1740	1700	1755	1705	1755	1705	1777	1727	1808	1748	1808	1748
1800	1840	1800	1855	1805	1855	1805	1877	1827	1908	1848	1908	1848
1900	1940	1900	1955	1905	1977	1927	1989	1929	2008	1948	2008	1948
2000	2040	2000	2055	2005	2077	2027	2089	2029	2108	2048	2108	2048

注：表中粗实线范围内的数据（分母部分除外）为甲型平焊法兰用软垫片尺寸，分母部分为长颈对焊法兰用软垫片尺寸。

附表 19　压力容器法兰用等长双头螺柱（摘自 NB/T 47027—2012）　　mm

A 型螺柱

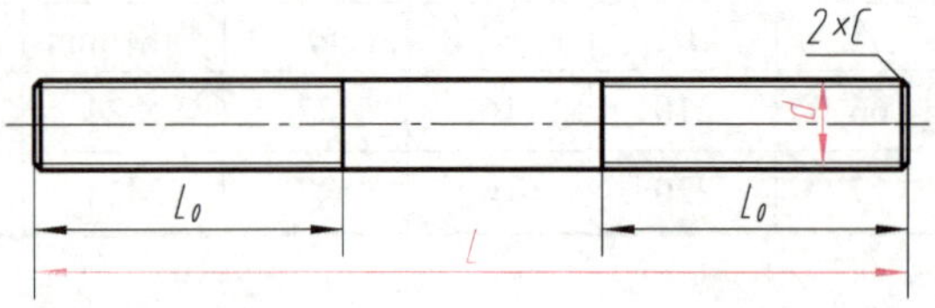

B 型螺柱

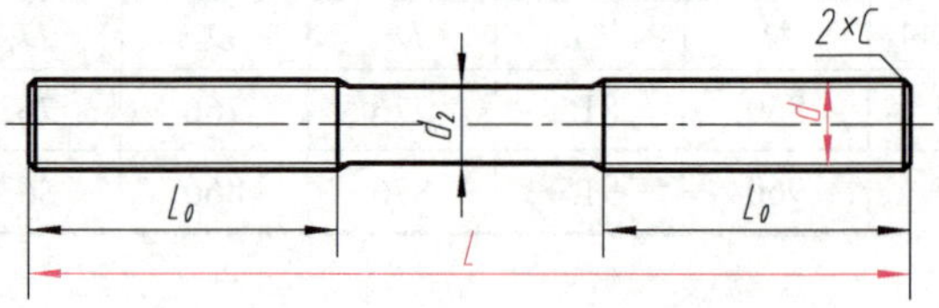

标记示例：

螺柱　M16×120-A　NB/T 47027—2012

（公称直径为 M16、长度 L=120 mm、d_2= d 的等长双头螺柱）

螺柱　M24×180-B　NB/T 47027—2012

（公称直径为 M24、长度 L=180 mm、d_2<d 的等长双头螺柱）

等长双头螺柱尺寸

螺纹规格 d	M16	M20	M24	M27	M30	M36×3
L_0	40	50	60	70	75	90
C	2	2.5	3	3	3.5	3
L（系列）	100、110、120、130、140、150、160、170、180、190、200、（210）、220、（230）、（240）、250、（260）、280、300、320、350、380、400、420、450、480					

注：A 型螺柱无螺纹部分直径 d_2 等于螺纹公称直径；B 型螺柱无螺纹部分直径 d_2 等于螺纹的基本小径 d_1。

附表 20　人孔与手孔

常压人孔（摘自 HG/T 21515—2014）

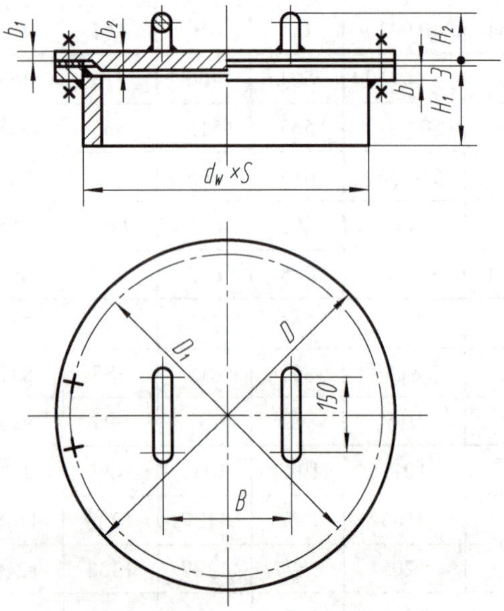

常压手孔（摘自 HG/T 21528—2014）

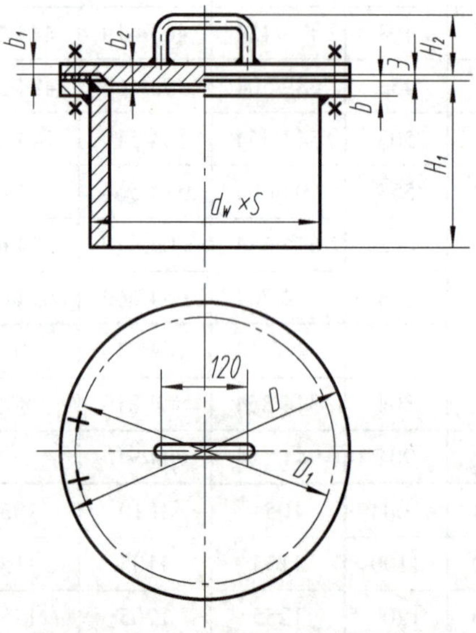

人孔与手孔密封面尺寸

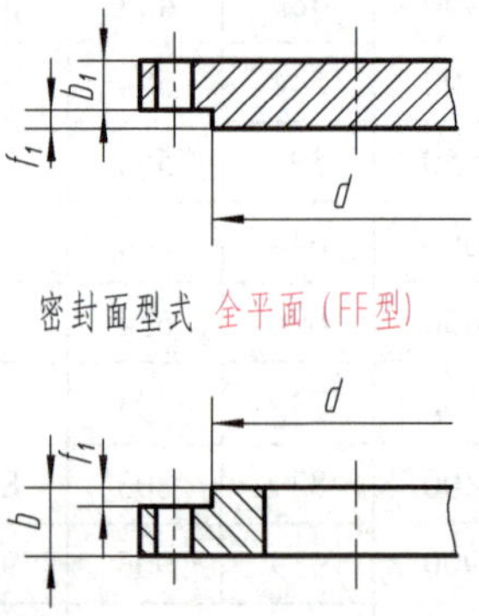

标记示例：

人孔（A-XB350）　450　HG/T 21515（公称直径 DN450、H_1=160、采用石棉橡胶板垫片的常压人孔）

公称直径 DN/mm	d_W×S /mm	D /mm	D_1 /mm	B /mm	b /mm	b_1 /mm	b_2 /mm	H_1 /mm	H_2 /mm	螺栓		密封面尺寸	
										数量	规格/mm	d/mm	f_1/mm
150	159×4.5	235	205	120	10	6	8	100	72	8	M16×40	202	2
250	273×6.5	350	320	120	12	8	10	120	74	12	M16×45	312	2
（400）	426×6	515	480	250	14	10	12	150	90	16	M16×50	465	2
450	480×6	570	535	250	14	10	12	160	90	20	M16×50	520	2
500	530×6	620	585	300	14	10	12	160	90	20	M16×50	570	2
600	630×6	720	685	300	16	12	14	180	92	24	M16×55	670	2

附表 21 补强圈（摘自 JB/T 4736—2002） mm

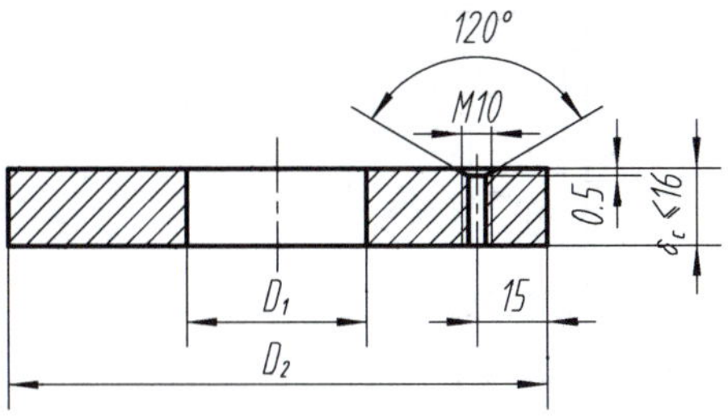

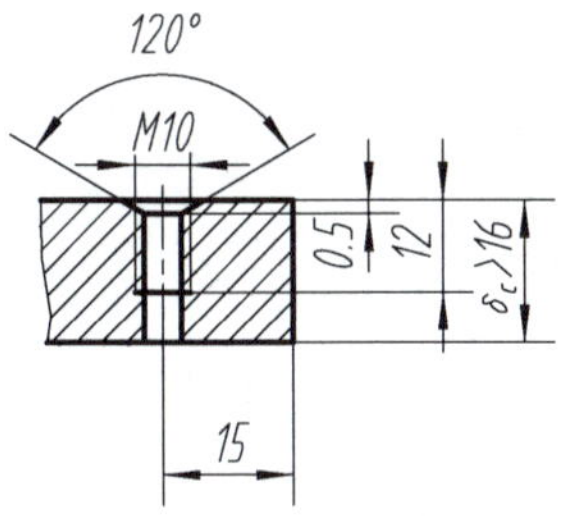

符号说明

D_1——补强圈内径，mm
D_2——补强圈外径，mm
d_N——接管公称直径，mm
d_o——接管外径，mm
δ_c——补强圈厚度，mm
δ_n——壳体开孔处名义厚度，mm
δ_{nt}——接管名义厚度，mm

A 型
（适用于壳体为内坡口的填角焊结构）

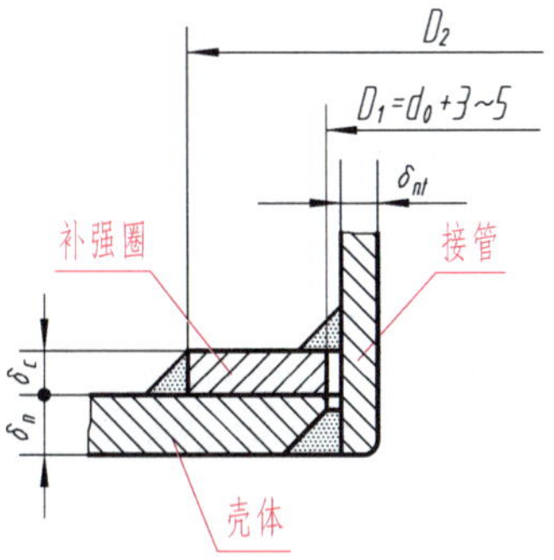

B 型
（适用于壳体为内坡口的局部焊透结构）

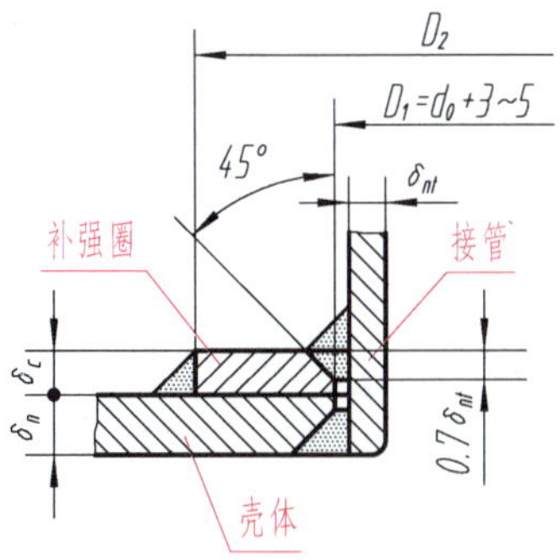

C 型
（适用于壳体为外坡口的全焊透结构）

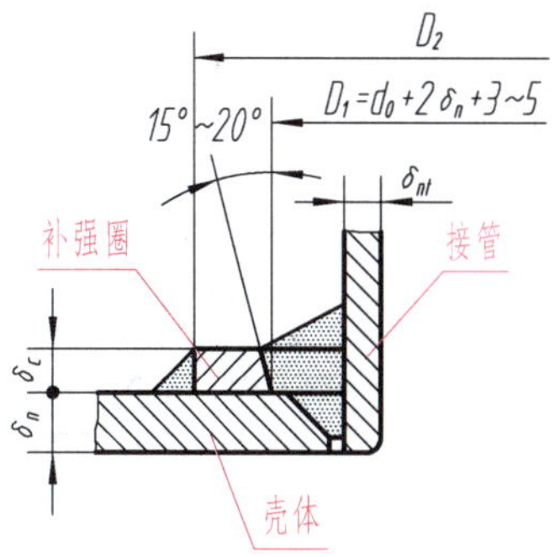

D 型
（适用于壳体为内坡口的全焊透结构）

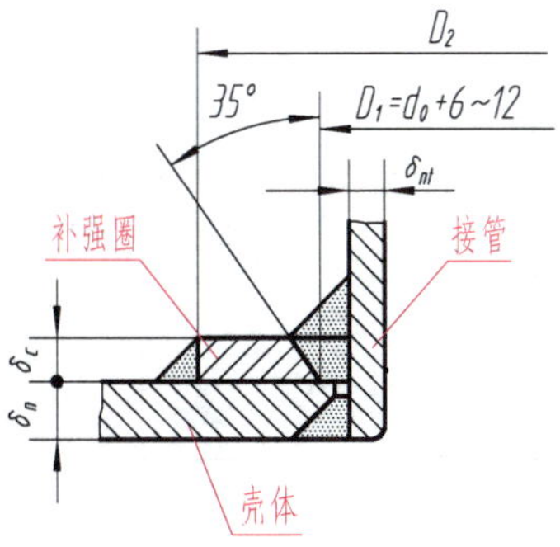

E 型
（适用于壳体为内坡口的全焊透结构）

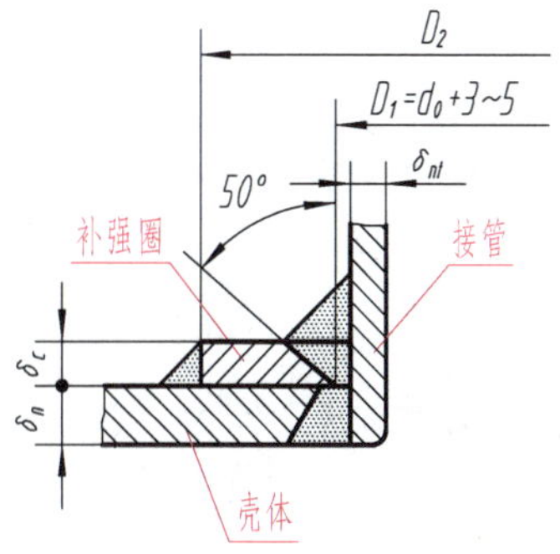

标记示例：
d_N100×8-D-Q235B JB/T 4736
（接管公称直径 d_N=100mm、补强圈厚度为 8mm、坡口形式采用 D 型、材质为 Q235B 的补强圈）

接管公称直径（d_N）	50	65	80	100	125	150	175	200	225	250	300	350	400	450	500	600
外径（D_2）	130	160	180	200	250	300	350	400	440	480	550	620	680	760	840	980
内径（D_1）	按补强圈坡口类型确定															
厚度系列（δ_c）	4、6、8、10、12、14、16、18、20、22、24、26、28、30															

附表 22 鞍式支座（摘自 JB/T 4712.1—2007）

mm

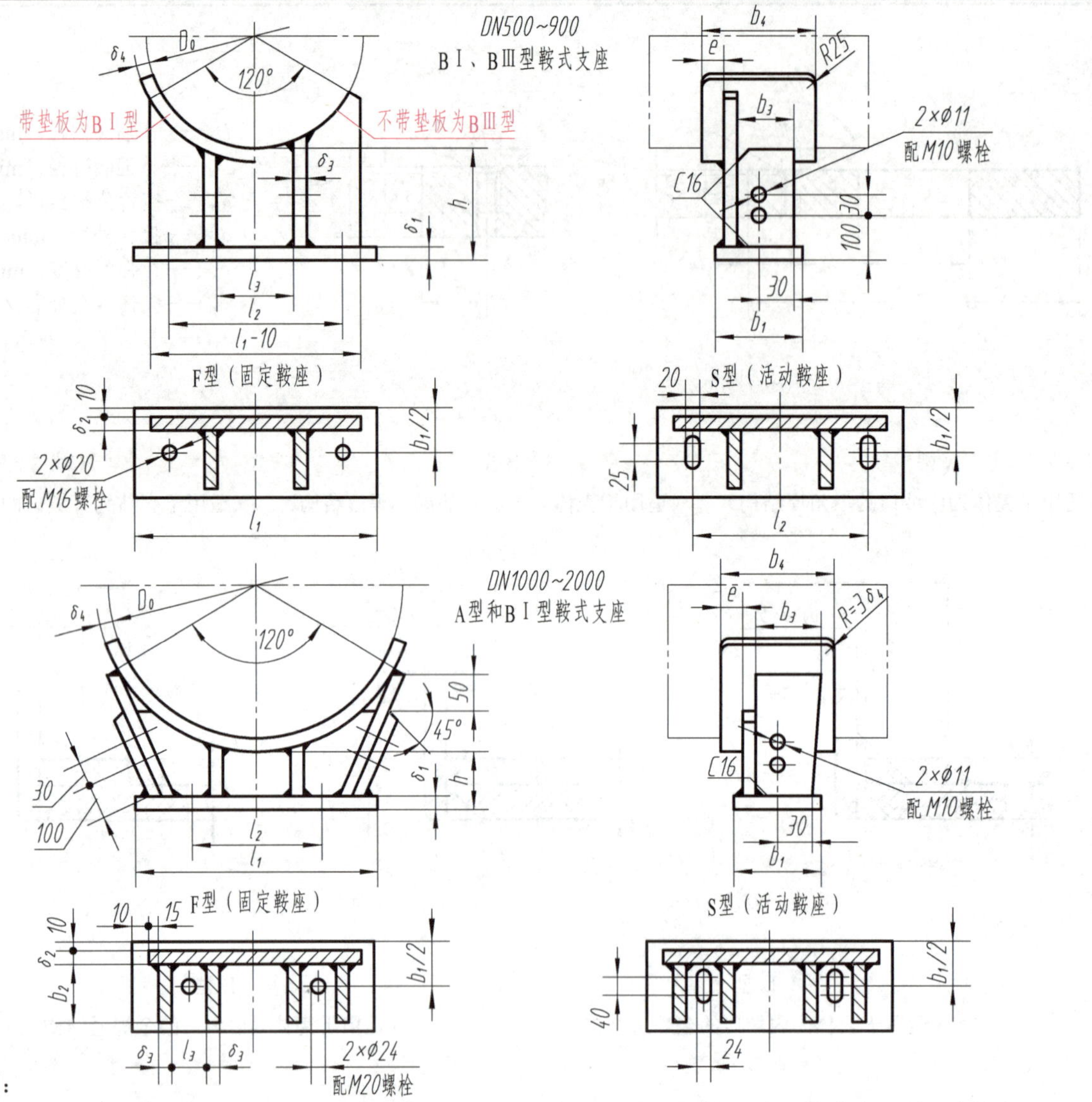

标记示例：

JB/T 4712.1—2007 鞍座 BⅠ900-S （*DN* 为 900mm、120°包角、重型、带垫板、标准高度的焊制滑动鞍座）

型式特征	公称直径 *DN*	鞍座高度 *h*	底板 l_1	底板 b_1	底板 δ_1	腹板 δ_2	肋板 l_3	肋板 b_2	肋板 b_3	肋板 δ_3	垫板 弧长	垫板 b_4	垫板 δ_4	垫板 e	螺栓间距 (l_2)
*DN*500～900 焊制、120°包角、BⅠ型、带垫板或不带垫板（若去掉垫板，则为BⅢ型）	500	200	460	150	10	8	250	—	120	8	590	200	6	36	330
	550		510				275	—			650				360
	600		550				300	—			710				400
	650		590				325	—			770				430
	700		640				350	—			830				460
	800		720			10	400	—		10	940				530
	900		810				450	—			1060				590
*DN*1000～2000 焊制、120°包角、A型和BⅠ型、带垫板（分子为轻型、分母为重型）	1000	200	760	170	10/12	6/8	170	140	180	6/8	1180	270	6/8	40	600
	1100		820				185				1290				660
	1200		880			6/10	200			6/10	1410				720
	1300		940			8/10	215				1520				780
	1400		1000				230				1640				840
	1500	250	1060	200	12/16	8/12	242	170	230	8/12	1760	320	8/10		900
	1600		1120				257				1870				960
	1700		1200				277				1990				1040
	1800		1280	220		10/14	296	190	260		2100	350			1120
	1900		1360				316				2220				1200
	2000		1420				331				2330				1260

附表 23　耳式支座（摘自 JB/T 4712.3—2007）　mm

A型、B型（支座号1~5，无盖板）

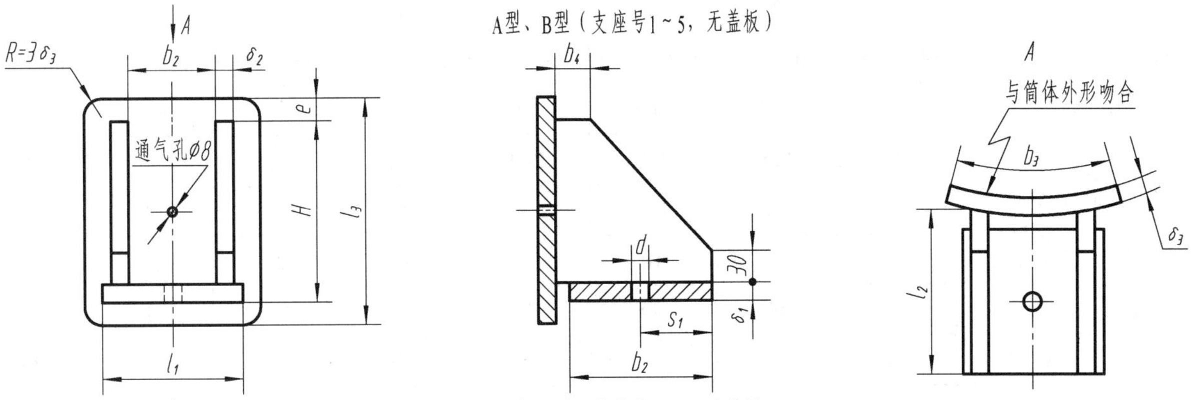

A型、B型（支座号6~8，有盖板）

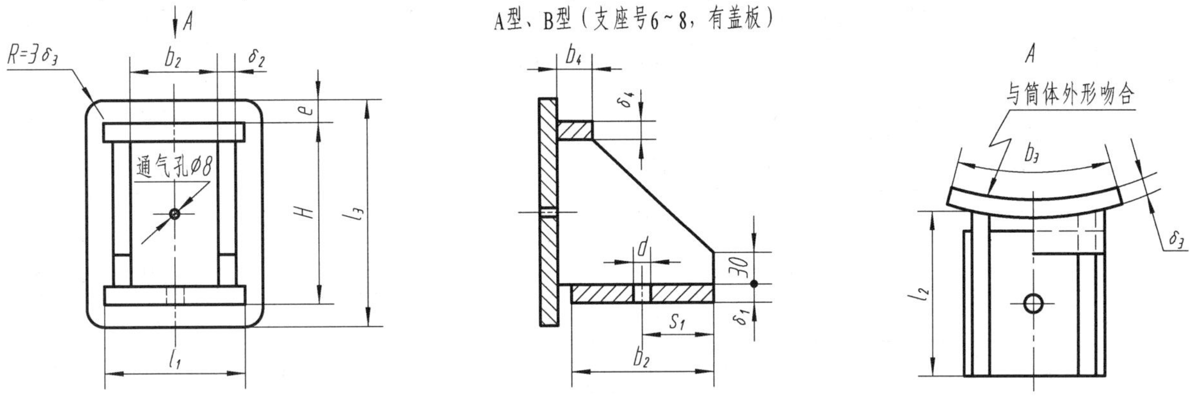

C型（支座号1~3，一个螺栓孔）

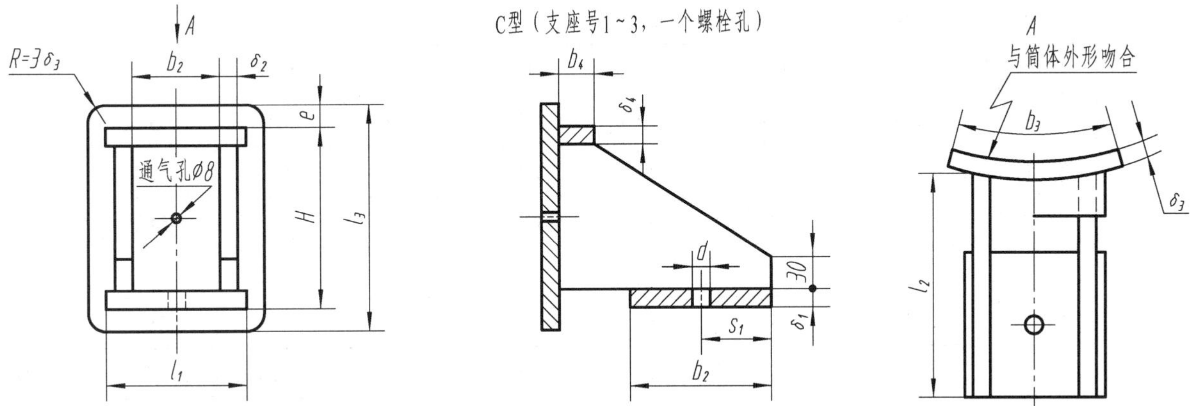

C型（支座号4~8，二个螺栓孔）

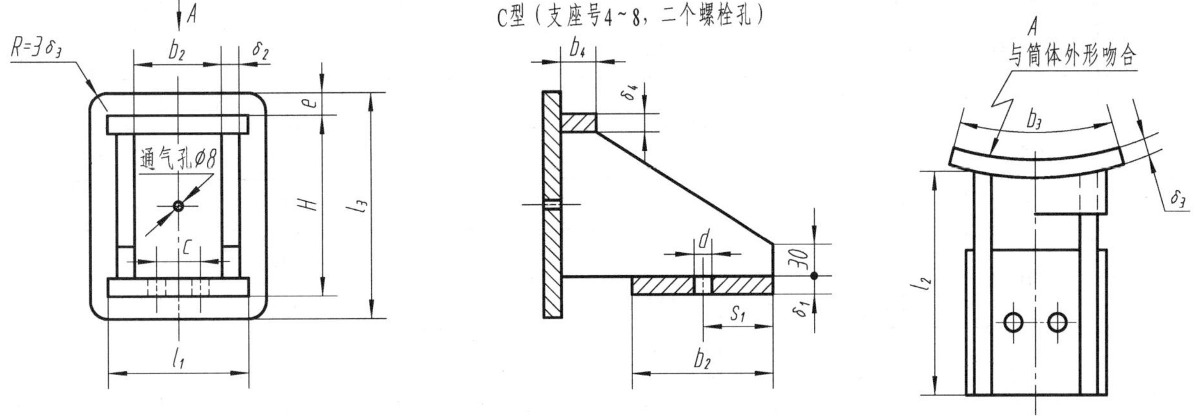

标记示例：

JB/T 4712.3—2007　耳式支座　A3-Ⅰ

（A 型、3 号耳式支座、支座材料 Q235A）

续表

支座号			1	2	3	4	5	6	7	8
容器公称直径 *DN*			300～600	500～1000	700～1400	1000～2000	1300～2600	1500～3000	1700～3400	2000～4000
高度 *H*			125	160	200	250	320	400	480	600
底板	l_1	A型 B型 C型	100	125	160	200	250	320	375	480
	b_1		60	80	105	140	180	230	280	360
	δ_1		6	8	10	14	16	20	22	26
	s_1		30	40	50	70	90	115	130	145
	c	C型	—	—	—	90	120	160	200	280
肋板	l_2	A型	80	100	125	160	200	250	300	380
		B型	160	180	205	290	330	380	430	510
		C型	250	280	300	390	430	480	530	600
	b_2	A型	70	90	110	140	180	230	280	350
		B型	70	90	110	140	180	230	280	350
		C型	80	100	130	170	210	260	310	400
	δ_2	A型	4	5	6	8	10	12	14	16
		B型	5	6	8	10	12	14	16	18
		C型	6	6	8	10	12	14	16	18
垫板	l_3	A、B型	160	200	250	315	400	500	600	720
		C型	260	310	370	430	510	570	630	750
	b_3	A、B型	125	160	200	250	320	400	480	600
		C型	170	210	260	320	380	450	540	650
	δ_3		6	6	8	8	10	12	14	16
	e	A、B型	20	24	30	40	48	60	70	72
		C型	30	30	35	35	40	45	45	50
盖板	b_4	A型	30	30	30	30	30	50	50	50
		B、C型	50	50	50	70	70	100	100	100
	δ_4	A型	—	—	—	—	—	12	14	16
		B型	—	—	—	—	—	14	16	18
		C型	8	10	12	12	14	14	16	18
地脚螺栓	d	A、B型	24	24	30	30	30	36	36	36
	规格		M20	M20	M24	M24	M24	M30	M30	M30
	d	C型	24	30	30	30	30	36	36	36
	规格		M20	M24	M24	M24	M24	M30	M30	M30

材料代号	Ⅰ	Ⅱ	Ⅲ	Ⅳ
肋板和底板材料	Q235A	16MnR	0Cr18Ni9	15CrMoR

五、化工工艺图的有关图例

附表 24　管子、管件及管道特殊件图例（摘自 HG/T 20519.4—2009）

名称	方式		
	螺纹或承插焊连接	对焊连接	法兰连接
90°弯头	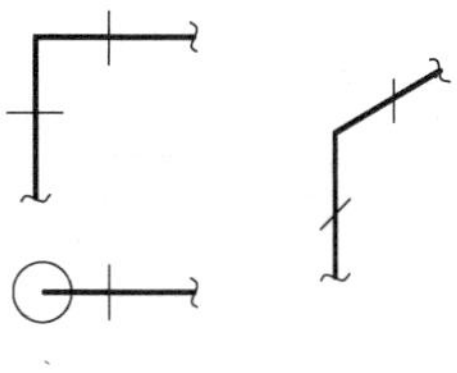	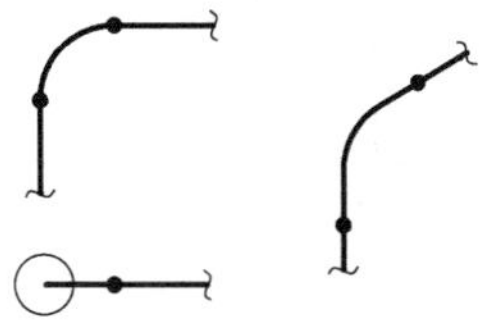	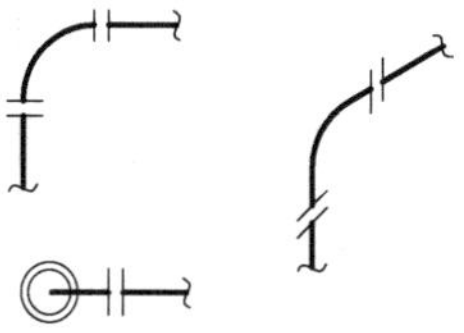
三通管	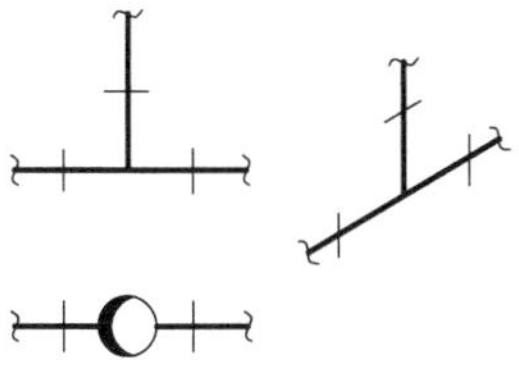	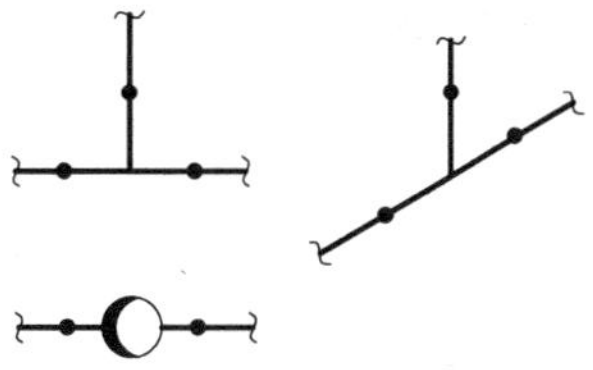	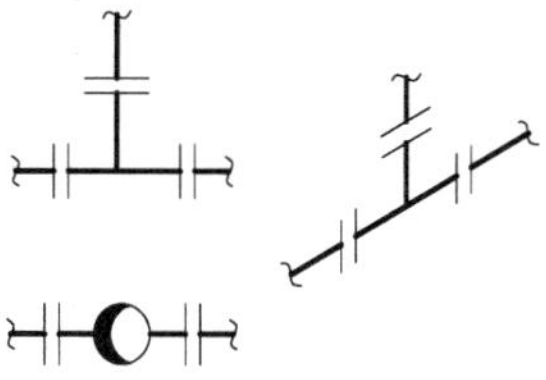
四通管	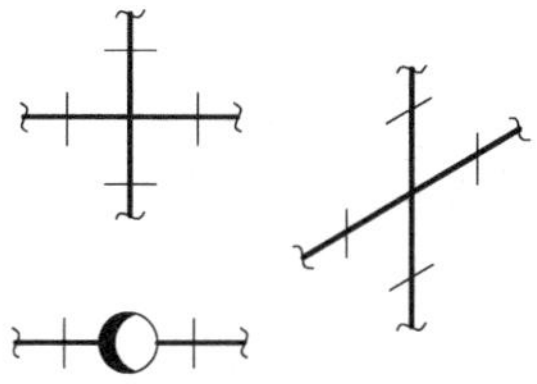	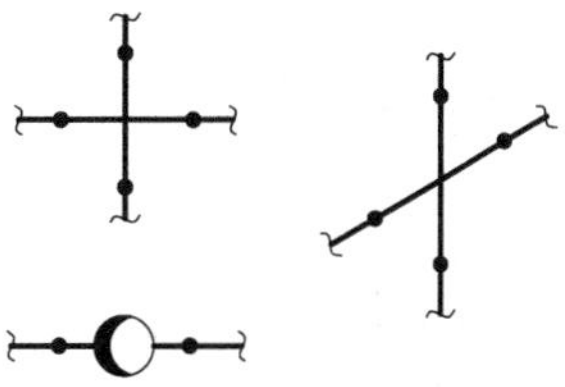	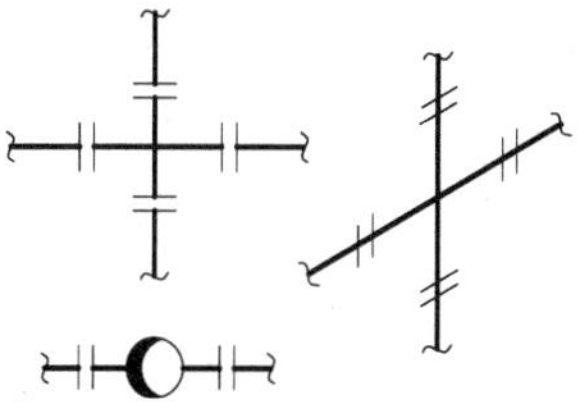
45°弯头	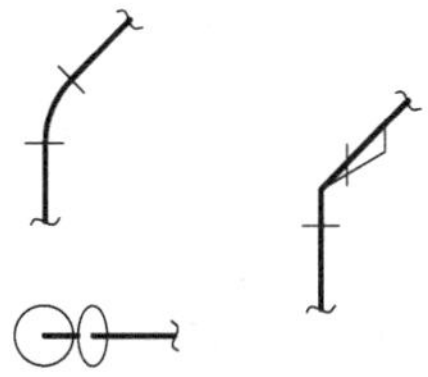	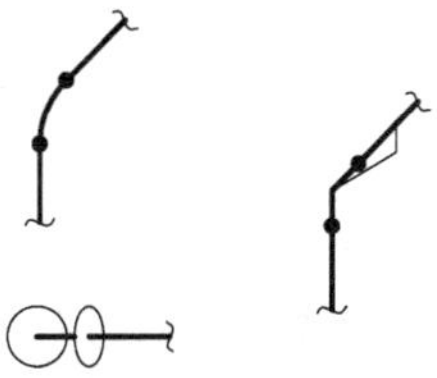	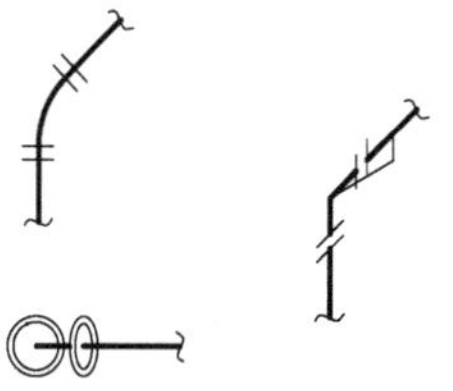
偏心异径管	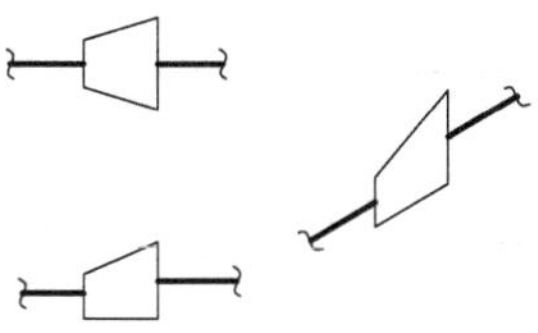	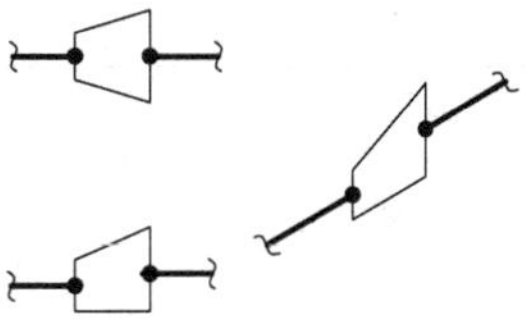	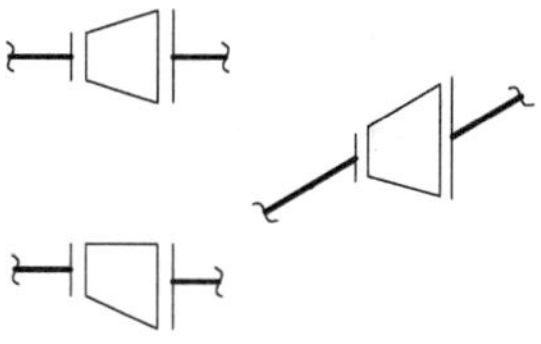
管帽	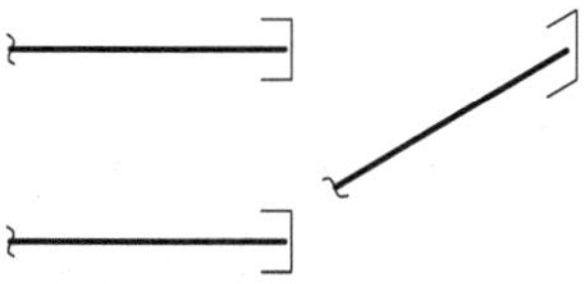	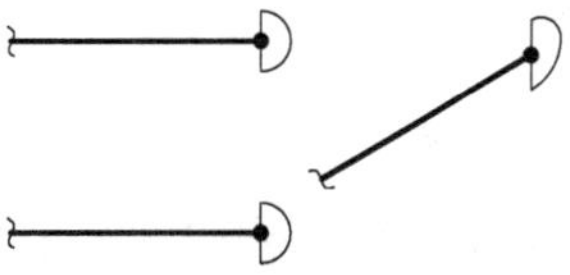	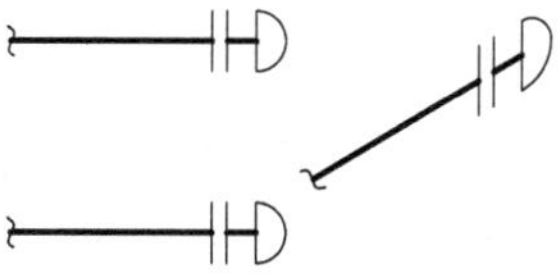

附表 25　管路及仪表流程图中的设备、机器图例（摘自 HG/T 20519.2—2009）

设备类型及代号	图　例	设备类型及代号	图　例
塔 （T）	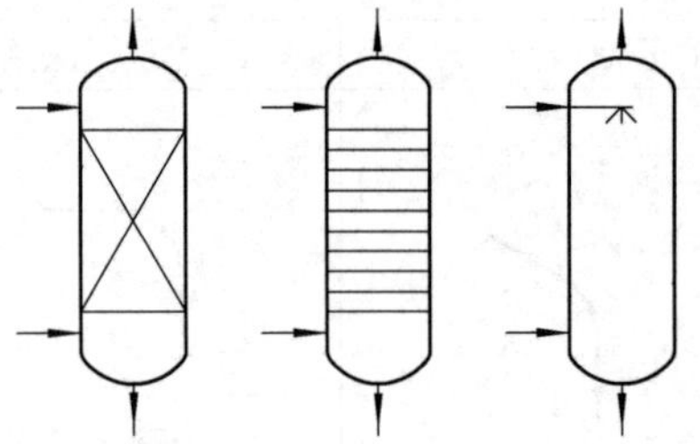 填料塔　板式塔　喷洒塔	泵 （P）	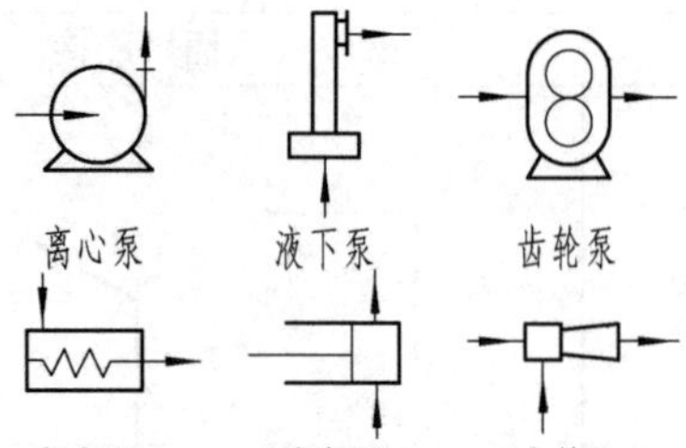 离心泵　液下泵　齿轮泵 螺杆泵　往复泵　喷射泵
工业炉 （F）	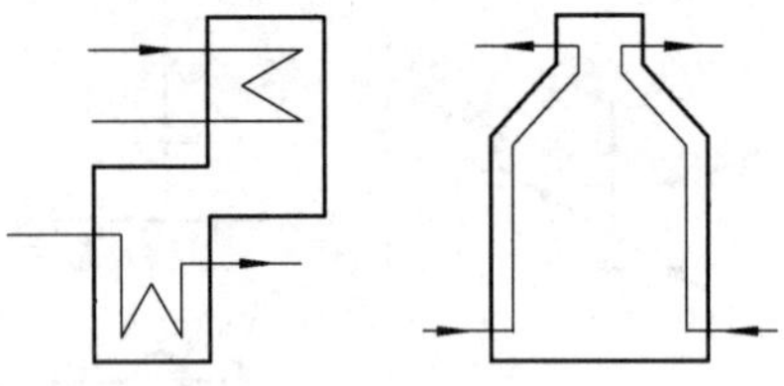 箱式炉　圆筒炉	火炬 烟囱 （S）	 火炬　烟筒
容　器 （V）	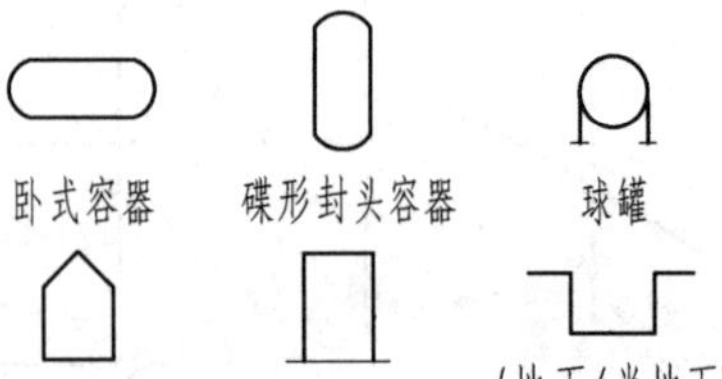 卧式容器　碟形封头容器　球罐 锥形罐　平顶容器　(地下/半地下)池、坑、槽	换热器 （E）	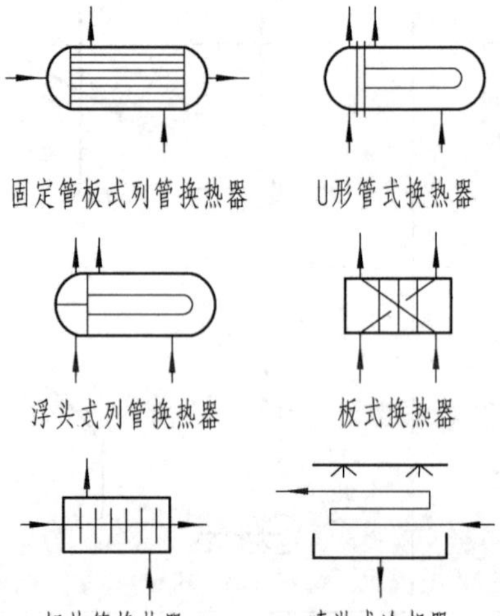 固定管板式列管换热器　U形管式换热器 浮头式列管换热器　板式换热器 翅片管换热器　喷淋式冷却器
压缩机 （C）	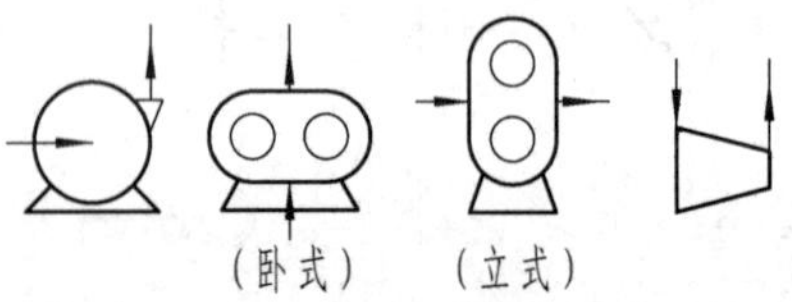 (卧式)　(立式) 鼓风机　旋转式压缩机　离心式压缩机	其他机械 （M）	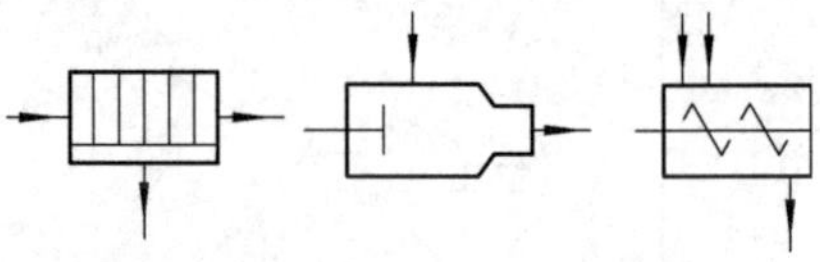 压滤机　挤压机　混合机
反应器 （R）	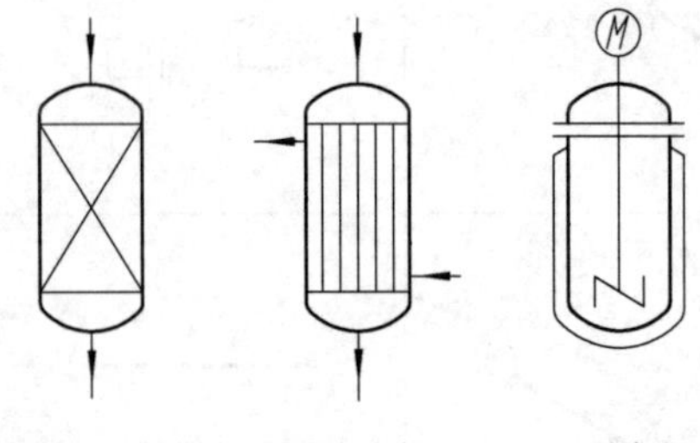 固定床反应器　列管式反应器　反应釜 (开式、带搅拌、夹套)	动力机 （M、E、S、D）	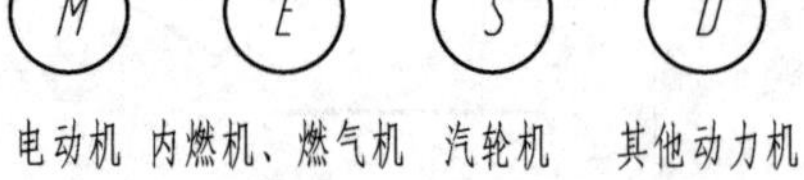 电动机　内燃机、燃气机　汽轮机　其他动力机

参 考 文 献

［1］ 成大先．机械设计手册．6版．北京：化学工业出版社，2017．
［2］ 机械设计手册编委会．机械设计手册．3版．北京：机械工业出版社，2008．
［3］ HG/T 20519—2009《化工工艺设计施工图内容和深度统一规定》．北京：中华人民共和国工业和信息化部，2009．
［4］ 董大勤，袁凤隐．压力容器设计手册．2版．北京：化学工业出版社，2014．
［5］ 胡建生．机械制图（少学时）．4版．北京：机械工业出版社，2020．
［6］ 胡建生．工程制图．7版．北京：化学工业出版社，2021．
［7］ 胡建生．化工制图．5版．北京：化学工业出版社，2021．